江苏省高等学校重点教材（教材编号：2021-2-145）

第3版

高等数学

（下册）

主编　田立新

编者　（以姓氏笔画为序）

丁丹平　王学弟　田立新

冯志刚　孙　梅　李医民

张正娣　陈文霞　姚洪兴

江苏大学出版社
JIANGSU UNIVERSITY PRESS
镇　江

图书在版编目(CIP)数据

高等数学.下册/田立新主编.—3版.—镇江：江苏大学出版社，2022.8(2023.8重印)

ISBN 978-7-5684-1821-8

Ⅰ.①高… Ⅱ.①田… Ⅲ.①高等数学－高等学校－教材 Ⅳ.①O13

中国版本图书馆CIP数据核字(2022)第124354号

内 容 提 要

本书是根据教育部提出的“高等教育面向21世纪教学内容和课程体系改革计划”的精神，参照近年全国高等学校大学数学课程教学指导委员会工作会议的意见，结合多年高等数学课程改革实践编写而成的.全书强化数学思想方法的阐述，以培养学生运用所学知识解决实际问题的能力为出发点，注重理论性与应用性相结合.

本书分为上、下两册.下册包括常微分方程、向量代数与空间解析几何、多元函数微分法及其应用、重积分、曲线积分与曲面积分等5章.每章附有小结，配有习题、自我检测题及复习题.书末附有习题参考答案.

本书可作为高等院校各专业高等数学课程的教材，也可作为各专业的教学参考书.

高等数学(下册).3版

Gaodeng Shuxue(Xiace).San Ban

主　　编/田立新

责任编辑/李菊萍

出版发行/江苏大学出版社

地　　址/江苏省镇江市京口区学府路301号(邮编：212013)

电　　话/0511-84446464(传真)

网　　址/http://press.ujs.edu.cn

排　　版/镇江文苑制版印刷有限责任公司

印　　刷/镇江文苑制版印刷有限责任公司

开　　本/710 mm×1 000 mm　1/16

印　　张/19.5

字　　数/377千字

版　　次/2007年9月第1版　2011年9月第2版　2022年8月第3版

印　　次/2023年8月第3版第2次印刷　累计第16次印刷

书　　号/ISBN 978-7-5684-1821-8

定　　价/42.00元

如有印装质量问题请与本社营销部联系(电话：0511-84440882)

序

江苏是教育强省(据统计,江苏籍院士约占两院院士的25%),江苏大学则是其最高学府之一,坐落在名城镇江,镇江拥有焦山、金山、北固山、南山,得天独厚,令人神往.我讲这山那山,是因为微积分来源于登山:每登山一步就做了一次微分,登到山顶便做完积分.请看下面的登山图:

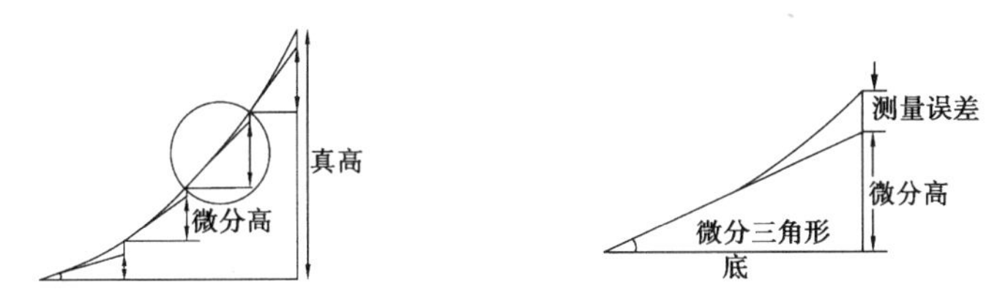

以图代文,以看代想,这里山坡的一小段(弯的)换成了切线段(直的),则登山一步所测出的切线高度为

$$微分高=起点斜率\times底,$$

所以说,每登山一步就做了一次微分.但是用微分高代替真高时含有测量误差,即

$$真高=微分高+测量误差.$$

问题来了:这个测量误差有多小?能不能保证它尽量小?其实这个测量误差不是别的,就是切线到曲线的一段距离.什么是切线呢?既然它是在起点附近最靠近曲线的那一条直线,那么它要比其他直线(割线)到曲线的距离小得多,写成

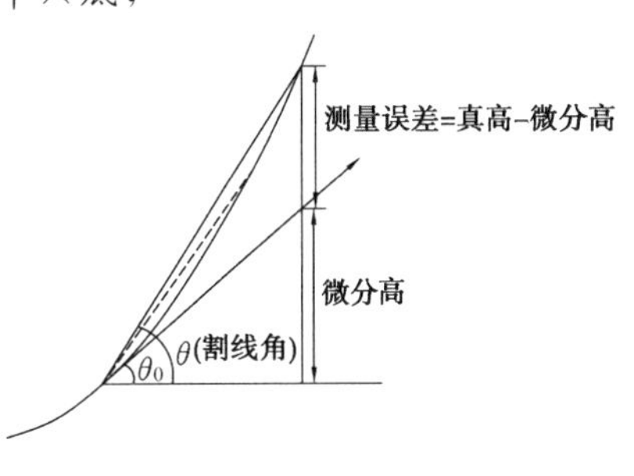

$$\frac{切线测量误差}{割线测量误差}\ll 1,$$

简单些,将分母换成小底,得

$$相对误差=\frac{切线测量误差}{底}\ll 1,$$

$$相对误差=\frac{测量误差}{底}=\frac{真高}{底}-\frac{微分高}{底}=\tan\theta-\tan\theta_0\to 0.$$

下面利用切线的相对误差来推导基本定理,

$$总高=微分高之和+总误差,$$

$$总误差=测量误差之和=(相对误差\times底)之和\leqslant(最大相对误差)\times(底之和).$$

如果最大相对误差≪1，便有总误差≪1，当总误差小到可以忽略时，便有理想的等式，即基本定理：

总高＝微分高之积分.

所以说，登到山顶便做完了积分，这就是基本定理既直观又严格的白话证明，只用到切线或微分的整体性质（最大相对误差）以及两行算术，不用其他准备知识、各种符号和巧妙繁长的证明.

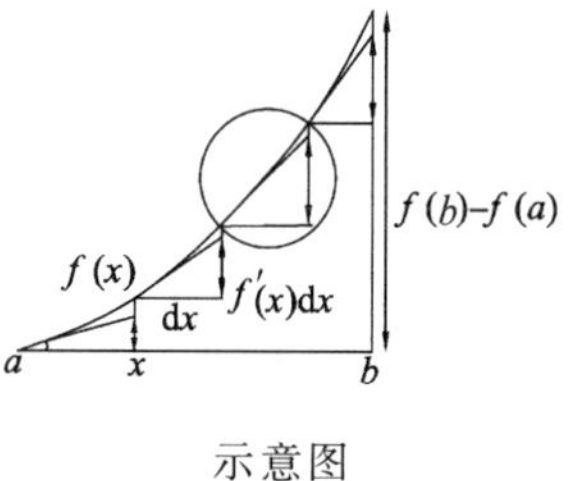

示意图

虽然用白话证明微积分的基本定理是可能的，但是遇到更复杂的泰勒展开定理就有点棘手了，无论如何都需要用到函数语言. 如果山底的分割节点 x 由 a 跑到 b，山坡表述为 $f(x)$，山坡上的斜率（称为一阶导数）表述为 $f'(x)$，微分表述为 $f'(x)\mathrm{d}x$（$\mathrm{d}x$ 为节点 x 附近的变量），那么基本定理表述为

$$f(b)-f(a)=\int_a^b f'(x)\mathrm{d}x.$$

由此直接推出泰勒展开式，它只是机械地反复使用基本公式.

常数逼近 $f(x+h)-f(x)=\int_x^{x+h} f'(s)\mathrm{d}s:\approx h\underset{[x,x+h]}{\mathrm{upper}}|f'|$；

一次逼近 $f(x+h)-f(x)-hf'(x)=\int_x^{x+h}[f'(s_2)-f'(x)]\mathrm{d}s_2=$

$$\int_x^{x+h}\int_x^{s_2} f''(s_1)\mathrm{d}s_1\mathrm{d}s_2:\approx\underset{[x,x+h]}{\mathrm{upper}}|f''|\int_x^{x+h}\int_x^{s_2}\mathrm{d}s_1\mathrm{d}s_2=\frac{h^2}{2}\underset{[x,x+h]}{\mathrm{upper}}|f''|;$$

二次逼近

$$f(x+h)-f(x)-hf'(x)-\frac{h^2}{2}f''(x)=\int_x^{x+h}\int_x^{s_3}[f''(s_2)-f''(x)]\mathrm{d}s_2\mathrm{d}s_3=$$

$$\int_x^{x+h}\int_x^{s_3}\int_x^{s_2} f'''(s_1)\mathrm{d}s_1\mathrm{d}s_2\mathrm{d}s_3:\approx\underset{[x,x+h]}{\mathrm{upper}}|f'''|\int_x^{x+h}\int_x^{s_3}\int_x^{s_2}\mathrm{d}s_1\mathrm{d}s_2\mathrm{d}s_3=\frac{h^3}{3!}\underset{[x,x+h]}{\mathrm{upper}}|f'''|;$$

三次逼近 $f(x+h)-f(x)-hf'(x)-\frac{h^2}{2}f''(x)-\frac{h^3}{3!}f'''(x):\approx\frac{h^4}{4!}\underset{[x,x+h]}{\mathrm{upper}}|f^{(4)}|$；

…………

这里用到高阶导数（f''，f'''，…），并采用了缩写 $a:\approx b$ 表示 $|a|\leqslant b$. 这是具有累次积分余项的泰勒定理，这个证明最为简单（不用人为地分部积分）.

以上是一元函数微积分中两个最重要，也是最难的定理. 以此为核心，本书讲解了无穷级数、常微分方程、空间解析几何和多元函数微积分，顺序自然，表述清楚. 全书习题适中，每章附有“本章小结”，配有自我检测题及复习题，这对于学生的学习总结、复习巩固、自我检测、综合水平提高非常有益.

本书是江苏大学数学系的几位教师，根据 21 世纪教学内容和课程体系改革的要求，基于自身多年的教学实践，结合工科院校学科人才培养总体要求和教学特点编写而成的. 相信本书的出版能够体现高等数学21世纪教学内容和课程体系改革计划的精神，促进高等数学教学改革，通过教学中的因材施教，提高高等数学的教学水平.

中国科学院
数学与系统科学研究院 林群
2007年8月20日

第三版前言

学习高等数学的关键在于探究阅读、计算推理、思辨演练、学习融通.本教材第三版注重在教材的导学、导读、导引上下功夫,力求通过高等数学概念、方法、原理、应用的介绍导出缘由、导出深度,帮助学生掌握学习的技巧,提升综合素质能力等.为此,在前两版的基础上,第三版在各章设计导学以帮助学生把握本章学习的层次、节奏,提高学习质量;修订了各章小结,帮助学生更好地归纳、总结;修订了各章的基本要求,以导引学生了解学习中的重难点等.第三版在保留前两版的风格与优点的同时,更注重教材使用中的两个"便于",即便于教师教、便于学生学,以促进学生高等数素养及创新能力进一步提升.基于此,进一步修订了教材中的复习题等.

本教材第一版在 2010 年被评为江苏省高等学校精品教材.第三版在 2021 年被评为江苏省高等学校重点教材(新编教材).在第三版编写过程中,编写组多次召开教材建设研讨会,确定总体思路如下:力求保留前两版的优点及风格,改进前两版教材使用中发现的一些不足,并结合新时代高等数学课程教学教改等新要求,对图书进行修订与完善.

本教材第三版的编写工作由田立新教授主持完成.全书共 13 章,第 1 章由张正娣教授编写修订,第 2 章由孙梅教授编写修订,第 3,4 章由田立新教授编写修订,第 5,6 章由李医民教授编写修订,第 7,10 章由陈文霞教授编写修订,第 8 章由冯志刚教授编写修订,第 9 章由丁丹平教授编写修订,第 11,12 章由姚洪兴教授编写修订,第 13 章由王学弟教授编写修订.冯志刚教授审阅了全书,宋晓平教授、石志岩副教授等对本书习题及参考答案进行了修订校验.

此外,南京大学秦厚荣教授、东南大学曹进德教授、南京理工大学韦志辉教授、南京航空航天大学王春武教授、南京师范大学王雨顺教授、苏州大学曹永罗教授等对本书再版提出了许多宝贵意见,在此谨致谢意.

本书自第一版面世以来,得到了广大师生读者的大力支持,虽然我们一直在用心修订、完善,但书中仍可能存在一些不足之处,在此恳请大家继续支持并提出宝贵意见.

编 者

2022 年 7 月

第二版前言

高等数学是大学教育的核心基础课程之一.本教材结构严谨、难易适中、通俗易懂、便于自学,有自己的特色和风格,被评为江苏省高等学校精品教材.

本教材自2007年出版以来,经过多年的教学实践检验,不断发展与完善.在第一版的基础上,我们根据教学当中发现的问题与不足,召开教材建设研讨座谈会,紧跟新世纪以来高等数学课程改革和高等数学教材发展的潮流,广泛征求具有丰富教学经验的专家、教授的修改建议和意见,结合自身教学改革经验与成果,进行了第二版的编写.

为了更好地与中学数学相衔接,我们在第一版的基础上对一些教学内容进行适当调整和增删,将国家及江苏省教改项目中的一些与之相关的研究成果融入新版教材的编写中.《高等数学》(第二版)力求保留第一版的风格和优点,一方面考虑现阶段大学学生的实际情况和学习特点,另一方面更强调培养学生应用数学知识解决实际问题的意识和能力,为学生的可持续发展奠定良好的基础.

本教材第二版修订编写工作由田立新教授主持完成,全书共13章,第1章由卢殿臣教授编写,第2章由孙梅教授编写,第3,4章由田立新教授编写,第5,6章由李医民教授编写,第7,10章由蔡国梁教授编写,第8章由冯志刚教授编写,第9章由丁丹平教授编写,第11,12章由姚洪兴教授编写,第13章由王学弟教授编写.

徐民京教授审阅了全书,刘恂副教授等对全书习题及参考答案进行了仔细的校验.中国科学院数学与系统科学研究院林群院士、上海交通大学乐经良教授、东南大学管平教授、南京理工大学杨孝平教授等对本书的再版提出了许多宝贵意见,在此对他们的鼓励和支持表示感谢.

本书仍有许多不足之处,衷心希望广大读者批评指正.

编 者

2011年8月

第一版前言

21 世纪大学数学丛书之一《高等数学》是根据教育部提出的“高等教育面向21 世纪教学内容和课程体系改革计划”的精神，参照近年全国高等学校大学数学课程教学指导委员会工作会议的意见，并结合编者多年高等数学课程教学改革的实践经验编写的一本教材. 本书也是教育科学“十五”国家规划课题“新世纪工科数学教育改革及创新人才培养”项目(19－106－53)的研究成果.

全书分为上、下两册. 上册包括一元函数微积分学、无穷级数，下册包括常微分方程、空间解析几何、多元函数微积分学等. 各章节配有习题，本章小结给出各章主要内容和基本要求，设计的自我检测题、复习题便于学生自我检测和提高. 各章的复习题中有些具有一定难度，教师可根据学生的实际情况选用. 为了更好地与中学知识衔接，本书在书末附有二阶和三阶行列式简介、常用曲线和曲面、积分表及习题参考答案.

本书编写工作中力求做到在讲解数学内容的同时，加强对学生应用能力的培养，既介绍基本概念、基本定理和基本方法，又考虑到实际应用的背景，注重学生应用数学知识解决实际问题的意识和能力. 在一元函数微积分学后给出无穷级数、常微分方程、空间解析几何，这样的编排更强化了学生对多元函数微积分学应用背景的认识. 考虑到全书的系统性及深度，书中部分内容标了 *，此部分内容可拓宽学生的高等数学知识面，在教学中，教师可根据实际情况选讲或不讲.

全书共 13 章，第 1 章函数与极限、第 2 章导数与微分，由王文初编写；第 3 章微分学基本定理、第 4 章微分学应用，由田立新编写；第 5 章不定积分、第 6 章定积分，由李医民编写；第 7 章定积分的应用、第 10 章向量代数与空间解析几何，由蔡国梁编写；第 8 章无穷级数、第 9 章常微分方程，由叶惠民编写；第 11 章多元函数微分法及其应用、第 12 章重积分，由姚洪兴编写；第 13 章曲线积分与曲面积分，由王学弟编写；附录由王学弟整理. 全书由田立新、王文初、叶惠民统稿. 徐民京教授对全书进行了审阅，做了很多有益的修改，江苏大学数学系教师丁丹平、孙梅、丁娟在本书编写过程中始终给予关注并参与审阅，范兴华、刘恂、殷久利、张剑梅、陈燕、施晓峰、钱骁勇、赵桃艳、房厚庆等教师为本书润色和修正，提出了许多宝贵意见，李益清、倪华、高安娜等教师对全书的习题及参考答案进行了仔细检查及验证，汤养老师和数学系研究生于水猛、徐俊、李兴光、邱丛颖、周维怀、孟伟业、张广英等也为本书做了不少有益的工作.在本书出版之际,我们衷心感谢多年来一直关心、帮助、支持我们的各位老师和学生.

本书在编写过程中,参考了众多的高等数学方面的教材;在出版过程中,得到了江苏大学出版社领导的大力支持和帮助,责任编辑吴明新、徐云峰为本书的编辑、出版付出了辛勤的劳动,在此一并致以谢意.

限于编写时间仓促,本书不妥与错误之处在所难免,恳请广大读者批评指正.

编 者

2007 年 8 月

目　　录

9　常微分方程 …… **001**

9.1　微分方程的基本概念 …… 001

9.1.1　微分方程引例 …… 001

9.1.2　基本概念 …… 002

习题 9-1 …… 005

9.2　一阶微分方程 …… 006

9.2.1　可分离变量的微分方程 …… 006

9.2.2　可化为可分离变量的微分方程 …… 009

9.2.3　一阶线性微分方程 …… 014

9.2.4　可化为一阶线性微分方程的方程 …… 019

习题 9-2 …… 021

9.3　可降阶的特殊高阶微分方程 …… 021

习题 9-3 …… 026

9.4　高阶线性微分方程 …… 026

9.4.1　二阶线性微分方程解的结构 …… 027

9.4.2　高阶线性微分方程解的结构 …… 030

习题 9-4 …… 031

9.5　高阶常系数线性微分方程 …… 031

9.5.1　二阶常系数齐次线性微分方程 …… 031

9.5.2　二阶常系数非齐次线性微分方程 …… 035

9.5.3　二阶常系数线性微分方程应用举例 …… 038

*9.5.4　欧拉方程及微分方程的变换 …… 042

习题 9-5 …… 044

9.6　微分方程的幂级数解法 …… 045

习题 9-6 …… 052

*9.7　线性常微分方程组 …… 052

*习题 9-7 …… 057

本章小结 …… 058

自我检测题 9 …… 059
复习题 9 …… 060
10　向量代数与空间解析几何 …… 062
10.1　空间直角坐标系 …… 062
10.1.1　空间直角坐标系的建立 …… 062
10.1.2　空间点的直角坐标 …… 063
10.1.3　空间两点间的距离 …… 064
习题 10-1 …… 066
10.2　向量代数 …… 066
10.2.1　向量的概念 …… 066
10.2.2　向量的线性运算 …… 067
10.2.3　向量的坐标 …… 070
10.2.4　两向量的数量积 …… 074
10.2.5　两向量的向量积 …… 076
*10.2.6　三向量的混合积 …… 078
习题 10-2 …… 079
10.3　平面与空间直线 …… 080
10.3.1　平面及其方程 …… 080
10.3.2　两平面的夹角 …… 082
10.3.3　空间直线及其方程 …… 084
10.3.4　两直线的夹角 …… 086
10.3.5　直线与平面的夹角 …… 086
习题 10-3 …… 088
10.4　曲面与空间曲线 …… 089
10.4.1　空间曲面的方程 …… 089
10.4.2　空间曲线的方程 …… 092
10.4.3　二次曲面 …… 095
习题 10-4 …… 099
本章小结 …… 100
自我检测题 10 …… 102
复习题 10 …… 103
11　多元函数微分法及其应用 …… 105
11.1　多元函数的概念 …… 105
11.1.1　平面点集及 n 维空间 …… 105
11.1.2　多元函数的概念 …… 108

11.1.3　多元函数的极限 …… 110
11.1.4　多元函数的连续性 …… 112
习题 11-1 …… 114
11.2　多元函数微分法 …… 115
11.2.1　偏导数 …… 115
11.2.2　全微分及其应用 …… 120
11.2.3　多元复合函数微分法 …… 127
11.2.4　隐函数的求导公式 …… 135
习题 11-2 …… 140
11.3　方向导数与梯度 …… 143
11.3.1　方向导数 …… 143
11.3.2　梯度 …… 145
习题 11-3 …… 148
11.4　多元函数微分学的几何应用 …… 148
11.4.1　空间曲线的切线与法平面 …… 148
11.4.2　曲面的切平面与法线 …… 152
习题 11-4 …… 155
11.5　多元函数的极值与最值 …… 155
11.5.1　多元函数的极值及其求法 …… 155
11.5.2　多元函数的最值 …… 158
11.5.3　条件极值　拉格朗日乘数法 …… 160
习题 11-5 …… 163
*11.6　二元函数的泰勒公式 …… 163
11.6.1　二元函数的泰勒公式 …… 163
11.6.2　二元函数极值存在的充分条件的证明 …… 166
*习题 11-6 …… 168
本章小结 …… 168
自我检测题 11 …… 170
复习题 11 …… 171
12　重积分 …… 173
12.1　二重积分的概念及性质 …… 173
12.1.1　引例 …… 173
12.1.2　二重积分的定义 …… 175
12.1.3　二重积分的性质 …… 176
习题 12-1 …… 178

12.2　二重积分的计算 …… 179
12.2.1　利用直角坐标计算二重积分 …… 179
12.2.2　利用极坐标计算二重积分 …… 184
*12.2.3　二重积分的变量代换 …… 188
习题 12-2 …… 190
12.3　三重积分及其计算法 …… 192
12.3.1　三重积分的概念及性质 …… 193
12.3.2　利用直角坐标计算三重积分 …… 194
12.3.3　利用柱面坐标计算三重积分 …… 196
12.3.4　利用球面坐标计算三重积分 …… 198
习题 12-3 …… 200
12.4　重积分的应用 …… 201
12.4.1　几何方面的应用 …… 201
12.4.2　物理方面的应用 …… 204
习题 12-4 …… 210
*12.5　含参变量的积分 …… 211
*习题 12-5 …… 215
本章小结 …… 216
自我检测题 12 …… 217
复习题 12 …… 218
13　曲线积分与曲面积分 …… 220
13.1　对弧长的曲线积分 …… 220
13.1.1　对弧长的曲线积分的概念与性质 …… 220
13.1.2　对弧长的曲线积分的计算 …… 222
习题 13-1 …… 225
13.2　对坐标的曲线积分 …… 226
13.2.1　对坐标的曲线积分的概念与性质 …… 226
13.2.2　对坐标的曲线积分的计算 …… 229
13.2.3　两类曲线积分之间的关系 …… 233
习题 13-2 …… 234
13.3　格林(Green)公式及其应用 …… 235
13.3.1　格林公式 …… 235
13.3.2　平面上曲线积分与路径无关的条件 …… 239
13.3.3　全微分方程与积分因子 …… 243
习题 13-3 …… 247

13.4 对面积的曲面积分 …… 248
13.4.1 对面积的曲面积分的概念与性质 …… 248
13.4.2 对面积的曲面积分的计算 …… 249
习题 13-4 …… 251
13.5 对坐标的曲面积分 …… 252
13.5.1 对坐标的曲面积分的概念与性质 …… 252
13.5.2 对坐标的曲面积分的计算 …… 256
13.5.3 两类曲面积分之间的关系 …… 257
习题 13-5 …… 259
13.6 高斯(Gauss)公式 通量与散度 …… 259
13.6.1 高斯公式 …… 259
*13.6.2 沿任意闭曲面的曲面积分为零的条件 …… 263
13.6.3 通量与散度 …… 264
习题 13-6 …… 265
13.7 斯托克斯(Stokes)公式 环流量与旋度 …… 266
13.7.1 斯托克斯公式 …… 266
*13.7.2 空间曲线积分与路径无关的条件 …… 269
13.7.3 环流量与旋度 …… 270
习题 13-7 …… 272
本章小结 …… 272
自我检测题 13 …… 274
复习题 13 …… 275
参考文献 …… 276
习题参考答案 …… 278

9 常微分方程

在很多情况下,量的变化之间的关系比量之间的直接关系更容易获得,如时间变化引起的温差变化,注入容器中水流速度的变化引起的水面上升速度的变化等.这些由自变量和因变量的变化所表现出来的关系、规律、等式等,构成了微积分中应用最广泛的内容——微分方程.通常,称只有一个自变量的微分方程为常微分方程,称有两个及两个以上自变量的微分方程为偏微分方程.一般来说,用微分方程处理实际问题需要经过三步:首先,根据客观规律获得变量之间用微分描述的关系式(方程),人们常常将这个过程称为数学建模;其次,对得到的微分方程求解,期望获得更简洁明确的量之间的关系(即函数表达式),这一过程称为方程求解;最后,对得到的解进行分析验证,看其是否与实际情况相符及如何解释实际现象.

本章主要讨论常微分方程的基本求解方法和理论,为进一步运用微分方程解决实际问题提供有效的基础支撑.

9.1 微分方程的基本概念

9.1.1 微分方程引例

下面通过分析两个具体例子来说明微分方程的基本概念.

例 1 设曲线过点(1,2)且曲线上任意一点(x,y)处的切线的斜率等于该点横坐标的平方,求该曲线的方程.

解 设所求的曲线为$y=f(x)$,则由导数的几何意义知

$$\frac{dy}{dx}=x^2. \tag{1}$$

由不定积分知

$$y=\frac{1}{3}x^3+C. \tag{2}$$

由条件知

$$y|_{x=1}=2. \tag{3}$$

将式(3)代入式(2)得，$C=\frac{5}{3}$，所以可得所求曲线的方程为

$$y=\frac{1}{3}x^3+\frac{5}{3}. \tag{4}$$

例 2　求一离地面 5 m 处质量为 m 的物体由静止状态自由落下(忽略空气的阻力)，求物体的运动方程.

解　设物体下落的运动方程为 $s=s(t)$(见图 9-1)，则由牛顿第二定律知

$$m\frac{\mathrm{d}^2 s}{\mathrm{d}t^2}=-mg,$$

即

$$\frac{\mathrm{d}^2 s}{\mathrm{d}t^2}=-g, \tag{5}$$

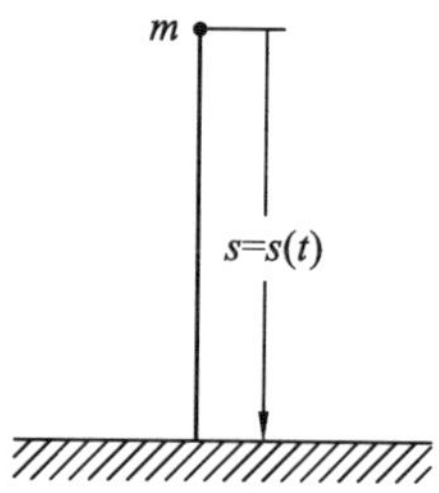

图 9-1

且由题设条件有

$$\begin{cases}\left.\dfrac{\mathrm{d}s}{\mathrm{d}t}\right|_{t=0}=0,\\ s|_{t=0}=5.\end{cases} \tag{6}$$

由不定积分知

$$\frac{\mathrm{d}s}{\mathrm{d}t}=-gt+C_1,$$

$$s=-\frac{1}{2}gt^2+C_1t+C_2. \tag{7}$$

再将式(6)代入式(7)得

$$C_1=0, C_2=5.$$

所求物体的运动方程为

$$s=-\frac{1}{2}gt^2+5. \tag{8}$$

9.1.2　基本概念

定义 1　由未知函数的导数(或微分)，未知函数及自变量组成的方程称为微分方程. 未知函数是多元函数的微分方程称为偏微分方程；未知函数是一元函数的微分方程称为常微分方程.

本章只讨论常微分方程的相关问题. 微分方程的一般形式可表示为：$F(x,y,y',y'',\cdots)=0$.

如例 1 中的式(1)和例 2 中的式(5)均是常微分方程.

定义 2　微分方程中出现的未知函数的最高阶导数(或微分)的阶数，称为微分方程的阶(数).

通常将二阶及二阶以上的微分方程称为高阶微分方程.各阶微分方程通常有如下表示形式:一阶微分方程常见形式为 $y'=f(x,y)$ 或 $F(x,y,y')=0$;二阶微分方程常见形式为 $y''=f(x,y,y')$ 或 $F(x,y,y',y'')=0$;……;n 阶微分方程一般有形式为 $y^{(n)}=f(x,y,y',y'',\cdots,y^{(n-1)})$ 或 $F(x,y,y',y'',\cdots,y^{(n)})=0$.

需要注意的是,一个 n 阶微分方程除未知函数的 n 阶导数必须出现外,其余较低阶导数、未知函数及自变量都可以(形式上)不出现.

上述例子中的式(1)是一阶微分方程,而式(5)则是二阶微分方程.

定义 3 若函数 $y=\varphi(x)$ 满足微分方程 $F(x,y,y',\cdots,y^{(n)})=0$,即

$$F[x,\varphi(x),\varphi(x)',\cdots,\varphi^{(n)}(x)]\equiv 0,$$

则称函数 $y=\varphi(x)$ 是该微分方程的解.

例如,式(4)是方程(1)的解,式(8)是方程(5)的解.

微分方程的解是自变量和因变量构成的关系式或者是两个变量的方程形式.由解析几何可知,平面中的一个二元方程代表一条曲线,因此又将微分方程解称为解曲线或积分曲线.如 $3y-x^3=C$ 是方程 $y'=x^2$ 的解(曲线),$y+\sin x=C_1x+C_2$ 是方程 $y''=\sin x$ 的解曲线,等等.显然,前面的例子中,微分方程的解曲线并不唯一,我们取不同的常数 C 和 C_1,C_2 便可得到不同的曲线.解中常数的取值和相互关系对解有重要的影响.若微分方程解含有的两个任意常数 C_1,C_2 中的任意一个不能由另一个表示,则称这两个任意常数为(相互)独立的.由此我们有通解和特解的概念.

定义 4 含有相互独立的任意常数且任意常数的个数等于方程的阶数的解,称为微分方程的通解.

例如,式(7)是方程(5)的通解.

若要判断某个解是否是通解,则需要确定微分方程的阶数和解中独立的任意常数的个数.一阶微分方程的通解形式是 $y=g(x,C)$ 或 $G(x,y,C)=0$;二阶微分方程的通解形式是 $y=g(x,C_1,C_2)$ 或 $G(x,y,C_1,C_2)=0$;……;n 阶微分方程的通解形式是 $y=g(x,C_1,C_2,\cdots,C_n)$ 或 $G(x,y,C_1,C_2,\cdots,C_n)=0$.

定义 5 通解中的独立常数取特定值而形成的微分方程的一个解称为特解,即方程的不含任意常数的解称为微分方程的特解.

显然,特解是指通解中一个特定的解而非任意的解,因此,求特解首先要求解原微分方程的通解.例如,式(4)是方程(1)的一个特解,式(8)则是方程(5)的一个特解.

定义 6　确定通解中任意独立常数并使之成为所求问题的特解的条件称为初始条件.

例如,式(3)和式(6)分别是对应方程的初始条件.

根据方程的阶数和通解形式,一阶微分方程的初始条件形式为 $y|_{x=x_0}=y_0$;二阶微分方程的初始条件形式为 $y|_{x=x_0}=y_0,y'|_{x=x_0}=y_1$;……;$n$ 阶微分方程的初始条件形式为 $y|_{x=x_0}=y_0,y'|_{x=x_0}=y_1,\cdots,y^{(n-1)}|_{x=x_0}=y_{n-1}$.

下面通过一个具体问题从几何角度来理解微分方程通解和特解的概念.

例 3　求一曲线,使在曲线上任一点(x,y)处的切线斜率等于该点的横坐标且过点(2,3).

分析　曲线上任一点(x,y)处切线的斜率为$\frac{\mathrm{d}y}{\mathrm{d}x}$,按题意应有

$$\frac{\mathrm{d}y}{\mathrm{d}x}=x. \tag{9}$$

由初始条件有

$$y|_{x=2}=3,$$

所以方程(9)的通解是 $y=\frac{1}{2}x^2+C$,符合题意的特解是 $y=\frac{1}{2}x^2+1$.

显然,上述通解在几何上表示由相互平行的抛物线组成的一族曲线,而特解则代表了其中的一条抛物线. 由于曲线族是由积分得到的,因此称通解曲线族为积分曲线族,称特解曲线为积分曲线.

与通常利用数学模型解决实际问题一样,利用微分方程解决实际问题可以分为三个基本步骤:① 建立数学模型(微分方程);② 模型(微分方程)求解;③ 对解进行检验和解释. 本章主要讨论如何求解微分方程,而建立微分方程模型的问题通过以下例子进行分析(具体解法后叙).

例 4　一潜水艇在下潜时,所受的阻力与下降的速度成正比,若潜水艇由静止状态开始下潜,求它的下潜运动规律.

分析　潜水艇主要依靠它的重力 G 克服阻力而做下降运动. 设潜水艇下降的位移 s 和时间的关系为 $s=s(t)$,在时刻 t 下降的速度是 $v(t)$,阻力为 kv(k 是比例常数),于是根据牛顿第二运动定律,其运动方程为

$$\frac{G}{g}\cdot\frac{\mathrm{d}^2s}{\mathrm{d}t^2}=G-k\frac{\mathrm{d}s}{\mathrm{d}t},且\begin{cases}s|_{t=0}=0,\\ \left.\frac{\mathrm{d}s}{\mathrm{d}t}\right|_{t=0}=0.\end{cases} \tag{10}$$

例 5　列车在平直轨道上以 20 m/s 的速度行驶. 当列车要进站时,列车的制动系统使其获得的加速度为$-0.4\ \mathrm{m/s^2}$. 问列车离站台多远处就应该开始制动?

分析　设列车制动后的运动规律(即制动后 t 秒时行驶的位置函数)为 $s=s(t)$,则根据题意,反映制动阶段列车运动规律的函数应满足关系式

$$\frac{d^2s}{dt^2}=-0.4,\quad \text{且}\begin{cases} s\big|_{t=0}=0, \\ \dfrac{ds}{dt}\Big|_{t=0}=20. \end{cases} \tag{11}$$

例 6　设盛水桶的截面积为 1 m^2，在距水面 1 m 的地方，水从一个直径为 2 cm 的小圆孔流出，若不计摩擦等因素，问多少时间后孔以上的水全部流完？

分析　要知道多少时间水流完，必须知道水流的规律. 由流体力学知，水从孔中流出的速度等于自由落体下落距离 h 所得到的速度，即 $\sqrt{2gh}$，但实际速度要小一些，约为

$$v=0.6\sqrt{2gh}=26.57\sqrt{h}\ \text{cm/s}.$$

故在 dt 时间内流出的水量是 $v\,dt$ 乘以圆孔的面积($\pi\cdot1^2=\pi$)，即 $\pi v\,dt$.

又设在 dt 时间内水面下降 dh 高度，于是有

$$-10\,000dh=\pi v dt=\pi 26.57\sqrt{h}dt. \tag{12}$$

如果从中解出了高度 h 与时间 t 之间的函数关系，就能解决所要求的问题了.

习题 9-1

1. 指出下列微分方程的阶数：

(1) $x\dfrac{dy}{dx}+y=3x$；　　(2) $y''+2(y')^2y+2x=1$；

(3) $xy'''+2y''+x^2y=0$；　　(4) $y^2dx+x^2dy=2xdy$；

(5) $\dfrac{d^3x}{dt^3}+t\left(\dfrac{d^2x}{dt^2}\right)^3+2x=0$.

2. 判断下表中左列函数是否为右列对应微分方程的解.

函　数	微分方程	答
$y=e^{-3x}+\frac{1}{3}$	$y'+3y=1$	
$y=5\cos 3x+\frac{x}{9}+\frac{1}{8}$	$y''-9y=x+\frac{1}{2}$	
$y^2(1+x^2)=C$	$xy\,dx+(1+x^2)dy=0$	
$y=x+\int_0^x e^{-t^2}dt$	$y''+2xy'=x$	
$y=C_1e^{2x}+C_2e^{3x}$	$y''-5y'+6y=0$	

3. 已知一曲线在点(x,y)处的切线斜率等于该点的横坐标的6倍,而且经过点(1,4),求该曲线的方程.

4. 有一质量为m的质点做直线运动,假定有一个和时间成正比的拉力作用在它上面,同时质点又受到与速度成正比的阻力,试建立速度随时间变化的微分方程.

5. 曲线上任一点的切线与横轴的交点的横坐标等于切点横坐标的一半,试建立曲线所满足的微分方程.

9.2　一阶微分方程

从**9.1**的讨论中可以看出,微分方程的通解与阶数有很大关系.事实上,不同阶数的微分方程在求解方法和技巧上也有很多的不同.作为微分方程的基本内容,本节主要探讨一阶微分方程的求解问题.由导数和微分的关系,一阶微分方程通常表示成如下形式:$P(x,y)\mathrm{d}x+Q(x,y)\mathrm{d}y=0$.从数学的角度而言,该形式中变量$x,y$的地位是一样的.也就是说,在数学上处理一阶微分方程时,既可将x当作自变量,y为因变量,也可反过来将y当作自变量,x为因变量,具体应以解题便利为准.

9.2.1　可分离变量的微分方程

若一阶微分方程

$$\frac{\mathrm{d}y}{\mathrm{d}x}=f(x,y) \tag{1}$$

中$f(x,y)$可以分解成x的函数$f_1(x)$和y的函数$f_2(y)$的乘积,即

$$f(x,y)=f_1(x)\cdot f_2(y),$$

其中$f_1(x),f_2(y)$分别是x,y的连续函数,则称方程(1)是可分离变量的微分方程.

若$f_2(y)=0$,则方程(1)为$\frac{\mathrm{d}y}{\mathrm{d}x}=0$,即$y=C$,其中$C$是任意常数,该解就是微分方程的解.通常这种常数解并非所需的解,故将这种常数解称为平凡解.不妨设$f_2(y)\neq0$,则方程(1)可以变形成

$$\frac{1}{f_2(y)}\mathrm{d}y=f_1(x)\mathrm{d}x. \tag{2}$$

式(2)等号左边只与y有关,等号右边只与x有关,称此为变量分离(形式).显然式(2)是一个微分等式,根据微积分相关理论(一阶微分形式不变性等)可以得出式(2)两端所对应的函数应该相等或至多相差一个常数,因此对式(2)两端积分,得

$$\int\frac{1}{f_2(y)}\mathrm{d}y=\int f_1(x)\mathrm{d}x+C. \tag{3}$$

事实上,不妨设式(3)左端的原函数为 $F(y)$,则

$$\frac{\mathrm{d}F(y)}{\mathrm{d}x}=\frac{\mathrm{d}F(y)}{\mathrm{d}y}\cdot\frac{\mathrm{d}y}{\mathrm{d}x}=\frac{1}{f_2(y)}f_1(x)f_2(y)=f_1(x).$$

因此 $F(y)$ 也是 $f_1(x)$ 的一个原函数,由不定积分知式(3)成立. 不妨再设式(3)右端的积分为 $G(x)$,则有 $F(y)=G(x)+C$,此式便是可分离变量方程(1)的通解. 如果 $F(y)$ 或 $G(x)$ 不能具体求出,那么这时微分方程的解通常由隐函数的形式给出.

例 1 求解 **9.1** 例 4 的运动方程

$$\begin{cases}\dfrac{G}{g}\cdot\dfrac{\mathrm{d}^2 s}{\mathrm{d}t^2}=G-k\dfrac{\mathrm{d}s}{\mathrm{d}t},\\ s\big|_{t=0}=0,\\ \dfrac{\mathrm{d}s}{\mathrm{d}t}\Big|_{t=0}=0.\end{cases}$$

解 因为 $\dfrac{\mathrm{d}s}{\mathrm{d}t}=v$,所以问题先简化成

$$\begin{cases}\dfrac{G}{g}\dfrac{\mathrm{d}v}{\mathrm{d}t}=G-kv,\\ s\big|_{t=0}=0,\\ v\big|_{t=0}=0.\end{cases}$$

这是一个可分离变量的微分方程. 分离变量后成为

$$\frac{G}{g(G-kv)}\mathrm{d}v=\mathrm{d}t,$$

两端积分

$$\int\frac{G\mathrm{d}v}{g(G-kv)}=\int\mathrm{d}t,$$

即

$$\frac{-G}{kg}\ln\frac{G-kv}{G}=t+C.$$

又因为 $v\big|_{t=0}=0$,可推出 $C=0$,所以有

$$G-kv=G\mathrm{e}^{-kgt/G},\ v=\frac{G}{k}(1-\mathrm{e}^{-kgt/G}).$$

由 $v=\dfrac{\mathrm{d}s}{\mathrm{d}t}$ 得

$$\frac{\mathrm{d}s}{\mathrm{d}t}=\frac{G}{k}(1-\mathrm{e}^{-kgt/G}),$$

两端积分

$$\int\mathrm{d}s=\int\frac{G}{k}(1-\mathrm{e}^{-kgt/G})\mathrm{d}t,$$

且注意到 $s|_{t=0}=0$ 的条件，即得潜水艇下降的运动规律为

$$s(t)=\frac{G}{k}\left(t+\frac{G}{kg}\mathrm{e}^{-kgt/G}-\frac{W}{kg}\right).$$

例 2 求解 **9.1** 例 5 的运动方程

$$\begin{cases}\dfrac{\mathrm{d}^2s}{\mathrm{d}t^2}=-0.4,\\ s|_{t=0}=0,\\ \left.\dfrac{\mathrm{d}s}{\mathrm{d}t}\right|_{t=0}=20.\end{cases}$$

解 对方程两端积分得

$$v=\frac{\mathrm{d}s}{\mathrm{d}t}=-0.4t+C_1;\tag{4}$$

再积分一次，得

$$s=-0.2t^2+C_1t+C_2,\tag{5}$$

这里 C_1，C_2 都是任意常数.

把条件"$\left.\dfrac{\mathrm{d}s}{\mathrm{d}t}\right|_{t=0}=20$"代入式(4)，得 $C_1=20$；把条件"$s|_{t=0}=0$"代入式(5)，得 $C_2=0$.

把 C_1，C_2 的值代入式(4)和式(5)，得

$$v=-0.4t+20,\tag{6}$$

$$s=-0.2t^2+20t.\tag{7}$$

在式(6)中令 $v=0$，得到列车从开始制动到完全停稳在站台上所需的时间

$$t=\frac{20}{0.4}=50\ \mathrm{s}.$$

再把 $t=50$ 代入式(7)，得到列车在制动阶段行驶的路程

$$s=-0.2\times50^2+20\times50=500\ \mathrm{m}.$$

例 3 求解

$$\begin{cases}y'=3(x-1)^2(1+y^2),\\ y|_{x=0}=1.\end{cases}$$

分析 这是一个可分离变量的微分方程，分离变量得

$$\frac{1}{1+y^2}\mathrm{d}y=3(x-1)^2\mathrm{d}x,$$

用两种方法求特解.

解法 1 先求通解. 两端积分，得

$$\int\frac{1}{1+y^2}\mathrm{d}y=3\int(x-1)^2\mathrm{d}x,$$

即

$$\arctan y=(x-1)^3+C.$$

以 $y|_{x=0}=1$ 代入,得 $\arctan 1=(0-1)^3+C$,得

$$C=\frac{\pi}{4}+1,$$

于是特解为

$$\arctan y=(x-1)^3+\frac{\pi}{4}+1.$$

解法 2 将特解直接写成积分上限函数的定积分等式(注意到 $y|_{x=0}=1$),得

$$\int_1^y \frac{1}{1+y^2}\mathrm{d}y = 3\int_0^x (x-1)^2\mathrm{d}x,$$

将积分算出,得

$$\arctan y\Big|_1^y=(x-1)^3\Big|_0^x,$$

即
$$\arctan y=(x-1)^3+\frac{\pi}{4}+1.$$

9.2.2 可化为可分离变量的微分方程

常见的可化为可分离变量的微分方程有以下三种.

1) $y'=f\left(\frac{y}{x}\right)$ 型微分方程

形如

$$y'=f\left(\frac{y}{x}\right) \tag{8}$$

的方程又称为齐次型方程,如 $y'=\frac{y}{x}+\tan\frac{y}{x}$. 求解这种方程的困难是:在等式右端,$x,y$ 总以 $\frac{y}{x}$ 的形式出现,无法分离. 既然这样,可将 $\frac{y}{x}$ 设成一个新的变量.

令 $u=\frac{y}{x}$,u 是新的未知函数 $u=u(x)$. 因为 $y=ux$,所以 $y'=xu'+u$,代入方程,得 $xu'+u=f(u)$,这就成了可分离变量的方程

$$x\frac{\mathrm{d}u}{\mathrm{d}x}=f(u)-u.$$

将它分离变量,得

$$\frac{1}{f(u)-u}\mathrm{d}u=\frac{1}{x}\mathrm{d}x,$$

两端积分,求出通解,再以 $u=\frac{y}{x}$ 代入,即得原方程的通解.

例 4 求微分方程 $y'=\frac{y}{x}+\tan\frac{y}{x}$ 的通解.

解　这是齐次型方程，令 $u=\frac{y}{x}$ 并代入方程，得

$$xu'+u=u+\tan u,\quad 即\ x\frac{\mathrm{d}u}{\mathrm{d}x}=\tan u,$$

分离变量，方程化为

$$\cot u\mathrm{d}u=\frac{1}{x}\mathrm{d}x,$$

两端积分，得这个方程的通解为

$$\ln|\sin u|=\ln|x|+\ln|C_1|,$$

即

$$\sin u=Cx.$$

再以 $u=\frac{y}{x}$ 代回，即得原方程的通解

$$\sin\frac{y}{x}=Cx.$$

之所以称 $y'=f\left(\frac{y}{x}\right)$ 型的方程为齐次型方程，是因为该方程中关于变量 x，y 次数是相等的(整齐的).

例 5　求微分方程 $(y^2-3x^2)\mathrm{d}x+2xy\mathrm{d}y=0$ 的通解.

解　将方程改写成

$$\frac{\mathrm{d}y}{\mathrm{d}x}=\frac{3x^2-y^2}{2xy},$$

将上式右端的分子、分母同除以 x^2，方程化为

$$\frac{\mathrm{d}y}{\mathrm{d}x}=\frac{3-\left(\frac{y}{x}\right)^2}{2\frac{y}{x}}.$$

这正是齐次型方程，求解留给读者.

例 6　有一小船渡河，它在每一时刻的速率都是 v_1，其方向始终指向它出发时正对岸的那一点 O，又设河水的速率是 v_2，试求船行的路线.

解　建立坐标系如图 9-2 所示. 设河宽为 a，船在任一点 $M(x,y)$ 处与 O 点连线跟 x 轴夹角为 θ. 船的瞬时速度在两个坐标轴上的分量为

$$\frac{\mathrm{d}x}{\mathrm{d}t}=v_2-v_1\cos\theta,$$

$$\frac{\mathrm{d}y}{\mathrm{d}t}=-v_1\sin\theta,$$

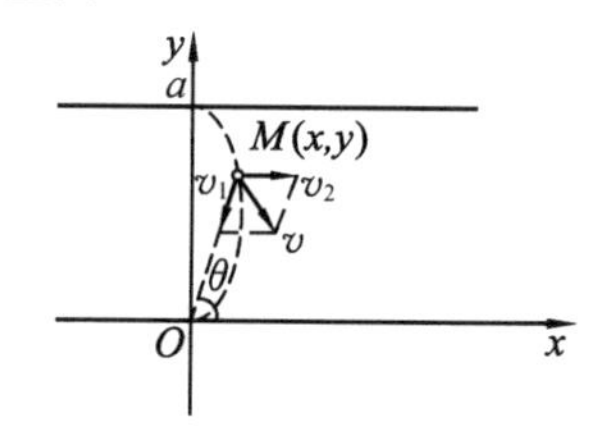

图 9-2

于是

$$\frac{\mathrm{d}y}{\mathrm{d}x}=\frac{-v_1\sin\theta}{v_2-v_1\cos\theta}=\frac{\sin\theta}{\cos\theta-b},$$

其中 $b=\frac{v_2}{v_1}$. 因为 MO 与 x 轴夹角为 θ,所以

$$\sin\theta=\frac{y}{\sqrt{x^2+y^2}},\ \cos\theta=\frac{x}{\sqrt{x^2+y^2}},$$

则可得定解问题为

$$\frac{\mathrm{d}y}{\mathrm{d}x}=\frac{y}{x-b\sqrt{x^2+y^2}},\text{且 } y|_{x=0}=a.$$

将方程改写成

$$\frac{\mathrm{d}x}{\mathrm{d}y}=\frac{x}{y}-b\sqrt{1+\left(\frac{x}{y}\right)^2},$$

则定解条件也变形成 $x|_{y=a}=0$.

令 $x=uy$,得
$$\frac{\mathrm{d}x}{\mathrm{d}y}=\frac{\mathrm{d}u}{\mathrm{d}y}y+u,$$

于是得
$$\frac{\mathrm{d}u}{\sqrt{1+u^2}}=-b\frac{\mathrm{d}y}{y},$$

这时的定解条件为 $u|_{y=a}=0$.

两端积分,得

$$\ln(u+\sqrt{1+u^2})=-b\ln|y|+C.$$

再由 $u|_{y=a}=0$ 可得 $C=b\ln a$. 从而得到

$$\ln(u+\sqrt{1+u^2})=b\ln\frac{a}{y}.$$

于是
$$u=\frac{1}{2}\left[\left(\frac{a}{y}\right)^b-\left(\frac{y}{a}\right)^b\right].$$

再用 $u=\frac{x}{y}$ 代回来,即得所求的解为

$$x=\frac{a}{2}\left[\left(\frac{a}{y}\right)^{b-1}-\left(\frac{y}{a}\right)^{b+1}\right].$$

对这个解进行分析:

(1) 若 $v_1>v_2$,则 $b<1\left(b=\frac{v_2}{v_1}\right)$,这时船能到达对岸 O 点;

(2) 若 $v_1<v_2$,则 $b>1$,当 $y\to0$ 时,$x\to\infty$,这时小船被水流冲走,而在无穷远处到达对岸;

(3) 若 $v_1=v_2$,则 $b=1$,这时小船的航行路线是一条抛物线 $x=\frac{a}{2}\left(1-\frac{y^2}{a^2}\right)$,当 $y\to0$ 时,$x\to\frac{a}{2}$. 也就是说,小船到达对岸的点不是 O 点,而是在下游离 O 点 $\frac{a}{2}$ 的地方.

对微分方程解的实际意义进行讨论,参照实际现象或实验进行验证是一件很有意义的事情.用实践检验所得理论的方法将贯穿这一章的始末.

2) $y'=f(ax+by+c)$ 型微分方程

用上面同样的思路,对

$$y'=f(ax+by+c), \tag{9}$$

令 $u=ax+by+c$,u 为新的未知函数,于是

$$y=\frac{1}{b}(u-ax-c),\ y'=\frac{1}{b}(u'-a),$$

代入原方程,原微分方程就变成

$$\frac{1}{b}\left(\frac{du}{dx}-a\right)=f(u),$$

即

$$\frac{du}{bf(u)+a}=dx.$$

这是变量可分离的方程.

例 7 求微分方程 $y'=(2x+y+3)^2$ 的通解.

解 令 $u=2x+y+3$,于是

$$y=u-2x-3,y'=u'-2,$$

代入原方程,得

$$u'-2=u^2,\text{即}\frac{du}{dx}=u^2+2.$$

分离变量,得

$$\frac{1}{2+u^2}du=dx.$$

两端积分,求得通解为

$$\frac{1}{\sqrt{2}}\arctan\frac{u}{\sqrt{2}}=x+C_1,\ \text{即}\ u=\sqrt{2}\tan(\sqrt{2}x+C)\quad(\text{这里}\ C=\sqrt{2}\ C_1).$$

代回原变量,得原方程的通解为

$$2x+y+3=\sqrt{2}\tan(\sqrt{2}x+C).$$

3) $y'=f\left(\dfrac{ax+by+c}{a_1x+b_1y+c_1}\right)$ 型微分方程 $\left(\dfrac{a}{a_1}\neq\dfrac{b}{b_1}\right)$

对

$$y'=f\left(\frac{ax+by+c}{a_1x+b_1y+c_1}\right)\quad\left(\frac{a}{a_1}\neq\frac{b}{b_1}\right), \tag{10}$$

先讨论一个简单情形:$c=c_1=0$,则 $y'=f\left(\dfrac{ax+by}{a_1x+b_1y}\right)$,将括号内分式的分子、分母同除以 x,就成为齐次型方程

$$y'=f\left(\frac{a+by/x}{a_1+b_1y/x}\right).$$

由此可见,对 $y'=f\left(\dfrac{ax+by+c}{a_1x+b_1y+c_1}\right)$,只要作一个变换,将右端分式中分子、分母的常数项变成 0,且左端形式不变,它就可化为齐次型方程. 因此,令

$$\begin{cases}x=X+x_0,\\ y=Y+y_0,\end{cases} 即 \begin{cases}X=x-x_0,\\ Y=y-y_0.\end{cases}$$

此时,$\dfrac{dy}{dx}=\dfrac{d(Y+y_0)}{d(X+x_0)}=\dfrac{dY}{dX}$,且

$$\begin{aligned}ax+by+c&=a(X+x_0)+b(Y+y_0)+c\\&=aX+bY+(ax_0+by_0+c),\\ a_1x+b_1y+c_1&=a_1(X+x_0)+b_1(Y+y_0)+c_1\\&=a_1X+b_1Y+(a_1x_0+b_1y_0+c_1).\end{aligned}$$

只要取 x_0, y_0,使得

$$\begin{cases}ax_0+by_0+c=0,\\ a_1x_0+b_1y_0+c_1=0,\end{cases}$$

即取 x_0,y_0 为下述代数方程组的解:

$$\begin{cases}ax+by+c=0,\\ a_1x+b_1y+c_1=0,\end{cases}$$

则方程变成

$$\frac{dY}{dX}=f\left(\frac{aX+bY}{a_1X+b_1Y}\right),$$

于是可以再转化为齐次型方程.

例 8 求微分方程 $y'=\left(\dfrac{3x-y-3}{2x-3y+5}\right)^2$ 的通解.

解 先解代数方程组

$$\begin{cases}3x-y-3=0,\\ 2x-3y+5=0.\end{cases}$$

解得

$$\begin{cases}x_0=2,\\ y_0=3.\end{cases}$$

令 $x=X+2$,$y=Y+3$,方程变成

$$\frac{dY}{dX}=\left(\frac{3X-Y}{2X-3Y}\right)^2.$$

将它改写成

$$\frac{dY}{dX}=\left(\frac{3-Y/X}{2-3Y/X}\right)^2.$$

然后令 $u=Y/X$,于是 $Y=Xu$,其中 u 是 X 的函数.

$$\frac{dY}{dX}=u+X\frac{du}{dX},$$

方程变成

$$u+X\frac{\mathrm{d}u}{\mathrm{d}X}=\left(\frac{3-u}{2-3u}\right)^2.$$

这是可分离变量的方程.下面的求解留给读者.

注意　解出后,将 u 以 Y/X 代入,再将 $Y=y-3,X=x-2$ 代入.

9.2.3　一阶线性微分方程

形如

$$a(x)y'+b(x)y=c(x) \tag{11}$$

的微分方程称为一阶线性微分方程.其中 $a(x)$, $b(x)$,$c(x)$都是 x 的连续函数,且称 $a(x)$, $b(x)$为系数函数,$c(x)$称为自由项.

若式(11)中 $c(x)\equiv 0$,则

$$a(x)y'+b(x)y=0$$

称为一阶齐次线性微分方程.相应地,若 $c(x)\neq 0$,则

$$a(x)y'+b(x)y=c(x),$$

称为一阶非齐次线性微分方程.自由项 $c(x)$又称为非齐次项.

若系数是常数,则

$$ay'+by=c(x)\quad (a,b\text{ 是常数}),$$

称为一阶常系数线性微分方程.

如果将方程 $a(x)y'+b(x)y=c(x)$的两端同除以 $a(x)$,就将 y'的系数化为1,成为形如

$$y'+P(x)y=Q(x) \tag{12}$$

的方程,称其为一阶线性微分方程的标准形式.

为了求出非齐次线性方程(12)的解,先把 $Q(x)$换成零,得到

$$\frac{\mathrm{d}y}{\mathrm{d}x}+P(x)y=0. \tag{13}$$

方程(13)称为方程(12)对应的齐次线性方程,它是可分离变量的方程.显然 $y\equiv 0$ 是它的一个平凡解,该方程的非平凡解必为非零解.

方程(13)分离变量后,得

$$\frac{1}{y}\mathrm{d}y=-P(x)\mathrm{d}x.$$

两端积分,得
$$\ln|y|=-\int P(x)\mathrm{d}x+C_1,$$

即
$$y=\pm\mathrm{e}^{C_1}\cdot\mathrm{e}^{-\int P(x)\mathrm{d}x}.$$

令 $C=\pm\mathrm{e}^{C_1}$,则通解为
$$y=C\mathrm{e}^{-\int P(x)\mathrm{d}x}. \tag{14}$$

在方程(13)的通解

$$y = Ce^{-\int P(x)\mathrm{d}x}$$

中,当 C 取 1 时,得 $e^{-\int P(x)\mathrm{d}x}$,仍是方程(13)的一个解,记作 $y_1 = e^{-\int P(x)\mathrm{d}x}$,于是方程(13)的通解可表示成

$$y=Cy_1.$$

下面讨论一阶非齐次线性微分方程的解法.

设有一阶线性非齐次微分方程

$$y'+P(x)y=Q(x), \tag{15}$$

它所对应的一阶线性齐次微分方程的通解

$$y = Ce^{-\int P(x)\mathrm{d}x}.$$

当 $Q(x)\neq 0$ 时,显然 $y = Ce^{-\int P(x)\mathrm{d}x}$ 不能满足式(15).事实上,由式(15)得

$$\frac{\mathrm{d}y}{y}=\frac{Q(x)}{y}\mathrm{d}x-P(x)\mathrm{d}x. \tag{15'}$$

因为 $y=y(x)$,所以 $\frac{Q(x)}{y}$ 是 x 的函数,从而积分 $\int \frac{Q(x)}{y}\mathrm{d}x$ 是 x 的函数,不妨设 $v(x) = \int \frac{Q(x)}{y}\mathrm{d}x$,于是由式(15′)得

$$\ln|y| = v(x) - \int P(x)\mathrm{d}x,$$

即

$$y = e^{v(x)} \cdot e^{-\int P(x)\mathrm{d}x}.$$

令 $e^{v(x)}=u(x)$,于是得式(15)的解的形式为

$$y = u(x) \cdot e^{-\int P(x)\mathrm{d}x}. \tag{15''}$$

将它与 $y = Ce^{-\int P(x)\mathrm{d}x}$ 比较,可以看到,为了求一阶线性非齐次微分方程的通解,只要将其对应的齐次方程的通解中的常数 C 换成未知函数 $u(x)$,即作变换(常数变易为函数)

$$C=u(x),$$

将 $y = u(x)e^{-\int P(x)\mathrm{d}x}$ 代入原方程,即可求得 $u(x)$.事实上,当 $y = u(x)e^{-\int P(x)\mathrm{d}x}$ 时,

$$\frac{\mathrm{d}y}{\mathrm{d}x} = u'(x)e^{-\int P(x)\mathrm{d}x} - u(x)P(x)e^{-\int P(x)\mathrm{d}x},$$

代入方程(15),得

$$u'(x)e^{-\int P(x)\mathrm{d}x} - u(x)P(x)e^{-\int P(x)\mathrm{d}x} + P(x)u(x)e^{-\int P(x)\mathrm{d}x} = Q(x),$$

即

$$u'(x)e^{-\int P(x)\mathrm{d}x} = Q(x),$$

也就是

$$u'(x) = Q(x)e^{\int P(x)\mathrm{d}x},$$

所以 $u(x)=\int Q(x)e^{\int P(x)dx}dx+C$. 代入式(15″),得

$$y=\left(\int Q(x)e^{\int P(x)dx}dx+C\right)\cdot e^{-\int P(x)dx}. \tag{16}$$

以上的方法称为常数变易法,即将式(14)中常数 C 换成 x 的待定函数 $u(x)$,然后去确定 $u(x)$,使式(15″)成为方程(15)的解.

下面分析一阶线性非齐次微分方程(15)的通解结构.

在式(16)中,当取 $C=0$ 时,仍是线性非齐次方程(15)的解,记作

$$y^*=e^{-\int P(x)dx}\cdot\int Q(x)e^{\int P(x)dx}dx,$$

再将式(16)写成

$$y=Ce^{-\int P(x)dx}+e^{-\int P(x)dx}\cdot\int Q(x)e^{\int P(x)dx}dx,$$

其中第一项是对应线性齐次方程的通解,第二项是线性非齐次方程的一个解 y^*.于是一阶线性非齐次微分方程的通解可以写成

$$y=Cy_1+y^*,$$

其中 y_1 是对应齐次方程的一个非零解,y^* 是非齐次方程的一个解.通解(16)的结构是普遍的还是独特的?它能否给我们求解微分方程更多的提示?这些问题留待 **9.4** 节中进一步讨论.

通过上面的讨论得知,求一阶非齐次线性微分方程的通解常采取下述步骤:

第一步,求对应的齐次线性微分方程的通解;

第二步,用常数变易法求非齐次线性微分方程的一个特解;

第三步,根据通解的结构写出通解.

在熟练求解步骤以后,也可以直接套用公式

$$y=e^{-\int P(x)dx}\left(\int Q(x)e^{\int P(x)dx}dx+C\right).$$

例 9 求微分方程 $y'+\frac{1}{x}y=\frac{\sin x}{x}$ 的通解.

解法 1 先求对应的齐次微分方程

$$y'+\frac{1}{x}y=0$$

的通解.分离变量,得

$$\frac{dy}{y}=-\frac{dx}{x},$$

两端积分,再化简得

$$y=\frac{C}{x}.$$

然后利用常数变易法,即把上式中的 C 看成 x 的函数 $u(x)$. 而

$$y'=\frac{u'(x)}{x}-\frac{u(x)}{x^2}.$$

代入原方程,得

$$\frac{u'(x)}{x}-\frac{u(x)}{x^2}+\frac{1}{x}\cdot\frac{u(x)}{x}=\frac{\sin x}{x},$$

即

$$u'(x)=\sin x,$$

$$u(x)=-\cos x+C.$$

所以由 $y=Cy_1+y^*$,得

$$y=\frac{C}{x}-\frac{\cos x}{x}=\frac{1}{x}(C-\cos x).$$

解法 2 直接应用公式(16)得

$$\begin{aligned}y&=e^{-\int\frac{1}{x}dx}\left(\int\frac{\sin x}{x}\cdot e^{\int\frac{1}{x}dx}dx+C\right)=e^{-\ln x}\left(\int\frac{\sin x}{x}\cdot e^{\ln x}dx+C\right)\\&=\frac{1}{x}\left(\int\sin x dx+C\right)=\frac{1}{x}(-\cos x+C).\end{aligned}$$

例 10 求微分方程 $(x^2-1)y'+2xy-\cos x=0$ 的通解.

解 方程变形为

$$y'+\frac{2x}{x^2-1}y=\frac{\cos x}{x^2-1},$$

这里 $P(x)=\frac{2x}{x^2-1}$, $Q(x)=\frac{\cos x}{x^2-1}$,代入公式(16)得

$$\begin{aligned}y&=e^{-\int P(x)dx}\left(\int Q(x)e^{\int P(x)dx}dx+C\right)=e^{-\int\frac{2x}{x^2-1}dx}\left(\int\frac{\cos x}{x^2-1}e^{\int\frac{2x}{x^2-1}dx}dx+C\right)\\&=\frac{1}{x^2-1}\left(\int\cos x dx+C\right)=\frac{C}{x^2-1}+\frac{\sin x}{x^2-1}=\frac{C+\sin x}{x^2-1}.\end{aligned}$$

当把 y 看作 x 的函数时,有的微分方程不是一阶线性微分方程,但是如果反过来,将 x 看作 y 的函数,就是一阶线性微分方程.

例 11 求解方程 $y\ln y dx+(x-\ln y)dy=0$.

解 把 y 看作自变量,x 看作因变量,方程成为

$$\frac{dx}{dy}+\frac{1}{y\ln y}x=\frac{1}{y},$$

这里

$$P(y)=\frac{1}{y\ln y},\ Q(y)=\frac{1}{y}.$$

因此

$$\begin{aligned}x&=e^{-\int\frac{1}{y\ln y}dy}\left(\int\frac{1}{y}e^{\int\frac{1}{y\ln y}dy}dy+C\right)=e^{-\ln\ln y}\left(\int\frac{1}{y}e^{\ln\ln y}dy+C\right)\\&=\frac{1}{\ln y}\left(\int\frac{\ln y}{y}dy+C\right)=\frac{1}{2}\ln y+\frac{C}{\ln y}.\end{aligned}$$

下面简单介绍建立微分方程的方法. 在 **9.1** 列举的几个具体问题是直接根据物理定律或几何条件列出方程,这是建立微分方程的一种常用方法. 另外,还有一种常用方法就是小元素平衡法,此法类似定积分应用中的元素法,取小元素分析,然后利用物理定律建立方程,举例说明如下.

例 12 一容器内盛盐水 100 L,含盐 50 g. 现以质量浓度为 $c_1=2$ g/L 的盐水注入容器内,其速率为 $\phi_1=3$ L/min,设注入盐水与原有盐水被搅拌而迅速成为均匀的混合液,同时,此混合液又以速率 $\phi_2=2$ L/min 从底部小孔流出. 试求容器内的盐量与时间 t 的函数关系(见图 9-3).

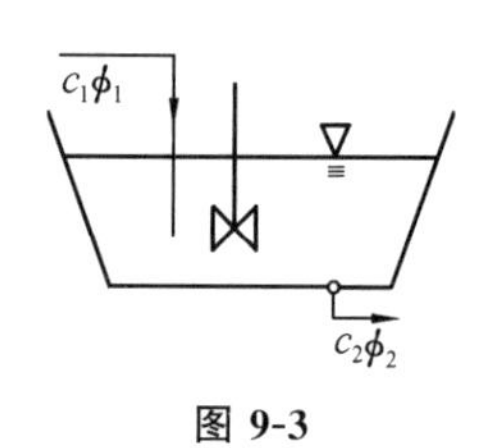

图 9-3

解 设在 t 时刻容器内含盐量为 x g.

在时刻 t,容器内盐水体积为

$$100+(3-2)t=100+t,$$

故流出的混合液在时刻 t 的质量浓度为

$$c_2=\frac{x}{100+t}\ \mathrm{g/L}.$$

下面用类似定积分应用中的元素法建立微分方程.

取小元素:在 t 到 $t+\mathrm{d}t$ 这段时间内,流入盐量为 $c_1\phi_1\mathrm{d}t$,流出盐量为 $c_2\phi_2\mathrm{d}t$,而容器内盐的增量 $\mathrm{d}x=x(t+\mathrm{d}t)-x(t)$ 应等于流入量减去流出量,即

$$\mathrm{d}x=(c_1\phi_1-c_2\phi_2)\mathrm{d}t$$

或

$$\frac{\mathrm{d}x}{\mathrm{d}t}=c_1\phi_1-c_2\phi_2.$$

以 $c_1=2$, $\phi_1=3$, $c_2=\frac{x}{100+t}$, $\phi_2=2$ 代入,即得

$$\frac{\mathrm{d}x}{\mathrm{d}t}=6-\frac{2x}{100+t}$$

或

$$\frac{\mathrm{d}x}{\mathrm{d}t}+\frac{2x}{100+t}=6. \tag{17}$$

初始条件为

$$x|_{t=0}=50. \tag{18}$$

方程(17)是一阶非齐次线性方程,通解为

$$x=2(100+t)+C(100+t)^{-2}.$$

以初始条件(18)代入,得

$$50=200+\frac{C}{100^2},$$

则

$$C=-1.5\times10^6.$$

于是所求函数关系为

$$x=2(100+t)-\frac{1.5\times10^6}{(100+t)^2}.$$

9.2.4 可化为一阶线性微分方程的方程

1) 伯努利(Bernoulli)方程

形如

$$y'+P(x)y=Q(x)y^n \tag{19}$$

的微分方程称为伯努利方程.

这种方程虽然不是一阶线性微分方程,但通过变量代换可以化为一阶线性方程.

在式(19)的伯努利方程中,$n=1$ 时是变量可分离的方程;$n=0$ 时是一阶线性非齐次方程,所以以下讨论伯努利方程时约定 $n\neq 0,n\neq 1$.

对于方程(19),可通过下述方法引入新的未知函数,将其化为一阶线性微分方程.

首先将方程(19)改写成

$$y^{-n}y'+P(x)y^{-n+1}=Q(x),$$

然后令 $z=y^{-n+1}$,因为 $z'=(1-n)y^{-n}y'$,所以方程(19)化为

$$\frac{1}{1-n}z'+P(x)z=Q(x)$$

或

$$\frac{dz}{dx}+(1-n)P(x)z=(1-n)Q(x). \tag{20}$$

这是关于 x 的一阶线性微分方程,求出这方程的通解后,以 y^{1-n} 代换 z,便得到所求伯努利方程的通解.

例 13 求微分方程 $\frac{dy}{dx}+\frac{1}{x}y=a(\ln x)y^2$ 的通解.

解 方程的两端除以 y^2,得

$$y^{-2}\frac{dy}{dx}+\frac{1}{x}y^{-1}=a\ln x,$$

即

$$-\frac{d(y^{-1})}{dx}+\frac{1}{x}y^{-1}=a\ln x.$$

令 $z=y^{-1}$,则上述方程成为

$$\frac{dz}{dx}-\frac{1}{x}z=-a\ln x.$$

这是一个一阶线性微分方程,它的通解为

$$z=x\left[C-\frac{a}{2}(\ln x)^2\right],$$

以 y^{-1} 代 z,得所求方程的通解为

$$yx\left[C-\frac{a}{2}(\ln x)^2\right]=1.$$

2）其他类型

有些方程虽然不是伯努利方程,但运用与上面类似的方法也可以化为一阶线性微分方程.

例 14　求微分方程 $2yy'+\frac{1}{x}y^2=x^2$ 的通解.

解　这是一个非线性微分方程,注意到

$$(y^2)'=2yy',$$

于是方程可写成

$$(y^2)'+\frac{1}{x}y^2=x^2.$$

若引入一个新的未知函数 $z(x)=y^2$,则方程变成一阶线性微分方程

$$z'+\frac{1}{x}z=x^2,$$

其通解为 $z=C\frac{1}{x}+\frac{1}{4}x^3$,于是原方程的通解为

$$y^2=C\frac{1}{x}+\frac{1}{4}x^3.$$

例 15　将方程 $e^y y'-\frac{1}{x}e^y=x^2$ 化为一阶线性微分方程.

解　令 $z=e^y$,得

$$z'-\frac{1}{x}z=x^2,$$

这是一阶线性微分方程.

例 16　将 $\frac{1}{y}y'-\frac{1}{x}\ln y=x^2$ 化为一阶线性微分方程.

解　令 $z=\ln y$,因为 $(\ln y)'=\frac{1}{y}y'$,所以原方程可改写为

$$(\ln y)'-\frac{1}{x}\ln y=x^2,$$

即

$$z'-\frac{1}{x}z=x^2,$$

这是一个一阶线性微分方程.

以上种种情况表明,利用变量代换(因变量的代换或自变量的代换),把一个微分方程化为变量可分离的方程或化为已知其求解方法和技巧的方程,这是解微分方程常用的方法之一.

下面通过例题研究求解一阶微分方程的反问题.

例 17　设含有一个任意常数 C 的方程

$$\varphi(x,\ y,\ C)=0, \tag{21}$$

它的图形通常是一族曲线，称为单参数的曲线族. 求一个一阶微分方程，使得单参数曲线族的方程(21)是该一阶微分方程的通解(隐式).

解 将式(21)的两端对 x 求导(隐函数求导)，得

$$\varphi_x(x,y,C)+\varphi_y(x,y,C)y'=0. \tag{22}$$

将式(21)和(22)联立，消去 C，即得含 x, y, y' 的方程

$$F(x,y,y')=0.$$

因为式(21)所确定的函数一定满足这个微分方程，所以这个微分方程就是单参数曲线族的微分方程.

上面介绍了可以用积分方法求解的几种微分方程的类型，这些方程的特点是可以利用分离变量来求解. 同时，并不是任意一个一阶微分方程都能用积分法求解. 例如，著名的黎卡提(Riccati)方程

$$\frac{dy}{dx}=P(x)y^2+Q(x)y+R(y)$$

在一般情况下就不能用积分方法求解.

习题 9-2

1. 求下列微分方程的通解或满足初始条件的特解：

(1) $y'=3x^2(1+y)^2$；　(2) $2(xy+x)y'=y$；

(3) $ye^{x+y}dy=dx$；　(4) $dy=x(2ydx-xdy)$, $y(1)=4$.

2. 验证下列方程是齐次微分方程，并求解：

(1) $xy'=y(\ln y-\ln x)$；　(2) $y'=\dfrac{x}{y}+\dfrac{y}{x}$, $y(1)=0$；

(3) $(x^2-y^2)dx+xydy=0$；

(4) $(x^2+2xy-y^2)dx-(y^2+2xy-x^2)dy=0$, $y(1)=1$.

3. 设一段向上凸的光滑曲线连接 $O(0,0)$，$A(1,1)$两点，曲线与线段 OP 所围成的图形的面积为 x^2, $P(x,y)$为曲线弧 OA 上任一点，求该曲线的方程.

4. 求下列微分方程的通解或满足初始条件的解：

(1) $xy'-3y=x^4$；　(2) $y'-2xy=x-x^3$, $y(0)=1$；

(3) $y'-y\tan x+y^2\cos x=0$；　(4) $y'=\dfrac{y}{x+y^3}$.

5. 求一曲线的方程，使曲线在(x,y)处的切线斜率等于 $2x+y$，并且通过原点.

9.3 可降阶的特殊高阶微分方程

二阶以及二阶以上的微分方程称为高阶微分方程. 本节介绍可以用积分求解的高阶方程. 这种方程总的特点是自变量 x，因变量 y 以及 y 的低阶导数 $y^{(n-1)}$，

$y^{(n-2)}, \cdots, y'$中至少有一个在微分方程中不明显出现,这类方程统称为可降阶的高阶微分方程.从名称上可看出这类方程是通过代换法(又称降阶法)将它化为一阶微分方程来处理的方程.本节主要讨论三种容易降阶的高阶微分方程的求解方法.

1) $y^{(n)}=f(x)$型微分方程

方程 $y^{(n)}=f(x)$的特点是右端仅为自变量 x 的一个已知连续函数 $f(x)$.因此,只要把 $y^{(n-1)}$作为新的未知函数,$y^{(n)}=f(x)$就是新未知函数的一阶微分方程.两端积分,就得新的未知函数 $y^{(n-1)}$的通解

$$y^{(n-1)}=\int f(x)\mathrm{d}x+C_1. \tag{1}$$

式(1)是一个$(n-1)$阶的微分方程.同理可得

$$y^{(n-2)}=\int\left[\int f(x)\mathrm{d}x+C_1\right]\mathrm{d}x+C_2.$$

依此继续进行,接连积分 n 次,便得方程(1)的含有 n 个任意常数的通解.

例 1　求微分方程 $y^{(3)}=x\mathrm{e}^x$ 的通解.

解　对所给方程积分 3 次,得

$$\begin{aligned} y'' &=\int x\mathrm{e}^x\mathrm{d}x=(x-1)\mathrm{e}^x+C_1', \\ y' &=(x-2)\mathrm{e}^x+C_1'x+C_2, \\ y &=(x-3)\mathrm{e}^x+C_1x^2+C_2x+C_3, \end{aligned}$$

其中 $C_1=\dfrac{C_1'}{2}$.

2) $y''=f(x, y')$型微分方程

这类方程的特点是方程中不显含未知函数 y.因此,可以令 $y'=p(x)$,将$p(x)$作为新的未知函数,就可将方程降成 p 和 x 的一阶方程.事实上,经过变换后,方程便成为

$$p'=f(x,p).$$

如果从中能求出解 $p=\varphi(x,C_1)$,再由$\dfrac{\mathrm{d}y}{\mathrm{d}x}=\varphi(x,C_1)$就可求得原方程的解

$$y=\psi(x, C_1, C_2)$$

例 2　求方程$(1-x^2)y''-xy'=0$ 满足初始条件 $y|_{x=0}=0, y'|_{x=0}=1$ 的特解.

解　令 $y'=p$,则原方程化为

$$(1-x^2)p'-xp=0.$$

分离变量,积分并化简,得到

$$p=\frac{C_1}{\sqrt{1-x^2}}.$$

由 $y'=p=\dfrac{C_1}{\sqrt{1-x^2}}$，得到通解

$$y=C_1\arcsin x+C_2.$$

将初始条件代入，得到

$$C_1=1, C_2=0,$$

则所求方程的特解为

$$y=\arcsin x.$$

例 3 求证曲率恒为非零常数的曲线一定是圆.

证 设曲线的曲率恒为常数 $\dfrac{1}{a}(a>0)$，则

$$\frac{[1+(y')^2]^{\frac{3}{2}}}{|y''|}=a,$$

即

$$\frac{[1+(y')^2]^{\frac{3}{2}}}{y''}=\pm a. \tag{2}$$

这是不显含未知函数 y 的二阶方程. 令 $y'=p$，方程变成

$$(1+p^2)^{\frac{3}{2}}=\pm a p',$$

分离变量，得

$$\pm a\frac{1}{(1+p^2)^{\frac{3}{2}}}\mathrm{d}p=\mathrm{d}x,$$

两端积分，得

$$\pm a\frac{p}{\sqrt{1+p^2}}=x+C_1,$$

从中解出 p，再以 $p=y'$ 代入，得

$$y'=\pm\frac{x+C_1}{\sqrt{a^2-(x+C_1)^2}},$$

再积分一次，得 $y+C_2=\mp\sqrt{a^2-(x+C_1)^2}$，即

$$(x+C_1)^2+(y+C_2)^2=a^2.$$

这是半径为 a 的圆的曲线方程.

例 4(悬链线问题) 设有一质量分布均匀，可以任意变形，但绝对不伸长的绳索，挂在等高的两点之间，在自身重力的作用下，处于平衡状态. 试求这条绳索自然下垂形成的曲线方程.

解 为了研究这条绳子的形状，在它所在的平面内取一直角坐标系(见图 9-4)，设绳子所形成的曲线方程为 $y=f(x)$，记 y 轴过曲线最低点为 A，$|OA|$ 等于某个定值(这个定值在以后说明)，并记绳子线密度为 ρ(常数). 在

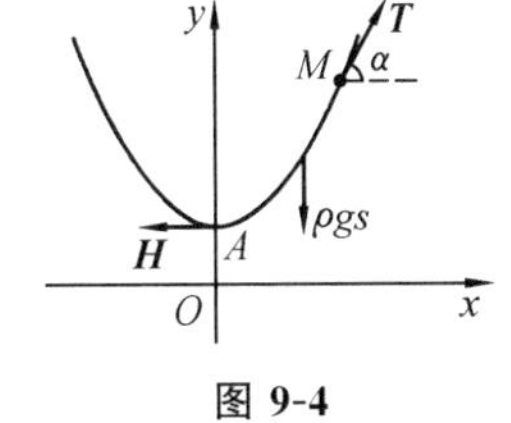

图 9-4

曲线上任取一点 $M(x,y)$，考虑弧$\overset{\frown}{AM}$受力平衡的方程．弧$\overset{\frown}{AM}$所受的力有：

(1) 点 A 处的水平张力 $\boldsymbol{H}$，当绳子位置固定时，$\boldsymbol{H}$ 是常力，可测出并记其大小为 H，H 为常数；

(2) 点 M 处的张力 $\boldsymbol{T}$，因 (x,y) 是曲线上任一点，所以 $\boldsymbol{T}$ 随 x 而定，记 $\boldsymbol{T}$ 的大小为 T，T 是 x 的函数；

(3) 弧$\overset{\frown}{AM}$的重力 $\boldsymbol{P}$，$\boldsymbol{P}$ 随 x 而定，记$\overset{\frown}{AM}$的长度为 s，则

$$s=\int_0^x\sqrt{1+y'^2}\,\mathrm{d}x.$$

因为绳子的线密度 ρ 为常数，绳子均匀，所以重力 $\boldsymbol{P}$ 的大小为

$$P=\rho gs=\rho g\int_0^x\sqrt{1+y'^2}\,\mathrm{d}x.$$

因为弧$\overset{\frown}{AM}$处于平衡状态，所以合外力在 x,y 方向的分力均为 0，即

$$\begin{cases}T\sin\alpha+\left(-\rho g\int_0^x\sqrt{1+y'^2}\,\mathrm{d}x\right)=0,\\ T\cos\alpha+(-H)=0,\end{cases}$$

这里 α 为曲线在点 $M(x,y)$ 处的倾角．于是有

$$\begin{cases}T\sin\alpha=\rho g\int_0^x\sqrt{1+y'^2}\,\mathrm{d}x,\\ T\cos\alpha=H.\end{cases}$$

将两式相除，得

$$\tan\alpha=\frac{\rho g}{H}\int_0^x\sqrt{1+y'^2}\,\mathrm{d}x.$$

由 $y'=\tan\alpha$，再记 $a=\dfrac{H}{\rho g}$，得

$$y'=\frac{1}{a}\int_0^x\sqrt{1+y'^2}\,\mathrm{d}x.$$

两端对 x 求导，得

$$y''=\frac{1}{a}\sqrt{1+y'^2}. \tag{3}$$

方程(3)就是所要寻找的曲线应满足的微分方程．它是属于不显含未知函数 y 的二阶方程．这里取原点 O 到点 A 的距离为定值 a，即 $|OA|=a$，那么初始条件为

$$y|_{x=0}=a,\ y'|_{x=0}=0.$$

下面求解该问题．

令 $y'=p$，则 $y''=\dfrac{\mathrm{d}p}{\mathrm{d}x}$，代入方程(3)，并分离变量，得

$$\frac{\mathrm{d}p}{\sqrt{1+p^2}}=\frac{\mathrm{d}x}{a}.$$

两端积分,得

$$\operatorname{arsh} p=\frac{x}{a}+C_1. \tag{4}$$

把条件 $y'|_{x=0}=p|_{x=0}=0$ 代入式(4),得 $C_1=0$,于是式(4)成为

$$\operatorname{arsh} p=\frac{x}{a},$$

即

$$y'=\operatorname{sh}\frac{x}{a}.$$

再积分一次,便得

$$y=a\operatorname{ch}\frac{x}{a}+C_2. \tag{5}$$

将初始条件 $y|_{x=0}=a$ 代入式(5),得

$$C_2=0,$$

于是所要寻找的曲线方程为

$$y=a\operatorname{ch}\frac{x}{a}=\frac{a}{2}\left(e^{\frac{x}{a}}+e^{-\frac{x}{a}}\right). \tag{6}$$

该曲线称为悬链线.

3) $y''=f(y,y')$ 型微分方程

这类方程的特点是方程中不显含自变量 x,若将 y 看成自变量,即令 $y'=p=p(y)$,则有

$$\frac{d^2y}{dx^2}=\frac{dp}{dx}=\frac{dp}{dy}\cdot\frac{dy}{dx}=\frac{dp}{dy}\cdot p,$$

于是 $y''=f(y, y')$ 变成

$$p\frac{dp}{dy}=f(y,p). \tag{7}$$

这是关于 $p=p(y)$ 的一阶微分方程,如果能用前面所讨论的方法求得 $p=\varphi(y,c)$,再由 $\frac{dy}{dx}=\varphi(y,c)$ 或 $\frac{dy}{\varphi(y,c)}=dx$ 求得原方程的解,就能得二阶方程 $y''=f(y,y')$ 的解.

例 5 求微分方程 $y''+\frac{2}{1-y}y'^2=0$ 的通解.

解 这是不显含自变量 x 的二阶非线性微分方程.

令 $\frac{dy}{dx}=p$,于是有

$$p\frac{dp}{dy}+\frac{2}{1-y}p^2=0.$$

分离变量,积分并化简,得

$$p=C_1(1-y)^2.$$

再次分离变量并积分,得通解

$$\frac{1}{1-y}=C_1x+C_2.$$

例 6 已知 $y=C_1\sin x+C_2\cos x$,求其所满足的微分方程.

解 由 $y=C_1\sin x+C_2\cos x$,得

$$\begin{cases}y'=C_1\cos x-C_2\sin x,\\ y''=-C_1\sin x-C_2\cos x.\end{cases} \tag{8}$$

由方程组(8)解得

$$C_1=y'\cos x-y''\sin x,C_2=-(y'\sin x+y''\cos x),$$

代入曲线族方程 $y=C_1\sin x+C_2\cos x$,得微分方程

$$y''+y=0.$$

对于含有多于两个参数的曲线族,其微分方程的求法类似.

习题 9-3

1. 求下列微分方程的解:

(1) $y''=\ln x$; (2) $y''=y'-2x$;

(3) $y''=(y')^2+1$; (4) $yy''+(y')^2=0$.

2. 求下列微分方程满足初始条件的特解:

(1) $(1+x^2)y''-2xy'=0$, $y(0)=1$, $y'(0)=3$;

(2) $y''=3\sqrt{y}$, $y(0)=1$, $y'(0)=2$;

(3) $y^3y''+1=0$, $y(1)=1$, $y'(1)=0$.

3. 试求 $y''=x^2$ 的经过点(1,3),且在此点与直线 $y=\frac{x}{2}+\frac{5}{2}$ 相切的积分曲线.

4. 求证平面上任意一个圆的微分方程是 $(1+y'^2)y'''-3y'y''^2=0$.

9.4 高阶线性微分方程

形如 $$a_0(x)\frac{d^ny}{dx^n}+a_1(x)\frac{d^{n-1}y}{dx^{n-1}}+\cdots+a_n(x)y=f(x)\ (其中\ n\geqslant 2) \tag{1}$$

的方程称为高阶线性微分方程. 当 $f(x)\equiv 0$ 时,称为 n 阶齐次线性微分方程;当 $f(x)\neq 0$ 时,称为 n 阶非齐次线性微分方程. 其中 $a_0(x)$,$a_1(x)$, …, $a_n(x)$称为线性微分方程的系数,当 $a_i(x)=a_i$(常数)($i=0,1,2,\cdots,n$)时,方程(1)称为线性常系数微分方程,$f(x)$称为线性微分方程的自由项或非齐次项.

为什么研究高阶微分方程时要对线性微分方程倍加关注? 事实上,由实际问题塑造(抽象)出来的数学模型常常是非线性的高阶微分方程,然后通过某种近似

的方法将它简化为线性微分方程，这是解决实际问题的一种重要的思路. 下面举一个简单的例子.

例 1 设有一单摆(见图 9-5)，细绳长为 l，一端固定悬挂在一定点上，下端悬挂一质量为 m 的质点，因某种原因质点偏离平衡位置做自由运动. 假定忽略细绳质量和介质阻力，试建立单摆所满足的微分方程.

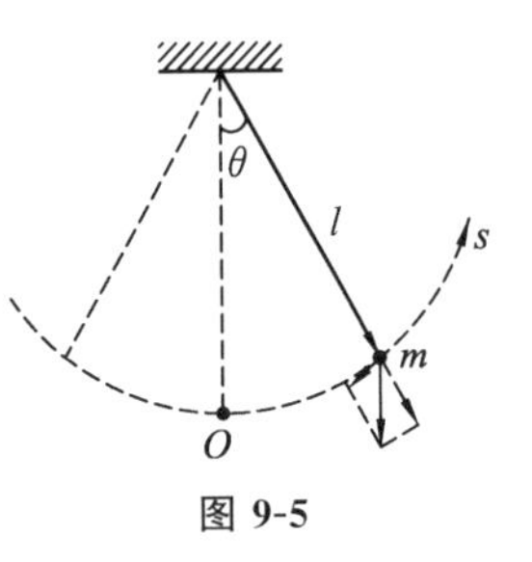

图 9-5

解 沿质点摆动的圆弧建立 s 坐标系，如图 9-5 所示. 其中取质点的平衡位置为原点 O，再记摆角为 θ，并规定当质点位于平衡点 O 右侧时 $s>0,\theta>0$；当质点位于平衡点 O 左侧时 $s<0,\theta<0$. 于是 s 和 θ 都是时间 t 的函数，且 $s=l\theta$(取 θ 为弧度制).

由于忽略介质的阻力，质点在运动时仅受到重力的作用. 重力可分解为两个方向的分力：沿质点轨迹切线的分力和与切线垂直的法向分力.

根据牛顿第二运动定律 $F=ma$，质点沿 s 轴方向的作用力应与重力沿切线方向的分力 $-mg\sin\theta$ 相等，其中 g 是重力加速度. 于是得

$$m\frac{\mathrm{d}^2 s}{\mathrm{d}t^2}=-mg\sin\theta.$$

消去两边的 m，再以 $s=l\theta$ 代入，即得摆角 $\theta=\theta(t)$ 所满足的微分方程为

$$l\frac{\mathrm{d}^2\theta}{\mathrm{d}t^2}=-g\sin\theta.$$

这是一个非线性的微分方程. 若将 $\sin\theta$ 展开成 θ 的幂级数，则微分方程成为

$$l\frac{\mathrm{d}^2\theta}{\mathrm{d}t^2}=-g\left(\theta-\frac{\theta^3}{3!}+\frac{\theta^5}{5!}-\frac{\theta^7}{7!}+\cdots\right).$$

当 $|\theta|$ 很小时(记为 $|\theta|\ll 1$)，忽略 θ 的高次项(2 次项以上)，则微分方程可近似为

$$l\frac{\mathrm{d}^2\theta}{\mathrm{d}t^2}=-g\theta,$$

即

$$\frac{\mathrm{d}^2\theta}{\mathrm{d}t^2}+\omega^2\theta=0\quad\left(\omega=\sqrt{\frac{g}{l}}\right),$$

就成为二阶线性微分方程.

微分方程 $\frac{\mathrm{d}^2\theta}{\mathrm{d}t^2}+\omega^2\theta=0$ 中不显含自变量 t，因此它是可降阶的二阶微分方程，可用 **9.3** 的方法求解，但要注意一般情况下用这样的方法不一定求得出微分方程的解. 不过，当研究了高阶线性微分方程通解的结构以后再来求解，所用的方法(用代数方法)就简单得多了.

9.4.1 二阶线性微分方程解的结构

讨论高阶线性微分方程解的结构以二阶线性方程为主，高于二阶的线性方程

有完全类似的性质.而对于高阶线性微分方程来说,其解结构与在 **9.2.3** 所讨论的一阶线性非齐次微分方程的解结构也有许多类似的地方.为了清楚地说明解结构这一概念,先针对讨论的二阶方程引入函数的线性相关与线性无关的概念.

定义 设有两个函数 $\varphi_1(x)$ 和 $\varphi_2(x)$,若

(1) $\frac{\varphi_1(x)}{\varphi_2(x)}=C$($C$ 为常数),则称 $\varphi_1(x)$ 和 $\varphi_2(x)$ 是线性相关的.实际上,此时 $\varphi_1(x)=C\varphi_2(x)$,即其中一个函数可由另一个函数乘以一适当的常数 C 得到.

(2) $\frac{\varphi_1(x)}{\varphi_2(x)}\neq C$,则称 $\varphi_1(x)$ 和 $\varphi_2(x)$ 是线性无关的.

下面给出线性方程解结构的三条重要性质.

定理 1 如果 $y_1(x)$ 与 $y_2(x)$ 是方程

$$y''+P(x)y'+Q(x)y=0 \tag{2}$$

的两个线性无关的解,那么

$$y=C_1y_1(x)+C_2y_2(x)\ (C_1,C_2\text{ 是任意常数}) \tag{3}$$

就是方程(2)的通解.

证 将 $y=C_1y_1(x)+C_2y_2(x)$ 代入方程(2)的左端,得

$$\begin{aligned}&[C_1y_1(x)+C_2y_2(x)]''+P(x)[C_1y_1(x)+C_2y_2(x)]'+Q(x)[C_1y_1(x)+C_2y_2(x)]\\&=C_1[y_1''(x)+P(x)y_1'(x)+Q(x)y_1(x)]+C_2[y_2''+P(x)y_2'(x)+Q(x)y_2(x)]\\&=C_1\cdot 0+C_2\cdot 0=0,\end{aligned}$$

即 $C_1y_1(x)+C_2y_2(x)$ 是方程(2)的解,又 $y_1(x)$ 与 $y_2(x)$ 线性无关,故 $C_1y_1(x)+C_2y_2(x)$ 含有两个独立的任意常数,因而 $C_1y_1(x)+C_2y_2(x)$ 是方程(2)的通解.

定理 1 给出二阶齐次线性微分方程解的构成方法,即只要找到方程(2)的两个线性无关解 $y_1(x),y_2(x)$(不管用什么方法),则式(3)就给出了方程(2)的解.

例 2 求微分方程 $y''+y=0$ 的通解.

解 将方程改写成

$$y''=-y,$$

找两个熟悉函数,使其二阶导数与其本身相差一个负号,显然

$$y_1=\sin x,\ y_2=\cos x$$

都满足这个要求,且它们线性无关$\left(\frac{y_1}{y_2}=\tan x\neq C\right)$,于是得通解

$$y=C_1\sin x+C_2\cos x.$$

又如,方程 $(x-1)y''-xy'+y=0$ 也是二阶齐次线性方程,若化为标准形式,则有 $P(x)=-\frac{x}{x-1}$, $Q(x)=\frac{1}{x-1}$. 容易验证 $y_1=x$, $y_2=e^x$ 是所给方程的两个

解，且$\frac{y_1}{y_2}=\frac{x}{e^x}\neq$常数，即它们是线性无关的. 因此，方程$(x-1)y''-xy'+y=0$的通解为$y=C_1x+C_2e^x$.

对于二阶非齐次线性方程

$$y''+P(x)y'+Q(x)y=f(x), \tag{4}$$

方程(2)称为与非齐次方程(4)对应的齐次方程.

与一阶非齐次线性微分方程通解结构类似，二阶线性非齐次微分方程通解有如下定理.

定理 2 设$y^*(x)$是二阶非齐次线性方程(4)的一个解，$y_1(x)$是与方程(4)对应的齐次方程(2)的解，则$y=y_1(x)+y^*(x)$是方程(4)的解. 进一步，若$y^*(x)$是二阶非齐次线性方程(4)的一个解，$\bar{y}$是对应齐次方程(2)的通解，则$y=\bar{y}(x)+y^*(x)$就是方程(4)的通解.

由定理 2 给出非齐次线性微分方程(4)通解的求法. 只要能找出方程(4)的一个特解y^*及对应的齐次方程的两个线性无关解y_1，y_2，则$y=C_1y_1+C_2y_2+y^*$就是非齐次线性微分方程(4)的通解.

例 3 求微分方程$y''-y=x$的通解.

解 容易看出：

(1) e^x，e^{-x}是$y''-y=0$的两个线性无关的解；

(2) $-x$是$y''-y=x$的一个解.

因此，$y''-y=x$的通解是$y=C_1e^x+C_2e^{-x}-x$.

定理 3 设非齐次线性方程(4)的右端自由项$f(x)$为若干函数之和，如

$$y''+P(x)y'+Q(x)y=k_1f_1(x)+k_2f_2(x), \tag{5}$$

而$y_1^*(x)$与$y_2^*(x)$分别是方程

$$y''+P(x)y'+Q(x)y=f_1(x) \tag{5$'$}$$

与

$$y''+P(x)y'+Q(x)y=f_2(x) \tag{5$''$}$$

的解，那么$k_1y_1^*(x)+k_2y_2^*(x)$是原方程(5)的解.

证 将$k_1y_1^*(x)+k_2y_2^*(x)$代入方程(5)的左端，得

$$\begin{aligned}&[k_1y_1^*(x)+k_2y_2^*(x)]''+P(x)[k_1y_1^*(x)+k_2y_2^*(x)]'+Q(x)[k_1y_1^*(x)+k_2y_2^*(x)]\\=&k_1[y_1^*(x)''+P(x)y_1^*(x)'+Q(x)y_1^*(x)]+k_2[y_2^*(x)''+P(x)y_2^*(x)+Q(x)y_2^*(x)]\\=&k_1f_1(x)+k_2f_2(x).\end{aligned}$$

因此，$k_1y_1^*(x)+k_2y_2^*(x)$是方程(5)的解.

定理 3 给出的是非齐次线性方程特解y^*的一种求法，即遇到要求方程(5)的特解y^*很困难时，可以先分别求(5$'$)和(5$''$)的特解y_1^*和y_2^*，则$k_1y_1^*+k_2y_2^*$就是

原方程的特解. 通常也将定理 1～3 称为线性微分方程解的叠加性质.

例 4 求微分方程 $y''+y=3e^{x}+5x$ 的通解.

解 前面已求出对应的齐次线性方程 $y''+y=0$ 的通解是 $y=C_1\sin x+C_2\cos x$，再分别考虑两个方程

$$y''+y=e^{x},\ y''+y=x.$$

容易看出，$y_1^*=\frac{1}{2}e^{x}$，$y_2^*=x$ 分别是它们的特解，所以原方程有特解

$$3y_1^*+5y_2^*=\frac{3}{2}e^{x}+5x,$$

因此，原方程的解为

$$y=C_1\sin x+C_2\cos x+\frac{3}{2}e^{x}+5x.$$

9.4.2 高阶线性微分方程解的结构

对于一般的 n 阶线性微分方程

$$y^{(n)}+a_1(x)y^{(n-1)}+a_2(x)y^{(n-2)}+\cdots+a_n(x)y=0, \tag{6}$$

$$y^{(n)}+a_1(x)y^{(n-1)}+a_2(x)y^{(n-2)}+\cdots+a_n(x)y=f(x) \tag{6'}$$

和 $$y^{(n)}+a_1(x)y^{(n-1)}+a_2(x)y^{(n-2)}+\cdots+a_n(x)y=k_1f_1(x)+k_2f_2(x), \tag{6''}$$

其解也有与前述二阶方程类似的结构，即有如下定理.

定理 1′ 设 $y_1(x),y_2(x),\cdots,y_n(x)$是方程(6)的 n 个线性无关的解(它们之间任意两个的比值都不等于常数)，则

$$y=C_1y_1+C_2y_1+\cdots+C_ny_n$$

是方程(6)的通解.

定理 2′ 设 $y^*(x)$是方程(6′)的一个特解，$y_1(x),y_2(x),\cdots,y_n(x)$是方程(6′)所对应的 n 阶线性齐次方程(6)的 n 个线性无关的解，则

$$y=C_1y_1+C_2y_1+\cdots+C_ny_n+y^*$$

是方程(6′)的通解.

定理 3′ 设 $y_1^*(x)$和 $y_2^*(x)$分别是方程

$$y^{(n)}+a_1(x)y^{(n-1)}+\cdots+a_n(x)y=f_1(x)$$

和 $$y^{(n)}+a_1(x)y^{(n-1)}+\cdots+a_n(x)y=f_2(x)$$

的解，那么

$$y^*(x)=k_1y_1^*(x)+k_2y_2^*(x)$$

是方程(6″)的解.

以上三个定理证明方法与二阶情形类似.

习题 9-4

1. 判断下列函数组哪些是线性相关的，哪些是线性无关的：

(1) $x, x+1$；　　(2) e^x, e^{-x}；

(3) $\sin 2x, \cos x\sin x$；　　(4) $\cos^2 x$，$1+\cos 2x$；

(5) $e^x\cos 2x$，$e^x\sin 2x$.

2. 验证 $y_1=e^{x^2}$ 及 $y_2=xe^{x^2}$ 都是齐次线性方程 $y''-4xy'+(4x^2-2)y=0$ 的解，并写出该方程的通解.

3. 验证 $x_1=\cos 2t$，$x_2=\sin 2t$ 都是二阶齐次线性方程 $\frac{d^2x}{dt^2}+4x=0$ 的解，写出该方程的通解，并求满足初始条件 $x(0)=1, x'(0)=1$ 的解.

4. 验证 $y=C_1e^x+C_2e^{2x}+\frac{1}{12}e^{5x}$ (C_1, C_2 为任意常数)是方程 $y''-3y'+2y=e^{5x}$ 的通解.

5. 验证 $y=C_1\cos 3x+C_2\sin 3x+\frac{1}{32}(4x\cos x+\sin x)$ (C_1, C_2 是任意常数)是方程 $y''+9y=x\cos x$ 的通解，并求 $y(0)=1, y'(0)=1$ 的特解.

9.5 高阶常系数线性微分方程

按照微分方程解的定义可知，如能找到一个函数 $\varphi(x)$(不管用什么方法)，只要它满足微分方程，那么它就是微分方程的解. 按这种思路，下面探讨在力学和电学中经常遇到的二阶常系数线性微分方程的求解问题.

9.5.1 二阶常系数齐次线性微分方程

当 p, q 为两个实常数时，称方程

$$y''+py'+qy=0 \tag{1}$$

为二阶常系数齐次线性微分方程.

从方程(1)的构成可以看出，它表述的是未知函数 $y(x)$ 与导函数 $y'(x)$，$y''(x)$之间的常数倍关系：该函数和它的一阶及二阶导数之间存在着线性关系，或者说该函数与其导数是线性相关的. 当 r 为常数时，指数函数 e^{rx} 和它的各阶导数之间也是只相差一个常数倍的关系. 因此可以猜想，用 $y=e^{rx}$ 作为试探解，看能否选取适当的常数 r，使 $y=e^{rx}$ 满足方程(1).

将 $y=e^{rx}$，$y'=re^{rx}$，$y''=r^2e^{rx}$ 代入方程(1)，得

$$r^2e^{rx}+pre^{rx}+qe^{rx}=0,$$

即

$$e^{rx}(r^2+pr+q)=0.$$

因为 $e^{rx}\neq 0$,所以应有

$$r^2+pr+q=0. \tag{1'}$$

这表明只要 r 是二次代数方程(1′)的根,则 $y=e^{rx}$ 就是齐次线性方程(1)的特解,这样就将求方程(1)解的问题转化成求二次代数方程(1′)根的问题. 于是称(1′)为方程(1)的特征方程,r 称为特征根.

下面就特征方程(1′)的根 $r_{1,2}=\dfrac{-p\pm\sqrt{p^2-4q}}{2}$ 的不同情况来讨论微分方程(1)的通解的形式.

(1) 若 $p^2>4q$,特征方程(1′)有相异的两实根 r_1 与 r_2,则可得方程(1)的两个解

$$y_1=e^{r_1x},\ y_2=e^{r_2x}.$$

显然 $\dfrac{y_2}{y_1}=\dfrac{e^{r_2x}}{e^{r_1x}}=e^{(r_2-r_1)x}$ 不是常数,y_1 与 y_2 线性无关,所以此时方程(1)有通解

$$y=C_1e^{r_1x}+C_2e^{r_2x}.$$

(2) 若 $p^2=4q$,则特征方程(1′)具有两个相等的实根 $r_1=r_2=-\dfrac{p}{2}$,这时 $y_1=e^{-\frac{p}{2}x}$ 就是方程(1)的一个解. 下面求另一个与 y_1 线性无关的解. 要保证与 y_1 线性无关,也就是要使 $\dfrac{y_2}{y_1}\neq C$,那么可以假设 $\dfrac{y_2}{y_1}=u(x)$,即令

$$y_2=u(x)e^{rx},$$

这里 $r=-\dfrac{p}{2}$,而 $u=u(x)$ 待定. 对 y_2 求导,得

$$y_2'=e^{rx}(u'+ru),\ y_2''=e^{rx}(u''+2ru'+r^2u),$$

将 y_2'',y_2' 和 y_2 代入方程(1),得

$$e^{rx}[(u''+2ru'+r^2u)+p(u'+ru)+qu]=0,$$

整理并考虑到 $e^{rx}\neq 0$,得

$$u''+(2r+p)u'+(r^2+pr+q)u=0,$$

因为 r 是特征根,所以

$$r^2+pr+q=0,$$

这里 $r=-\dfrac{p}{2}$,即 $2r+p=0$,于是得 $u''=0$.

因为这里只要得到一个不为常数的解即可,所以不妨选取 $u(x)=x$,由此得方程(1)的另一个解

$$y_2=xe^{rx},$$

从而微分方程(1)的通解为

$$y=(C_1+C_2x)e^{-\frac{p}{2}x}.$$

(3) 若 $p^2<4q$,则特征方程(1′)有且只有一对共轭的复根 $r_1=\alpha+\mathrm{i}\beta$ 及$r_2=\alpha-\mathrm{i}\beta$,其中 $\alpha=-\dfrac{p}{2},\beta=\dfrac{\sqrt{4q-p^2}}{2}$,这时得到两个线性无关的解为

$$\bar{y}_1=\mathrm{e}^{(\alpha+\mathrm{i}\beta)x},\quad \bar{y}_2=\mathrm{e}^{(\alpha-\mathrm{i}\beta)x}.$$

利用欧拉公式:$\mathrm{e}^{\pm\mathrm{i}\beta x}=\cos\beta x\pm\mathrm{i}\sin\beta x$,则 $\bar{y}_1,\bar{y}_2$ 可表示成

$$\bar{y}_1=\mathrm{e}^{(\alpha+\mathrm{i}\beta)x}=\mathrm{e}^{\alpha x}(\cos\beta x+\mathrm{i}\sin\beta x),$$
$$\bar{y}_2=\mathrm{e}^{(\alpha-\mathrm{i}\beta)x}=\mathrm{e}^{\alpha x}(\cos\beta x-\mathrm{i}\sin\beta x).$$

因为这两个解中含有虚数 i,对讨论解的物理意义造成不便,而高等数学是在实数范围内进行讨论的,所以由这两个解并按解结构的定理 1 构造出另外两个实的线性无关的解,即

$$y_1=\frac{1}{2}(\bar{y}_1+\bar{y}_2)=\mathrm{e}^{\alpha x}\cos\beta x,$$

$$y_2=\frac{1}{2\mathrm{i}}(\bar{y}_1-\bar{y}_2)=\mathrm{e}^{\alpha x}\sin\beta x,$$

这也是方程(1)的两个线性无关解,从而得通解为

$$y=C_1\mathrm{e}^{\alpha x}\cos\beta x+C_2\mathrm{e}^{\alpha x}\sin\beta x=\mathrm{e}^{\alpha x}(C_1\cos\beta x+C_2\sin\beta x).$$

综上所述,求二阶常系数齐次线性微分方程

$$y''+py'+qy=0$$

通解的步骤如下:

第一步,写出微分方程(1)的特征方程

$$r^2+pr+q=0;$$

第二步,求出特征方程(1′)的两个根 r_1,r_2;

第三步,根据特征方程(1′)的两个根的不同情形,按照下列表格所给公式写出微分方程(1)的通解.

特征方程 $r^2+pr+q=0$ 的两个根 r_1,r_2	微分方程 $y''+py'+qy=0$ 的通解
两个不相等的实根 r_1,r_2	$y=C_1\mathrm{e}^{r_1x}+C_2\mathrm{e}^{r_2x}$
两个相等的实根 $r_1=r_2$	$y=(C_1+C_2x)\mathrm{e}^{r_1x}$
一对共轭复根 $r_{1,2}=\alpha\pm\mathrm{i}\beta$	$y=\mathrm{e}^{\alpha x}(C_1\cos\beta x+C_2\sin\beta x)$

例 1 求微分方程 $y''-5y'+6y=0$ 的通解.

解 特征方程为

$$r^2-5r+6=0$$

它有两个不等的实根 $r_1=3$, $r_2=2$,故该方程的通解为

$$y=C_1\mathrm{e}^{3x}+C_2\mathrm{e}^{2x}.$$

例 2 求微分方程 $y''-4y'+4y=0$ 的通解.

解　特征方程为

$$r^2-4r+4=0.$$

它有相同的根 $r_1=r_2=2$,所给方程的通解为

$$y=(C_1+C_2x)e^{2x}.$$

例 3　求微分方程 $y''+y'+y=0$ 的通解.

解　特征方程为

$$r^2+r+1=0.$$

它有一对共轭的复根

$$r_1=\frac{-1+\sqrt{3}i}{2},\ r_2=\frac{-1-\sqrt{3}i}{2},$$

所以,方程的通解为

$$y=e^{-\frac{x}{2}}\left(C_1\cos\frac{\sqrt{3}}{2}x+C_2\sin\frac{\sqrt{3}}{2}x\right).$$

对于一般的 n 阶常系数齐次线性微分方程

$$y^{(n)}+a_1y^{(n-1)}+a_2y^{(n-2)}+\cdots+a_{n-1}y'+a_ny=0,\tag{2}$$

也有与上面相类似的结果.简述如下(证明从略).

方程(2)的特征方程为

$$r^n+a_1r^{n-1}+a_2r^{n-2}+\cdots+a_{n-1}r+a_n=0.\tag{2'}$$

(1) 每一个实特征单根 r,对应一个解:e^{rx}.

(2) 每一个 k 重实特征根 r,对应 k 个线性无关的解:e^{rx}, xe^{rx}, x^2e^{rx}, $\cdots$, $x^{k-1}e^{rx}$.

(3) 每一对复共轭特征单根 $\alpha\pm i\beta$(注意:实系数代数方程的复数根必共轭成对出现),对应一对线性无关的解:$e^{\alpha x}\cos\beta x$, $e^{\alpha x}\sin\beta x$.

(4) 每一对 k 重复共轭特征根 $\alpha\pm i\beta$,对应 k 对线性无关的解($2k$ 个):

$$e^{\alpha}\cos\beta x,\ xe^{\alpha x}\cos\beta x,\ x^2e^{\alpha x}\cos\beta x,\ \cdots,\ x^{k-1}e^{\alpha x}\cos\beta x,$$
$$e^{\alpha}\sin\beta x,\ xe^{\alpha x}\sin\beta x,\ x^2e^{\alpha x}\sin\beta x,\ \cdots,\ x^{k-1}e^{\alpha x}\sin\beta x.$$

可以证明:上述在每一种情况下所有的解均线性无关.

从代数学知道 n 次代数方程必定存在 n 个根(k 重根算作 k 个根),所以由上述结论可对应写出 n 个线性无关的解.

因此,如果能求出特征方程所有的根(包括复数根),也就可以构造出方程(2)的通解了.

例 4　求微分方程 $y^{(5)}+2y'''+y'=0$ 的通解.

解　特征方程为

$$r^5+2r^3+r=0,$$

即

$$r(r^2+1)^2=0.$$

解得特征根为 $r=0$(单根),$r=\pm i$(二重根).

其对应解为 $e^{0x}=1$, $\cos x$, $x\cos x$, $\sin x$, $x\sin x$,则通解为

$$y=C_1+(C_2+C_3x)\cos x+(C_4+C_5x)\sin x.$$

9.5.2 二阶常系数非齐次线性微分方程

本节讨论二阶常系数非齐次线性微分方程的求解问题.一般地,常系数非齐次线性微分方程可以通过相应的齐次方程的通解并运用常数变易法求得.然而,这些计算通常是比较繁琐的,甚至可能因计算技术的复杂性导致无法获得最后的解的表示.但是,若常系数非齐次线性微分方程

$$y''+py'+qy=f(x) \tag{3}$$

中的自由项 $f(x)$具有某些特殊形式时,可以不用积分而用代数的方法(待定系数法)求出方程(3)的一个特解. $f(x)$的常见形式如下:

(1) $f(x)=P_m(x)e^{\alpha x}$;

(2) $f(x)=e^{\alpha x}[P_m(x)\cos\beta x+P_n(x)\sin\beta x]$,

其中,$P_m(x)$是一个 x 的 m 次多项式,$P_n(x)$是 x 的 n 次多项式,α,β 是实常数.

事实上,形式(1)是形式(2)中当 $\beta=0$ 的特殊情形.

1) $f(x)=P_m(x)e^{\alpha x}$ 型

本节重点讨论这种情形,情形(2)的解题思路与情形(1)的基本相同.

因为多项式与指数函数乘积的导数仍是多项式与指数函数的乘积,所以可设形如

$$y^*=Q(x)e^{\alpha x}$$

的特解,问题是需要分析 $Q(x)$应当设成几次的多项式.先试将 y^* 代入方程.由于

$$y^{*\prime}=e^{\alpha x}(Q'+\alpha Q),$$

$$y^{*\prime\prime}=e^{\alpha x}(Q''+2\alpha Q'+\alpha^2 Q),$$

代入方程(3)整理得到

$$e^{\alpha x}[Q''+(2\alpha+p)Q'+(\alpha^2+p\alpha+q)Q]=P_m(x)e^{\alpha x},$$

约去 $e^{\alpha x}$($e^{\alpha x}\neq 0$),并记 $\alpha^2+p\alpha+q=l(\alpha)$,因此 $2\alpha+p=l'(\alpha)$,上式可写成

$$Q''+l'(\alpha)Q'+l(\alpha)Q=P_m(x). \tag{4}$$

于是可分成下列几种情况:

(1) 若 α 不是特征方程的根,$l(\alpha)\neq 0$,则可令 $Q(x)$是与 $P_m(x)$同次的多项式,即若

$$P_m(x)=a_0x^m+a_1x^{m-1}+\cdots+a_m,$$

则可取

$$Q(x)=Q_m(x)=b_0x^m+b_1x^{m-1}+\cdots+b_m,$$

其中 $b_i(i=0,1,\cdots,m)$是待定系数.将 $Q(x)$代入方程(4),方程的两端都是 x 的 m

次多项式,比较两边同次幂的系数,就可以定出系数 b_0, b_1, …, b_m,从而求出 $Q(x)$(此方法称为待定系数法),乘以 $e^{\alpha x}$,就得到方程(3)的一个特解.

(2) 若 α 是特征方程的一个单根,则 $l(\alpha)=0$,但 $l'(\alpha)\neq 0$,于是有

$$Q''+l'(\alpha)Q'=P_m(x).$$

为使等式两边 x 的幂次相等,应当设 $Q(x)$是比 $P_m(x)$高一次的多项式. 为简单起见,可取 $Q(x)=xQ_m(x)$,代入方程(4),就可以确定出 $Q(x)$各次项的系数.

(3) 若 α 是特征方程的二重根,则此时有 $l(\alpha)=0, l'(\alpha)=0\left(\alpha=-\dfrac{p}{2}\right)$. 等式(4)变成 $Q''=P_m(x)$. 此时 $Q(x)$应是比 $P_m(x)$高二次的多项式. 于是可设$Q(x)=x^2Q_m(x)$,然后代入方程(4),得出 $Q_m(x)$的各项系数,从而求出 $Q(x)$.

综上所述,二阶常系数非齐次线性微分方程(3)(自由项为 $P_m(x)e^{\alpha x}$ 型)的一个特解形式为

$$y^*=x^kQ_m(x)e^{\alpha x}.$$

其中,k 依据 α 不是特征根,是一重特征根,是二重特征根分别取值为 0,1 和 2,即

$$k=\begin{cases}0, & \alpha\text{ 不是特征根},\\ 1, & \alpha\text{ 是一重特征根},\\ 2, & \alpha\text{ 是二重特征根};\end{cases}$$

而 $Q_m(x)$是系数待定的 m 次多项式,其系数可由原方程或等式(4)确定.

例 5　求微分方程 $y''-5y'+6y=xe^{2x}$ 的通解.

解　先解对应的齐次方程 $y''-5y'+6y=0$,其特征方程为

$$r^2-5r+6=0,$$

它有两个不同实根 $r_1=2$, $r_2=3$,于是与所给方程对应的齐次方程的通解为

$$y=C_1e^{2x}+C_2e^{3x}.$$

由于自由项 $f(x)=xe^{2x}$ 指数函数中 $\alpha=2$ 是特征方程的一个单根,$P_m(x)$是一次多项式,因此应设

$$y^*=x(b_0x+b_1)e^{2x},$$

把它代入所给方程,有

$$-2b_0x+2b_0-b_1=x.$$

比较等式两端同次幂的系数,得

$$\begin{cases}-2b_0=1,\\ 2b_0-b_1=0.\end{cases}$$

解得 $b_0=-\dfrac{1}{2}$, $b_1=-1$,因此求得一个特解为

$$y^*=x\left(-\frac{1}{2}x-1\right)e^{2x}.$$

从而所求的通解为

$$y=C_1e^{2x}+C_2e^{3x}-\frac{1}{2}(x^2+2x)e^{2x}.$$

2) $f(x)=e^{\alpha x}[P_m(x)\cos\beta x+P_n(x)\sin\beta x]$型

特解 y^* 的形式为

$$y^*=e^{\alpha x}[Q_1(x)\cos\beta x+Q_2(x)\sin\beta x]x^k,$$

其中 $Q_1(x)$,$Q_2(x)$是两个同次的待定系数的多项式,它们的次数等于 m 和 n 中较大的一个;

$$k=\begin{cases}0, & \alpha+i\beta\text{不是特征根},\\ 1, & \alpha+i\beta\text{是特征根}.\end{cases}$$

这里假设的依据实际上与第一种形式中假设 y^* 的依据相同.

例 6 求微分方程 $y''+3y'+2y=e^{-x}\sin x$ 的通解.

解 对应齐次方程的特征方程为

$$r^2+3r+2=0,$$

其特征根为 $r_1=-1$,$r_2=-2$,故相应的齐次方程的通解为

$$\bar{y}=C_1e^{-x}+C_2e^{-2x}.$$

为求非齐次方程的特解 y^*,考虑自由项 $f(x)=P_m(x)e^{\alpha x}\sin\beta x$ 型的情形,这里 $m=0$, $\alpha=-1$,$\beta=1$,$\alpha\pm i\beta=-1\pm i$ 不是特征根,所以可设

$$y^*=(a\cos x+b\sin x)e^{-x},$$

则

$$y^{*\prime}=e^{-x}[(b-a)\cos x-(a+b)\sin x],$$

$$y^{*\prime\prime}=e^{-x}(-2b\cos x+2a\sin x).$$

代入原微分方程,并比较等式两边的系数得

$$b-a=0,a+b+1=0,\text{即 } a=b=-\frac{1}{2},$$

所以方程的一个特解为

$$y^*=-\frac{1}{2}e^{-x}(\cos x+\sin x),$$

通解为

$$y=C_1e^{-x}+C_2e^{-2x}-\frac{1}{2}e^{-x}(\cos x+\sin x).$$

例 7 求微分方程 $y''+y'-2y=(x-2)e^{5x}+(x^3-2x+3)e^{-x}$ 的通解.

解 因为对应齐次方程的特征方程 $r^2+r-2=0$ 的根为 $r_1=-2$, $r_2=1$,所以相应的齐次方程的通解为 $C_1e^{-2x}+C_2e^x$.下面要求方程的特解 y^*,由于方程右端的自由项 $f(x)$写成两个函数 $f_1(x)$与 $f_2(x)$之和,其中

$$f_1(x)=(x-2)e^{5x}, f_2(x)=(x^3-2x+3)e^{-x},$$

因此可以利用解的结构定理 3 将要求解的方程分成两个方程来考虑:

$$y''+y'-2y=(x-2)e^{5x} \tag{5}$$

和
$$y''+y'-2y=(x^3-2x+3)e^{-x}. \tag{6}$$

先求第一个方程的特解.这里 $\alpha=5$ 不是特征根,可设
$$Q_1(x)=b_0x+b_1,$$
代入方程(5)得
$$11b_0+28(b_0x+b_1)=x-2,$$
由此得出 $b_0=\frac{1}{28}$, $b_1=-\frac{67}{784}$,于是有特解
$$y_1^*=\left(\frac{1}{28}x-\frac{67}{784}\right)e^{5x}.$$

再求第二个方程的特解.$\alpha=-1$ 也不是特征根,可设
$$Q_2(x)=c_0x^3+c_1x^2+c_2x+c_3,$$
代入方程(6)得
$$6c_0x+2c_1-(3c_0x^2+2c_1x+c_2)-2(c_0x^3+c_1x^2+c_2x+c_3)=x^3-2x+3,$$
定出系数 $c_0=-\frac{1}{2}$, $c_1=\frac{3}{4}$, $c_2=-\frac{5}{4}$, $c_3=-\frac{1}{8}$,于是得到一个特解
$$y_2^*=\left(-\frac{1}{2}x^3+\frac{3}{4}x^2-\frac{5}{4}x-\frac{1}{8}\right)e^{-x}.$$
于是原方程有一个特解 $y^*=y_1^*+y_2^*$,从而所给方程的通解为
$$y=C_1e^{-2x}+C_2e^x+\left(\frac{1}{28}x-\frac{67}{784}\right)e^{5x}+\left(-\frac{1}{2}x^3+\frac{3}{4}x^2-\frac{5}{4}x-\frac{1}{8}\right)e^{-x}.$$

9.5.3　二阶常系数线性微分方程应用举例

要解决一个具体的实际问题,首先应科学地描述问题.从数学角度来说,就是必须将反映客观事物数量间的本质规律以抽象的数学形式表述出来.这是第一步,属于数学建模阶段.建立数学模型时要根据问题的特点,抓住最本质的因素,而将次要因素暂时忽略.模型可以建立得粗一点,也可以建立得细一点.当然,模型越精细,考虑因素越多,模型越接近真实,但模型就越复杂,求解也就越困难.第二步是用学过的各种数学方法求解数学问题.这一章主要任务就是学习微分方程的各种求解方法,方法的运用要具体问题具体分析.第三步,将求得的数学模型的解与实际问题或实验进行比照,看它能否说明实际现象或解决实际问题.在微分方程中,这一步相当于对解的实际意义进行分析,参照实际现象或实验进行验证.整个过程概括起来就是:描述(建模)→求解→检验.

下面以弹簧上的质点振动问题为例,讨论二阶常系数线性微分方程的应用.

考虑一根横放在水平桌面上左端固定的弹簧,右端系有质量为 m 的质点 M,其平衡位置取在坐标原点 O 处(见图 9-6a).

若将质点 M 由平衡位置拉开一段距离(见图 9-6b),然后松开,则质点沿着

x 轴运动，在时刻 t 的位移为

$$x=x(t).$$

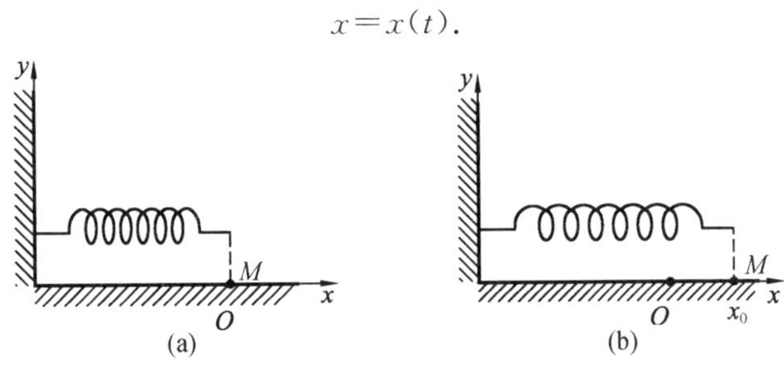

图 9-6

以下分三种情况讨论质点的振动问题.

1）自由简谐振动

忽略桌面摩擦力和空气阻力，由胡克定律知，设质点所受的弹性恢复力 f_1，它与位移 x 成正比，且指向平衡位置，故有

$$f_1=-bx,$$

其中 b 为弹性系数，$b>0$. 由牛顿第二运动定律得质点 M 运动方程为

$$m\frac{\mathrm{d}^2x}{\mathrm{d}t^2}=-bx,$$

或写成

$$\frac{\mathrm{d}^2x}{\mathrm{d}t^2}+\omega^2x=0, \tag{7}$$

其中 $\omega^2=\dfrac{b}{m}$，方程(7)是一个二阶常系数线性齐次方程. 其特征方程 $r^2+\omega^2=0$ 有一对共轭的虚根 $r=\pm\omega\mathrm{i}$，所以它的通解是

$$x=C_1\cos\omega t+C_2\sin\omega t. \tag{7'}$$

若令 $\sqrt{C_1{}^2+C_2{}^2}=A$，$\dfrac{C_1}{\sqrt{C_1{}^2+C_2{}^2}}=\sin\delta$，$\dfrac{C_2}{\sqrt{C_1{}^2+C_2{}^2}}=\cos\delta$，则通解(7′)又可写成

$$x=A\sin(\omega t+\delta),$$

式中，A 称为质点振动的振幅，δ 称为初相，它们可以由初始位移 $x(0)=x_0$，初始速度 $x'(0)=v_0$ 确定；ω 称为固有频率.

由此可见，质点运动时，它与原点的距离是随时间 t 按正弦规律而周期性变化的，即质点做简谐振动，振动的周期为

$$T=\frac{2\pi}{\omega}=2\pi\sqrt{\frac{m}{b}}.$$

2）自由阻尼振动

除弹性力外，如果质点 M 还受介质阻力(桌面摩擦力、空气阻力等)，且介质阻

力 f_2 正比于质点的运动速度，其方向与速度相反，即

$$f_2=-a\frac{\mathrm{d}x}{\mathrm{d}t},$$

其中 a 称为阻尼系数，可由实验测定. 这时质点的运动方程为

$$m\frac{\mathrm{d}^2x}{\mathrm{d}t^2}=-a\frac{\mathrm{d}x}{\mathrm{d}t}-bx,$$

或写成

$$\frac{\mathrm{d}^2x}{\mathrm{d}t^2}+2\beta\frac{\mathrm{d}x}{\mathrm{d}t}+\alpha^2x=0, \tag{8}$$

其中 $\beta=\frac{a}{2m}$，$\alpha^2=\frac{b}{m}$. 方程(8)是质点的阻尼运动方程，这个方程仍是常系数线性齐次方程，其特征方程 $r^2+2\beta r+\alpha^2=0$ 的两个根是

$$r_1=-\beta+\sqrt{\beta^2-\alpha^2},\ r_2=-\beta-\sqrt{\beta^2-\alpha^2}.$$

(1) 若 $0<\beta<\alpha$，则 r_1，r_2 是一对共轭复根

$$r_1=-\beta+\mathrm{i}\omega,\ r_2=-\beta-\mathrm{i}\omega,$$

其中 $\omega=\sqrt{\alpha^2-\beta^2}$，从而阻尼运动方程的通解为

$$x=\mathrm{e}^{-\beta t}(C_1\cos\omega t+C_2\sin\omega t). \tag{8'}$$

令 $\sqrt{C_1{}^2+C_2{}^2}=A$，$\frac{C_1}{\sqrt{C_1{}^2+C_2{}^2}}=\sin\delta$，$\frac{C_2}{\sqrt{C_1{}^2+C_2{}^2}}=\cos\delta$，则通解(8′)又可写成

$$x=A\mathrm{e}^{-\beta t}\sin(\omega t+\delta),$$

式中，$A\mathrm{e}^{-\beta t}$ 称为质点做阻尼振动的振幅；δ 称为振动的初相；ω 称为振动的固有频率.

这种情况的物理意义：当介质的黏性(阻力)较小时，产生阻尼振动，振动随时间增加而逐渐回到平衡位置(小阻尼运动).

事实上，$\lim\limits_{t\to+\infty}A\mathrm{e}^{-\beta t}=0$，所以质点是做周期性的衰减运动，其波形如图 9-7 所示.

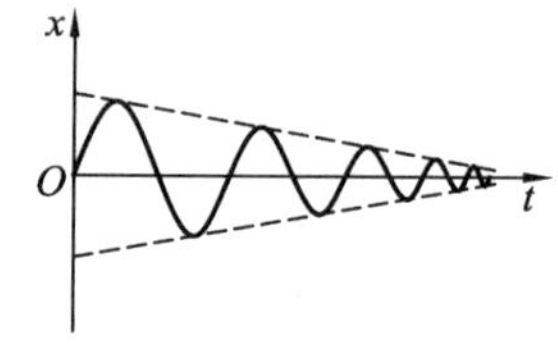

图 9-7

(2) 若 $\beta>\alpha$，则 r_1 与 r_2 是不同的两个负实数，从而上述阻尼运动方程的通解是

$$x=C_1\mathrm{e}^{r_1t}+C_2\mathrm{e}^{r_2t}. \tag{8''}$$

显然，当 t 趋向无穷时，x 单调递降且趋于零.

其物理意义：由于阻力较大，质点不产生振动，而随时间增加渐趋于平衡位置(大阻尼运动)，其波形如图 9-8 所示.

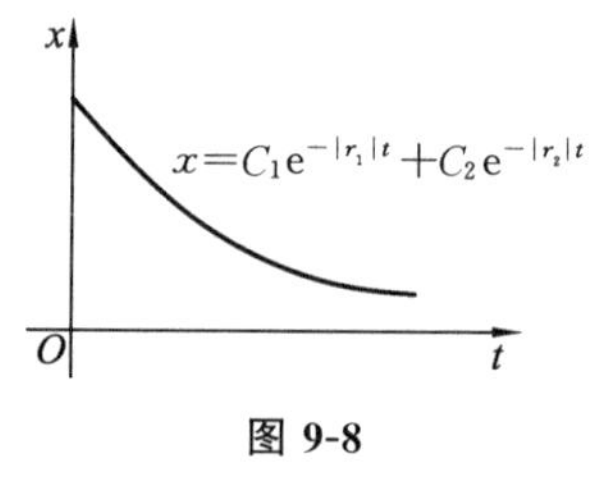

图 9-8

(3) 若 $\beta=\alpha$，则 r_1，r_2 是相等的两个负实数，即 $r_1=r_2=-\beta<0$，方程的通解是

$$x=\mathrm{e}^{-\beta t}(C_1+C_2 t). \tag{8'''}$$

其物理意义:介质黏性(阻力)也较大,不产生振动.这是不产生振动的临界状态.如果介质黏性再小一些,就成为阻尼振动.

图 9-9 画出了在相同初始条件下,大阻尼运动与临界阻尼运动的波形.

从以上分析可以得出结论:当阻尼存在时,线性齐次方程所描述的自由振动,将随时间的无限推后而逐渐消失.

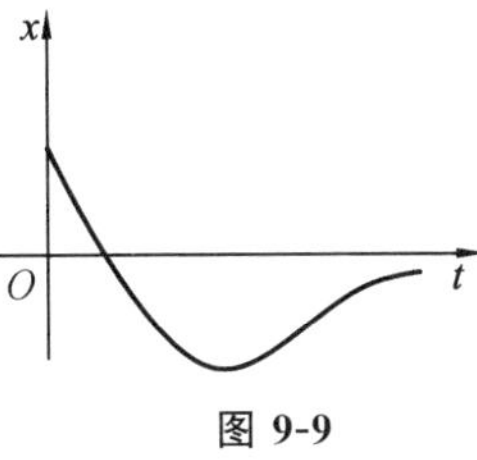

图 9-9

3) **无阻尼的强迫振动**

现在考虑在无阻尼条件下,作用在质点 M 上的力除弹性恢复力 f_1 外,还有一周期性外力

$$f_3=F\sin pt,$$

称为强迫力,其中 F 为常数,这时质点的运动方程为

$$m\frac{\mathrm{d}^2x}{\mathrm{d}t^2}=-bx+F\sin pt,$$

或令 $\omega^2=\dfrac{b}{m}$, $F_0=\dfrac{F}{m}$,这个方程又可写成

$$\frac{\mathrm{d}^2x}{\mathrm{d}t^2}+\omega^2x=F_0\sin pt. \tag{9}$$

它是常系数线性非齐次微分方程.其对应的齐次方程的通解是 $A\sin(\omega t+\delta)$.为求其特解(见 **9.5.2** 的式(4)),作辅助方程

$$\frac{\mathrm{d}^2x}{\mathrm{d}t^2}+\omega^2x=F_0\mathrm{e}^{\mathrm{i}pt},$$

求得的特解的虚部即为(9)的特解.

(1) 当 $p\neq\omega$ 时,可设辅助方程的特解具有形式 $x=B\mathrm{e}^{\mathrm{i}pt}$,代入方程后求得

$$B=\frac{F_0}{\omega^2-p^2},$$

于是辅助方程的特解是

$$\frac{F_0}{\omega^2-p^2}\mathrm{e}^{\mathrm{i}pt}=\frac{F_0}{\omega^2-p^2}(\cos pt+\mathrm{i}\sin pt).$$

从中取出虚部$\dfrac{F_0}{\omega^2-p^2}\sin pt$,即是原方程的特解.于是方程(9)的通解是

$$x=A\sin(\omega t+\delta)+\frac{F_0}{\omega^2-p^2}\sin pt. \tag{9'}$$

由此可见,质点的运动是由角频率为 ω 的自由振动与角频率为 p 的强迫振动合成的.后者是由外加的周期力而引起的,当外力的频率 p 与系统的固有频率 ω

相差很小时,它的振幅$\left|\frac{F_0}{\omega^2-p^2}\right|$可以变得很大.

(2) 当 $p=\omega$ 时,这时辅助方程的特解应具有形式 $x=B_1 t\mathrm{e}^{\mathrm{i}\omega t}$,代入方程求得

$$B_1=\frac{F_0}{2\mathrm{i}\omega}.$$

于是辅助方程的特解是

$$\frac{F_0}{2\mathrm{i}\omega}t\,\mathrm{e}^{\mathrm{i}\omega t}=\frac{F_0}{2\omega}t(\sin\omega t-\mathrm{i}\cos\omega t),$$

从中取出虚部$-\frac{F_0}{2\omega}t\cos\omega t$,即是原方程的一个特解,而其通解可表示为

$$x=A\sin(\omega t+\delta)-\frac{F_0}{2\omega}t\cos\omega t.$$

可见强迫振动的振幅随时间 t 的推后而无限增大,并可超出任意预先给定的限度(见图 9-10),这就发生了共振现象.

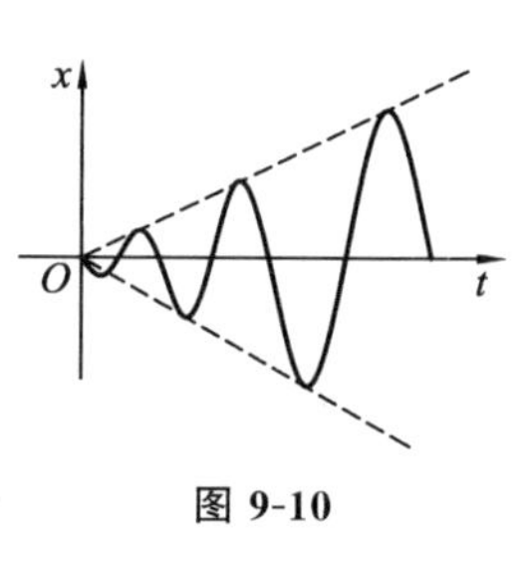

图 9-10

共振现象在现实生活中是经常能遇到的. 从事建筑工程的人都知道要避免它,即设法使外加周期力的角频率 p 不要接近振动系统的固有频率 ω;而从事电子技术的人却常常要利用它. 在无线通信中,电磁波振荡的共振称为谐振,正是利用谐振的原理来接受特定频率的无线电波,如在收音机中通过谐振使线路的固有频率与电台的发射频率相等,产生谐振,从而接受信息. 对共振现象有兴趣的读者可参阅有关的书籍.

*9.5.4 欧拉方程及微分方程的变换

形如

$$x^n y^{(n)}+p_1x^{n-1}y^{(n-1)}+\cdots+p_{n-1}xy'+p_ny=f(x) \tag{10}$$

的方程(其中 p_1, p_2, $\cdots$, p_n 为常数)称为欧拉方程. 通过变换

$$x=\mathrm{e}^t \text{或} t=\ln x,$$

将自变量 x 变换成 t,可将欧拉方程化为常系数线性微分方程. 以二阶欧拉方程为例,

$$x^2y''+p_1xy'+p_2y=f(x)\quad(p_1,\ p_2 \text{为常数}).$$

令 $x=\mathrm{e}^t$,即 $t=\ln x$,将 y 看成 t 的函数,t 是 x 的函数,则有

$$y_x'=y_t'\cdot t_x'=y_t'\cdot\frac{1}{x}=\frac{1}{x}y_t',$$

$$y_x''=\frac{1}{x}(y_t')_x'+\left(\frac{1}{x}\right)_x'\cdot y_t'=\frac{1}{x}y_t''\cdot t_x'-\frac{1}{x^2}y_t'=\frac{1}{x}y_t''\frac{1}{x}-\frac{1}{x^2}y_t'=\frac{1}{x^2}(y_t''-y_t').$$

代入欧拉方程,得到二阶常系数线性微分方程

$$y_t''-y_t'+p_1y_t'+p_2y=f(e^t),$$

即

$$y_t''+(p_1-1)y_t'+p_2y=f(e^t).$$

这是一个以 t 为自变量的常系数线性方程.求出它的解后,再以 $\ln x$ 替代 t,就是欧拉方程的解了.当 $x<0$ 时,作变换 $x=-e^t$ 或 $t=\ln(-x)$,以引进新的自变量 t,方程变成

$$y_t''+(p_1-1)y_t'+p_2y=f(-e^t),$$

同样是一个常系数线性方程.求出它的解后,再以 $\ln(-x)$ 替代 t,就得原方程在 $x<0$ 时的解.

例 8 求微分方程 $x^2y''-xy'+y=0$ 的通解.

解 这是一个欧拉方程,当 $x>0$ 时,令 $x=e^t$,则 $t=\ln x$.这使原方程变成

$$y_t''-2y_t'+y=0. \tag{11}$$

特征方程是

$$r^2-2r+1=0,$$

它有重根 $r=1$,所以方程(11)的通解为

$$y=(C_1+C_2t)e^t.$$

再代之以 $t=\ln x$ 得所给欧拉方程在 $x>0$ 时的通解为

$$y=(C_1+C_2\ln x)x.$$

当 $x<0$ 时,作变换 $x=-e^t$,从而 $t=\ln(-x)$,同样可得欧拉方程在 $x<0$ 时的通解为

$$y=-x[C_1+C_2\ln(-x)].$$

把两式合起来,得所给欧拉方程($x\neq 0$)的通解

$$y=|x|(C_1+C_2\ln|x|).$$

由上可见,求解欧拉方程的方法是通过引入新的自变量,将微分方程变形,转化为可以用前述方法求解的方程.这种方法是研究某些变系数线性微分方程的一种重要方法.

下面再举一个需要作比较复杂的变换将变系数方程转化为常系数线性方程的例子.

例 9 求微分方程$(1-x^2)y''-xy'-y=0$ 的通解.

解 这个方程不是欧拉方程,但可通过变量代换的方法,用前面所学的方法求解.考虑 y''前的系数$(1-x^2)$,若令 $x=\sin t$,则 $1-x^2=\cos^2 t$,将 y 看成 t 的函数,将方程化为 y 关于 t 的微分方程.

因为 y 是 t 的函数,而 t 是 x 的函数($t=\arcsin x$),所以

$$\frac{dy}{dx}=\frac{dy}{dt}\cdot\frac{dt}{dx}=\frac{dy}{dx}\cdot\frac{1}{\frac{dx}{dt}}=\frac{dy}{dt}\cdot\frac{1}{\cos t},$$

上式右端的$\frac{dy}{dt}$，$\frac{1}{\cos t}$是t的函数，t是x的函数，因此

$$\begin{aligned}\frac{d^2y}{dx^2}&=\frac{d}{dx}\left(\frac{dy}{dt}\right)\cdot\frac{1}{\cos t}+\frac{dy}{dt}\cdot\frac{d}{dx}\left(\frac{1}{\cos t}\right)\\&=\frac{d}{dt}\left(\frac{dy}{dt}\right)\cdot\frac{dt}{dx}\cdot\frac{1}{\cos t}+\frac{dy}{dt}\cdot\frac{d}{dt}\left(\frac{1}{\cos t}\right)\cdot\frac{dt}{dx}\\&=y_t''\cdot\frac{1}{\cos^2 t}+y_t'\cdot\frac{\sin t}{\cos^3 t}.\end{aligned}$$

将$x=\sin t$及$\frac{dy}{dx}$，$\frac{d^2y}{dx^2}$的表达式代入原方程左端，得

$$(1-\sin^2 t)\left(y_t''\cdot\frac{1}{\cos^2 t}+y_t'\cdot\frac{\sin t}{\cos^3 t}\right)-\sin t\cdot y_t'\frac{1}{\cos t}-y=0,$$

即

$$y_t''-y=0.$$

这是一个常系数二阶线性齐次方程，其特征方程

$$r^2-1=0,$$

特征根$r_1=1$，$r_2=-1$，故得通解

$$y=C_1e^t+C_2e^{-t},$$

由此得，当$-1<x<1$时，原方程的通解为

$$y=C_1e^{\arcsin x}+C_2e^{-\arcsin x}.$$

习题 9-5

1. 求下列微分方程的通解：

(1) $y''-4y'-5y=0$；　　(2) $y''-y=0$；

(3) $4y''+4y'+y=0$；　　(4) $y''+2y'+5y=0$；

(5) $y''+y=0$.

2. 求下列微分方程满足初始条件的特解：

(1) $y''-6y'+8y=0$，$y(0)=1$，$y'(0)=6$；

(2) $y''-6y'+9y=0$，$y(0)=1$，$y'(0)=2$；

(3) $y''+6y'+13y=0$，$y(0)=3$，$y'(0)=-1$.

3. 方程$y''+9y=0$的一条积分曲线通过点$(\pi,-1)$，且在该点和直线$y+1=x-\pi$相切，求此曲线.

4. 已知二阶常系数齐次方程的特征方程有两个不同的实根a，$b(a\neq b)$，试写出该微分方程，并写出其通解.

*5. 已知方程$y''-5y'+6y=f(x)$，当$f(x)=1$，x，e^x时，分别有特解$\frac{1}{6}$，$\frac{1}{6}x+\frac{5}{36}$，$\frac{1}{2}e^x$，求$y''-5y'+6y=2-12x+6e^x$的通解.

6. 写出下列微分方程的特解形式：

(1) $y''+3y'+2y=f(x)$，

① $f(x)=3xe^{-x}$；

② $f(x)=3x\sin x$.

(2) $y''-2y'+5y=f(x)$，

① $f(x)=x^2e^x$，

② $f(x)=e^x\sin 2x$.

7. 求下列微分方程的通解或满足初始条件的特解：

(1) $y''-2y'=x+2$，$y(0)=0$，$y'(0)=1$；

(2) $y''-y=2xe^x$；

(3) $y''+y=4\sin x$；

(4) $y''+y=e^x+\cos x$.

8. 已知 $f(0)=0$，$f'(x)=1+\int_0^x[3e^t-f(t)]dt$，求函数 $f(x)$.

9. 设函数 $\varphi(x)$ 连续，且满足 $\varphi(x)=e^x+\int_0^x t\varphi(t)dt-x\int_0^x\varphi(t)dt$，求 $\varphi(x)$.

10. 有一弹性系数 $K=8$ N/m 的弹簧，其上端固定，下端挂一重 19.6 N 的物体，达到平衡位置. 现使物体受一外力 $f(t)=16\cos 4t$ N($t>0$). 求物体在任一时刻的位移和速度.（假定物体有向上的初速度 2 m/s，且不计阻尼）

9.6 微分方程的幂级数解法

本章前几节讨论了一些微分方程求解的基本方法，此外，在微分方程理论中还有一些其他的求解技巧和方法，但这已超出了本书范围，这里不再赘述. 需要指出的是，在实际应用中遇到的微分方程，其解往往是难以用初等函数表达出来的，因此微分方程的近似解和数值解在微分方程应用中占有重要地位. 微分方程的幂级数解法就是求近似解和数值解的基本方法. 具体步骤如下：

第一步 先设微分方程的解可以展开成幂级数

$$y=a_0+a_1(x-x_0)+a_2(x-x_0)^2+\cdots+a_n(x-x_0)^n+\cdots,$$

其中 $a_0,a_1,a_2,\cdots,a_n,\cdots$ 都是待定常数. 这里将幂级数展成 $(x-x_0)$ 的形式，是因为一般初值问题有初始条件 $x=x_0$，这样确定系数比较方便；若初始条件中的 $x_0=0$，则幂级数写成

$$y=a_0+a_1x+a_2x^2+\cdots+a_nx^n+\cdots.$$

将级数代入微分方程中，使它满足微分方程（如有定解条件，则还应满足定解条件），由此定出系数，这种方法也称为待定系数法.

做这一步时并不知道该幂级数是否在某区间上收敛. 若该幂级数在某区间上收敛（因为幂级数在收敛区间内可以逐项求导），则上述的运算都是合理的，所得

的幂级数在收敛区间内就是该微分方程的解. 若该幂级数除 $x=x_0$ 以外并不收敛,则上述运算都是没有意义的,此时微分方程不存在幂级数解.

因此,将这一步得出的幂级数称为微分方程的形式解,还不能认为它是真正的解.

第二步 证明所求得的幂级数在某区间上收敛. 于是,在收敛区间上所得幂级数确实是该微分方程的解.

因为定解问题的解是唯一的,所以求得的幂级数解就是该定解问题的唯一解.

例 1 用微分方程的幂级数解法,将函数 $y=f(x)=(1+x)^m$ 展开为幂级数.

解 由于 $y'=m(1+x)^{m-1}=m\cdot\dfrac{1}{1+x}(1+x)^m$,即得微分方程

$$(1+x)y'=my.$$

而当 $x=0$ 时, $y=1$. 因此 $y=(1+x)^m$ 满足下述定解问题

$$\begin{cases}(1+x)y'=my,\\ y|_{x=0}=1.\end{cases}$$

设 $y=a_0+a_1x+a_2x^2+\cdots+a_nx^n+\cdots$,由 $y|_{x=0}=1$,得 $a_0=1$,将级数代入微分方程,得

$$\begin{aligned}&(1+x)(a_1+2a_2x+3a_3x^2+\cdots+na_nx^{n-1}+\cdots)\\ =&m(1+a_1x+a_2x^2+\cdots+a_nx^n+\cdots).\end{aligned}$$

比较系数,得

常数项 $a_1=m$,

x 项 $2a_2+a_1=ma_1$,

x^2 项 $3a_3+2a_2=ma_2$,

x^3 项 $4a_4+3a_3=ma_3$,

…………

x^{n-1} 项 $na_n+(n-1)a_{n-1}=ma_{n-1}$,

…………

解得

$$a_1=m,\ a_2=\frac{m(m-1)}{2!},\ a_3=\frac{m(m-1)(m-2)}{3!},\ \cdots,$$

$$a_n=\frac{m(m-1)(m-2)\cdots(m-n+1)}{n!},\cdots.$$

于是得幂级数形式解

$$\begin{aligned}y=&1+mx+\frac{m(m-1)}{2!}x^2+\frac{m(m-1)(m-2)}{3!}x^3+\cdots+\\ &\frac{m(m-1)(m-2)\cdots(m-n+1)}{n!}x^n+\cdots.\end{aligned}$$

再求此幂级数的收敛区间.

由
$$u_{n+1}(x)=\frac{m(m-1)(m-2)\cdots(m-n)}{(n+1)!}x^{n+1},$$
$$u_n(x)=\frac{m(m-1)(m-2)\cdots(m-n+1)}{n!}x^n,$$
得
$$\left|\frac{u_{n+1}(x)}{u_n(x)}\right|=\left|\frac{m-n}{n+1}\right||x|\to|x|\quad(n\to\infty),$$
所以当$|x|<1$时绝对收敛,当$|x|>1$时发散,收敛区间为$(-1,1)$.

因为定解问题的解是唯一的,所以上面求得的幂级数在$-1<x<1$上就等于$(1+x)^m$,即
$$(1+x)^m=1+mx+\frac{m(m-1)}{2!}x^2+\cdots+\frac{m(m-1)(m-2)\cdots(m-n+1)}{n!}x^n+\cdots,$$
$x\in(-1,\ 1)$.

例 2 求$\begin{cases}y''-2xy'-4y=0,\\ y|_{x=0}=0,\ y'|_{x=0}=1\end{cases}$的幂级数解.

解 第一步,设解为
$$y=a_0+a_1x+a_2x^2+\cdots+a_nx^n+\cdots.$$
此时$y'=a_1+2a_2x+3a_3x^2+\cdots+na_nx^{n-1}+\cdots$,由$y|_{x=0}=0,\ y'|_{x=0}=1$,求得$a_0=0$,$a_1=1$,于是
$$\begin{aligned}y&=x+a_2x^2+a_3x^3+\cdots+a_nx^n+\cdots,\\ y'&=1+2a_2x+3a_3x^2+\cdots+na_nx^{n-1}+\cdots,\\ y''&=2a_2+3\cdot 2a_3x+\cdots+n(n-1)a_nx^{n-2}+\cdots,\end{aligned}$$
代入微分方程.这里为了比较系数方便,将原方程改写成$y''=2xy'+4y$,得
$$\begin{aligned}&2a_2+3\cdot 2a_3x+4\cdot 3a_4x^2+\cdots+n(n-1)a_nx^{n-2}+\cdots\\ &=2x(1+2a_2x+3a_3x^2+\cdots+na_nx^{n-1}+\cdots)+4(x+a_2x^2+a_3x^3+\cdots+a_nx^n+\cdots),\end{aligned}$$
即
$$\begin{aligned}&2a_2+3\cdot 2a_3x+4\cdot 3a_4x^2+\cdots+n(n-1)a_nx^{n-2}+\cdots\\ &=6x+8a_2x^2+\cdots+2na_{n-2}x^{n-2}+(2n+2)a_{n-1}x^{n-1}+(2n+4)a_nx^n+\cdots.\end{aligned}$$
比较系数,

常数项 $2a_2=0$,得$a_2=0$,

x 项 $6a_3=6$,得$a_3=1$,

x^2 项 $12a_4=8a_2$,得$a_4=0$,

…………

x^{n-2}项 $n(n-1)a_n=2na_{n-2}\quad(n=2,3,4,\cdots)$.

由此得确定系数的递推公式
$$a_n=\frac{2}{n-1}a_{n-2}\quad(n=2,\ 3,\ 4,\ \cdots).$$

当 n 为偶数时，$n=2k(k=1,2,3,\cdots)$，由 $a_2=0$，得

$$a_{2k}=0 \quad (k=1,2,3,\cdots);$$

当 n 为奇数时，$n=2k+1(k=1,2,3,\cdots)$，由 $a_3=1$，得

$$a_5=\frac{2}{4}a_3=\frac{2}{4}\cdot 1=\frac{1}{2}=\frac{1}{2!},$$

$$a_7=\frac{2}{6}a_5=\frac{2}{6}\cdot\frac{1}{2!}=\frac{1}{3!},$$

$$a_9=\frac{2}{8}a_7=\frac{2}{8}\cdot\frac{1}{3!}=\frac{1}{4!},$$

……

$$a_{2k+1}=\frac{1}{k!},$$

……

于是得形式解

$$y=x+x^3+\frac{x^5}{2!}+\frac{x^7}{3!}+\cdots+\frac{x^{2k+1}}{k!}+\cdots. \tag{1}$$

第二步，求幂级数(1)的收敛区间.

对任意 $x\in(-\infty,+\infty)$，$\left|\frac{u_{k+1}(x)}{u_k(x)}\right|=\left|\frac{x^{2k+3}}{(k+1)!}\cdot\frac{k!}{x^{2k+1}}\right|=\frac{1}{k+1}|x|^2\to 0<1$ $(k\to\infty)$，收敛区间是$(-\infty,+\infty)$，因此所得幂级数(1)在$(-\infty,+\infty)$上是给定问题的幂级数解.

由式(1)得到的幂级数解，实际上可写成以下的形式：

$$\begin{aligned}y&=x+x^3+\frac{x^5}{2!}+\frac{x^7}{3!}+\cdots+\frac{x^{2k+1}}{k!}+\cdots\\&=x\left[1+x^2+\frac{(x^2)^2}{2!}+\frac{(x^2)^3}{3!}+\cdots+\frac{(x^2)^k}{k!}+\cdots\right]=xe^{x^2}.\end{aligned}$$

容易验证 $y=xe^{x^2}$ 确实满足 $y''-2xy'-4y=0$，且满足$(xe^{x^2})|_{x=0}=0$ 和

$$(xe^{x^2})'|_{x=0}=(e^{x^2}+2x^2e^{x^2})|_{x=0}=1.$$

一般地，若给定的二阶线性齐次微分方程为

$$y''+P(x)y'+Q(x)y=0, \tag{2}$$

其中变系数 $P(x)$与 $Q(x)$是多项式或在 $x=x_0$ 的邻域内都可展为幂级数，则可以免去上述的第二步. 可以证明，当 $P(x)$和 $Q(x)$在$-R<x<R$ 内可展为 x 的幂级数$(x_0=0)$时，那么在$-R<x<R$ 内，方程(2)必有形如 $y=\sum\limits_{n=0}^{\infty}a_nx^n$ 的解. 这时只需使 $y=\sum\limits_{n=0}^{\infty}a_nx^n$ 满足初始条件 $y(0)=a_0$，$y'(0)=a_1$，求出此级数的一阶、二阶导数，代入方程左端得一恒等于零的等式，逐次求出系数 $a_n(n=0,1,2,\cdots)$，从而得到方程的幂级数解.

例 3 求亚里(Airy)方程 $y''-xy=0$ 满足

$$y|_{x=0}=0,\ y'|_{x=0}=1$$

的幂级数解.

解 显然亚里方程的 $P(x)=0$, $Q(x)=-x$ 满足上述条件.设

$$y=a_0+a_1x+a_2x^2+\cdots+a_nx^n+\cdots, \tag{3}$$

由 $y|_{x=0}=0$,得 $a_0=0$.对上述级数逐项求导,由 $y'|_{x=0}=1$,得 $a_1=1$.于是所求的幂级数解 y 及 y' 的形式为

$$y = x + a_2x^2 + a_3x^3 + \cdots + a_nx^n + \cdots = x + \sum_{n=2}^{\infty} a_nx^n, \tag{4}$$

$$y' = 1 + 2a_2x + 3a_3x^2 + \cdots + na_nx^{n-1} + \cdots = 1 + \sum_{n=2}^{\infty} na_nx^{n-1}, \tag{5}$$

对级数(5)逐项求导,得

$$y'' = 2a_2 + 3\cdot 2a_3x + \cdots + n(n-1)a_nx^{n-2} + \cdots = \sum_{n=2}^{\infty} n(n-1)a_nx^{n-2}, \tag{6}$$

把式(4)和式(6)代入亚里方程,并按 x 的升幂集项,得

$$2a_2+3\cdot 2a_3x+(4\cdot 3a_4-1)x^2+(5\cdot 4a_5-a_2)x^3+(6\cdot 5a_6-a_3)x^4+\cdots+$$
$$[(n+2)(n+1)a_{n+2}-a_{n-1}]x^n+\cdots=0.$$

因为幂级数(3)是方程的解,上式必然是恒等式,所以方程左端各项的系数必全为零,于是有

$$a_2=0,\ a_3=0,\ a_4=\frac{1}{4\cdot 3},\ a_5=0,\ a_6=0,\ \cdots,$$

一般地

$$a_{n+2}=\frac{a_{n-1}}{(n+2)(n+1)}\quad (n=3,\ 4,\ \cdots). \tag{7}$$

从递推公式(7)可以推得

$$a_7=\frac{a_4}{7\cdot 6}=\frac{1}{7\cdot 6\cdot 4\cdot 3},\ a_8=\frac{a_5}{8\cdot 7}=0,\ a_9=\frac{a_6}{9\cdot 8}=0,$$

$$a_{10}=\frac{a_7}{10\cdot 9}=\frac{1}{10\cdot 9\cdot 7\cdot 6\cdot 4\cdot 3},\ \cdots,$$

一般地

$$a_{3m-1}=a_{3m}=0,$$

$$a_{3m+1}=\frac{1}{(3m+1)\cdot 3m\cdot\cdots\cdot 7\cdot 6\cdot 4\cdot 3}\quad (m=1,\ 2,\ \cdots).$$

于是所求的特解为

$$y=x+\frac{x^4}{4\cdot 3}+\frac{x^7}{7\cdot 6\cdot 4\cdot 3}+\frac{x^{10}}{10\cdot 9\cdot 7\cdot 6\cdot 4\cdot 3}+\cdots+$$
$$\frac{x^{3m+1}}{(3m+1)\cdot 3m\cdot\cdots\cdot 10\cdot 9\cdot 7\cdot 6\cdot 4\cdot 3}+\cdots.$$

上面介绍的是当二阶线性齐次微分方程(2)的系数 $P(x)$，$Q(x)$ 为多项式或在 $x=x_0$ 的邻域 $U(x_0)$ 内可展为幂级数的情况下的求解方法. 如果系数 $P(x)$，$Q(x)$ 不满足这些条件，还可以考虑 $xP(x)$ 与 $x^2Q(x)$ 在 $x=0$ 的邻域内能否展开为幂级数这一条件. 事实上，可以证明，对于方程(2)，只要 $xP(x)$ 与 $x^2Q(x)$ 在 $x=0$ 的邻域内都可展开成 x 的幂级数，这时可设方程有幂级数解：

$$y = x^{\lambda}(a_0 + a_1 x + a_2 x^2 + \cdots + a_n x^n + \cdots) = x^{\lambda}\sum_{n=0}^{\infty} a_n x^n, \tag{8}$$

将其代入方程中，利用恒等式比较系数，定出指数 λ 及级数的各项系数 $a_n (n=0, 1, 2, \cdots)$.

例 4 求解贝塞尔(Bessel)方程

$$x^2 y'' + xy' + (x^2 - \nu^2)y = 0, \tag{9}$$

其中 ν 是实常数.

解 首先将方程(9)写成式(2)的形式

$$y'' + \frac{1}{x}y' + \frac{x^2 - \nu^2}{x^2}y = 0. \tag{10}$$

因为 $xP(x)=1$，$x^2Q(x)=x^2-\nu^2$ 都是多项式，所以方程有如下形式的幂级数解：

$$y = x^{\lambda} \cdot \sum_{n=0}^{\infty} a_n x^n,\ a_0 \neq 0. \tag{11}$$

为了确定指数 λ 及各项系数 a_n，使级数(11)成为所给方程的解，先进行计算：

$$-\nu^2 y = \sum_{n=0}^{\infty} -\nu^2 a_n x^{n+\lambda},$$

$$x^2 y = \sum_{n=2}^{\infty} a_{n-2} x^{n+\lambda},$$

$$xy' = \sum_{n=0}^{\infty} (n+\lambda) a_n x^{n+\lambda},$$

$$x^2 y'' = \sum_{n=0}^{\infty} (n+\lambda)(n+\lambda-1) a_n x^{n+\lambda},$$

把上述各式代入到贝塞尔方程(9)中，合并同类项得

$$(\lambda^2 - \nu^2) a_0 x^{\lambda} + [(\lambda+1)^2 - \nu^2] a_1 x^{\lambda+1} + \sum_{n=2}^{\infty} \{[(\lambda+n)^2 - \nu^2] + a_{n-2}\} x^{\lambda+n} = 0.$$

x 的各项幂的系数都应为零，即有

$$(\lambda^2 - \nu^2) a_0 = 0,$$

$$[(\lambda+1)^2 - \nu^2] a_1 = 0,$$

$$[(\lambda+2)^2 - \nu^2] a_2 + a_0 = 0,$$

$$[(\lambda+3)^2 - \nu^2] a_3 + a_1 = 0,$$

……

$$[(\lambda+n)^2-\nu^2]a_n+a_{n-2}=0,$$
$$\cdots\cdots$$

$a_0\neq 0$,从第一式得 $\lambda^2-\nu^2=0$,它称为指数方程.由此定出 $\lambda=\pm\nu$.

先设 $\lambda=\nu$,再从第二式得

$$a_1=0,$$

从第四式得

$$a_3=0,$$

由递推公式 $a_n=-\dfrac{a_{n-2}}{(\lambda+n)^2-\nu^2}(n>2)$ 归纳可得

$$a_{2k+1}=0\quad(k=1,2,\cdots).$$

再从其他各式推出

$$a_2=\frac{-1}{2^2(\nu+1)}a_0,$$

$$a_4=\frac{1}{2^4(\nu+1)(\nu+2)2!}a_0,$$

$$\cdots\cdots$$

$$a_{2k}=\frac{(-1)^k}{2^{2k}(\nu+1)(\nu+2)\cdots(\nu+k)k!}a_0,$$

$$\cdots\cdots.$$

应用 Γ 函数的性质

$$\Gamma(\nu+k+1)=(\nu+k)(\nu+k-1)\cdots(\nu+1)\Gamma(\nu+1),$$
$$\Gamma(k+1)=k!,$$

上述的 a_{2k} 可表示为

$$a_{2k}=\frac{(-1)^k\Gamma(\nu+1)}{2^{2k}\Gamma(\nu+k+1)\Gamma(k+1)}a_0.$$

若取 $a_0=\dfrac{1}{2^\nu\Gamma(\nu+1)}$,则有

$$a_{2k}=\frac{(-1)^k}{\Gamma(\nu+k+1)\Gamma(k+1)}\cdot\frac{1}{2^{2k+\nu}}.$$

于是对应于 $\lambda=\nu$,就得贝塞尔方程的一个幂级数解

$$y_1=\mathrm{J}_\nu(x)=\sum_{k=0}^{\infty}\frac{(-1)^k}{\Gamma(\nu+k+1)\Gamma(k+1)}\left(\frac{x}{2}\right)^{2k+\nu}. \tag{12}$$

容易知道,级数(12)对任意实数 x 都收敛,因而它的和函数 $\mathrm{J}_\nu(x)$ 就是一个定义在整个数轴上的函数,并称为第一类贝塞尔函数.

再设 $\lambda=-\nu$,同样可得贝塞尔方程的另一个幂级数解为

$$y_2=\mathrm{J}_{-\nu}(x)=\sum_{k=0}^{\infty}\frac{(-1)^k}{\Gamma(-\nu+k+1)\Gamma(k+1)}\left(\frac{x}{2}\right)^{2k-\nu}. \tag{12'}$$

当 ν 不是整数时,y_1 与 y_2 是线性无关的.于是由式(12)和式(12′)就可得贝塞尔方程的通解

$$y=C_1\mathrm{J}_\nu(x)+C_2\mathrm{J}_{-\nu}(x). \tag{13}$$

当 ν 为整数时,比如为正整数时,$\Gamma(-\nu+k+1)$ 当 $k<\nu$ 时就无意义,因此,只能求得贝塞尔方程的一个特解 $\mathrm{J}_\nu(x)$ $(\nu>0)$,如果要求方程的通解,就须引进第二类贝塞尔函数,它将在以后的"数学物理方程"中进行论述.

习题 9-6

1. 求下列问题的幂级数解,并求其收敛区间:

(1) $\begin{cases}xy'=-\ln(1-x),\\ y(0)=0;\end{cases}$

(2) $\begin{cases}y''+xy=0,\\ y(0)=0,y'(0)=1.\end{cases}$

2. 求方程 $y''+y\cos x=0$ 满足 $y(0)=a,y'(0)=0$ 的幂级数解(到 x^8 项).

3. 求方程 $y'=y^2+x^3$ 满足 $y(0)=\dfrac{1}{2}$ 的幂级数解(到 x^5 项).

4. 考虑定解问题 $\begin{cases}y'=xy'+1,\\ y\big|_{x=1}=1,\end{cases}$ 求幂级数形式的解的前 4 项.

*9.7 线性常微分方程组

前面讨论的微分方程所含的未知函数及方程的个数都只有一个,但在实际问题中,常遇到含一个自变量的两个或多个未知函数的常微分方程组.本节对常微分方程组作一简要介绍,讨论微分方程的个数等于未知函数的个数的线性微分方程组.至于更复杂的情况,有兴趣的读者可参阅相关资料.

解线性常微分方程组常用的方法是通过求导进行消去法,将方程组转化成高阶微分方程来求解.

下面先看一个简单例子.

例 1 求解微分方程组

$$\begin{cases}\dfrac{\mathrm{d}x}{\mathrm{d}t}=y,\\[2mm] \dfrac{\mathrm{d}y}{\mathrm{d}t}=x.\end{cases} \tag{1}$$

解 对式(1)中的任意一个方程求导(比如前一个),得 $\dfrac{\mathrm{d}^2x}{\mathrm{d}t^2}=\dfrac{\mathrm{d}y}{\mathrm{d}t}$,借助后一个

方程消去$\frac{dy}{dt}$,就得高阶方程

$$\frac{d^2x}{dt^2}-x=0. \tag{2}$$

方程(2)是一个二阶常系数齐次线性方程,利用特征方程法易得其解

$$x=C_1e^t+C_2e^{-t}.$$

再利用前一个方程,得

$$y=\frac{dx}{dt}=C_1e^t-C_2e^{-t},$$

所以方程组的解为

$$\begin{cases}x=C_1e^t+C_2e^{-t},\\ y=C_1e^t-C_2e^{-t}.\end{cases}$$

必须指出的是,在应用消去法时应注意方程组之间的等价性.例如,在解得

$$x=C_1e^t+C_2e^{-t}$$

后,如将此结果代入后一个方程,而不是代入前一个方程,则得到

$$\frac{dy}{dt}=x=C_1e^t+C_2e^{-t},$$

两端积分,得

$$y=C_1e^t-C_2e^{-t}+C_3.$$

但是

$$\begin{cases}x=C_1e^t+C_2e^{-t},\\ y=C_1e^t-C_2e^{-t}+C_3\end{cases} \tag{3}$$

不再满足第一个方程$\frac{dx}{dt}=y$.也就是说,这样求得式(3)中的x,y不再是方程组(1)的解.其原因在于进行消去法过程中没有注意到方程组的等价性问题.

一般地,设有一阶方程组

$$\begin{cases}\frac{dx}{dt}=f(t,x,y), & (4)\\ \frac{dy}{dt}=g(t,x,y), & (5)\end{cases}$$

将式(4)求导,得

$$\frac{d^2x}{dt^2}=\frac{df}{dt},$$

把式(4)和式(5)代入此式右端,得

$$\frac{d^2x}{dt^2}=F(t,x,y). \tag{6}$$

将式(6)与式(4)联立,得到新的方程组

$$\begin{cases}\dfrac{dx}{dt}=f(t,x,y), & (7)\\ \dfrac{d^2x}{dt^2}=F(t,x,y). & (8)\end{cases}$$

而要解方程(7)和(8),只要从中消去 y 得到 x 的二阶方程,求出其通解为

$$x=\varphi(t,\ C_1,\ C_2), \tag{9}$$

再将此解代入式(4),便得到 y. 这样求出的解 x,y 的确是方程(4)和(5)的解.

至于三个或三个以上因变量的方程组,也是同样处理.

例 2　求解方程组

$$\begin{cases}\dfrac{dx}{dt}=y+z,\\ \dfrac{dy}{dt}=z+x,\\ \dfrac{dz}{dt}=x+y.\end{cases}$$

解　将第一个方程对 t 求导,得

$$\frac{d^2x}{dt^2}=\frac{dy}{dt}+\frac{dz}{dt}=2x+y+z,$$

与第一个方程联立,消去 y,z 得

$$\frac{d^2x}{dt^2}-\frac{dx}{dt}-2x=0.$$

其解为

$$x=C_1e^{-t}+C_2e^{2t},$$

所以

$$\frac{dx}{dt}=-C_1e^{-t}+2C_2e^{2t},$$

以此代入第一及第三方程中,消去 y,得

$$\frac{dz}{dt}+z=3C_2e^{2t}.$$

由此可解得

$$z=e^{-\int dt}\left(\int 3C_2e^{2t}\cdot e^{\int dt}dt+C_3\right)=C_3e^{-t}+C_2e^{2t}.$$

从第一方程中得到

$$y=-(C_1+C_3)e^{-t}+C_2e^{2t},$$

因此方程组的解为

$$\begin{cases}x=C_1e^{-t}+C_2e^{2t},\\ y=-(C_1+C_3)e^{-t}+C_2e^{2t},\\ z=C_3e^{-t}+C_2e^{2t}.\end{cases}$$

例 3 求方程组

$$\begin{cases}\dfrac{\mathrm{d}y_1}{\mathrm{d}x}=y_1+y_2+x,\\[2mm]\dfrac{\mathrm{d}y_2}{\mathrm{d}x}=-4y_1-3y_2+2x\end{cases}$$

满足 $y_1(0)=1$，$y_2(0)=0$ 的特解.

解 把第一个方程对 x 求导,则得

$$\frac{\mathrm{d}^2y_1}{\mathrm{d}x^2}=\frac{\mathrm{d}y_1}{\mathrm{d}x}+\frac{\mathrm{d}y_2}{\mathrm{d}x}+1.$$

将方程组中的$\dfrac{\mathrm{d}y_1}{\mathrm{d}x}$,$\dfrac{\mathrm{d}y_2}{\mathrm{d}x}$代入上式,得出

$$\frac{\mathrm{d}^2y_1}{\mathrm{d}x^2}=-3y_1-2y_2+3x+1.$$

从第一个方程知

$$y_2=\frac{\mathrm{d}y_1}{\mathrm{d}x}-y_1-x,$$

以此代入上式得到

$$\frac{\mathrm{d}^2y_1}{\mathrm{d}x^2}+2\frac{\mathrm{d}y_1}{\mathrm{d}x}+y_1=5x+1.$$

这是一个关于 y_1 的二阶常系数线性非齐次方程,易知

$$y_1=(C_1+C_2x)\mathrm{e}^{-x}+5x-9,$$

所以 $$y_2=\frac{\mathrm{d}y_1}{\mathrm{d}x}-y_1-x=(C_2-2C_1-2C_2x)\mathrm{e}^{-x}-6x+14.$$

为了满足 $y_1(0)=1$，$y_2(0)=0$，C_1,C_2 必须满足

$$\begin{cases}1=C_1-9,\\0=C_2-2C_1+14,\end{cases}$$

所以 $C_1=10$，$C_2=6$. 因此,所求的特解为

$$\begin{cases}y_1=(10+6x)\mathrm{e}^{-x}+5x-9,\\y_2=(-14-12x)\mathrm{e}^{-x}-6x+14.\end{cases}$$

例 4 放射性同位素甲原有质量为 m_0,衰变成放射性同位素乙,乙又衰变成丙,丙不再衰变. 于是三种元素的质量都是时间 t 的函数,分别记成

$$Q_1=Q_1(t),\ Q_2=Q_2(t),\ Q_3=Q_3(t).$$

先考虑元素甲:甲的衰变速度(质量对时间的变化率)与当时甲的质量成正比,比例系数为 $k_1>0$,因为衰变是质量减少,所以$\dfrac{\mathrm{d}Q_1}{\mathrm{d}t}<0$,于是得

$$\frac{\mathrm{d}Q_1}{\mathrm{d}t}=-k_1Q_1.$$

再考虑元素乙：乙的变化速度由两部分组成，一方面甲以速度 k_1Q_1 变成乙，另一方面乙同时又以与当时的质量成正比的速度减少，记比例系数为 k_2，于是得

$$\frac{dQ_2}{dt}=k_1Q_1-k_2Q_2.$$

最后考虑元素丙：丙是由乙以速度 k_2Q_2 衰变成的，丙不再衰变，于是得

$$\frac{dQ_3}{dt}=k_2Q_2.$$

因此，$Q_1=Q_1(t)$，$Q_2=Q_2(t)$，$Q_3=Q_3(t)$满足微分方程组

$$\begin{cases}Q_1'=-k_1Q_1, & (10)\\ Q_2'=k_1Q_1-k_2Q_2, & (11)\\ Q_3'=k_2Q_2. & (12)\end{cases}$$

再假设开始时甲有 m_0，乙、丙都还未出现，于是初始条件是

$$Q_1\big|_{t=0}=m_0,\ Q_2\big|_{t=0}=0,\ Q_3\big|_{t=0}=0.$$

解

$$\begin{cases}Q_1'=-k_1Q_1,\\ Q_2'=k_1Q_1-k_2Q_2,\\ Q_3'=k_2Q_2,\end{cases}$$

$$Q_1\big|_{t=0}=m_0,\ Q_2\big|_{t=0}=0,\ Q_3\big|_{t=0}=0.$$

由式(10)，解得

$$Q_1=C_1e^{-k_1t},$$

以 $Q_1\big|_{t=0}=m_0$ 代入，解出 $C_1=m_0$，得 $Q_1=m_0e^{-k_1t}$. 将 Q_1 的表示式代入式(11)，得

$$Q_2'=k_1m_0e^{-k_1t}-k_2Q_2,$$

即

$$Q_2'+k_2Q_2=k_1m_0e^{-k_1t},$$

这是 $Q_2(t)$的一阶线性非齐次微分方程，其通解为

$$Q_2=e^{-\int k_2dt}\left(\int k_1m_0e^{-k_1t}e^{\int k_2dt}dt+C\right)=\frac{k_1m_0}{k_2-k_1}e^{-k_1t}+Ce^{-k_2t}.$$

以 $Q_2\big|_{t=0}=0$ 代入，解出 $C=-\frac{k_1m_0}{k_2-k_1}$，得 $Q_2=\frac{k_1m_0}{k_2-k_1}(e^{-k_1t}-e^{-k_2t})$.

再将 Q_2 的表示式代入方程组的式(12)，得

$$Q_3'=\frac{k_1k_2m_0}{k_2-k_1}(e^{-k_1t}-e^{-k_2t}),$$

其通解为

$$Q_3=\frac{k_1k_2m_0}{k_2-k_1}\left[-\frac{1}{k_1}e^{-k_1t}+\frac{1}{k_2}e^{-k_2t}\right]+C.$$

以 $Q_3\big|_{t=0}=0$ 代入，解出 $C=m_0$，得

$$Q_3=\frac{m_0}{k_2-k_1}(-k_2e^{-k_1t}+k_1e^{-k_2t})+m_0.$$

于是所求问题的解是

$$\begin{cases} Q_1 = m_0 e^{-k_1 t}, \\ Q_2 = \dfrac{k_1 m_0}{k_2 - k_1}(e^{-k_1 t} - e^{-k_2 t}), \\ Q_3 = \dfrac{m_0}{k_2 - k_1}(-k_2 e^{-k_1 t} + k_1 e^{-k_2 t}) + m_0. \end{cases}$$

*习题 9-7

1. 求下列微分方程组的通解：

(1) $\begin{cases} \dfrac{dx}{dt} = y, \\ \dfrac{dy}{dt} = x + e^{-t} + e^t; \end{cases}$　　(2) $\begin{cases} \dfrac{dx}{dt} + \dfrac{dy}{dt} = -x + y + 3, \\ \dfrac{dx}{dt} - \dfrac{dy}{dt} = x + y - 3; \end{cases}$

(3) $\begin{cases} \dfrac{dx}{dt} = k_1(a - x), \\ \dfrac{dy}{dt} = k_2(x - y) \end{cases}$ (k_1, k_2, a 为常数)；(4) $\begin{cases} \dfrac{d^2 x}{dt^2} + 2m^2 y = 0, \\ \dfrac{d^2 y}{dt^2} - 2m^2 y = 0. \end{cases}$

2. 求下列微分方程组满足所给初始条件的特解：

(1) $\begin{cases} \dfrac{dx}{dt} + y = 0, \\ \dfrac{dx}{dt} - \dfrac{dy}{dt} = 3x + y, \end{cases}$　$\begin{cases} x(0) = 1, \\ y(0) = 1; \end{cases}$

(2) $\begin{cases} \dfrac{dx}{dt} = y + z, \\ \dfrac{dy}{dt} = 3 + x, \\ \dfrac{dz}{dt} = x + y, \end{cases}$　$\begin{cases} x(0) = 0, \\ y(0) = 0, \\ z(0) = 1; \end{cases}$

(3) $\begin{cases} \dfrac{dx}{dt} + 2x - \dfrac{dy}{dt} = 10\cos t, \\ \dfrac{dx}{dt} + \dfrac{dy}{dt} + 2y = 4e^{-2t}, \end{cases}$　$\begin{cases} x(0) = 2, \\ y(0) = 0; \end{cases}$

(4) $\begin{cases} \dfrac{dx}{dt} - x + \dfrac{dy}{dt} + 3y = e^{-t} - 1, \\ \dfrac{dx}{dt} + 2x + \dfrac{dy}{dt} + y = e^{2t} + t, \end{cases}$　$\begin{cases} x(0) = \dfrac{48}{49}, \\ y(0) = \dfrac{95}{98}. \end{cases}$

3. 质量为 m 的一物体自水平速度为 v_0 的飞行物中落下，设空气阻力与速度成正比，比例常数为 $k>0$，试建立微分方程组并求该物体的轨迹方程.

本章小结

1. 主要内容

本章内容可分为五个部分.

(1) 微分方程的基本概念和一阶微分方程,具体包括:

① 可分离变量的方程与分离变量法;

② 齐次方程与变量代换法;

③ 线性方程与常数变易法;

④ 其他可化为上述类型的方程.

(2) 可降阶的特殊高阶微分方程,以二阶微分方程为例,具体包括:

① 只显含自变量与因变量最高阶导数的方程;

② 不显含因变量的方程;

③ 不显含自变量的方程.

(3) 高阶线性方程与高阶常系数线性方程,具体包括:

① 高阶线性方程解的性质与构成;

② 常系数齐次线性方程的特征方程与通解;

③ 两类特殊常系数非齐次线性方程的特解形式与求解.

(4) 微分方程的幂级数求解方法.

(5) 线性常微分方程组简介.

2. 基本要求

通过本章内容的学习,应达到以下目标和要求:

(1) 了解微分方程、解、通解、初始条件和特解等概念.

(2) 掌握可分离变量的方程及一阶线性方程的解法.

(3) 会解齐次方程和伯努利(Bernoulli)方程,从中领会用变量代换法求解方程的思想,并会解全微分方程.

(4) 会用降阶法解下列类型方程:$y^{(n)}=f(x)$,$y''=f(x,y')$和 $y''=f(y,y')$.

(5) 理解二阶线性微分方程解的结构.

(6) 掌握二阶常系数齐次线性微分方程的解法,了解高阶常系数齐次线性微分方程的解法.

(7) 会求自由项形如 $P_n(x)e^{\alpha x}$,$e^{\alpha x}(A\cos\beta x+B\sin\beta x)$的二阶常系数非齐次线性微分方程的特解.

(8) 会用微分方程解一些简单的几何和物理问题.

3. 学习指导

本章主要讨论常微分方程的基本内容,包括微分方程的一般概念. 其中,解、通解与特解是最重要的术语.一阶微分方程的求解是微分方程学习的基础,其中可分离变量的微分方程是一阶方程的求解基础.许多时候,通过变量代换等,方程求解最后都归结到分离变量这一基础方法.齐次方程的求解完美地诠释了变量代换这一微分方程求解的主要方法.一阶线性微分方程则体现了另一类微分方程求解方法——常数变易法的奇妙.要完成本章的学习目标与任务,首要的就是理解第一节中的基本概念,掌握一阶微分方程的求解方法与技巧.

通过与一般的高阶方程的标准形式 $y''=f(x,y,y')$ 比较,我们发现了三类高阶方程 $y^{(n)}=f(x)$,$y''=f(x,y')$ 和 $y''=f(y,y')$ 各自的特征,利用变量代换,可将原方程转化成一阶方程.本章要求掌握可降阶方程求解方法的两个要点:方程特点(与标准形式比较)和变量代换后高阶导数的处理.

具有线性结构特点的方程一直是我们关注的主要内容.线性方程的结构特点是方程中因变量的各阶导数都以一次形式出现.利用线性方程解的叠加性质,可以通过几个已知的解构造出原方程的新解,特别是常系数的线性方程,可将求解问题转化为代数方程(特征方程)根的计算问题,这使得人们可以用标准化的程序获得常系数(齐次)线性微分方程的通解和特解.结合非齐次项的构成特点,可利用拟设待定系数的方法,解决常系数非齐次线性微分方程求解问题.

总体来说,本章学习的关键在于掌握通解与方程阶数的关系,一阶方程的求解(包括变量代换法与常数变易法),线性方程解的结构与解的构成,以及常系数线性微分方程的求解.

自我检测题 9

1. 求以 $(x+C)^2+y^2=1$ 为通解的微分方程(其中 C 为任意常数).

2. 解下列方程:

(1) $(e^{x+y}-e^x)dx+(e^{x+y}+e^y)dy=0$;

(2) $(5x^2y^3-2x)y'+y=0$;

(3) $xy'+y=y(\ln x+\ln y)$;

(4) $\dfrac{ydx}{x}+(y^3+\ln x)dy=0$;

(5) $y''=2yy'$,$y(0)=1$,$y'(0)=2$.

3. 已知可微函数 $f(x)$ 满足关系式

$$\int_1^x \frac{f(t)}{f^2(t)+t}dt=f(x)-1,$$

求未知函数 $f(x)$.

4. 解方程 $y''+4y=\cos 2x$.

5. (共生模型——生态环境的监测预报与治理的数学模型之一)设在同一水域中生存食草鱼与食鱼之鱼两种鱼(或同一环境中的有相互影响的两种生物),它们的数量分别为 $x(t)$ 与

$y(t)$，不妨设 x 与 y 是连续变化的. 其中 x 受 y 的影响而减少(大鱼吃小鱼)，减少的速率与 $y(t)$ 成正比；而 y 也受 x 的影响而减少(小鱼吃了大鱼卵)，减少的速率与 $x(t)$ 成正比. 如果 $x(0)=x_0$，$y(0)=y_0$，试建立这一问题的数学模型，求这两种鱼数量的变化规律，并就这两种鱼数量生态平衡问题做一些判断.

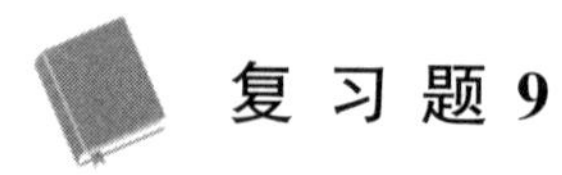

复习题 9

1. 填空题.

(1) $3xy'''+2x^2y'^2+x^3y=x^4+1$ 是________阶微分方程.

(2) 若 $M(x,y)\mathrm{d}x+N(x,y)\mathrm{d}y=0$ 是全微分方程，则函数 M,N 应满足________________.

(3) 与积分方程 $y=\int_{x_0}^{x}f(x,y)\mathrm{d}x$ 等价的微分方程初值问题是________________.

(4) 已知 $y=1,y=x,y=x^2$ 是某二阶非齐次线性微分方程的三个解，则该方程的通解是________________.

2. 求下列微分方程的通解：

(1) $xy'+y=2\sqrt{xy}$；

(2) $xy'\ln x+y=ax(\ln x+1)$；

(3) $\dfrac{\mathrm{d}y}{\mathrm{d}x}=\dfrac{y}{2(\ln y-x)}$；

(4) $\dfrac{\mathrm{d}y}{\mathrm{d}x}+xy-x^3y^3=0$；

(5) $x\mathrm{d}x+y\mathrm{d}y+\dfrac{y\mathrm{d}x-x\mathrm{d}y}{x^2+y^2}=0$；

(6) $yy''-y'^2-1=0$；

(7) $y''+2y'+5y=\sin 2x$；

(8) $y'''+y''-2y'=x(\mathrm{e}^x+4)$；

(9) $(y^4-3x^2)\mathrm{d}y+xy\mathrm{d}x=0$；

(10) $y'+x=\sqrt{x^2+y}$.

3. 求下列微分方程满足所给初始条件的特解：

(1) $y^3\mathrm{d}x+2(x^2-xy^2)\mathrm{d}y=0$，$x=1$ 时 $y=1$；

(2) $y''-ay'^2=0$，$x=0$ 时 $y=0,y'=-1$；

(3) $2y''-\sin 2y=0$，$x=0$ 时 $y=\dfrac{\pi}{2},y'=1$；

(4) $y''+2y'+y=\cos x$，$x=0$ 时 $y=0,y'=\dfrac{3}{2}$.

4. 设可微函数 $f(x)$ 满足 $f(x)\cos x+2\int_0^x f(t)\sin t\mathrm{d}t=x+1$，求 $f(x)$.

5. 长度为 d 的均匀链条放在一水平无摩擦的桌面上，使链条在桌边悬挂下来的长度为 b，求由重力使链条全部滑离桌面所需的时间.

6. 若方程 $\dfrac{\mathrm{d}^2x}{\mathrm{d}t^2}+C\dfrac{\mathrm{d}x}{\mathrm{d}t}+x=0$ 表示弹簧运动：(1) 当 C 满足什么条件时，运动是振荡的；

(2) 当 $C=1$ 时,求 $x(t)$ 使得当 $t\approx 0$ 时,$x(t)\approx t$;(3) 当 $C=1$,且 $x\big|_{t=0}=A$,$\frac{\mathrm{d}x}{\mathrm{d}t}\big|_{t=0}=-\frac{A}{2}$,问大约经过多少次振荡能使振幅小于$\frac{A}{10^5}$?($\ln 10\approx 2.3$)

7. 设函数 $u=f(r)$,$r=\sqrt{x^2+y^2+z^2}$ 在 $r>0$ 内满足拉普拉斯(Laplace)方程

$$\frac{\partial^2 u}{\partial x^2}+\frac{\partial^2 u}{\partial y^2}+\frac{\partial^2 u}{\partial z^2}=0,$$

其中 $f(r)$ 二阶可导,且 $f(1)=f'(1)=1$,试将拉普拉斯方程化为以 r 为自变量的常微分方程,并求 $f(r)$.

8. 设 $y_1(x)$,$y_2(x)$ 是二阶齐次线性方程 $y''+p(x)y'+q(x)y=0$ 的两个解,令

$$W(x)=\begin{vmatrix} y_1(x) & y_2(x) \\ y_1'(x) & y_2'(x) \end{vmatrix}=y_1(x)y_2'(x)-y_1'(x)y_2(x),$$

证明:(1) $W(x)$ 满足方程 $W'+p(x)W=0$;(2) $W(x)=W(x_0)\mathrm{e}^{-\int_{x_0}^{x}p(x)\mathrm{d}x}$.

9. 考虑定解问题 $\begin{cases} y'=xy^2+1, \\ y\big|_{x=1}=1, \end{cases}$ 求幂级数形式解的前 4 项.

10. 求下列欧拉方程的通解:

(1) $x^2y''+3xy'+y=0$;

(2) $x^2y''-4xy'+6y=x$.

10 向量代数与空间解析几何

解析几何的建立第一次真正实现了几何方法与代数方法的结合,使数与形得到统一,这是数学史上的一次重大突破.解析几何通过坐标系建立点与实数对之间的一一对应关系,从而建立曲线的方程,运用代数的方法研究几何问题,或用几何的方法研究代数问题.要把代数的方法引入几何中,就必须把空间的几何结构代数化,这是解析几何的基础.本章将在空间直角坐标系的基础上,引入向量和坐标的概念,使得向量与有序实数组(坐标)、点与有序实数组之间建立一一对应的关系,实现空间几何结构的数量化,从而使得向量的运算转化为数的运算,建立空间曲线与三元方程之间的关系.

本章主要学习空间直角坐标系、向量代数、平面与空间直线、曲面与空间曲线.首先建立空间直角坐标系,引入自由向量,然后以坐标和向量为基础,用代数的方法讨论空间的平面和直线,最后在此基础上,介绍一些常用的空间曲线与曲面.学生通过本章知识的学习,可提高空间想象能力,向量代数的计算能力和推理、演绎等逻辑思维能力,为学习多元微积分做好准备.

10.1 空间直角坐标系

10.1.1 空间直角坐标系的建立

在中学数学中,为了用代数的方法研究平面上的几何问题,建立了一维坐标系(数轴)和二维(平面)直角坐标系.用代数方法研究空间图形,首先必须建立空间直角坐标系.空间直角坐标系是平面直角坐标系的自然拓展.

在空间,作三条互相垂直且相交于 O 点的数轴 Ox,Oy 和 Oz,它们都具有相同的长度单位.交点 O 称为坐标原点,三条轴分别称为 x 轴(横轴)、y 轴(纵轴)与 z 轴(竖轴),它们统称为坐标轴(见图 10-1).三个轴的正向按右手定则确定,即以右手握住 z 轴,当右手四指从 x 轴正向以 $\frac{\pi}{2}$ 角度转向 y 轴正向时,右手大拇指的指向就是 z 轴的正向(见图 10-2).这样的三条坐标轴就组成了一个空间直角坐标系，记作 $O\text{-}xyz$.

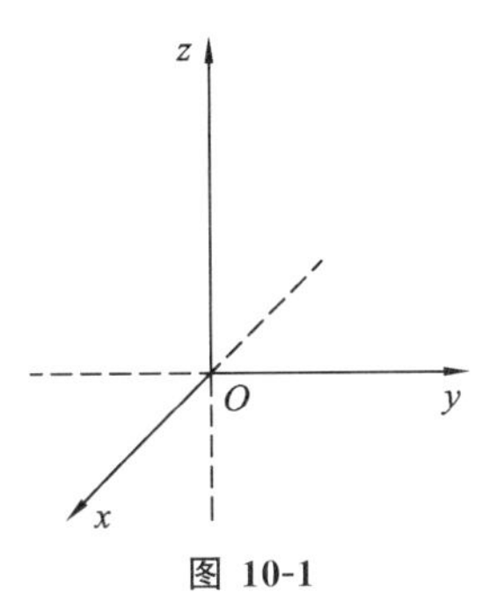

图 10-1

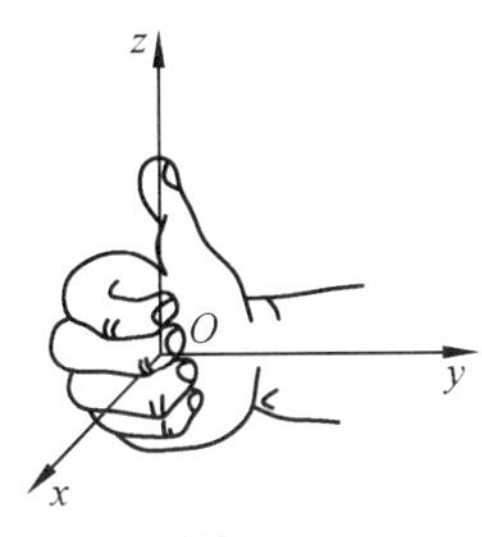

图 10-2

在空间直角坐标系中，任意两条坐标轴所确定的平面称为坐标面，在 $O\text{-}xyz$ 中有三个坐标面，分别称为 xOy 面、yOz 面和 zOx 面. 这三个坐标面把空间分成八个部分，每一部分称为一个卦限. 这八个卦限分别用字母Ⅰ，Ⅱ，Ⅲ，Ⅳ，Ⅴ，Ⅵ，Ⅶ，Ⅷ表示（见图 10-3），并规定Ⅰ，Ⅱ，Ⅲ，Ⅳ卦限在 xOy 面上方，含有 x 轴、y 轴、z 轴正半轴的卦限称为第Ⅰ卦限，其余依逆时针方向确定；Ⅴ，Ⅵ，Ⅶ，Ⅷ卦限在 xOy 面下方，与上面的四个卦限依次对应.

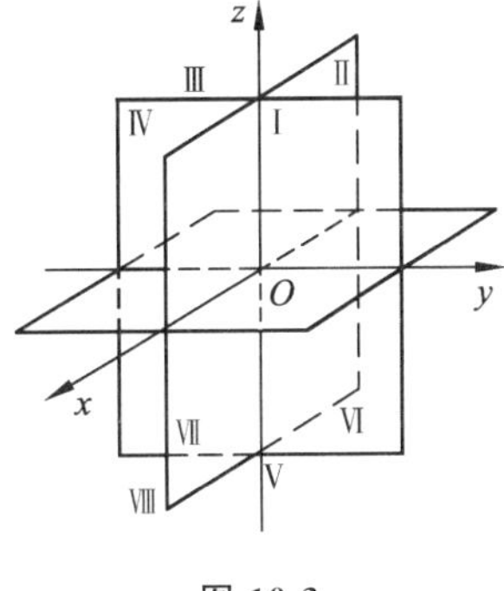

图 10-3

10.1.2 空间点的直角坐标

设 P 为空间直角坐标系中的任意一点，过 P 点与 x 轴、y 轴和 z 轴垂直的平面与三坐标轴的交点分别记作 P_x，P_y，P_z（见图 10-4）. 这三个点在 x 轴、y 轴、z 轴上的坐标分别为 x，y，z，于是，空间的点 P 就唯一确定了一个有序实数组 x，y，z.

反过来，任给一组有序数组 x，y，z，可以先分别在 x 轴、y 轴、z 轴上找到对应的点 P_x，P_y，P_z，过此三点分别作 x 轴、y 轴、z 轴的垂面，这三个垂直平面必相交于唯一的一点 P（见图 10-4）.

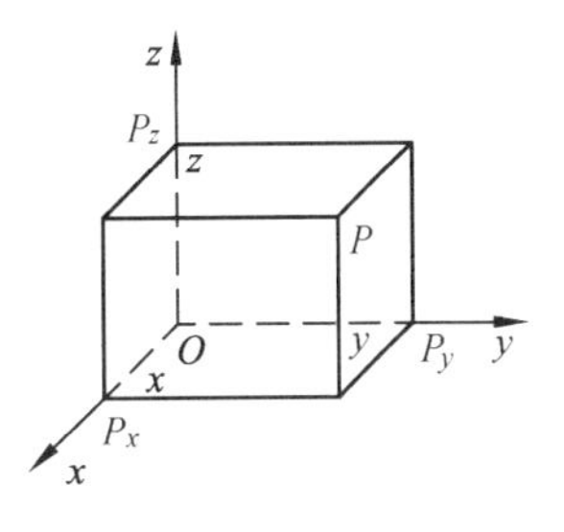

图 10-4

这样，在直角坐标系就建立了空间的点 P 与一组有序数组 x，y，z 之间的一一对应关系. 有序实数 x，y，z 就称为空间点 P 的直角坐标，简称为 P 的坐标，通常记作 $P(x,\ y,\ z)$. x，y，z 分别称为 P 点的横坐标、纵坐标和竖坐标.

这样就建立了最基本的空间图形“点”与“数”(x,y,z)之间的关系，即给出空间的点 P，就有一个有序数组(x,y,z)与之对应. 例如，原点的坐标为 $O(0,\ 0,\ 0)$，三个坐标轴上正向单位点的坐标分别为(1, 0, 0),(0, 1, 0)和(0, 0, 1).坐标轴和坐标面上的点,其坐标也各有一定的特征:坐标轴上的点有两个坐标为零,如 x 轴上的点的坐标为$(x, 0, 0)$,有 $y=z=0$;坐标面上的点有一个坐标为零,如 yOz 面上点的坐标为$(0, y, z)$,有 $x=0$.反之,有两个坐标为零的点一定在坐标轴上,有一个坐标为零的点一定在坐标面上.此外,八个卦限中点的坐标的正负号也是各不相同,并有一定规律可循,各卦限中点的坐标的正负号参见表 10-1.

表 10-1

卦限	Ⅰ	Ⅱ	Ⅲ	Ⅳ	Ⅴ	Ⅵ	Ⅶ	Ⅷ
符号	(+,+,+)	(−,+,+)	(−,−,+)	(+,−,+)	(+,+,−)	(−,+,−)	(−,−,−)	(+,−,−)

10.1.3　空间两点间的距离

建立了空间直角坐标系,规定了点的坐标之后,就可以推出空间中的两点间距离公式.

设 $P_1(x_1, y_1, z_1)$, $P_2(x_2, y_2, z_2)$为空间中的两个点,它们之间的距离记作 $d=|P_1P_2|$.

过 P_1, P_2 各作三个分别垂直于三条坐标轴的平面,这六个平面围成一个以 P_1, P_2 为对角线的长方体(见图 10-5).根据勾股定理容易求得长方体对角线的长度.

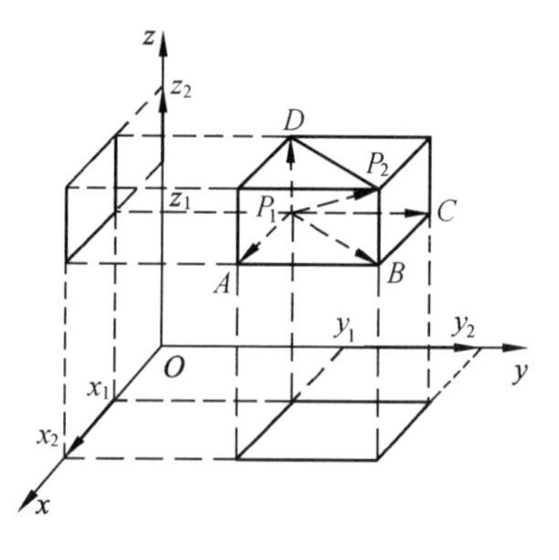

图 10-5

由图 10-5 可知

$|P_1A|=|x_2-x_1|$, $|AB|=|y_2-y_1|$,

$|BP_2|=|z_2-z_1|$,

在 $\mathrm{Rt}\triangle P_1BP_2$ 中,$|P_1P_2|^2=|P_1B|^2+|BP_2|^2$.

在 $\mathrm{Rt}\triangle P_1AB$ 中,

$$|P_1B|^2=|P_1A|^2+|AB|^2;$$

于是

$$\begin{aligned}d^2&=|P_1P_2|^2=|P_1A|^2+|AB|^2+|BP_2|^2\\&=(x_2-x_1)^2+(y_2-y_1)^2+(z_2-z_1)^2,\end{aligned}$$

所以
$$d=|P_1P_2|=\sqrt{(x_2-x_1)^2+(y_2-y_1)^2+(z_2-z_1)^2}. \tag{1}$$

这就是空间中两点间距离公式,它是平面上距离公式的推广.

特别地,空间中任一点 $P(x, y, z)$到原点 $O(0,0,0)$的距离

$$d=|OP|=\sqrt{x^2+y^2+z^2}. \tag{2}$$

与平面解析几何一样,空间中两点间距离公式是一个重要公式,被称为空间解析几何的基本公式.它是描述空间动点运动轨迹的重要手段,且很多空间几何

问题的讨论都涉及它.

例 1 试证以 $A(4,1,9)$,$B(10,-1,6)$,$C(2,4,3)$为顶点的三角形是等腰直角三角形.

证 $|AB|^2=(10-4)^2+(-1-1)^2+(6-9)^2=49$,

$|AC|^2=(2-4)^2+(4-1)^2+(3-9)^2=49$,

$|BC|^2=(2-10)^2+(4+1)^2+(3-6)^2=98$.

因为
$$|AB|^2+|AC|^2=|BC|^2, |AB|=|AC|,$$
所以$\triangle ABC$ 是等腰直角三角形.

例 2 在 y 轴上求到点 $A(-3,2,7)$和 $B(3,1,-7)$等距离的点.

解 因为所求点在 y 轴上,故设该点的坐标为 $P(0,y,0)$,依题意有$|PA|=|PB|$,即
$$(0+3)^2+(y-2)^2+(0-7)^2=(0-3)^2+(y-1)^2+(0+7)^2,$$
化简得
$$-2y+3=0,$$
解得
$$y=\frac{3}{2}.$$
故所求点为 $P\left(0,\ \frac{3}{2},\ 0\right)$.

例 3 一动点 $P(x,\ y,\ z)$在运动时与两定点 $O(0,\ 0,\ 0)$和 $M(a,\ b,\ c)$的距离始终保持相等,这个动点的几何轨迹(几何图形)称为平面,求这个平面的数量表示式(方程).

解 设 $P(x,\ y,\ z)$为轨迹上任一点,由条件有$|PO|=|PM|$,

因为
$$|PO|=\sqrt{x^2+y^2+z^2},$$
$$|PM|=\sqrt{(x-a)^2+(y-b)^2+(z-c)^2},$$
所以由$|PO|=|PM|$,推出
$$2ax+2by+2cz=a^2+b^2+c^2,$$
简写为
$$Ax+By+Cz=D,$$
其中 $A=2a$,$B=2b$,$C=2c$,$D=a^2+b^2+c^2$.

这是一个平面方程,称为线段 OM 的垂直平分面.

例 4 一动点 $P(x,\ y,\ z)$在运动时,它到定点 $P_0(x_0,\ y_0,\ z_0)$的距离 R 始终保持不变,这个动点的轨迹(几何图形)称为球面,求球面的方程.

解 设 $P(x,\ y,\ z)$为球面上任一点,那么根据球面的定义,
$$|P_0P|=R,$$
即
$$\sqrt{(x-x_0)^2+(y-y_0)^2+(z-z_0)^2}=R,$$
整理化简得球面方程为
$$(x-x_0)^2+(y-y_0)^2+(z-z_0)^2=R^2, \tag{3}$$

其中 $P_0(x_0, y_0, z_0)$称为球面的球心,R 称为球面半径.

特别地,以原点 $O(0, 0, 0)$为球心的球面方程为

$$x^2+y^2+z^2=R^2. \tag{4}$$

将球面方程(3)展开后得

$$x^2+y^2+z^2-2x_0x-2y_0y-2z_0z+(x_0^2+y_0^2+z_0^2-R^2)=0.$$

因此,球面方程是一个所有平方项系数相等,不含交叉项的三元二次方程.反过来,如果一个三元二次方程经过配方可以化为方程(3)的形式,那么它的图形就是一个球面.

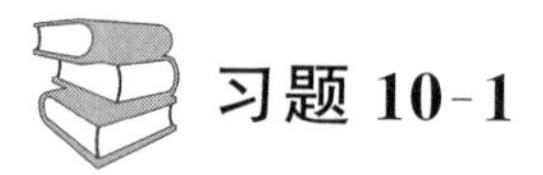

习题 10-1

1. 指出下列点的坐标所具有的特点:

(1) P 在坐标轴上;

(2) P 在坐标面上;

(3) P 在与 xOz 面平行且相距为 3 的平面上;

(4) P 在与 z 轴垂直且距原点为 5 的平面上.

2. 指出下列各点位置的特殊性:$A(3,0,1)$; $B(0,1,2)$; $C(0,0,1)$; $D(0,-2,0)$.

3. 在空间直角坐标系中,指出下列各点在哪个卦限:$A(1,-2,3)$;$B(2,3,-4)$;$C(2,-3,-4)$;$D(-2,-3,1)$.

4. 在空间直角坐标系下,求 $P(2,-3,-1)$,$M(a, b, c)$两点关于下列三种情况对称点的坐标:(1) 各坐标面;(2) 各坐标轴;(3) 原点.

5. 试证以 $A(4,3,1)$,$B(7,1,2)$,$C(5,2,3)$为顶点的三角形是一个等腰三角形.

6. 在 yOz 面上,求与三点 $A(3,1,2)$,$B(4,-2,-2)$和 $C(0,5,1)$等距离的点.

7. 建立以点$(1, 3,-2)$为球心且通过坐标原点的球面方程.

8. 求球面 $x^2+y^2+z^2+2x-4y-4=0$ 的球心坐标和半径.

10.2　向量代数

10.2.1　向量的概念

人们在力学、物理学及日常生活中经常会遇到许多量.除了像温度、时间、长度、面积、体积等一类只有大小、没有方向的量(称之为数量)外,还有一些比较复杂的量,例如力、力矩、位移、速度、加速度等,它们不但有大小,而且有方向,这种量就是向量.

定义 1　既有大小又有方向的量称为向量或矢量.

用有向线段来表示向量.有向线段的长度表示向量的大小,从起点 P_1 到终点 P_2 的方向表示向量的方向,记作$\overrightarrow{P_1P_2}$,这种表示法称为向量的几何表示法(见图 10-6).有时也用粗体字母或一个上面加箭头的字母表示向量,如 $\boldsymbol{a}$,$\boldsymbol{b}$,$\boldsymbol{x}$ 或$\vec{a}$,$\vec{b}$,$\vec{x}$ 等.在许多问题中,研究向量时只考虑它的大小和方向,而不考虑它的起点位置,这种向量称为自由向量. 也就是说,自由向量可以任意自由平行移动,移动后的向量仍然代表原来的向量. 在自由向量的意义下,相等的向量都看作是同一个自由向量. 由于自由向量始点的任意性,可以按照需要选取某一点作为所研究的一些向量的公共始点. 在这种情况下,就说把那些向量归结到共同的始点. 在本章中如果不是特别指明,所讨论的向量都是指自由向量.

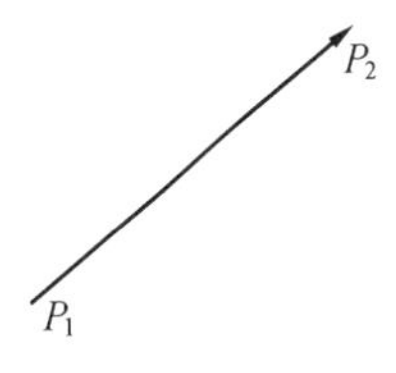

图 10-6

向量的大小称为向量的模,记作$|\overrightarrow{P_1P_2}|$或$|\boldsymbol{a}|$.模等于 1 的向量称为单位向量.模等于零的向量称为零向量,记作 $\mathbf{0}$,规定零向量的方向是任意的.如果两个向量 $\boldsymbol{a}$ 和 $\boldsymbol{b}$ 的模相等,方向相同,就称这两向量是相等向量,记作 $\boldsymbol{a}=\boldsymbol{b}$. 设 $\boldsymbol{a}$ 为一向量,和 $\boldsymbol{a}$ 的模相等而方向相反的向量称为 $\boldsymbol{a}$ 的负向量(或反向量),记作$-\boldsymbol{a}$.两个非零向量如果方向相同或者相反,就称这两个向量平行或共线,记作 $\boldsymbol{a}/\!/\boldsymbol{b}$. 平行于同一平面的一组向量称为共面向量. 显然,零向量与任何共面的向量组共面;一组共线向量一定是共面向量;三个向量中如果有两个向量共线,这三个向量一定也是共面的.

10.2.2 向量的线性运算

1) 向量的加减法

(1) 向量加法的平行四边形法则和三角形法则.

已给两个向量 $\boldsymbol{a}$ 和 $\boldsymbol{b}$,取定一点 O,作$\overrightarrow{OA}=\boldsymbol{a}$,$\overrightarrow{OB}=\boldsymbol{b}$,以$\overrightarrow{OA}$,$\overrightarrow{OB}$为邻边作平行四边形 $OACB$(见图 10-7),则对角线向量$\overrightarrow{OC}=\boldsymbol{c}$ 称为向量 $\boldsymbol{a}$ 和 $\boldsymbol{b}$ 的和,记作 $\boldsymbol{c}=\boldsymbol{a}+\boldsymbol{b}$.

这样得到两个向量和的方法称为向量加法的平行四边形法则,它源自于力学上求合力的平行四边形法则.

已给两个向量 $\boldsymbol{a}$ 和 $\boldsymbol{b}$,取定一点 O,作$\overrightarrow{OA}=\boldsymbol{a}$,以$\overrightarrow{OA}$的终点 A 为起点作$\overrightarrow{AC}=\boldsymbol{b}$,连接$\overrightarrow{OC}$就得 $\boldsymbol{a}+\boldsymbol{b}=\boldsymbol{c}=\overrightarrow{OC}$(见图 10-8),这种方法称为两个向量加法的三角形法则.它源自于物理学中求两个位移的合成.

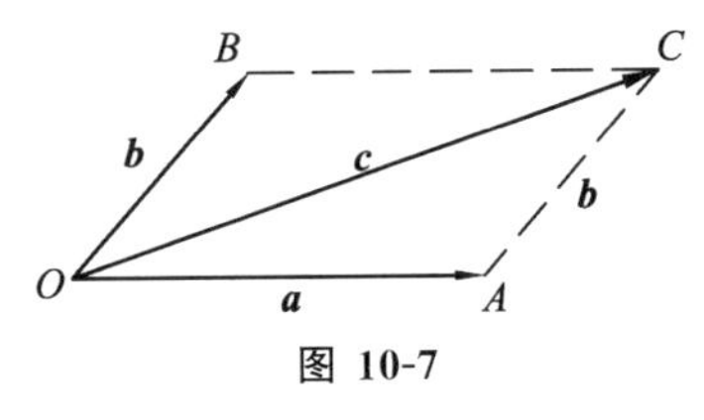

图 10-7

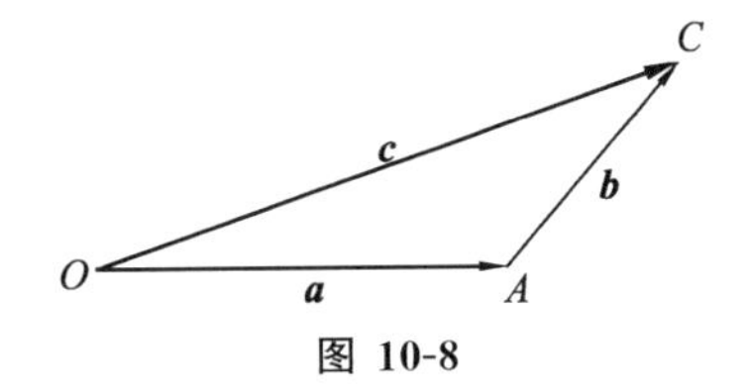

图 10-8

向量的加法满足下列运算规律:

① 交换律 $\boldsymbol{a}+\boldsymbol{b}=\boldsymbol{b}+\boldsymbol{a}$;

② 结合律　$(\boldsymbol{a}+\boldsymbol{b})+\boldsymbol{c}=\boldsymbol{a}+(\boldsymbol{b}+\boldsymbol{c})$.

事实上,按照向量加法的三角形法则,从图 10-7 可见

$$\boldsymbol{a}+\boldsymbol{b}=\overrightarrow{OA}+\overrightarrow{AC}=\overrightarrow{OC}=\boldsymbol{c}.$$

另一方面,在图 10-7 中,由于$\overrightarrow{OB}=\overrightarrow{AC}$,$\overrightarrow{OA}=\overrightarrow{BC}$,故

$$\boldsymbol{b}+\boldsymbol{a}=\overrightarrow{OB}+\overrightarrow{BC}=\overrightarrow{OC}=\boldsymbol{c}.$$

从而交换律成立.

对于结合律,如图 10-9 所示,先作 $\boldsymbol{a}+\boldsymbol{b}$ 再加上 $\boldsymbol{c}$,即得和$(\boldsymbol{a}+\boldsymbol{b})+\boldsymbol{c}$,如以 $\boldsymbol{a}$ 与 $\boldsymbol{b}+\boldsymbol{c}$ 相加,则得同一结果,所以结合律成立.

(2) 多个向量求和的多边形法则.

由于向量的加法满足交换律和结合律,三角形法则可以推广到有限个向量 $\boldsymbol{a}_1,\boldsymbol{a}_2,\cdots,\boldsymbol{a}_n$ 的和. 从任意点 O 开始,依次引$\overrightarrow{OA_1}=\boldsymbol{a}_1$, $\overrightarrow{A_1A_2}=\boldsymbol{a}_2$, $\cdots$, $\overrightarrow{A_{n-1}A_n}=\boldsymbol{a}_n$,得一折线 $OA_1A_2\cdots A_n$(见图 10-10),则向量$\overrightarrow{OA_n}=\boldsymbol{a}$ 就是 n 个向量的和:

$$\boldsymbol{a}=\boldsymbol{a}_1+\boldsymbol{a}_2+\cdots+\boldsymbol{a}_n.$$

这种求多个向量和的方法也称为多个向量求和的多边形法则.

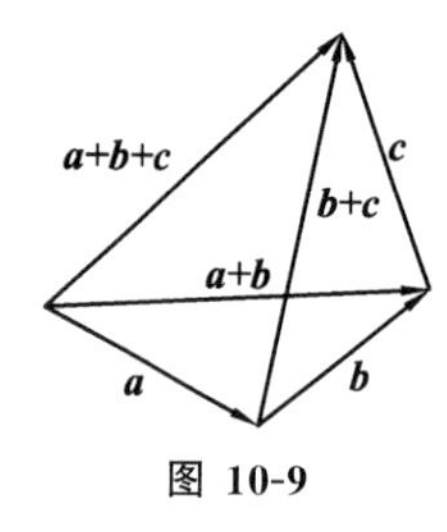

图 10-9

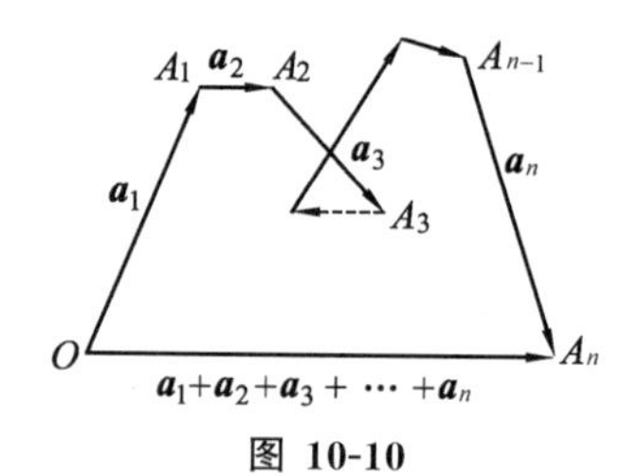

图 10-10

(3) 向量的减法.

利用负向量,可以规定两个向量的减法:

若 $\boldsymbol{b}+\boldsymbol{c}=\boldsymbol{a}$,则

$$\boldsymbol{c}=\boldsymbol{a}-\boldsymbol{b}=\boldsymbol{a}+(-\boldsymbol{b}).$$

利用向量的减法定义可以得到下面两个有用的结论:

① 任给向量$\overrightarrow{AB}$及点 O(见图 10-11),有

$$\overrightarrow{AB}=\overrightarrow{AO}+\overrightarrow{OB}=\overrightarrow{OB}-\overrightarrow{OA};$$

② 若以 $\boldsymbol{a}$, $\boldsymbol{b}$ 为邻边作平行四边形,则 $\boldsymbol{a}+\boldsymbol{b}$ 和 $\boldsymbol{a}-\boldsymbol{b}$ 是两对角线向量(见图 10-12).

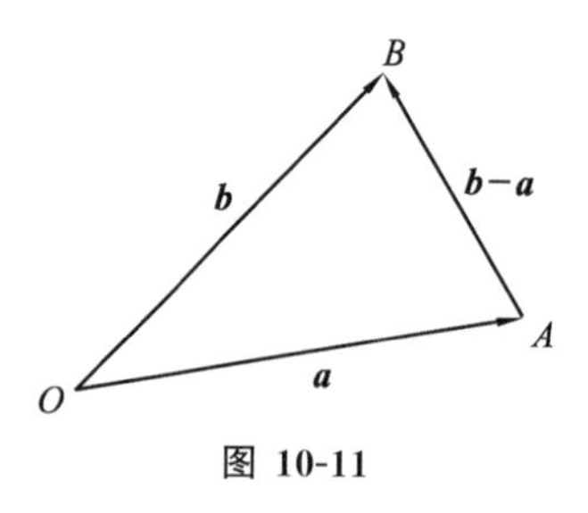

图 10-11

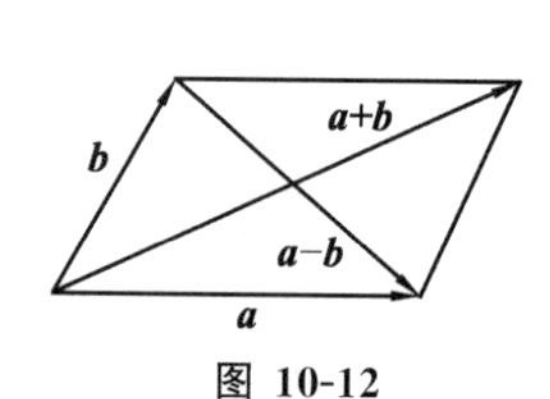

图 10-12

2) **数乘向量**

设 k 是一个数量,规定向量 $\boldsymbol{a}$ 与数量 k 的乘积 $k\boldsymbol{a}$ 是一个向量.它的模为 $|k\boldsymbol{a}|=|k||\boldsymbol{a}|$.当 $k>0$ 时,$k\boldsymbol{a}$ 的方向与 $\boldsymbol{a}$ 相同;当 $k<0$ 时,$k\boldsymbol{a}$ 的方向与 $\boldsymbol{a}$ 相反.当 $k=0$ 或 $\boldsymbol{a}=\boldsymbol{0}$ 时,$k\boldsymbol{a}=\boldsymbol{0}$.

数与向量的乘法满足下列运算规律:

(1) 结合律 $\lambda(\mu\boldsymbol{a})=\mu(\lambda\boldsymbol{a})=(\lambda\mu)\boldsymbol{a}$.

由向量与数的乘积的规定可知,向量 $\lambda(\mu\boldsymbol{a}),\mu(\lambda\boldsymbol{a}),(\lambda\mu)\boldsymbol{a}$ 都是平行的向量,它们的指向也是相同的,而且

$$|\lambda(\mu\boldsymbol{a})|=|\mu(\lambda\boldsymbol{a})|=|(\lambda\mu)\boldsymbol{a}|=|\lambda\mu||\boldsymbol{a}|,$$

所以

$$\lambda(\mu\boldsymbol{a})=\mu(\lambda\boldsymbol{a})=(\lambda\mu)\boldsymbol{a}.$$

(2) 分配律 $(\lambda+\mu)\boldsymbol{a}=\lambda\boldsymbol{a}+\mu\boldsymbol{a}$;

$\lambda(\boldsymbol{a}+\boldsymbol{b})=\lambda\boldsymbol{a}+\lambda\boldsymbol{b}$.

这个规律同样可以按向量的加法及向量与数的乘积的规定来证明,这里从略.

根据数乘向量的定义可知,$k\boldsymbol{a}$ 是与 $\boldsymbol{a}$ 平行的向量,可以得到如下两个结论:

① 设 $\boldsymbol{a}^{\circ}$是与 $\boldsymbol{a}$ 同方向的单位向量,则 $\boldsymbol{a}=|\boldsymbol{a}|\boldsymbol{a}^{\circ}\left(或\ \boldsymbol{a}^{\circ}=\dfrac{\boldsymbol{a}}{|\boldsymbol{a}|}\right)$;

② 设 $\boldsymbol{a}\neq\boldsymbol{0}$,则 $\boldsymbol{b}/\!/\boldsymbol{a}$ 的充要条件是存在唯一实数 k,使得 $\boldsymbol{b}=k\boldsymbol{a}$.

证 条件的充分性是显然的,在这里只证明条件的必要性.

设 $\boldsymbol{b}/\!/\boldsymbol{a}$.取 $|k|=\dfrac{|\boldsymbol{b}|}{|\boldsymbol{a}|}$,当 $\boldsymbol{b}$ 与 $\boldsymbol{a}$ 同向时 k 取正值,当 $\boldsymbol{b}$ 与 $\boldsymbol{a}$ 反向时 k 取负值,即有 $\boldsymbol{b}=k\boldsymbol{a}$.这是因为 $\boldsymbol{b}$ 与 $k\boldsymbol{a}$ 同向,且

$$|k\boldsymbol{a}|=|k||\boldsymbol{a}|=\frac{|\boldsymbol{b}|}{|\boldsymbol{a}|}|\boldsymbol{a}|=|\boldsymbol{b}|.$$

再证数 k 的唯一性.设 $\boldsymbol{b}=k\boldsymbol{a}$,又设 $\boldsymbol{b}=\lambda\boldsymbol{a}$,两式相减,得到

$$(\lambda-k)\boldsymbol{a}=\boldsymbol{0},即|\lambda-k||\boldsymbol{a}|=0.$$

因 $|\boldsymbol{a}|\neq0$,故 $|\lambda-k|=0$,即 $\lambda=k$. 证毕.

向量的加减与数乘向量合称为向量的线性运算,例如 $2\boldsymbol{a}+3\boldsymbol{b}-4\boldsymbol{c},k_1\boldsymbol{a}+k_2\boldsymbol{b}$ 等.

例 1 设 $\boldsymbol{a}=2\boldsymbol{e}_1+3\boldsymbol{e}_2+5\boldsymbol{e}_3,\boldsymbol{b}=-\boldsymbol{e}_1-\boldsymbol{e}_3,\boldsymbol{c}=4\boldsymbol{e}_2-2\boldsymbol{e}_3$,求 $2\boldsymbol{a}+3\boldsymbol{b}-2\boldsymbol{c}$.

解
$$\begin{aligned}2\boldsymbol{a}+3\boldsymbol{b}-2\boldsymbol{c}&=2(2\boldsymbol{e}_1+3\boldsymbol{e}_2+5\boldsymbol{e}_3)+3(-\boldsymbol{e}_1-\boldsymbol{e}_3)-2(4\boldsymbol{e}_2-2\boldsymbol{e}_3)\\&=\boldsymbol{e}_1-2\boldsymbol{e}_2+11\boldsymbol{e}_3.\end{aligned}$$

例 2 已知 $\boldsymbol{a}=\boldsymbol{e}_1+\boldsymbol{e}_2+2\boldsymbol{e}_3,\boldsymbol{b}=-\boldsymbol{e}_1+\boldsymbol{e}_3,\boldsymbol{c}=-2\boldsymbol{e}_1-\boldsymbol{e}_2-\boldsymbol{e}_3$,试证 $\boldsymbol{a},\boldsymbol{b},\boldsymbol{c}$ 构成三角形.

证 因为 $\boldsymbol{b}-\boldsymbol{a}=(-\boldsymbol{e}_1+\boldsymbol{e}_3)-(\boldsymbol{e}_1+\boldsymbol{e}_2+2\boldsymbol{e}_3)=-2\boldsymbol{e}_1-\boldsymbol{e}_2-\boldsymbol{e}_3=\boldsymbol{c}$ (或 $\boldsymbol{a}+\boldsymbol{c}=\boldsymbol{b}$),由向量加减法的三角形法则知 $\boldsymbol{a},\boldsymbol{b},\boldsymbol{c}$ 构成三角形.

10.2.3　向量的坐标

为了使向量的运算代数化，需要建立向量的代数表示法，为此先给出向量 $\boldsymbol{a}$ 的坐标的概念，并利用向量的坐标给出向量的模与方向的数量表示法. 首先引进向量在轴上的投影的概念.

1）向量在轴上的投影

给定一轴 l 和向量 $\overrightarrow{AB}$，过 A，B 分别作轴 l 的垂直平面，平面和轴 l 的交点 A_0，B_0 分别称为点 A 和点 B 在轴 l 上的投影（垂足）（见图 10-13），$\overrightarrow{A_0B_0}$ 称为 $\overrightarrow{AB}$ 在轴 l 上的投影向量.

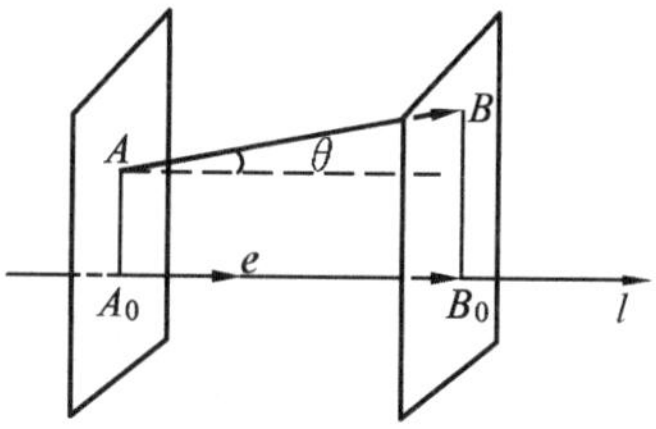

如果在轴 l 上取与轴同向的单位向量 $\boldsymbol{e}$，那么有

$$\overrightarrow{A_0B_0} /\!/ \boldsymbol{e},$$

$$\overrightarrow{A_0B_0} = x\boldsymbol{e},$$

图 10-13

这里的数量 x 称为向量 $\overrightarrow{AB}$ 在轴 l 上的投影，记作

$$\mathrm{Prj}_l\, \overrightarrow{AB} = x. \tag{1}$$

当 $\overrightarrow{A_0B_0}$ 与轴 l 方向一致时，$x>0$；当 $\overrightarrow{A_0B_0}$ 与轴 l 方向相反时，$x<0$.

关于向量在轴上的投影，可以得到下面两个性质：

性质 1　向量 $\overrightarrow{AB}$ 在轴 l 上的投影等于向量的模 $|\overrightarrow{AB}|$ 和向量 $\overrightarrow{AB}$ 与轴 l 正向夹角 θ 余弦的乘积（见图 10-13），即

$$\mathrm{Prj}_l\, \overrightarrow{AB} = |\overrightarrow{AB}| \cdot \cos\theta. \tag{2}$$

性质 2　向量在轴上的投影保持线性运算（见图 10-14），即

$$\mathrm{Prj}_l(\boldsymbol{a}+\boldsymbol{b}) = \mathrm{Prj}_l\boldsymbol{a} + \mathrm{Prj}_l\boldsymbol{b}, \tag{3}$$

$$\mathrm{Prj}_l(\lambda\boldsymbol{a}) = \lambda \cdot \mathrm{Prj}_l\boldsymbol{a}. \tag{4}$$

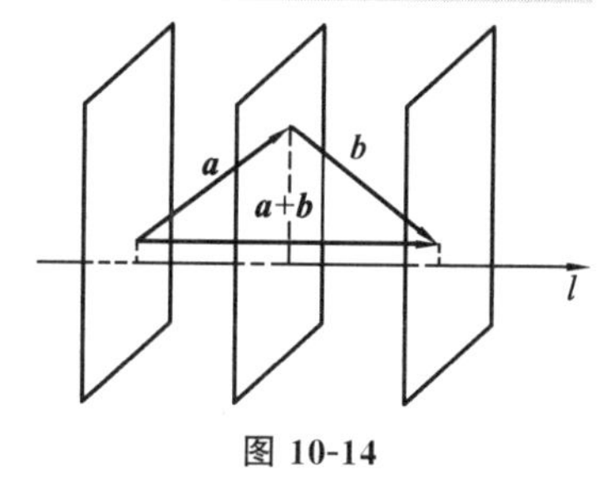

图 10-14

特别地，若向量 $\overrightarrow{OA}$ 的点 O 位于轴 l 上时，只需过点 A 作轴 l 的垂足 A_0 即可.

2）向量的坐标

在空间直角坐标系 $O\text{-}xyz$ 的三个坐标轴上分别取单位向量 $\boldsymbol{i}$，$\boldsymbol{j}$，$\boldsymbol{k}$，将向量 $\boldsymbol{a}$ 的起点置于坐标原点 O，设向量 $\boldsymbol{a}$ 的终点为 P，即 $\boldsymbol{a}=\overrightarrow{OP}$.

设点 P 在三个坐标轴上投影（垂足）分别为 P_x，P_y，P_z，P 在 xOy 面上的投影（垂足）为 P_0（见图10-15），则有

$$\boldsymbol{a} = \overrightarrow{OP} = \overrightarrow{OP_x} + \overrightarrow{P_xP_0} + \overrightarrow{P_0P} = \overrightarrow{OP_x} + \overrightarrow{OP_y} + \overrightarrow{OP_z}.$$

由于$\overrightarrow{OP_x}$和$\boldsymbol{i}$平行，故存在唯一的x，使$\overrightarrow{OP_x}=x\boldsymbol{i}$，类似可得存在唯一的$y$，$z$，使$\overrightarrow{OP_y}=y\boldsymbol{j}$，$\overrightarrow{OP_z}=z\boldsymbol{k}$，从而

$$\boldsymbol{a}=x\boldsymbol{i}+y\boldsymbol{j}+z\boldsymbol{k},$$

则称有序数组x，y，z为向量$\boldsymbol{a}=\overrightarrow{OP}$的分量或坐标，记作

$$\boldsymbol{a}=x\boldsymbol{i}+y\boldsymbol{j}+z\boldsymbol{k}=(x,\ y,\ z).$$

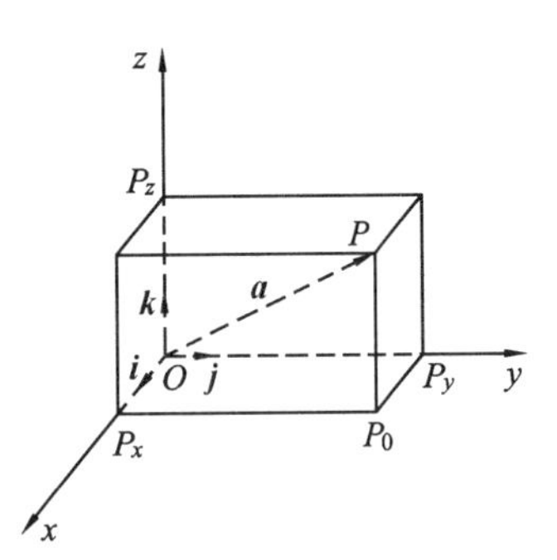

图 10-15

根据向量的坐标定义过程不难看出，$\overrightarrow{OP_x}$，$\overrightarrow{OP_y}$和$\overrightarrow{OP_z}$是向量$\boldsymbol{a}=\overrightarrow{OP}$在三个坐标轴上的投影向量，$x$，$y$，$z$是向量$\boldsymbol{a}$在三个坐标轴上的投影，这就是直角坐标系下向量的三个坐标的几何意义. 根据**10.1**所给的空间点的直角坐标的定义可知，x，y，z亦同时为空间点P的坐标，有$P(x,\ y,\ z)$. 这样就建立了空间中的点P、向量$\overrightarrow{OP}$与坐标x，y，z之间的一一对应关系.

3）利用坐标作向量的线性运算

设$\boldsymbol{a}=(x_1,\ y_1,\ z_1)$，$\boldsymbol{b}=(x_2,\ y_2,\ z_2)$，利用向量加法的交换律、结合律，以及向量与数量乘法的结合律和分配律，可以得到如下运算关系：

（1）$\boldsymbol{a}+\boldsymbol{b}=(x_1+x_2)\boldsymbol{i}+(y_1+y_2)\boldsymbol{j}+(z_1+z_2)\boldsymbol{k}=(x_1+x_2,\ y_1+y_2,\ z_1+z_2)$；

（2）$\boldsymbol{a}-\boldsymbol{b}=(x_1-x_2)\boldsymbol{i}+(y_1-y_2)\boldsymbol{j}+(z_1-z_2)\boldsymbol{k}=(x_1-x_2,\ y_1-y_2,\ z_1-z_2)$；

（3）$\lambda\boldsymbol{a}=\lambda x_1\boldsymbol{i}+\lambda y_1\boldsymbol{j}+\lambda z_1\boldsymbol{k}=(\lambda x_1,\ \lambda y_1,\ \lambda z_1)$；

（4）$\boldsymbol{a}/\!/\boldsymbol{b}$充分必要件是$\dfrac{x_1}{x_2}=\dfrac{y_1}{y_2}=\dfrac{z_1}{z_2}$.

注意　关系(4)中，当x_2，y_2，z_2之中有一个为零，如$x_2=0$时，应理解为$x_1=0$且$\dfrac{y_1}{y_2}=\dfrac{z_1}{z_2}$；当$x_2$，$y_2$，$z_2$之中有两个为零，如$x_2=y_2=0$，$z_2\neq0$时，应理解为$x_1=0$且$y_1=0$.

由此可见，对向量进行加减和数乘的线性运算，只需对向量的各个坐标进行相应的数量运算即可.

例 3　设$\boldsymbol{a}=(3,\ 5,\ -1)$，$\boldsymbol{b}=(2,\ 2,\ 3)$，$\boldsymbol{c}=(2,\ -1,\ -3)$，求$2\boldsymbol{a}-3\boldsymbol{b}+4\boldsymbol{c}$.

解　$2\boldsymbol{a}-3\boldsymbol{b}+4\boldsymbol{c}=2(3,\ 5,\ -1)-3(2,\ 2,\ 3)+4(2,\ -1,\ -3)=(8,\ 0,\ -23)$.

例 4　已知$P_1(x_1,\ y_1,\ z_1)$，$P_2(x_2,\ y_2,\ z_2)$，求$\overrightarrow{P_1P_2}$.

解　因为$\overrightarrow{P_1P_2}=\overrightarrow{OP_2}-\overrightarrow{OP_1}$（见图 10-16），且$\overrightarrow{OP_2}=(x_2,\ y_2,\ z_2)$，$\overrightarrow{OP_1}=(x_1,\ y_1,\ z_1)$，由向量减法得：$\overrightarrow{P_1P_2}=(x_2-x_1,\ y_2-y_1,\ z_2-z_1)$.

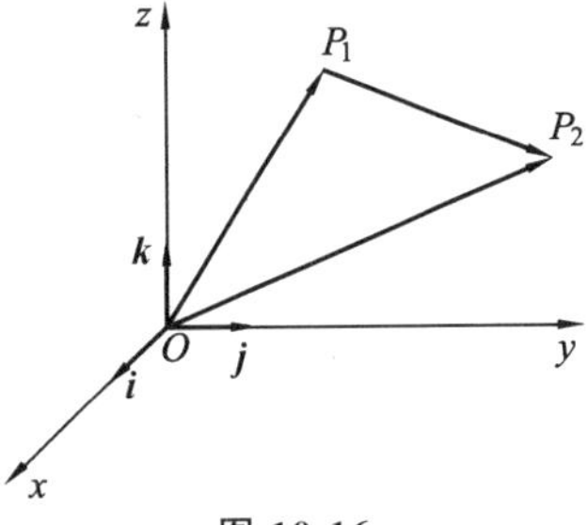

图 10-16

此例说明向量$\overrightarrow{P_1P_2}$的坐标等于终点的坐标减去起点的坐标.

由例4知,若$\boldsymbol{a}=\overrightarrow{P_1P_2}$,则$\boldsymbol{a}$的三个投影为$x_2-x_1$, y_2-y_1, z_2-z_1,为了方便分别记为:$a_x=x_2-x_1$, $a_y=y_2-y_1$, $a_z=z_2-z_1$,所以$\boldsymbol{a}$又可表示为$\boldsymbol{a}=(a_x,a_y,a_z)$,$a_x,a_y,a_z$称为向量$\boldsymbol{a}$的三个坐标.

例5　已知△ABC三顶点$A(3,1,2)$,$B(4,-2,-2)$,$C(0,5,1)$,求三边向量.

解　由例4,得

$$\overrightarrow{AB}=(4-3,-2-1,-2-2)=(1,-3,-4).$$

类似可得

$$\overrightarrow{AC}=(-3,\ 4,-1),\ \overrightarrow{BC}=(-4,\ 7,\ 3).$$

4）定比分点公式

已知$P_1(x_1, y_1, z_1)$, $P_2(x_2, y_2, z_2)$,若直线P_1P_2上的点P满足$\overrightarrow{P_1P}=\lambda\overrightarrow{PP_2}(\lambda\neq-1)$,则称点$P$为分$P_1P_2$成定比$\lambda$的定比分点,求分点$P$的坐标$x$, y及z.

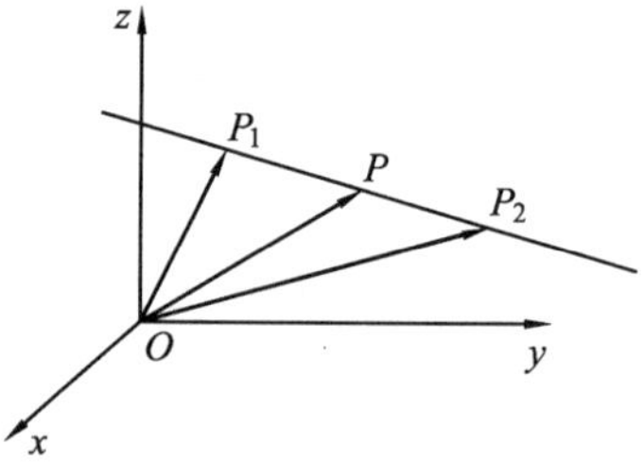

图 10-17

如图10-17所示,因为

$$\overrightarrow{P_1P}=\overrightarrow{OP}-\overrightarrow{OP_1},\ \overrightarrow{PP_2}=\overrightarrow{OP_2}-\overrightarrow{OP},$$

所以有

$$\overrightarrow{OP}-\overrightarrow{OP_1}=\lambda(\overrightarrow{OP_2}-\overrightarrow{OP}),$$

解得

$$\overrightarrow{OP}=\frac{1}{1+\lambda}(\overrightarrow{OP_1}+\lambda\overrightarrow{OP_2}).$$

将坐标代入得

$$(x,\ y,\ z)=\frac{1}{1+\lambda}[(x_1,\ y_1,\ z_1)+\lambda(x_2,\ y_2,\ z_2)]$$

$$=\frac{1}{1+\lambda}(x_1+\lambda x_2,\ y_1+\lambda y_2,\ z_1+\lambda z_2),$$

从而得点P的坐标为

$$x=\frac{x_1+\lambda x_2}{1+\lambda},\ y=\frac{y_1+\lambda y_2}{1+\lambda},\ z=\frac{z_1+\lambda z_2}{1+\lambda}. \tag{5}$$

此公式称为空间的定比分点公式,它与平面上的定比分点公式类似.

特别地,当$\lambda=1$时,P为P_1P_2的中点,其坐标为

$$x=\frac{x_1+x_2}{2},\ y=\frac{y_1+y_2}{2},\ z=\frac{z_1+z_2}{2}. \tag{6}$$

5）模与方向余弦公式

根据向量的坐标定义,设$\boldsymbol{r}=(x,\ y,\ z)$,则$|\boldsymbol{r}|=|\overrightarrow{OP}|$是长方体的对角线长,$|x|=|\overrightarrow{OP_x}|$, $|y|=|\overrightarrow{OP_y}|$, $|z|=|\overrightarrow{OP_z}|$,故得

$$|\boldsymbol{r}|^2=|\overrightarrow{OP}|^2=|\overrightarrow{OP_x}|^2+|\overrightarrow{OP_y}|^2+|\overrightarrow{OP_z}|^2=x^2+y^2+z^2,$$

$$|\boldsymbol{r}|=\sqrt{x^2+y^2+z^2}. \tag{7}$$

若已知向量的坐标,则代入此公式即可求出向量的模.

下面引入两向量的夹角的概念.

设有两个非零向量 $\boldsymbol{a}$,$\boldsymbol{b}$,取得空间一点 O,作$\overrightarrow{OA}=\boldsymbol{a}$,$\overrightarrow{OB}=\boldsymbol{b}$,规定不超过 π 的 $\angle AOB$(设 $\varphi=\angle AOB$,$0\leqslant\varphi\leqslant\pi$)称为向量 $\boldsymbol{a}$ 与 $\boldsymbol{b}$ 的夹角,记作$(\widehat{\boldsymbol{a},\boldsymbol{b}})$或$(\widehat{\boldsymbol{b},\boldsymbol{a}})$,即$(\widehat{\boldsymbol{a},\boldsymbol{b}})=\varphi$. 如果向量 $\boldsymbol{a}$ 与 $\boldsymbol{b}$ 中有一个是零向量,规定它们的夹角就可以在 0 与 π 之间取任意值.

类似地,可以规定向量与一轴的夹角或空间两轴的夹角.

一个向量 $\boldsymbol{a}$ 与三个坐标轴的夹角 α, β, γ 称为 $\boldsymbol{a}$ 的方向角;方向角的余弦值 $\cos\alpha$,$\cos\beta$, $\cos\gamma$ 称为 $\boldsymbol{a}$ 的方向余弦.

由向量在轴上的投影性质和向量的坐标定义可知,若 $\boldsymbol{a}=(x, y, z)$,则

$$x=|\boldsymbol{a}|\cos\alpha,\ y=|\boldsymbol{a}|\cos\beta,\ z=|\boldsymbol{a}|\cos\gamma.$$

再由公式(7)得向量 $\boldsymbol{a}$ 的方向余弦公式

$$\begin{cases}\cos\alpha=\dfrac{x}{|\boldsymbol{a}|}=\dfrac{x}{\sqrt{x^2+y^2+z^2}},\\[2ex]\cos\beta=\dfrac{y}{|\boldsymbol{a}|}=\dfrac{y}{\sqrt{x^2+y^2+z^2}},\\[2ex]\cos\gamma=\dfrac{z}{|\boldsymbol{a}|}=\dfrac{z}{\sqrt{x^2+y^2+z^2}}.\end{cases} \tag{8}$$

由方向余弦公式不难得

$$\cos^2\alpha+\cos^2\beta+\cos^2\gamma=1; \tag{9}$$

$$\boldsymbol{a}^{\circ}=\frac{\boldsymbol{a}}{|\boldsymbol{a}|}=\frac{1}{\sqrt{x^2+y^2+z^2}}(x,\ y,\ z)=(\cos\alpha,\ \cos\beta,\ \cos\gamma). \tag{10}$$

例 6 设 $\boldsymbol{a}=(1,-1,-2)$,求 $\boldsymbol{a}$ 的模,同向单位向量 $\boldsymbol{a}^{\circ}$及方向余弦.

解 (1) $|\boldsymbol{a}|=\sqrt{1^2+(-1)^2+(-2)^2}=\sqrt{6}$;

(2) $\boldsymbol{a}^{\circ}=\dfrac{\boldsymbol{a}}{|\boldsymbol{a}|}=\dfrac{1}{\sqrt{6}}(1,-1,-2)=\left(\dfrac{1}{\sqrt{6}},-\dfrac{1}{\sqrt{6}},-\dfrac{2}{\sqrt{6}}\right)$;

(3) 由式(10)可知 $\cos\alpha=\dfrac{1}{\sqrt{6}}$, $\cos\beta=-\dfrac{1}{\sqrt{6}}$, $\cos\gamma=-\dfrac{2}{\sqrt{6}}$.

例 7 三个力 $\boldsymbol{F}_1=(1, 2, 3)$, $\boldsymbol{F}_2=(-2, 3, -4)$, $\boldsymbol{F}_3=(3, -4, 5)$同时作用于一点,求合力 $\boldsymbol{R}$ 的大小及方向余弦.

解 $\boldsymbol{R}=\boldsymbol{F}_1+\boldsymbol{F}_2+\boldsymbol{F}_3=(1, 2, 3)+(-2, 3, -4)+(3, -4, 5)=(2, 1, 4)$,

合力 $\boldsymbol{R}$ 的大小:$|\boldsymbol{R}|=\sqrt{4+1+16}=\sqrt{21}$.

$$\boldsymbol{R}^{\circ}=\frac{1}{\sqrt{21}}(2,\ 1,\ 4)=\left(\frac{2}{\sqrt{21}},\ \frac{1}{\sqrt{21}},\ \frac{4}{\sqrt{21}}\right),$$

方向余弦：$\cos\alpha=\frac{2}{\sqrt{21}}$，$\cos\beta=\frac{1}{\sqrt{21}}$，$\cos\gamma=\frac{4}{\sqrt{21}}$.

10.2.4　两向量的数量积

在物理学中，一个物体在常力 $\boldsymbol{F}$ 作用下沿直线移动的位移为 $\boldsymbol{s}$，则力 $\boldsymbol{F}$ 所做的功

$$W=|\boldsymbol{F}||\boldsymbol{s}|\cos\theta,$$

其中，θ 为 $\boldsymbol{F}$ 与 $\boldsymbol{s}$ 的夹角（见图 10-18）. 这里的功 W 是由向量 $\boldsymbol{F}$ 和 $\boldsymbol{s}$ 按上式确定的一个数量. 在实际问题中，有时也会遇到这样的数量.

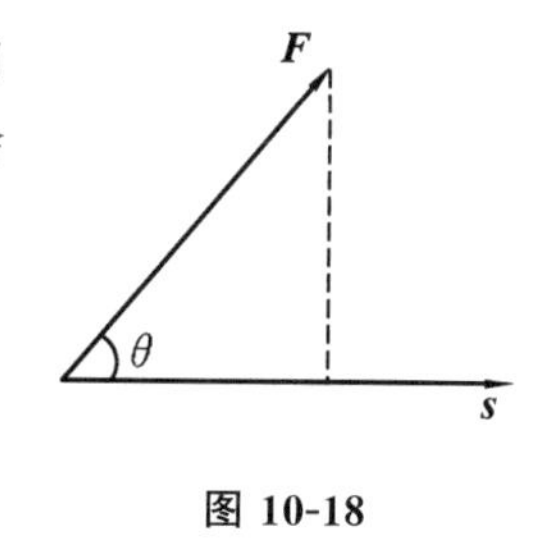

图 10-18

定义 2　两个向量 $\boldsymbol{a}$ 和 $\boldsymbol{b}$ 的模与它们夹角余弦的乘积称为向量 $\boldsymbol{a}$ 和 $\boldsymbol{b}$ 的数量积（也称内积、点积、数积等），记作 $\boldsymbol{a}\cdot\boldsymbol{b}$，即

$$\boldsymbol{a}\cdot\boldsymbol{b}=|\boldsymbol{a}||\boldsymbol{b}|\cos(\widehat{\boldsymbol{a},\boldsymbol{b}}). \tag{11}$$

两向量的数量积是一个数量. 由数量积的定义可以推得

(1) $\boldsymbol{a}\cdot\boldsymbol{b}=|\boldsymbol{a}|\cdot\mathrm{Prj}_{\boldsymbol{a}}\boldsymbol{b}=|\boldsymbol{b}|\cdot\mathrm{Prj}_{\boldsymbol{b}}\boldsymbol{a}$，特别地，若 $\boldsymbol{e}$ 为单位向量，则 $\boldsymbol{a}\cdot\boldsymbol{e}=\mathrm{Prj}_{\boldsymbol{e}}\boldsymbol{a}$.

(2) $\boldsymbol{a}\cdot\boldsymbol{a}=\boldsymbol{a}^2=|\boldsymbol{a}|^2$.

这是因为夹角 $\theta=0$，所以

$$\boldsymbol{a}\cdot\boldsymbol{a}=\boldsymbol{a}^2\cos 0=|\boldsymbol{a}|^2.$$

(3) 两个非零向量 $\boldsymbol{a}$，$\boldsymbol{b}$ 相互垂直的充要条件是 $\boldsymbol{a}\cdot\boldsymbol{b}=0$.

这是因为如果 $\boldsymbol{a}\cdot\boldsymbol{b}=0$，且 $|\boldsymbol{a}|\neq0$，$|\boldsymbol{b}|\neq0$，那么 $\cos\theta=0$，所以 $\theta=\frac{\pi}{2}$，即 $\boldsymbol{a}\perp\boldsymbol{b}$；反之，如果 $\boldsymbol{a}\perp\boldsymbol{b}$，那么 $\theta=\frac{\pi}{2}$，$\cos\theta=0$，于是有 $\boldsymbol{a}\cdot\boldsymbol{b}=|\boldsymbol{a}||\boldsymbol{b}|\cos\theta=0$.

由此推出 $\boldsymbol{i}\cdot\boldsymbol{j}=\boldsymbol{j}\cdot\boldsymbol{k}=\boldsymbol{k}\cdot\boldsymbol{i}=0$，$\boldsymbol{i}\cdot\boldsymbol{i}=\boldsymbol{j}\cdot\boldsymbol{j}=\boldsymbol{k}\cdot\boldsymbol{k}=1$.

两个向量的数量积满足下列运算规律：

(1) 交换律　$\boldsymbol{a}\cdot\boldsymbol{b}=\boldsymbol{b}\cdot\boldsymbol{a}$.

根据定义有

$$\boldsymbol{a}\cdot\boldsymbol{b}=|\boldsymbol{a}||\boldsymbol{b}|\cos(\widehat{\boldsymbol{a},\boldsymbol{b}}),\ \boldsymbol{b}\cdot\boldsymbol{a}=|\boldsymbol{b}||\boldsymbol{a}|\cos(\widehat{\boldsymbol{b},\boldsymbol{a}}),$$

而

$$|\boldsymbol{a}||\boldsymbol{b}|=|\boldsymbol{b}||\boldsymbol{a}|,$$

且

$$\cos(\widehat{\boldsymbol{a},\boldsymbol{b}})=\cos(\widehat{\boldsymbol{b},\boldsymbol{a}}),$$

所以

$$\boldsymbol{a}\cdot\boldsymbol{b}=\boldsymbol{b}\cdot\boldsymbol{a}.$$

(2) 分配律　$(\boldsymbol{a}+\boldsymbol{b})\cdot\boldsymbol{c}=\boldsymbol{a}\cdot\boldsymbol{c}+\boldsymbol{b}\cdot\boldsymbol{c}$.

因为当 $\boldsymbol{c}=\boldsymbol{0}$ 时，上式显然成立；当 $\boldsymbol{c}\neq0$ 时，有

$$(\boldsymbol{a}+\boldsymbol{b})\cdot\boldsymbol{c}=|\boldsymbol{c}|\mathrm{Prj}_{\boldsymbol{c}}(\boldsymbol{a}+\boldsymbol{b}),$$

由投影性质可知

$$\mathrm{Prj}_c(\boldsymbol{a}+\boldsymbol{b})=\mathrm{Prj}_c\boldsymbol{a}+\mathrm{Prj}_c\boldsymbol{b},$$

所以 $(\boldsymbol{a}+\boldsymbol{b})\cdot\boldsymbol{c}=|\boldsymbol{c}|\mathrm{Prj}_c(\boldsymbol{a}+\boldsymbol{b})=|\boldsymbol{c}|\mathrm{Prj}_c\boldsymbol{a}+|\boldsymbol{c}|\mathrm{Prj}_c\boldsymbol{b}=\boldsymbol{a}\cdot\boldsymbol{c}+\boldsymbol{b}\cdot\boldsymbol{c}.$

(3) 数乘结合律 $(\lambda\boldsymbol{a})\cdot\boldsymbol{b}=\boldsymbol{a}\cdot(\lambda\boldsymbol{b})=\lambda(\boldsymbol{a}\cdot\boldsymbol{b})$.

这是因为当 $\boldsymbol{b}=\boldsymbol{0}$ 时，上式显然成立；当 $\boldsymbol{b}\neq\boldsymbol{0}$ 时，按投影性质，可得

$(\lambda\boldsymbol{a})\cdot\boldsymbol{b}=|\boldsymbol{b}|\ \mathrm{Prj}_b(\lambda\boldsymbol{a})=|\boldsymbol{b}|\lambda\mathrm{Prj}_b\boldsymbol{a}=\lambda|\boldsymbol{b}|\mathrm{Prj}_b\boldsymbol{a}=\lambda(\boldsymbol{a}\cdot\boldsymbol{b})$.

下面在直角坐标系下，推导两个向量数量积的坐标表示式.

设 $\boldsymbol{a}=(a_x,a_y,a_z)=a_x\boldsymbol{i}+a_y\boldsymbol{j}+a_z\boldsymbol{k}$, $\boldsymbol{b}=(b_x,b_y,b_z)=b_x\boldsymbol{i}+b_y\boldsymbol{j}+b_z\boldsymbol{k}$,
根据数量积的运算规律可得

$$\begin{aligned}\boldsymbol{a}\cdot\boldsymbol{b}&=(a_x\boldsymbol{i}+a_y\boldsymbol{j}+a_z\boldsymbol{k})\cdot(b_x\boldsymbol{i}+b_y\boldsymbol{j}+b_z\boldsymbol{k})\\&=a_xb_x\boldsymbol{i}^2+a_xb_y\boldsymbol{i}\cdot\boldsymbol{j}+a_xb_z\boldsymbol{i}\cdot\boldsymbol{k}+a_yb_x\boldsymbol{j}\cdot\boldsymbol{i}+a_yb_y\boldsymbol{j}^2+\\&\quad a_yb_z\boldsymbol{j}\cdot\boldsymbol{k}+a_zb_x\boldsymbol{k}\cdot\boldsymbol{i}+a_zb_y\boldsymbol{k}\cdot\boldsymbol{j}+a_zb_z\boldsymbol{k}^2\\&=a_xb_x+a_yb_y+a_zb_z.\end{aligned}\tag{12}$$

这就是两个向量的数量积的坐标表示式，即两个向量的数量积等于它们对应坐标乘积之和.

根据数量积的定义 $\boldsymbol{a}\cdot\boldsymbol{b}=|\boldsymbol{a}||\boldsymbol{b}|\cos(\widehat{\boldsymbol{a},\boldsymbol{b}})$，可以给出两个非零向量的夹角公式

$$\cos(\widehat{\boldsymbol{a},\boldsymbol{b}})=\frac{\boldsymbol{a}\cdot\boldsymbol{b}}{|\boldsymbol{a}||\boldsymbol{b}|}=\frac{a_xb_x+a_yb_y+a_zb_z}{\sqrt{a_x^2+a_y^2+a_z^2}\ \sqrt{b_x^2+b_y^2+b_z^2}}.\tag{13}$$

由此公式可以看出，两个向量垂直 $\boldsymbol{a}\perp\boldsymbol{b}$ 的充要条件是

$$a_xb_x+a_yb_y+a_zb_z=0.$$

例 8 证明平行四边形对角线的平方和等于它各边的平方和.

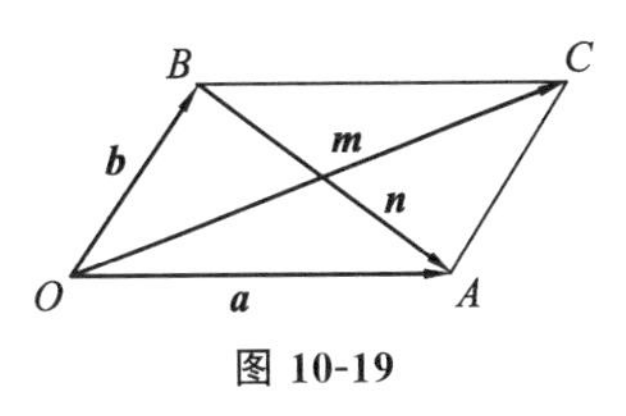

图 10-19

证 如图 10-19 所示，在平行四边形 $OABC$ 中，设两边 $\overrightarrow{OA}=\boldsymbol{a}$, $\overrightarrow{OB}=\boldsymbol{b}$，对角线 $\overrightarrow{OC}=\boldsymbol{m}$, $\overrightarrow{BA}=\boldsymbol{n}$，则 $\boldsymbol{m}=\boldsymbol{a}+\boldsymbol{b}$，$\boldsymbol{n}=\boldsymbol{a}-\boldsymbol{b}$，于是

$$\boldsymbol{m}^2=(\boldsymbol{a}+\boldsymbol{b})^2=\boldsymbol{a}^2+2\boldsymbol{a}\cdot\boldsymbol{b}+\boldsymbol{b}^2,$$
$$\boldsymbol{n}^2=(\boldsymbol{a}-\boldsymbol{b})^2=\boldsymbol{a}^2-2\boldsymbol{a}\cdot\boldsymbol{b}+\boldsymbol{b}^2.$$

所以 $$\boldsymbol{m}^2+\boldsymbol{n}^2=2(\boldsymbol{a}^2+\boldsymbol{b}^2),$$

即 $$|\boldsymbol{m}|^2+|\boldsymbol{n}|^2=2(|\boldsymbol{a}|^2+|\boldsymbol{b}|^2).$$

这就是所要证明的.

例 9 已知 $A(-1,2,3)$, $B(1,1,1)$, $C(0,0,5)$，求证$\triangle ABC$ 是直角三角形，并求$\angle B$.

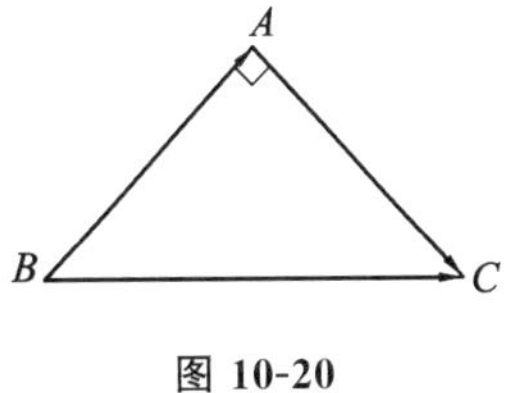

图 10-20

证 如图 10-20 所示，$\overrightarrow{BA}=(-2,1,2)$, $\overrightarrow{BC}=(-1,-1,4)$, $\overrightarrow{AC}=(1,-2,2)$.

(1) 因为
$$\overrightarrow{BA}\cdot\overrightarrow{AC}=-2-2+4=0,$$
所以 $\overrightarrow{BA}\perp\overrightarrow{AC}$,即$\triangle ABC$是直角三角形.

(2) 因为 $\cos\angle B=\dfrac{\overrightarrow{BA}\cdot\overrightarrow{BC}}{|\overrightarrow{BA}||\overrightarrow{BC}|}=\dfrac{2-1+8}{3\sqrt{18}}=\dfrac{1}{\sqrt{2}}$(注意向量方向及夹角),所以
$$\angle B=\frac{\pi}{4}.$$

10.2.5 两向量的向量积

物理学中,在研究物体转动问题时,不但要考虑物体所受到的力,还要分析这些力所产生的力矩.例如,设 O 为一根杠杆的支点,如果有一个力 $\boldsymbol{F}$ 作用于这杠杆的点 A 处,$\overrightarrow{OA}=\boldsymbol{r}$(见图 10-21),$\boldsymbol{r}$ 和 $\boldsymbol{F}$ 的夹角为 θ,那么力 $\boldsymbol{F}$ 对支点 O 的力矩是一个向量 $\boldsymbol{m}$,它的模

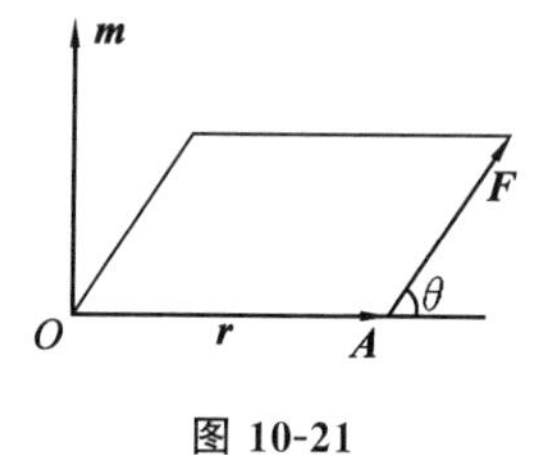

图 10-21

$$|\boldsymbol{m}|=|\boldsymbol{r}||\boldsymbol{F}|\sin\theta,$$

而向量 $\boldsymbol{m}$ 的方向垂直于 $\boldsymbol{r}$ 和 $\boldsymbol{F}$ 确定的平面,而且遵循右手规则,即由$\overrightarrow{OA}$转向$\overrightarrow{AF}$时拇指的指向.这种由两个已知向量按照上面的规则来确定另一个向量的情况,在其他物理问题中也会遇到.从而可以抽象出两个向量的向量积的概念.

定义 3 两向量 $\boldsymbol{a}$ 和 $\boldsymbol{b}$ 的向量积(也称外积、叉积、矢量积等)是一个向量,记作 $\boldsymbol{a}\times\boldsymbol{b}$.

(1) $\boldsymbol{a}\times\boldsymbol{b}$ 的模:$|\boldsymbol{a}\times\boldsymbol{b}|=|\boldsymbol{a}||\boldsymbol{b}|\sin(\widehat{\boldsymbol{a},\boldsymbol{b}})$;

(2) $\boldsymbol{a}\times\boldsymbol{b}$ 的方向:与 $\boldsymbol{a},\boldsymbol{b}$ 都垂直,并且 $\boldsymbol{a},\boldsymbol{b},\boldsymbol{a}\times\boldsymbol{b}$ 构成右手系(见图 10-22).

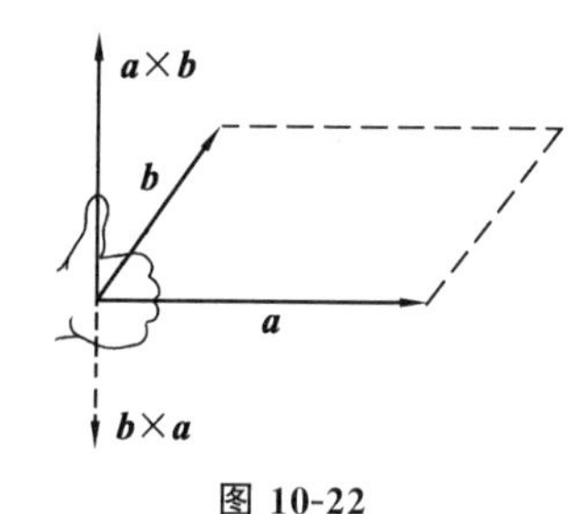

图 10-22

由两向量的向量积定义可得:

(1) $\boldsymbol{a}\times\boldsymbol{a}=\boldsymbol{0}$.

因为夹角 $\theta=0$,所以 $|\boldsymbol{a}\times\boldsymbol{a}|=|\boldsymbol{a}|^2\sin 0=0$.

(2) 两个非零向量 $\boldsymbol{a}/\!/\boldsymbol{b}$ 的充要条件是 $\boldsymbol{a}\times\boldsymbol{b}=\boldsymbol{0}$.

因为如果 $\boldsymbol{a}\times\boldsymbol{b}=\boldsymbol{0}$,且 $|\boldsymbol{a}|\neq0$,$|\boldsymbol{b}|\neq0$,那么必有 $\sin\theta=0$,于是 $\theta=0$ 或 π,即 $\boldsymbol{a}/\!/\boldsymbol{b}$;反之,如果 $\boldsymbol{a}/\!/\boldsymbol{b}$,那么$\theta=0$或 π,于是 $\sin\theta=0$,从而$|\boldsymbol{a}\times\boldsymbol{b}|=0$,即 $\boldsymbol{a}\times\boldsymbol{b}=\boldsymbol{0}$.

(3) 两向量 $\boldsymbol{a},\boldsymbol{b}$ 的向量积 $\boldsymbol{a}\times\boldsymbol{b}$ 的模的几何意义是$|\boldsymbol{a}\times\boldsymbol{b}|$等于以 $\boldsymbol{a},\boldsymbol{b}$ 为边的平行四边形的面积,即$|\boldsymbol{a}\times\boldsymbol{b}|=S_{a\times b}$.

两向量的向量积满足下列运算规律:

(1) 反交换律 $\boldsymbol{a}\times\boldsymbol{b}=-\boldsymbol{b}\times\boldsymbol{a}$;

按右手定则从 $\boldsymbol{b}$ 转向 $\boldsymbol{a}$ 定出的方向恰好与按右手定则从 $\boldsymbol{a}$ 转向 $\boldsymbol{b}$ 定出的方向

相反.它表明交换律对向量积不成立.

(2) 分配律 $(\boldsymbol{a}+\boldsymbol{b})\times\boldsymbol{c}=\boldsymbol{a}\times\boldsymbol{c}+\boldsymbol{b}\times\boldsymbol{c}$;

(3) 数乘结合律 $(\lambda\boldsymbol{a})\times\boldsymbol{b}=\boldsymbol{a}\times(\lambda\boldsymbol{b})=\lambda(\boldsymbol{a}\times\boldsymbol{b})$.

这两个规律的证明从略.

特别地,有

$\boldsymbol{i}\times\boldsymbol{i}=\boldsymbol{j}\times\boldsymbol{j}=\boldsymbol{k}\times\boldsymbol{k}=\boldsymbol{0},\boldsymbol{i}\times\boldsymbol{j}=-\boldsymbol{j}\times\boldsymbol{i}=\boldsymbol{k},\boldsymbol{j}\times\boldsymbol{k}=-\boldsymbol{k}\times\boldsymbol{j}=\boldsymbol{i},\boldsymbol{k}\times\boldsymbol{i}=-\boldsymbol{i}\times\boldsymbol{k}=\boldsymbol{j}$.

下面在直角坐标系下,推导两向量的向量积的坐标表示式.设

$\boldsymbol{a}=(a_x,a_y,a_z)=a_x\boldsymbol{i}+a_y\boldsymbol{j}+a_z\boldsymbol{k}$, $\boldsymbol{b}=(b_x,b_y,b_z)=b_x\boldsymbol{i}+b_y\boldsymbol{j}+b_z\boldsymbol{k}$,

根据向量积的运算规律可得

$$\begin{aligned}\boldsymbol{a}\times\boldsymbol{b}&=(a_x\boldsymbol{i}+a_y\boldsymbol{j}+a_z\boldsymbol{k})\times(b_x\boldsymbol{i}+b_y\boldsymbol{j}+b_z\boldsymbol{k})\\&=a_xb_x\boldsymbol{i}\times\boldsymbol{i}+a_xb_y\boldsymbol{i}\times\boldsymbol{j}+a_xb_z\boldsymbol{i}\times\boldsymbol{k}+a_yb_x\boldsymbol{j}\times\boldsymbol{i}+a_yb_y\boldsymbol{j}\times\boldsymbol{j}+\\&\quad a_yb_z\boldsymbol{j}\times\boldsymbol{k}+a_zb_x\boldsymbol{k}\times\boldsymbol{i}+a_zb_y\boldsymbol{k}\times\boldsymbol{j}+a_zb_z\boldsymbol{k}\times\boldsymbol{k}\\&=(a_yb_z-b_ya_z)\boldsymbol{i}+(b_xa_z-a_xb_z)\boldsymbol{j}+(a_xb_y-b_xa_y)\boldsymbol{k}.\end{aligned}$$

利用三阶行列式,上式常写成容易记忆的形式

$$\boldsymbol{a}\times\boldsymbol{b}=\begin{vmatrix}\boldsymbol{i}&\boldsymbol{j}&\boldsymbol{k}\\a_x&a_y&a_z\\b_x&b_y&b_z\end{vmatrix}.\tag{14}$$

例 10 已知 $\boldsymbol{a}=(2,2,1)$, $\boldsymbol{b}=(4,5,3)$,求 $\boldsymbol{a}\times\boldsymbol{b}$, $|\boldsymbol{a}\times\boldsymbol{b}|$ 及其同向单位向量 $(\boldsymbol{a}\times\boldsymbol{b})^{\circ}$.

解 $$\boldsymbol{a}\times\boldsymbol{b}=\begin{vmatrix}\boldsymbol{i}&\boldsymbol{j}&\boldsymbol{k}\\2&2&1\\4&5&3\end{vmatrix}=(2\times3-5\times1)\boldsymbol{i}+(1\times4-2\times3)\boldsymbol{j}+(2\times5-2\times4)\boldsymbol{k}$$

$$=(1,-2,2);$$

$$|\boldsymbol{a}\times\boldsymbol{b}|=\sqrt{1^2+(-2)^2+2^2}=3;$$

$$(\boldsymbol{a}\times\boldsymbol{b})^{\circ}=\frac{1}{3}(1,-2,2)=\left(\frac{1}{3},-\frac{2}{3},\frac{2}{3}\right).$$

例 11 已知三角形的三个顶点 $A(1,2,3)$, $B(2,-1,5)$, $C(3,2,-5)$,试求:(1) $\triangle ABC$ 的面积 $S_{\triangle ABC}$;(2) $\triangle ABC$ 的 AB 边上的高.

解 (1) $S_{\triangle ABC}=\frac{1}{2}S_{\square ABCD}=\frac{1}{2}|\overrightarrow{AB}\times\overrightarrow{AC}|$(见图 10-23).

$\overrightarrow{AB}=(1,-3,2)$, $\overrightarrow{AC}=(2,0,-8)$,

$$\overrightarrow{AB}\times\overrightarrow{AC}=\begin{vmatrix}\boldsymbol{i}&\boldsymbol{j}&\boldsymbol{k}\\1&-3&2\\2&0&-8\end{vmatrix}=24\boldsymbol{i}+12\boldsymbol{j}+6\boldsymbol{k},$$

故 $|\overrightarrow{AB}\times\overrightarrow{AC}|=\sqrt{24^2+12^2+6^2}=6\sqrt{21}$,

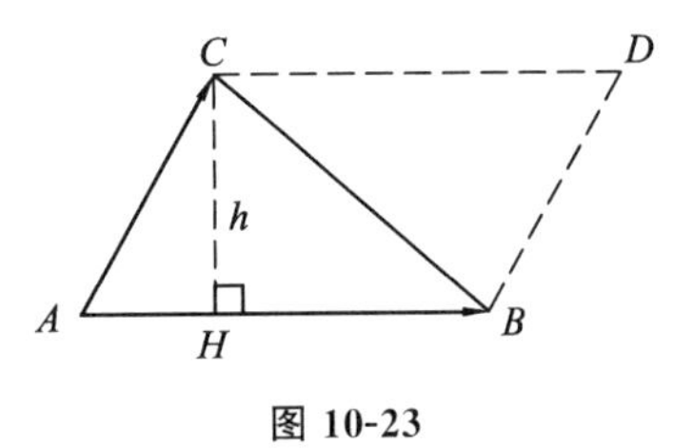

图 10-23

所以
$$S_{\triangle ABC}=\frac{1}{2}|\overrightarrow{AB}\times\overrightarrow{AC}|=3\sqrt{21}.$$

（2）因为$\triangle ABC$的AB边上的高CH即$\square ABCD$的AB边上的高，所以
$$|\overrightarrow{CH}|=\frac{S_{\square ABCD}}{|\overrightarrow{AB}|}=\frac{|\overrightarrow{AB}\times\overrightarrow{AC}|}{|\overrightarrow{AB}|},$$
又因为
$$|\overrightarrow{AB}|=\sqrt{(-1)^2+(-3)^2+2^2}=\sqrt{14},$$
所以
$$|\overrightarrow{CH}|=\frac{6\sqrt{21}}{\sqrt{14}}=3\sqrt{6}.$$

*10.2.6　三向量的混合积

定义 4　已知空间三向量$\boldsymbol{a},\boldsymbol{b},\boldsymbol{c}$，如果先作向量$\boldsymbol{a}$和$\boldsymbol{b}$的向量积$\boldsymbol{a}\times\boldsymbol{b}$，再作所得向量与第三向量$\boldsymbol{c}$的数量积$(\boldsymbol{a}\times\boldsymbol{b})\cdot\boldsymbol{c}$，这样得到的数量称为三向量$\boldsymbol{a},\boldsymbol{b},\boldsymbol{c}$的混合积，记作$(\boldsymbol{a},\boldsymbol{b},\boldsymbol{c})$.

事实上，按向量积的定义，$\boldsymbol{a}\times\boldsymbol{b}$是一个向量，它的模在数值上等于以向量$\boldsymbol{a}$和$\boldsymbol{b}$为边所作平行四边形的面积，它的方向垂直于这个平行四边形的平面. 当$\boldsymbol{a},\boldsymbol{b},\boldsymbol{c}$组成右手系时，向量$\boldsymbol{a}\times\boldsymbol{b}$与向量$\boldsymbol{c}$朝着这平面的同侧（见图 10-24）；当$\boldsymbol{a},\boldsymbol{b},\boldsymbol{c}$组成左手系时，向量$\boldsymbol{a}\times\boldsymbol{b}$与向量$\boldsymbol{c}$朝着这平面的异侧. 所以，如果设$\boldsymbol{a}\times\boldsymbol{b}$与$\boldsymbol{c}$的夹角为$\theta$，那么当$\boldsymbol{a},\boldsymbol{b},\boldsymbol{c}$组成右手系时，$\theta$为锐角；当$\boldsymbol{a},\boldsymbol{b},\boldsymbol{c}$组成左手系时，$\theta$为钝角. 因为

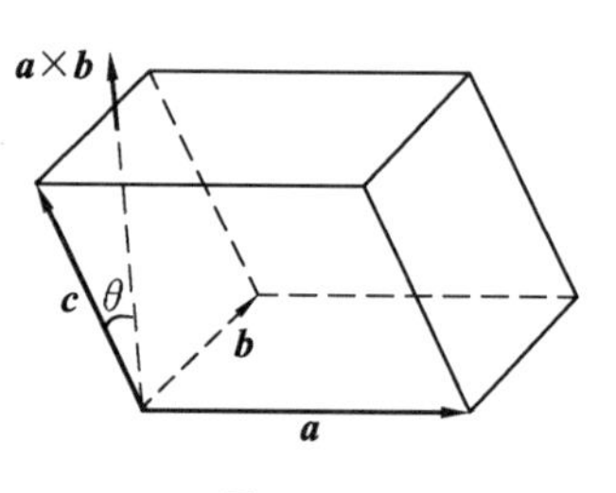

图 10-24

$$(\boldsymbol{a},\boldsymbol{b},\boldsymbol{c})=(\boldsymbol{a}\times\boldsymbol{b})\cdot\boldsymbol{c}=|\boldsymbol{a}\times\boldsymbol{b}||\boldsymbol{c}|\cos\theta,$$
所以当$\boldsymbol{a},\boldsymbol{b},\boldsymbol{c}$组成右手系时，$(\boldsymbol{a},\boldsymbol{b},\boldsymbol{c})$为正；当$\boldsymbol{a},\boldsymbol{b},\boldsymbol{c}$组成左手系时，$(\boldsymbol{a},\boldsymbol{b},\boldsymbol{c})$为负.

因为以向量$\boldsymbol{a},\boldsymbol{b},\boldsymbol{c}$为棱的平行六面体的底面积在数值上等于$|\boldsymbol{a}\times\boldsymbol{b}|$，它的高$h$等于向量$\boldsymbol{c}$在向量$\boldsymbol{a}\times\boldsymbol{b}$上投影的绝对值，即
$$h=|\mathrm{Prj}_{\boldsymbol{a}\times\boldsymbol{b}}\boldsymbol{c}|=|\boldsymbol{c}|\cos\theta,$$
所以平行六面体的体积
$$V=|\boldsymbol{a}\times\boldsymbol{b}||\boldsymbol{c}||\cos\theta|=|(\boldsymbol{a},\boldsymbol{b},\boldsymbol{c})|.$$

因此，由以上描述可知，三向量的混合积具有下述几何意义：

（1）不共面的三向量$\boldsymbol{a},\boldsymbol{b},\boldsymbol{c}$的混合积的绝对值等于以$\boldsymbol{a},\boldsymbol{b},\boldsymbol{c}$为棱的平行六面体体积$V$，即
$$|(\boldsymbol{a},\boldsymbol{b},\boldsymbol{c})|=V,$$
并且当$\boldsymbol{a},\boldsymbol{b},\boldsymbol{c}$构成右手系时混合积是正数；当$\boldsymbol{a},\boldsymbol{b},\boldsymbol{c}$构成左手系时混合积是负数.

（2）三向量$\boldsymbol{a},\boldsymbol{b},\boldsymbol{c}$共面的充要条件是$(\boldsymbol{a},\boldsymbol{b},\boldsymbol{c})=0$.

下面在直角坐标系下，讨论三向量混合积的坐标表示式.设

$$a=(x_1,y_1,z_1),b=(x_2,y_2,z_2),c=(x_3,y_3,z_3),$$

因为
$$a\times b=\begin{vmatrix} i & j & k \\ x_1 & y_1 & z_1 \\ x_2 & y_2 & z_2 \end{vmatrix}=\begin{vmatrix} y_1 & z_1 \\ y_2 & z_2 \end{vmatrix}i+\begin{vmatrix} z_1 & x_1 \\ z_2 & x_2 \end{vmatrix}j+\begin{vmatrix} x_1 & y_1 \\ x_2 & y_2 \end{vmatrix}k,$$

再根据向量的数量积的坐标表示式，得

$$(a,b,c)=(a\times b)\cdot c=x_3\begin{vmatrix} y_1 & z_1 \\ y_2 & z_2 \end{vmatrix}+y_3\begin{vmatrix} z_1 & x_1 \\ z_2 & x_2 \end{vmatrix}+z_3\begin{vmatrix} x_1 & y_1 \\ x_2 & y_2 \end{vmatrix}=\begin{vmatrix} x_1 & y_1 & z_1 \\ x_2 & y_2 & z_2 \\ x_3 & y_3 & z_3 \end{vmatrix}, \tag{15}$$

即三向量 a,b,c 的混合积等于这三个向量的坐标组成的三阶行列式的值.这样就可以把行列式的有关性质，相应地推广至混合积.

例 12　求以三向量 $a=(2,-3,1)$，$b=(1,-2,0)$，$c=(1,-1,3)$为棱的平行六面体体积 V.

解　$$(a,b,c)=\begin{vmatrix} 2 & -3 & 1 \\ 1 & -2 & 0 \\ 1 & -1 & 3 \end{vmatrix}=-12+9+1=-2,$$

由混合积的几何意义得 $V=|(a,b,c)|=2$.

习题 10-2

1. 已知 $a=e_1+2e_2-e_3$，$b=3e_1-2e_2+2e_3$，求 $a+b$，$a-b$ 和 $3a-2b$.

2. 设$\overrightarrow{AB}=a+5b$，$\overrightarrow{BC}=-2a+8b$，$\overrightarrow{CD}=3(a-b)$，证明 A,B,D 三点共线.

3. 向量$\overrightarrow{AB}=(-3,2,1)$，已知点 $A(1,2,-4)$，求点 B 的坐标.

4. 已知两点 $P_1(1,2,3)$，$P_2(-1,0,1)$，用坐标表示式表示向量$\overrightarrow{P_1P_2}$及$5\overrightarrow{P_1P_2}$.

5. 分别求出向量 $a=i+j+k$，$b=2i-3j+5k$ 及 $c=-2i-j+2k$ 的模与同向单位向量 a°，b°，c°，并分别用 a°，b°，c°表示向量 a,b,c.

6. 已知线段 AB 被 $C(2,0,2)$和 $D(5,-2,0)$三等分，试求线段两端点 A,B 的坐标.

7. 设 $a=3i-j-2k$，$b=i+2j-k$，求：(1) $a\cdot b$ 及 $a\times b$；(2) $(-2a)\cdot 3b$ 及 $a\times 2b$；(3) $\cos(\widehat{a,b})$，$\sin(\widehat{a,b})$及 $\tan(\widehat{a,b})$.

8. 当 l 取何值时，向量 $a=6i-3j+3k$ 和 $b=4i+lj+2k$ 满足下列关系：(1) 垂直；(2) 平行.

9. 已知 $a=2i-3j+k$，$b=i-j+3k$，$c=i-2j$，计算：

(1) $(a\cdot b)c-(b\cdot c)b$；(2) $(a+b)\times(b+c)$；(3) (a,b,c).

10. 已知 $a=(2,3,1)$，$b=(5,6,4)$.试求：(1) 以 a,b 为边的平行四边形的面积；(2) 平行四边形两边的高.

11. 已知四面体的顶点 $A(0,0,0)$，$B(6,0,6)$，$C(4,3,0)$，$D(2,-1,3)$，求四面体的体积.

10.3 平面与空间直线

空间的平面和直线，曲面和曲线等几何图形都可以看成一个动点按某种规律运动而形成的轨迹，即将图形上的动点 $P(x,y,z)$ 看成具有某种特征性质的点的集合. 这种特征性质(即动点运动的规律)用数量关系反映，即为几何图形上的动点(或称任意点) $P(x,y,z)$ 的三个坐标用方程 $F(x,y,z)=0$ 反映出来的一个约束条件，它也就是几何图形的数量表示式.

几何图形上点的特征性质，包含着两方面的意思：① 几何图形上的任意一点 $P(x,y,z)$，它的坐标都要满足方程 $F(x,y,z)=0$；② 凡坐标满足方程 $F(x,y,z)=0$ 的点 $P(x,y,z)$ 都在几何图形上.

10.3.1 平面及其方程

空间平面是空间曲面最简单的图形，确定空间平面的方法很多，如过不共线的三定点或过一点和一条直线垂直等都可以确定一平面；又例如在 **10.1.3** 中例 3 和例 4 给出平面和球面的方程，它们就是按“动点到两定点的距离相等”和“动点到定点的距离不变”，得到平面上的点和球面上的点应满足的约束：$Ax+By+Cz=D$ 和 $(x-x_0)^2+(y-y_0)^2+(z-z_0)^2=R^2$.

如果在空间给定一点 P_0 和一个非零向量 $\boldsymbol{n}$，那么通过点 P_0 且与向量 $\boldsymbol{n}$ 垂直的平面也唯一地被确定. 把与平面垂直的非零向量 $\boldsymbol{n}$ 称为平面的法向量. 显然，平面上的任一向量均与该平面的法向量 $\boldsymbol{n}$ 垂直.

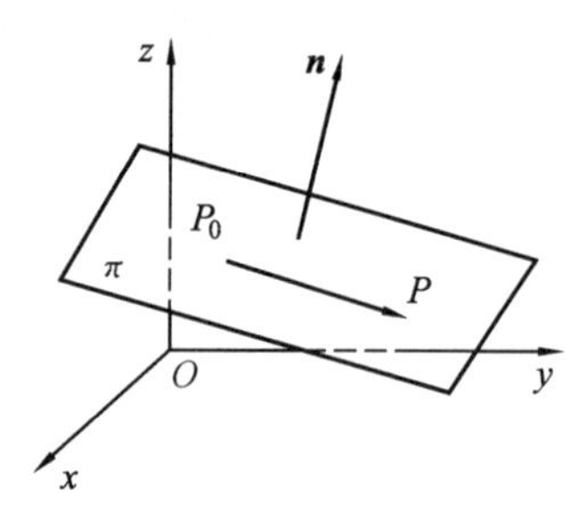

图 10-25

设平面 π 过已知点 $P_0(x_0,\ y_0,\ z_0)$，且平面的法向量是 $\boldsymbol{n}=(A,\ B,\ C)$($A,B,C$ 不全为 0)，如图 10-25 所示，设 $P(x,\ y,\ z)$ 为平面 π 上任一点，由上述分析可知，P 点在平面 π 上的充要条件是向量 $\overrightarrow{P_0P}$ 与法向量 $\boldsymbol{n}$ 垂直，即

$$\boldsymbol{n}\cdot\overrightarrow{P_0P}=0,$$

由于 $\boldsymbol{n}=(A,\ B,\ C)$，$\overrightarrow{P_0P}=(x-x_0,\ y-y_0,\ z-z_0)$，所以有

$$A(x-x_0)+B(y-y_0)+C(z-z_0)=0. \tag{1}$$

这是一个 $x,\ y,\ z$ 的三元一次方程. 显然，平面 π 上任一点的坐标必满足方程(1)，而不在平面 π 上的点，其坐标均不满足方程(1). 故方程(1)就是由点 P_0 和法向量 $\boldsymbol{n}$ 所确定的平面方程，称为平面 π 的点法式方程.

例 1 求过点$(2,1,-4)$，且法向量为 $\boldsymbol{n}=(4,-2,\ 3)$ 的平面方程.

解 根据平面的点法式方程(1),得所求平面的方程为

$$4(x-2)-2(y-1)+3(z+4)=0,$$

即

$$4x-2y+3z+6=0.$$

例 2 求过三点 $A(2,3,0)$,$B(-2,-3,4)$,$C(0,6,0)$的平面方程.

解 先求出平面的法向量 $\boldsymbol{n}$. 由于 $\boldsymbol{n}\perp\overrightarrow{AB}$, $\boldsymbol{n}\perp\overrightarrow{AC}$,因此由向量积的定义可知 $\boldsymbol{n}/\!/\overrightarrow{AB}\times\overrightarrow{AC}$,所以可取 $\boldsymbol{n}=k\overrightarrow{AB}\times\overrightarrow{AC}$,因为

$$\overrightarrow{AB}\times\overrightarrow{AC}=\begin{vmatrix} \boldsymbol{i} & \boldsymbol{j} & \boldsymbol{k} \\ -4 & -6 & 4 \\ -2 & 3 & 0 \end{vmatrix}=(-12,-8,-24)=-4(3,\ 2,\ 6),$$

取 $\boldsymbol{n}=(3,\ 2,\ 6)$,代入平面的点法式方程(1),得

$$3(x-2)+2(y-3)+6(z-0)=0,$$

即

$$3x+2y+6z-12=0.$$

在方程(1)中,如果记 $D=-(Ax_0+By_0+Cz_0)$,那么方程(1)即成为

$$Ax+By+Cz+D=0. \tag{2}$$

称方程(2)为平面 π 的一般式方程,它是 x,y,z 的三元一次方程.

在直角坐标系下,平面 π 的一般式方程(2)中的一次项系数 A,B,C 的几何意义是平面 π 的法向量 $\boldsymbol{n}$ 的三个坐标.

讨论平面的一般式方程(2)的几种特殊情况. 如果方程(2)中的系数 A,B,C 或 D 中有一个或几个等于零,那么对应的平面就具有某种特殊位置.

(1) $D=0$. 这时方程(2)变为 $Ax+By+Cz=0$,显然原点$(0,0,0)$满足方程,所以该平面过原点;反之,若平面过原点,那么显然有 $D=0$.

(2) A,B,C 中有一为零. 例如 $C=0$,方程(2)变为 $Ax+By+D=0$,平面的法向量 $\boldsymbol{n}=(A,\ B,\ 0)$垂直于 z 轴,故方程表示一个平行于 z 轴或垂直于 xOy 坐标面的平面. 特别地,当 $C=D=0$ 时,方程表示过 z 轴的平面. 类似可得,当 $A=0$ 时,平面平行于 x 轴;当 $B=0$ 时,平面平行于 y 轴.

(3) A,B,C 中有两个为零. 例如 $A=B=0$,则方程变为 $Cz+D=0$ 或 $z=-\dfrac{D}{C}$,方程表示既平行于 x 轴同时又平行于 y 轴,即平行于 xOy 面的平面. 类似可得:当 $B=C=0$ 或 $A=C=0$ 时平面平行于 yOz 面或 xOz 面.

特别地,$x=0$,$y=0$,$z=0$ 分别表示三个坐标面.

例 3 求平行于 z 轴且过点 $P_1(2,-1,\ 1)$与 $P_2(3,-2,\ 1)$的平面方程.

解 因为所求平面平行于 z 轴,故设所求平面方程为

$$Ax+By+D=0.$$

由于平面过 $P_1(2,-1,\ 1)$和 $P_2(3,-2,\ 1)$,所以有

$$\begin{cases} 2A-B+D=0, \\ 3A-2B+D=0, \end{cases}$$

解得 $A=B, D=-B$. 代入所设方程并除以 $B\ (B\neq 0)$，得所求平面方程为

$$x+y-1=0.$$

此例也可以先找出平面的法向量 $\boldsymbol{n}$，然后用点法式给出平面方程.

例 4　设平面过三坐标轴上 $P_1(a, 0, 0)$，$P_2(0, b, 0)$，$P_3(0, 0, c)$ 三点(其中 $abc\neq 0$)(见图 10-26)，求平面的方程.

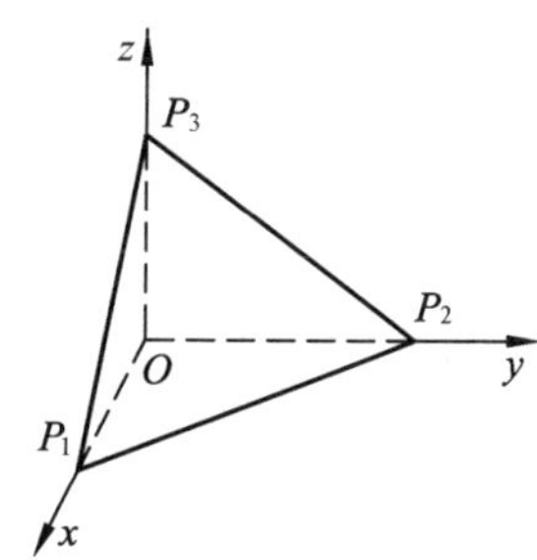

图 10-26

解　设所求平面的方程为

$$Ax+By+Cz+D=0.$$

由于平面过 P_1，P_2，P_3 三点，所以有

$$\begin{cases} aA+D=0, \\ bB+D=0, \\ cC+D=0. \end{cases}$$

解得 $A=-\dfrac{D}{a}$，$B=-\dfrac{D}{b}$，$C=-\dfrac{D}{c}$. 代入所设方程并除以 $D\ (D\neq 0)$，得所求平面的方程为

$$\frac{x}{a}+\frac{y}{b}+\frac{z}{c}=1. \tag{3}$$

方程(3)称为平面的截距式方程，其中 a, b, c 分别称为平面在三坐标轴上的截距.

10.3.2　两平面的夹角

设两平面 π_1 和 π_2 为

$$\pi_1:\ A_1x+B_1y+C_1z+D_1=0,$$
$$\pi_2:\ A_2x+B_2y+C_2z+D_2=0,$$

则它们的法向量分别为

$$\boldsymbol{n}_1=(A_1, B_1, C_1),\ \boldsymbol{n}_2=(A_2, B_2, C_2).$$

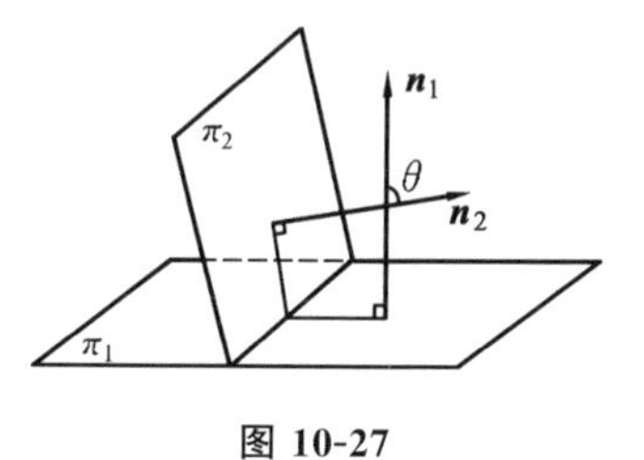

图 10-27

设两平面 π_1 与 π_2 间的夹角用 θ 来表示(见图 10-27)，规定 $0\leqslant\theta\leqslant\dfrac{\pi}{2}$，那么显然有：$\theta$ 和两平面法向量 $\boldsymbol{n}_1$ 与 $\boldsymbol{n}_2$ 的夹角相等，即 $\theta=(\boldsymbol{n}_1\hat{,}\boldsymbol{n}_2)$，或者与两平面法向量 $\boldsymbol{n}_1$ 与 $\boldsymbol{n}_2$ 的夹角互补，即 $\theta=\pi-(\boldsymbol{n}_1\hat{,}\boldsymbol{n}_2)$.

根据两向量的夹角公式可得

$$\begin{aligned}\cos\theta &= |\cos(\boldsymbol{n}_1\hat{,}\boldsymbol{n}_2)| = \frac{|\boldsymbol{n}_1\cdot\boldsymbol{n}_2|}{|\boldsymbol{n}_1||\boldsymbol{n}_2|} \\ &= \frac{|A_1A_2+B_1B_2+C_1C_2|}{\sqrt{A_1^2+B_1^2+C_1^2}\ \sqrt{A_2^2+B_2^2+C_2^2}}.\end{aligned} \tag{4}$$

公式(4)称为两平面的夹角公式.

从两向量垂直、平行的条件可得下列结论:

(1) 两平面 π_1, π_2 垂直的充要条件是 $A_1A_2+B_1B_2+C_1C_2=0$;

(2) 两平面 π_1, π_2 平行的充要条件是$\dfrac{A_1}{A_2}=\dfrac{B_1}{B_2}=\dfrac{C_1}{C_2}$.

例 5 求两平面 π_1:$2x-3y+6z-12=0$ 和 π_2:$x+2y+2z-7=0$ 的夹角.

解 $\boldsymbol{n}_1=(2,-3,6)$,$\boldsymbol{n}_2=(1,2,2)$,代入公式(4)得

$$\cos\theta=\frac{|2\times1-3\times2+6\times2|}{\sqrt{2^2+3^2+6^2}\sqrt{1^2+2^2+2^2}}=\frac{8}{21},$$

故所求两平面之间的夹角

$$\theta=\arccos\frac{8}{21}.$$

例 6 求过点 $A(1,1,-1)$且与 $x-y+z-7=0$,$3x+2y-12z+5=0$ 都垂直的平面.

解 设所求平面的法向量为 $\boldsymbol{n}=(A,B,C)$,$\boldsymbol{n}_1=(1,-1,1)$,$\boldsymbol{n}_2=(3,2,-12)$,由于 $\boldsymbol{n}\perp\boldsymbol{n}_1$,$\boldsymbol{n}\perp\boldsymbol{n}_2$,故 $\boldsymbol{n}/\!/\boldsymbol{n}_1\times\boldsymbol{n}_2$,所以可取 $\boldsymbol{n}=k(\boldsymbol{n}_1\times\boldsymbol{n}_2)$.

因为 $$\boldsymbol{n}_1\times\boldsymbol{n}_2=\begin{vmatrix}\boldsymbol{i}&\boldsymbol{j}&\boldsymbol{k}\\1&-1&1\\3&2&-12\end{vmatrix}=(10,15,5)=5(2,3,1),$$

则取 $\boldsymbol{n}=(2,3,1)$,代入平面的点法式(1)得所求平面方程为

$$2(x-1)+3(y-1)+(z+1)=0,$$

即 $$2x+3y+z-4=0.$$

例 7 设 $P_0(x_0,y_0,z_0)$是平面 $Ax+By+Cz+D=0$ 外一点,求 P_0 到平面的距离.

解 如图 10-28 所示,在平面上任取一点 $P_1(x_1,y_1,z_1)$,并过 P_0 点作平面 π 的法向量 $\boldsymbol{n}$,则 P_0 到平面 π 的距离等于$\overrightarrow{P_1P_0}$在法向量 $\boldsymbol{n}$ 上的投影的绝对值.故

$$d=|\mathrm{Prj}_{\boldsymbol{n}}\overrightarrow{P_1P_0}|.$$

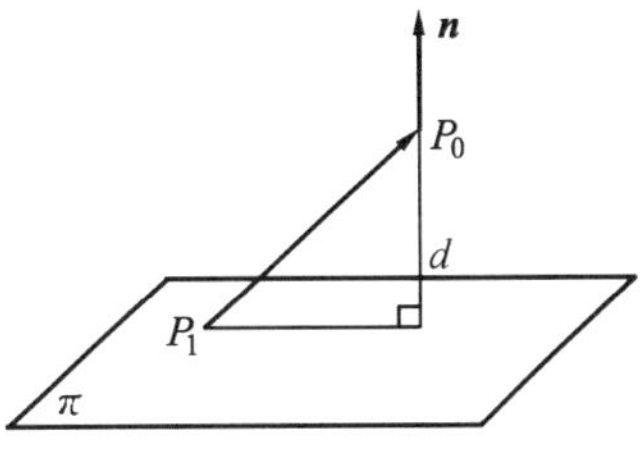

图 10-28

设 $\boldsymbol{n}^\circ$为 $\boldsymbol{n}$ 的同向单位向量,则

$$\boldsymbol{n}^\circ=\frac{1}{\sqrt{A^2+B^2+C^2}}(A,B,C),\ \overrightarrow{P_1P_0}=(x_0-x_1,y_0-y_1,z_0-z_1).$$

$$\mathrm{Prj}_{\boldsymbol{n}^\circ}\overrightarrow{P_1P_0}=\overrightarrow{P_1P_0}\cdot\boldsymbol{n}^\circ=\frac{A(x_0-x_1)+B(y_0-y_1)+C(z_0-z_1)}{\sqrt{A^2+B^2+C^2}}.$$

由于 $Ax_1+By_1+Cz_1+D=0$,即$-(Ax_1+By_1+Cz_1)=D$,由此得点 $P_0(x_0,$

y_0, z_0)到平面 $Ax+By+Cz+D=0$ 的距离

$$d=\frac{|Ax_0+By_0+Cz_0+D|}{\sqrt{A^2+B^2+C^2}}. \tag{5}$$

例如,点(1,2,−3)到平面 $2x-y+2z+3=0$ 的距离

$$d=\frac{|2\times1-1\times2+2\times(-3)+3|}{\sqrt{2^2+(-1)+2^2}}=1.$$

10.3.3 空间直线及其方程

空间直线 l 可以看成两个平面 π_1 和 π_2 的交线(见图 10-29).若两个相交平面 π_1 和 π_2 的方程分别为 $A_1x+B_1y+C_1z+D_1=0$ 和 $A_2x+B_2y+C_2z+D_2=0$,则直线 l 上任意一点同时在两个平面上,所以它的坐标必须同时满足两平面的方程,即满足方程组

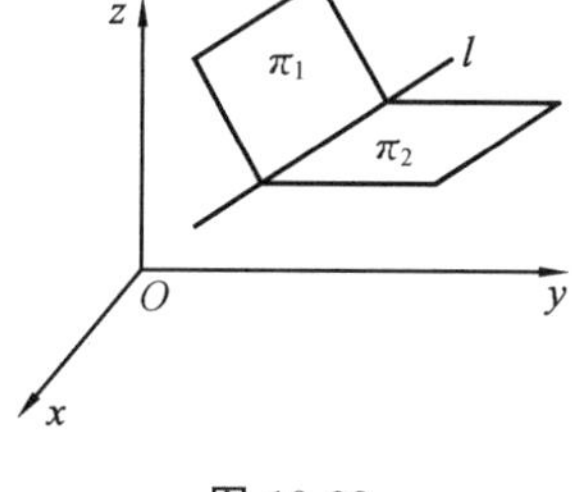

图 10-29

$$\begin{cases}A_1x+B_1y+C_1z+D_1=0,\\ A_2x+B_2y+C_2z+D_2=0.\end{cases} \tag{6}$$

反过来,坐标满足方程组(6)的点同时在两平面上,因而一定在两平面的交线即直线上,因此方程组(6)表示直线 l 的方程,称为直线 l 的一般式方程.

通过空间直线 l 的平面有无限多个,只要在这无限多个平面中任意选取两个,把这两个平面的方程联立起来,所得的方程组就表示空间直线 l.这种表达式的缺点是由方程本身看不出空间直线的位置.

下面用向量作为工具给出空间直线方程另外的表达式.

在空间,给定了一点 $P_0(x_0, y_0, z_0)$ 和一个非零向量 $\boldsymbol{s}=(m, n, p)$,那么通过点 P_0 且与向量 $\boldsymbol{s}$ 平行的直线 l 就唯一地被确定(见图 10-30),称向量 $\boldsymbol{s}$ 为直线 l 的方向向量.任何一个与直线 l 平行的非零向量都可以作为直线 l 的方向向量.

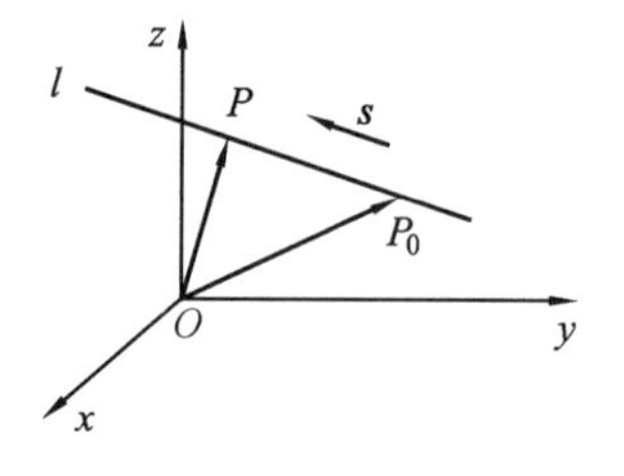

图 10-30

设 $P(x, y, z)$ 为直线 l 上任意一点,那么点 P 在直线 l 上的充要条件是 $\overrightarrow{P_0P}$ 与 $\boldsymbol{s}$($\boldsymbol{s}\neq\boldsymbol{0}$)共线,即 $\overrightarrow{P_0P}\parallel\boldsymbol{s}$.由两向量共线的充要条件可得 $\overrightarrow{P_0P}$ 与 $\boldsymbol{s}$ 的对应坐标(分量)成比例,即

$$\frac{x-x_0}{m}=\frac{y-y_0}{n}=\frac{z-z_0}{p}. \tag{7}$$

方程(7)称为直线 l 的对称式方程或点向式方程或标准式方程.

直线的任一方向向量 $\boldsymbol{s}$ 的坐标 m,n,p 称为这直线的一组方向数,而向量 $\boldsymbol{s}$ 的方向余弦称为该直线的方向余弦.

令
$$\frac{x-x_0}{m}=\frac{y-y_0}{n}=\frac{z-z_0}{p}=t,$$
得
$$\begin{cases}x=x_0+mt,\\y=y_0+nt,\\z=z_0+pt.\end{cases}\tag{8}$$

方程组(8)称为直线 l 的参数式方程,其中 t 为参数.

注意 (1) 在对称式方程(7)中,形式分母 m,n,p 的几何意义是方向向量 $\boldsymbol{s}$ 的三个坐标,因此,允许其中一个或两个为 0. 当 m,n,p 中有一个为零时,例如 $n=0$,这时方程组应理解为$\frac{x-x_0}{m}=\frac{z-z_0}{p}$, $y-y_0=0$;当 m,n,p 中有两个为零时,例如 $n=p=0$,方程则应理解为 $y-y_0=0$, $z-z_0=0$.

(2) 直线的参数方程表示式中参数 t 的系数 m,n,p 是直线的方向向量的三个坐标.

例 8 求过点$(2,-3,4)$,且与平面 $3x+2z-4=0$ 垂直的直线的对称式方程和参数式方程.

解 所给平面的法向量 $\boldsymbol{n}=(3,0,2)$,由于直线与平面垂直,故 $\boldsymbol{n}$ 与所求直线平行,因此可取 $\boldsymbol{n}$ 作为直线的方向向量. 代入方程(7)和方程(8)得直线的对称式方程为
$$\frac{x-2}{3}=\frac{y+3}{0}=\frac{z-4}{2},$$
参数式方程为
$$\begin{cases}x=2+3t,\\y=-3,\\z=4+2t\end{cases}\quad(t\text{ 为参数}).$$

直线的对称式方程的几何意义比较明显,由对称式方程很容易得出直线的方向向量 $\boldsymbol{s}$ 及直线上的定点 P_0 的坐标.

例 9 化直线 l 的一般式方程$\begin{cases}2x+y+z-5=0,\\2x+y-3z-1=0\end{cases}$为对称式方程.

解 先求出直线上的一个点 $P_0(x_0,y_0,z_0)$. 例如,令 $x_0=0$,代入方程组,得
$$\begin{cases}y_0+z_0-5=0,\\y_0-3z_0-1=0.\end{cases}$$
解得 $y_0=4,z_0=1$,则$(0,4,1)$为直线上的一个点.

再求出直线的方向向量 $\boldsymbol{s}$,由于 $\boldsymbol{s}\perp\boldsymbol{n}_1$, $\boldsymbol{s}\perp\boldsymbol{n}_2$,故 $\boldsymbol{s}/\!/\boldsymbol{n}_1\times\boldsymbol{n}_2$. 其中 $\boldsymbol{n}_1=(2,1,1)$, $\boldsymbol{n}_2=(2,1,-3)$,

$$\boldsymbol{n}_1\times\boldsymbol{n}_2=\begin{vmatrix}\boldsymbol{i} & \boldsymbol{j} & \boldsymbol{k}\\ 2 & 1 & 1\\ 2 & 1 & -3\end{vmatrix}=(-4,\ 8,\ 0)=-4(1,-2,\ 0).$$

取 $\boldsymbol{s}=(1,-2,\ 0)$，代入方程(7)便得直线的对称式方程为

$$\frac{x}{1}=\frac{y-4}{-2}=\frac{z-1}{0}.$$

10.3.4　两直线的夹角

空间两直线 l_1 和 l_2 的夹角 θ 是用它们的方向向量间的夹角来定义的，规定 $0\leqslant\theta\leqslant\frac{\pi}{2}$，所以 $\theta=(\boldsymbol{s}_1\hat{,}\boldsymbol{s}_2)$ 或 $\theta=\pi-(\boldsymbol{s}_1\hat{,}\boldsymbol{s}_2)$.

设两直线 l_1 和 l_2 的方程为

$$l_1:\ \frac{x-x_1}{m_1}=\frac{y-y_1}{n_1}=\frac{z-z_1}{p_1},$$

$$l_2:\ \frac{x-x_2}{m_2}=\frac{y-y_2}{n_2}=\frac{z-z_2}{p_2}.$$

根据两向量之间的夹角公式可得

$$\cos\theta=|\cos(\boldsymbol{s}_1\hat{,}\boldsymbol{s}_2)|=\frac{|\boldsymbol{s}_1\cdot\boldsymbol{s}_2|}{|\boldsymbol{s}_1||\boldsymbol{s}_2|}=\frac{|m_1m_2+n_1n_2+p_1p_2|}{\sqrt{m_1{}^2+n_1{}^2+p_1{}^2}\ \sqrt{m_2{}^2+n_2{}^2+p_2{}^2}}.\tag{9}$$

从两向量垂直、平行的条件不难得到：

(1) 两直线 l_1，l_2 垂直的充要条件是 $m_1m_2+n_1n_2+p_1p_2=0$；

(2) 两直线 l_1，l_2 平行或重合的条件是 $\frac{m_1}{m_2}=\frac{n_1}{n_2}=\frac{p_1}{p_2}$.

例 10　求两直线 l_1：$\frac{x+3}{4}=\frac{y-2}{3}=\frac{z-5}{1}$ 和 l_2：$\frac{x}{1}=\frac{y-2}{-1}=\frac{z-5}{2}$ 之间的夹角.

解　由直线方程可知 $\boldsymbol{s}_1=(4,\ 3,\ 1)$，$\boldsymbol{s}_2=(1,-1,\ 2)$，由公式(9)得

$$\cos\theta=\frac{|4\times1+3\times(-1)+1\times2|}{\sqrt{4^2+3^2+1^2}\ \sqrt{1^2+1^2+2^2}}=\frac{3}{2\sqrt{39}}=\frac{\sqrt{39}}{26},$$

所求的两直线夹角 $\theta=\arccos\frac{\sqrt{39}}{26}$.

10.3.5　直线与平面的夹角

当直线 l 和平面 π 不垂直时，直线和它在这平面上的投影直线 l_0 所构成的锐角 $\varphi\left(0\leqslant\varphi<\frac{\pi}{2}\right)$ 称为直线与平面的夹角(见图 10-31)．当直线垂直于平面时规定直线与平面的夹角 φ 为直角.

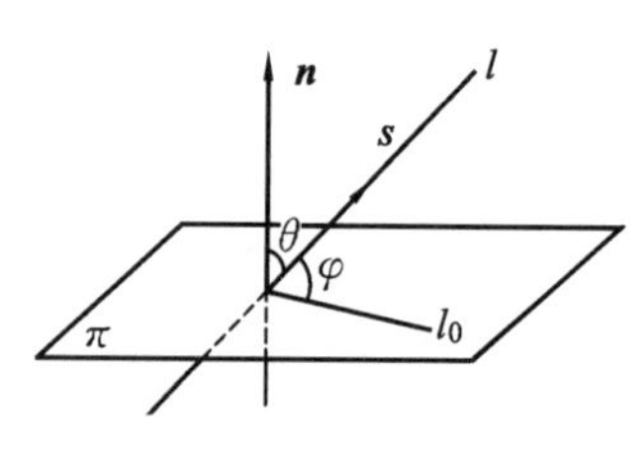

图 10-31

直线 l 与平面 π 间的夹角 φ 可以由直线的方向向量 $\boldsymbol{s}$ 和平面的法向量 $\boldsymbol{n}$ 来决定(见图 10-31). 如果设 $\boldsymbol{n}$ 和 $\boldsymbol{s}$ 的夹角为 $(\widehat{\boldsymbol{n},\boldsymbol{s}})=\theta\ (0\leqslant\theta<\pi)$, 那么 $\varphi=\left|\dfrac{\pi}{2}-\theta\right|$, 因此 $\sin\varphi=|\cos\theta|$.

设平面 π 的方程为

$$Ax+By+Cz+D=0,$$

直线 l 的方程为

$$\frac{x-x_0}{m}=\frac{y-y_0}{n}=\frac{z-z_0}{p},$$

则根据两向量的夹角公式得

$$\sin\varphi=|\cos(\widehat{\boldsymbol{n},\boldsymbol{s}})|=\frac{|\boldsymbol{n}\cdot\boldsymbol{s}|}{|\boldsymbol{n}||\boldsymbol{s}|}=\frac{|Am+Bn+Cp|}{\sqrt{A^2+B^2+C^2}\sqrt{m^2+n^2+p^2}}. \tag{10}$$

由于直线和平面平行相当于直线的方向向量 $\boldsymbol{s}$ 与平面的法向量 $\boldsymbol{n}$ 垂直，所以直线与平面平行的条件是

$$Am+Bn+Cp=0.$$

类似可得直线与平面垂直的条件是

$$\frac{A}{m}=\frac{B}{n}=\frac{C}{p}.$$

例 11 求过点 $P_0(3,-2,1)$ 且与直线 $\begin{cases}x-4z=3,\\2x-y-5z=1\end{cases}$ 平行的直线方程.

解 已知直线的方向向量

$$\boldsymbol{s}=\begin{vmatrix}\boldsymbol{i}&\boldsymbol{j}&\boldsymbol{k}\\1&0&-4\\2&-1&-5\end{vmatrix}=-(4\boldsymbol{i}+3\boldsymbol{j}+\boldsymbol{k}),$$

所求直线与已知直线平行，故可取 $\boldsymbol{s}=(4,3,1)$，得所求直线方程为

$$\frac{x-3}{4}=\frac{y+2}{3}=\frac{z-1}{1}.$$

例 12 求过直线 l: $\dfrac{x-2}{5}=\dfrac{y+1}{2}=\dfrac{z-2}{4}$ 且垂直于平面 π_0: $x+4y-3z+7=0$ 的平面 π 的方程.

解 平面 π_0 的法向量为 $(1,4,-3)$，设所求平面的法向量 $\boldsymbol{n}=(A,B,C)$. 因为所求平面过直线 l，故 $\boldsymbol{n}\perp\boldsymbol{s}$；又因为所求平面与已知平面垂直，故 $\boldsymbol{n}\perp\boldsymbol{n}_0$，从而

$$\boldsymbol{n}=\boldsymbol{n}_0\times\boldsymbol{s}=\begin{vmatrix}\boldsymbol{i}&\boldsymbol{j}&\boldsymbol{k}\\1&4&-3\\5&2&4\end{vmatrix}=22\boldsymbol{i}-19\boldsymbol{j}-18\boldsymbol{k}.$$

又由于平面过 $P_0(2,-1,2)$，由平面的点法式得所求平面的方程为

$$22(x-2)-19(y+1)-18(z-2)=0,$$

即

$$22x-19y-18z-27=0.$$

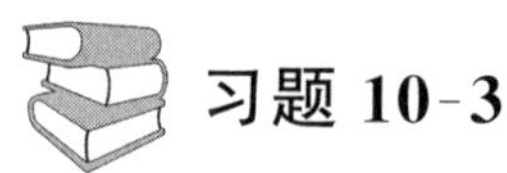

习题 10-3

1. 求过点$(3,0,-1)$且与平面 $3x-7y+5z-12=0$ 平行的平面方程.

2. 已知三点 $P_1(0,4,-5)$，$P_2(-1,-2,2)$，$P_3(4,2,1)$，求过这三点的平面方程.

3. 求通过点 $P_1(2,-1,1)$和 $P_2(3,-2,1)$，且分别平行于三坐标轴的三个平面.

4. 指出下列平面的特殊位置：

(1) $x-y+1=0$；　　(2) $4x-4y+7z=0$；

(3) $x+2=0$；　　(4) $x+5z=0$.

5. 求下列平面的单位法向量及其方向余弦：

(1) $2x+3y+6z-35=0$；　　(2) $x-2y+2z+21=0$.

6. 求下列各组平面的夹角：

(1) $x+y-11=0$，$3x+8=0$；

(2) $2x-3y+6z-12=0$，$x+2y+2z-7=0$.

7. 确定 l,m 符合什么条件时，两个平面 $2x+my+3z-5=0$ 与 $lx-6y-6z+2=0$ 满足下列关系：(1) 互相垂直；(2) 互相平行.

8. 计算下列点到平面的距离：

(1) $P(-2,4,3)$，π：$2x-y+2z+3=0$；

(2) $P(1,2,-3)$，π：$5x-3y+z+4=0$；

(3) $P(3,-5,-2)$，π：$2x-y+3z+11=0$.

9. 求满足下列条件的直线方程：

(1) 过原点且与 $\boldsymbol{s}=(1,-1,1)$平行；

(2) 过两点$(2,5,8)$，$(-1,0,3)$；

(3) 过点$(2,-8,3)$且垂直于平面 $x+2y-3z-2=0$；

(4) 过点 $P(1,0,-2)$且与两直线$\frac{x-1}{1}=\frac{y}{1}=\frac{z+1}{-1}$和$\frac{x}{1}=\frac{y-1}{-1}=\frac{z+1}{0}$垂直.

10. 化直线的一般式方程$\begin{cases}x-y+2z-6=0,\\2x+y+z-5=0\end{cases}$为对称式方程.

11. 求两直线$\frac{x-1}{3}=\frac{y+2}{6}=\frac{z-5}{2}$与$\frac{x}{2}=\frac{y-3}{9}=\frac{z+1}{6}$的夹角.

12. 求过点 $P(1,0,-2)$与平面 $3x-2y+2z-1=0$ 平行，且与直线$\frac{x-1}{4}=\frac{y-3}{-2}=\frac{z}{1}$垂直的直线方程.

13. 求过点$(2,0,-3)$且与直线$\begin{cases}x-2y+4z-7=0,\\3x+5y-2z+1=0\end{cases}$垂直的平面方程.

14. 求直线 l：$\frac{x}{-1}=\frac{y-1}{1}=\frac{z-1}{2}$和平面 π：$2x+y-z-3=0$ 的夹角.

15. 求过点 $P(4,0,-1)$且通过直线$\frac{x-4}{5}=\frac{y+3}{2}=\frac{z}{1}$的平面方程.

16. 求过点$(1,0,-1)$且平行于两直线$\frac{x-1}{2}=\frac{y-1}{1}=\frac{z+1}{1}$和$\frac{x-2}{1}=\frac{y+1}{1}=\frac{z-3}{0}$的平面方程.

10.4　曲面与空间曲线

本节讨论曲面和空间曲线，进一步建立作为点的轨迹的曲面和空间曲线与其方程之间的联系，把研究曲面和空间曲线的几何问题归结为研究其方程的代数问题.

10.4.1　空间曲面的方程

就像在平面解析几何中，把任何平面曲线看作动点按一定规律运动而得到的几何轨迹一样，在空间解析几何中，也把空间曲面看成动点按一定规律运动而产生的几何轨迹.

1）空间曲面的一般式方程

前面已知曲面 S 是由动点按一定规律运动的几何轨迹，曲面 S 就可表示为一个含有动点坐标 x, y, z 的三元方程

$$F(x, y, z)=0. \tag{1}$$

若曲面 S 上任一点的坐标都满足方程(1)，反之，坐标不满足方程(1)的点都不在曲面 S 上，则称方程(1)为曲面 S 的方程，而曲面 S 称为方程(1)的图形(见图 10-32).

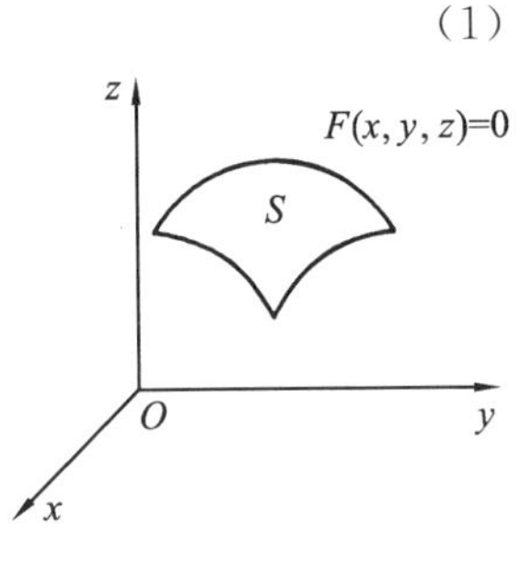

图 10-32

在 **10.1.3** 例 3 和例 4 中已见到，平面、球面都是动点的轨迹，且给出了这种轨迹的方程. 下面介绍常用的三种曲面：柱面、旋转曲面和锥面.

2）柱面

所谓柱面是指一条直线 L 沿着一条曲线 C 平行移动而形成的轨迹，称曲线 C 是柱面的准线，直线 L 是柱面的母线.

今后遇到的柱面，其准线经常是坐标面上的平面曲线，母线是平行于坐标轴的直线. 例如，求准线是 xOy 坐标面内的曲线 y，而母线是平行于 z 轴的直线的柱面方程.

设 $P(x, y, z)$是柱面上一点，它在 xOy 坐标面上的投影 $P_1(x_1, y_1)$必在曲线 C 上，即 $F(x_1, y_1)=0$(见图 10-33). 又因为点 P_1 在空间的坐标是$(x_1, y_1, 0)$，点

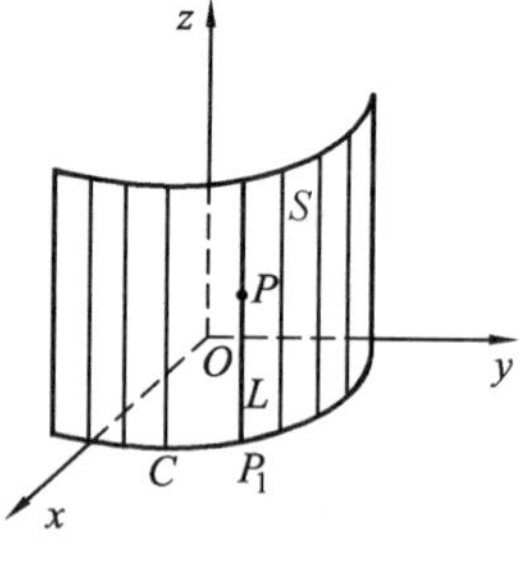

图 10-33

$P_1(x_1,y_1,0)$的坐标满足方程 $F(x,y)=0$,所以曲线 C 上的各点均在曲面 S 上.不仅如此,母线 P_1P 上任取一点 P,假定$|P_1P|=z_1$,那么点 P 的坐标是(x_1,y_1,z_1),容易知道(x_1,y_1,z_1)也满足方程 $F(x,y)=0$.反之,若 $P'(x'_1,y'_1,z)$满足 $F(x',y')=0$,则点 P'一定在柱面上.

因此,空间方程 $F(x, y)=0$ 表示一个母线平行于 z 轴,准线为 xOy 面上的曲线 $F(x, y)=0$ 的柱面方程.

由此注意到 $F(x, y)=0$ 在 xOy 平面上表示一条平面曲线,在空间则表示一个曲面——柱面.它的准线是 xOy 坐标面上的曲线 $F(x,y)=0$,母线是平行于 z 轴的直线.

同理,方程 $F(y, z)=0$ 与 $F(x, z)=0$ 在空间都表示柱面,它们的母线分别平行于 x 轴与 y 轴.

例如方程 $x^2+y^2=R^2$ 表示准线为 xOy 面上的圆,母线平行于 z 轴的圆柱面(见图 10-34).类似地,方程$\frac{x^2}{a^2}+\frac{y^2}{b^2}=1$, $\frac{x^2}{a^2}-\frac{y^2}{b^2}=1$, $x^2=2py$ 及 $x-y=0$ 分别表示母线平行于 z 轴的椭圆柱面(见图 10-35)、双曲柱面(见图 10-36)、抛物柱面(见图 10-37)和平面(见图 10-38).

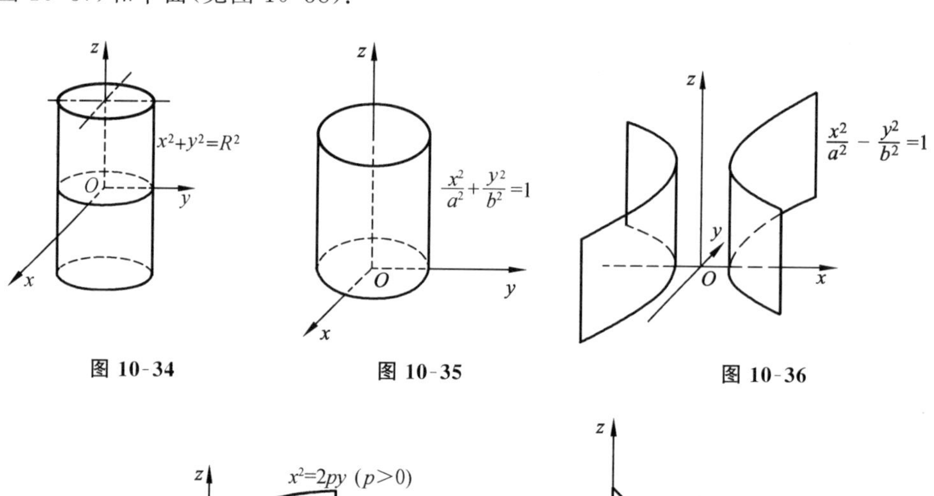

图 10-34　　图 10-35　　图 10-36

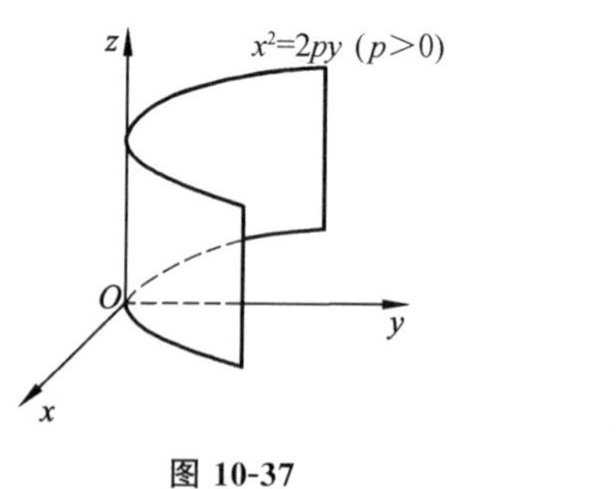

图 10-37

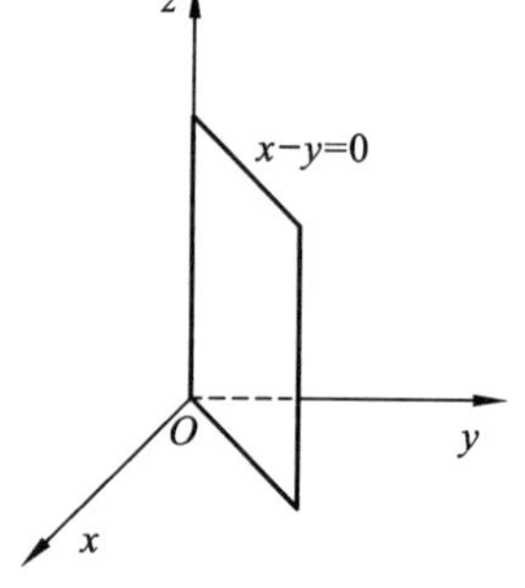

图 10-38

3）旋转曲面

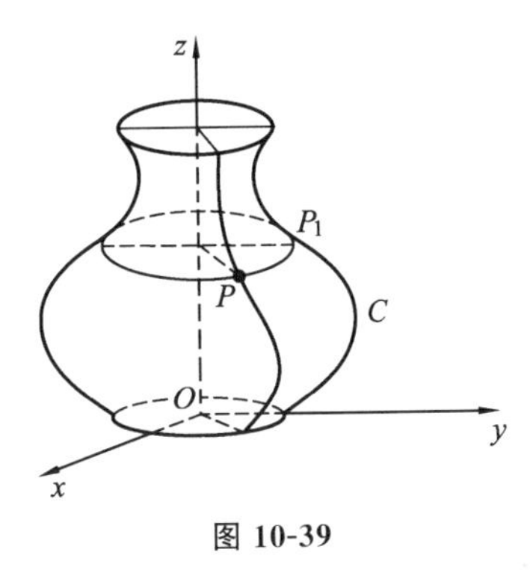

图 10-39

一条平面曲线 C 绕其平面上的一条定直线旋转一周所成的曲面称为旋转曲面，这条定直线称为旋转曲面的轴，曲线 C 称为旋转曲面的母线.

今后所求的旋转曲面其母线是坐标平面内的曲线，旋转轴取成坐标轴.

设在 yOz 坐标面上有一条已知曲线 C，其方程为 $f(y, z)=0$，使曲线 C 绕 z 轴旋转一周，便得到一个以 z 轴为旋转轴的曲面 S（见图 10-39），求该旋转曲面的方程.

当曲线 C 绕 z 轴旋转时，曲线 C 上任一点 $P_1(0, y_1, z_1)$ 旋转到 $P(x, y, z)$. 由于 P_1 点在曲线 C 上，故其坐标满足方程，即

$$f(y_1, z_1)=0, \tag{2}$$

同时，注意到曲线 C 在绕 z 轴旋转时，P_1 和 P 的坐标满足 $z_1=z$，且 $|y_1|=\sqrt{x^2+y^2}$ 即 $y_1=\pm\sqrt{x^2+y^2}$，将 y_1，z_1 代入方程(2)得

$$f(\pm\sqrt{x^2+y^2}, z)=0. \tag{3}$$

方程(3)当且仅当 $P(x, y, z)$ 在旋转曲面上时才成立，所以它就是所求的旋转曲面方程.

同理，曲线 C 绕 y 轴旋转而成的旋转曲面的方程为

$$f(y, \pm\sqrt{x^2+z^2})=0.$$

一般地，坐标面上的曲线 C 绕此坐标面里的一根坐标轴旋转时，为写出旋转曲面的方程，只需将曲线 C 在坐标面里的方程中和旋转轴同名的坐标不变，而另一个用两个坐标平方和的平方根来代替即可.

例 1 将 yOz 面上下列曲线绕给定坐标轴旋转一周，求所得旋转曲面的方程.

(1) $\frac{y^2}{a^2}+\frac{z^2}{b^2}=1$ 绕 y 轴旋转；　(2) $\frac{y^2}{a^2}-\frac{z^2}{b^2}=1$ 绕 y 轴旋转；

(3) $y^2=2pz\ (p>0)$ 绕 z 轴旋转；　(4) $z=ky\ (k>0)$ 绕 z 轴旋转.

解 (1) $\frac{y^2}{a^2}+\frac{z^2}{b^2}=1$ 绕 y 轴旋转的旋转曲面方程为 $\frac{y^2}{a^2}+\frac{x^2+z^2}{b^2}=1$，称为旋转椭球面；

(2) $\frac{y^2}{a^2}-\frac{z^2}{b^2}=1$ 绕 y 轴旋转的旋转曲面方程为 $\frac{y^2}{a^2}-\frac{x^2+z^2}{b^2}=1$，称为旋转双叶双曲面；

(3) $y^2=2pz\ (p>0)$ 绕 z 轴旋转的旋转曲面方程为 $x^2+y^2=2pz(p>0)$，称为旋转抛物面；

(4) $z=ky$ $(k>0)$绕 z 轴旋转的旋转曲面方程为 $z=\pm k\sqrt{x^2+y^2}$ 或 $z^2-k^2(x^2+y^2)=0$,称为圆锥面.此圆锥面的顶点在原点,以 z 轴为对称轴.

4) 锥面

在空间内,由一族经过一定点 P 且和定曲线 C 相交的直线 L 所生成的曲面称为锥面.其中定点 P 称为锥面的顶点,定曲线 C 称为锥面的准线,直线 L 称为锥面的母线.

设锥面顶点在原点,准线是与坐标面 xOy 平行的平面 $z=c$ 上的椭圆 $\frac{x^2}{a^2}+\frac{y^2}{b^2}=1$.下面求该锥面的方程.

设 $P(x,y,z)$ 为锥面上任一点,过点 P 的母线 L 交准线于点 $P_1(x_1,y_1,z_1)$,则有

$$\begin{cases}\dfrac{x}{x_1}=\dfrac{y}{y_1}=\dfrac{z}{z_1},\\ \dfrac{x_1{}^2}{a^2}+\dfrac{y_1{}^2}{b^2}=1,\\ z_1=c.\end{cases}$$

从这三个方程中消去 x_1,y_1,z_1,得所求锥面方程为

$$\frac{x^2}{a^2}+\frac{y^2}{b^2}-\frac{z^2}{c^2}=0,$$

该方程称为椭圆锥面方程.它是一个二次齐次方程,即方程只含二次项,不含一次项和常数项.

当 $a=b$ 时,椭圆锥面方程化为 $x^2+y^2-k^2z^2=0$,即圆锥面(见图 10-40);特别地,当 $a=b=c$ 时,椭圆锥面方程化为 $x^2+y^2-z^2=0$ 或 $z^2=x^2+y^2$,这是工程技术中常用的圆锥面方程.

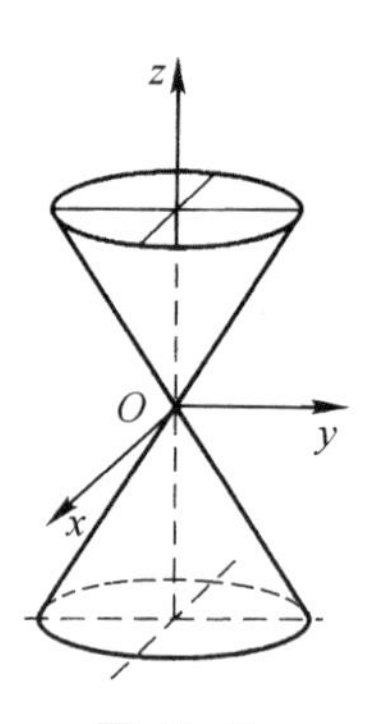

图 10-40

10.4.2 空间曲线的方程

1) 空间曲线的一般式方程

任何空间曲线 L,都可以看成过此曲线的两个曲面的交线.设两个曲面的方程分别为 $F_1(x,y,z)=0$ 和 $F_2(x,y,z)=0$,它们相交于曲线 L(见图 10-41).曲线 L 上的任意点同时在两曲面上,所以应满足方程组

$$\begin{cases}F_1(x,y,z)=0,\\ F_2(x,y,z)=0.\end{cases} \tag{4}$$

反过来,坐标满足方程组(4)的点,同时在两曲面上,即在两曲面的交线 L 上.因此,方程组(4)表示空间曲线 L 的方程,称为空间曲线 L 的一般式方程.

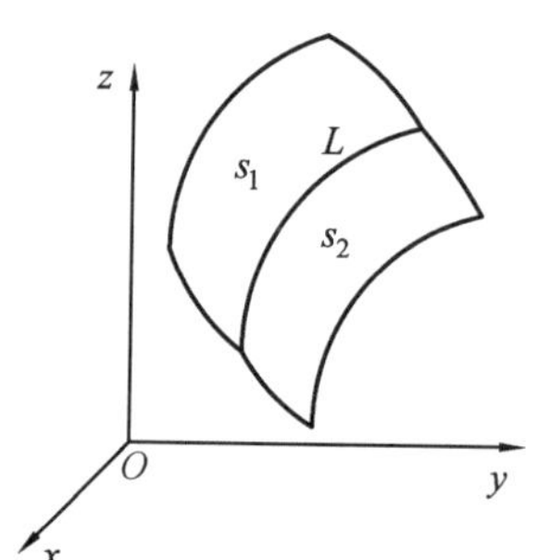

图 10-41

由于过空间曲线 L 的曲面可以有无穷多个，因此曲线 L 的表达式不唯一.

例 2 写出 z 轴的方程.

解 因为 z 轴可以看成 yOz 面和 xOz 面的交线，所以其方程为

$$\begin{cases} x=0, \\ y=0. \end{cases}$$

又该方程组与方程组

$$\begin{cases} x+y=0, \\ x-y=0 \end{cases}$$

同解，所以 z 轴的方程也可以用第二个方程组来表示(见图 10-42).

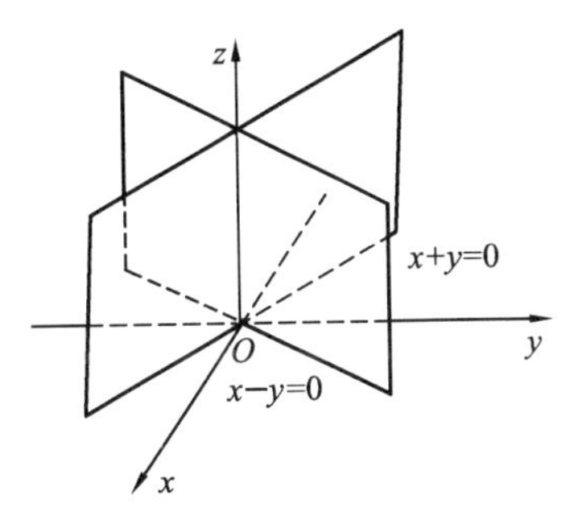

图 10-42

例 3 方程组 $\begin{cases} x^2+y^2+z^2=R^2, \\ z=0 \end{cases}$ 表示怎样的曲线？试写出此曲线另外两种表示形式.

解 方程 $x^2+y^2+z^2=R^2$ 表示以原点为球心，半径为 R 的球面；$z=0$ 表示 xOy 面，方程组表示的是它们的交线，即 xOy 面上以原点为圆心，半径为 R 的圆. 此曲线还可以表示为以下两种形式

$$\begin{cases} x^2+y^2=R^2, \\ z=0 \end{cases} \text{或} \begin{cases} x^2+y^2+z^2=R^2, \\ x^2+y^2=R^2. \end{cases}$$

2) 空间曲线的参数式方程

空间曲线也可以像平面曲线那样，用它的参数式方程来表达，这是另一种表示空间曲线的常用方法. 特别是把空间曲线看作质点的运动轨迹时，一般采用参数表示法.

在平面解析几何中，平面曲线的参数式方程为

$$\begin{cases} x=x(t), \\ y=y(t) \end{cases} (t\text{ 为参数}).$$

同样也可以将空间曲线上任意点的直角坐标 $x,\ y,\ z$ 用同一参数 t 的函数来表示

$$\begin{cases} x=x(t), \\ y=y(t), \\ z=z(t) \end{cases} (t\text{ 为参数}). \tag{5}$$

方程(5)称为空间曲线的参数式方程.

例 4 设圆柱面上点 P 沿圆柱面 $x^2+y^2=a^2$ 以等角速度 ω 绕 z 轴旋转，同时又以线速度 v 沿平行 z 轴的正方向上升(其中 ω,v 都是常数)，则动点 P 的运动轨迹称为圆柱螺线或螺旋线. 试求圆柱螺线的参数式方程.

解 取坐标系如图 10-43 所示，取时间 t 为参数，设当 $t=0$ 时，动点 P 在 $A(a,\ 0,\ 0)$处. 经过时间 t，动点运动到 $P(x,\ y,\ z)$. 点 P 在 xOy 面上的投影点为

$P'(x,y,0)$. 显然点 P' 在圆柱的底圆上，由于动点以角速度 ω 绕 z 轴旋转，所以 $\angle AOP'=\omega t$，从而

$$x=|OP'|\cos\angle AOP'=a\cos\omega t,$$
$$y=|OP'|\sin\angle AOP'=a\sin\omega t.$$

由于动点同时以线速度 v 沿平行于 z 轴的正方向上升，所以

$$z=P'P=vt.$$

因此圆柱螺线的参数式方程为

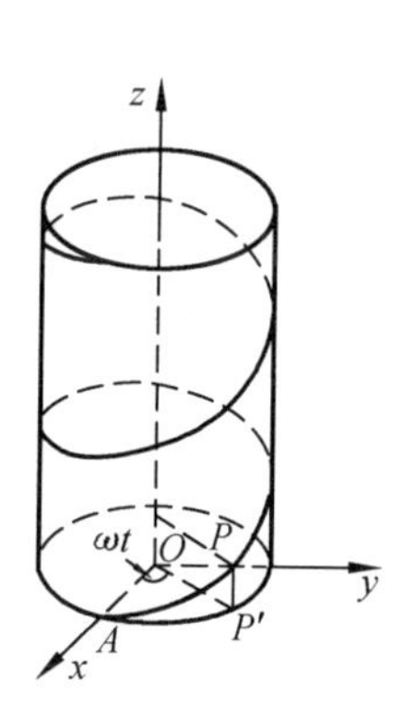

图 10-43

$$\begin{cases}x=a\cos\omega t,\\ y=a\sin\omega t,\\ z=vt\end{cases}\quad(0<t<+\infty).$$

如果采用 $\theta=\omega t$ 作为参数，并令 $b=\dfrac{v}{\omega}$，那么圆柱螺线的参数式方程又可写成

$$\begin{cases}x=a\cos\theta,\\ y=a\sin\theta,\\ z=b\theta\end{cases}\quad(0<\theta<\infty).$$

3）空间曲线在坐标面上的投影

设空间曲线 L 的方程为

$$\begin{cases}F_1(x,y,z)=0,\\ F_2(x,y,z)=0.\end{cases}$$

从这个方程组中消去 z 得一个过曲线 L 的柱面

$$F(x,y)=0. \tag{6}$$

空间曲线 L 上每一点坐标都满足方程(6). 从前面柱面的概念知，这是一个以 xOy 面上曲线 $F(x,y)=0$ 为准线，母线平行于 z 轴的柱面方程. 由于柱面包含曲线 L，称此柱面为曲线 L 对 xOy 面的投影柱面. 投影柱面与 xOy 面的交线

$$\begin{cases}F(x,y)=0,\\ z=0\end{cases} \tag{7}$$

称为曲线 L 在 xOy 面上的投影曲线.

同理，从曲线 L 的方程组中消去 x 或消去 y，得 $G(y,z)=0$ 或 $H(x,z)=0$，称为空间曲线 L 在 yOz 面及 xOz 面上的投影柱面，曲线 L 在 yOz 面及 xOz 面上的投影曲线分别为

$$\begin{cases}G(y,z)=0,\\ x=0,\end{cases}\qquad\begin{cases}H(x,z)=0,\\ y=0.\end{cases}$$

例 5 求空间曲线 L：$\begin{cases}2x^2+y^2+z^2=16,\\x^2-y^2+z^2=0\end{cases}$ 在三个坐标面上的投影曲线.

解 从曲线 L 的方程中消去 z，得对 xOy 面的投影柱面为

$$x^2+2y^2=16,$$

故曲线 L 在 xOy 面上的投影曲线为

$$\begin{cases}x^2+2y^2=16,\\z=0.\end{cases}$$

类似可求得曲线在 yOz 面及 xOz 面上的投影曲线分别为

$$\begin{cases}3y^2-z^2=16,\\x=0,\end{cases}\quad\begin{cases}3x^2+2z^2=16,\\y=0.\end{cases}$$

如何求一条空间曲线 L 在坐标面上的投影曲线，是在后面重积分计算中必须掌握的.

10.4.3 二次曲面

前面介绍了一些动点按某规律运动时，其轨迹的方程是动点 $P(x,y,z)$ 中 x，y，z 必须满足方程 $F(x,y,z)=0$.

三元二次方程 $F(x,y,z)=0$ 确定的曲面称为二次曲面，如球面、圆柱面、旋转抛物面等都是二次曲面. 这里再简要介绍几种常见的二次曲面及其标准方程，并利用二次曲面的标准方程来讨论二次曲面的形状.

1）椭球面

在空间直角坐标系下，方程

$$\frac{x^2}{a^2}+\frac{y^2}{b^2}+\frac{z^2}{c^2}=1\quad(a,\ b,\ c>0)\tag{8}$$

所表示的曲面称为椭球面或称椭圆面.

当 $a=b$ 或 $b=c$ 时，称为旋转椭球面. 特别地，$a=b=c$ 时，方程(8)就变成 $x^2+y^2+z^2=a^2$ 为一球面. 由此可知，旋转椭球面和球面都是椭球面的特例.

由椭球面的方程(8)可知，椭球面关于三坐标面、三坐标轴及原点对称，而且有

$$\frac{x^2}{a^2}\leqslant 1,\ \frac{y^2}{b^2}\leqslant 1,\ \frac{z^2}{c^2}\leqslant 1,$$

即

$$|x|\leqslant a,\ |y|\leqslant b,\ |z|\leqslant c.$$

这说明椭球面位于由平面 $x=\pm a$，$y=\pm b$，$z=\pm c$ 所围的长方体内，曲面是有界的，这里 a，b，c 称为椭球面的半轴.

为了讨论曲面的形状，考虑曲面与一组平行于坐标面的平行平面的交线，这些交线都是平面曲线. 当对这些平面曲线的形状和变化趋势都已清楚时，曲面的

大致形状也就看出来了，这就是所谓的平行截割法或等值线法.

先考察曲面与三个坐标面的交线

$$\begin{cases}\dfrac{x^2}{a^2}+\dfrac{y^2}{b^2}=1,\\ z=0;\end{cases}\quad \begin{cases}\dfrac{y^2}{b^2}+\dfrac{z^2}{c^2}=1,\\ x=0;\end{cases}\quad \begin{cases}\dfrac{x^2}{a^2}+\dfrac{z^2}{c^2}=1,\\ y=0.\end{cases}$$

这些交线都是椭圆.

为了进一步弄清椭球面的形状，考察椭球面与一组平行于 xOy 面的平面 $z=h$ ($|h|<c$)的交线(平行截线)

$$\begin{cases}\dfrac{x^2}{a^2\left(1-\dfrac{h^2}{c^2}\right)}+\dfrac{y^2}{b^2\left(1-\dfrac{h^2}{c^2}\right)}=1,\\ z=h.\end{cases}\tag{9}$$

这是一族平行的椭圆，位于平面 $z=h$ 上，其两半轴长分别为 $a\sqrt{1-\dfrac{h^2}{c^2}}$ 和 $b\sqrt{1-\dfrac{h^2}{c^2}}$. 显然，当 $h=0$ 时最大，即椭球面与 xOy 面的交线椭圆. 当$|h|$从 0 逐渐增大到 c 时，式(9)表示的椭圆逐渐变小，最后缩成一点.

同样可讨论椭球面与平面 $x=h$ 及 $y=h$ 的交线，可得类似结果.

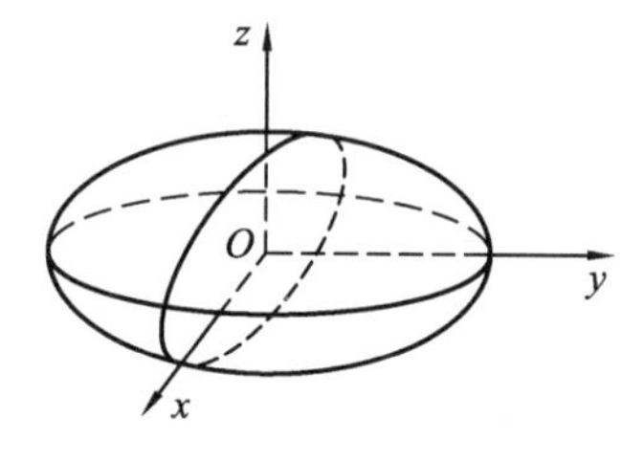

图 10-44

综合上面的讨论，可知椭球面的形状如图 10-44 所示.

例 6　求椭球面$\dfrac{x^2}{25}+\dfrac{y^2}{9}+\dfrac{z^2}{16}=1$与三坐标面及 $z=2$ 的交线.

解　椭球面与三坐标面的交线为

$$\begin{cases}\dfrac{x^2}{25}+\dfrac{y^2}{9}=1,\\ z=0;\end{cases}\quad \begin{cases}\dfrac{x^2}{25}+\dfrac{z^2}{16}=1,\\ y=0;\end{cases}\quad \begin{cases}\dfrac{y^2}{9}+\dfrac{z^2}{16}=1,\\ x=0.\end{cases}$$

与平面 $z=2$ 的交线为$\begin{cases}\dfrac{x^2}{25}+\dfrac{y^2}{9}+\dfrac{z^2}{16}=1,\\ z=2,\end{cases}$即 $\begin{cases}\dfrac{x^2}{\frac{75}{4}}+\dfrac{y^2}{\frac{27}{4}}=1,\\ z=2.\end{cases}$

2) 双曲型曲面

(1) 在空间直角坐标系下，方程

$$\frac{x^2}{a^2}+\frac{y^2}{b^2}-\frac{z^2}{c^2}=1\quad (a,\ b,\ c>0)\tag{10}$$

所表示的曲面称为单叶双曲面.

由方程(10)可知，单叶双曲面关于三坐标面、三坐标轴和原点对称. 下面用平

行截割法讨论曲面的形状. 单叶双曲面与三坐标面的交线为

$$\begin{cases}\dfrac{x^2}{a^2}+\dfrac{y^2}{b^2}=1,\\ z=0;\end{cases}\quad \begin{cases}\dfrac{x^2}{a^2}-\dfrac{z^2}{c^2}=1,\\ y=0;\end{cases}\quad \begin{cases}\dfrac{y^2}{b^2}-\dfrac{z^2}{c^2}=1,\\ x=0.\end{cases}$$

单叶双曲面与 xOy 面的平行平面 $z=h$ 的交线(平行截线)为

$$\begin{cases}\dfrac{x^2}{a^2\left(1+\dfrac{h^2}{c^2}\right)}+\dfrac{y^2}{b^2\left(1+\dfrac{h^2}{c^2}\right)}=1,\\ z=h.\end{cases}$$

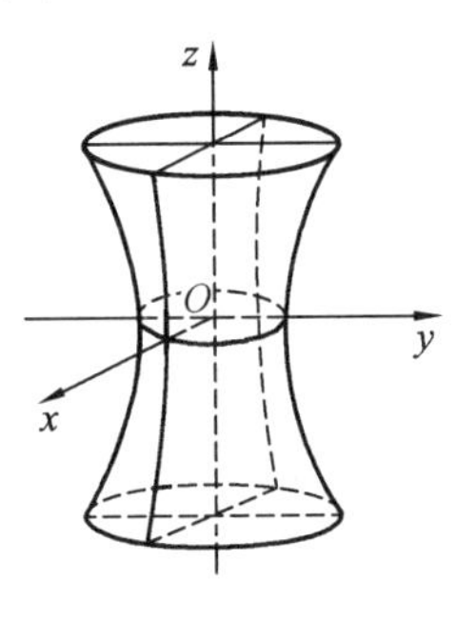

图 10-45

这是一族平行的椭圆,位于平面 $z=h$ 上. 显然,$h=0$ 时最小,即与 xOy 面相交的椭圆;当 $|h|$ 逐渐增大时,椭圆也增大. 所以单叶双曲面沿 z 轴的正负方向是无限延伸且逐渐增大的,其形状如图 10-45 所示.

(2) 在空间直角坐标系下,方程

$$\frac{x^2}{a^2}+\frac{y^2}{b^2}-\frac{z^2}{c^2}=-1\quad (a,\ b,\ c>0) \tag{11}$$

所表示的曲面称为双叶双曲面.

由方程(11)可知,双叶双曲面关于三坐标面、三坐标轴及原点对称,且曲面在 $-c<z<c$ 内无图形,在 $z=\pm c$ 时为一个点. 曲面位于 $z=c$ 之上和 $z=-c$ 之下,因而曲面是双叶的.

下面用平行截割法讨论曲面的形状. 先考察曲面与三坐标面的交线,曲面与 xOy 面无交线,与 yOz 面及 xOz 面的交线为双曲线

$$\begin{cases}\dfrac{z^2}{c^2}-\dfrac{y^2}{b^2}=1,\\ x=0\end{cases}\ \text{和}\ \begin{cases}\dfrac{z^2}{c^2}-\dfrac{x^2}{a^2}=1,\\ y=0.\end{cases}$$

曲面与 xOy 面的平行平面 $z=h$ ($|h|>c$)的交线为一族平行的椭圆

$$\begin{cases}\dfrac{x^2}{a^2\left(\dfrac{h^2}{c^2}-1\right)}+\dfrac{y^2}{b^2\left(\dfrac{h^2}{c^2}-1\right)}=1,\\ z=h\end{cases}\quad (|h|>c).$$

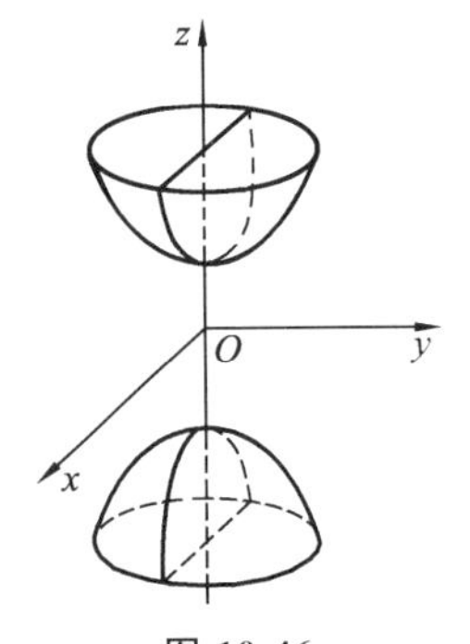

图 10-46

显然,当 $|h|$ 由 c 逐渐变大时,这一族椭圆也逐渐变大,双叶双曲面的形状如图 10-46 所示.

注意　椭圆型曲面和双曲型曲面都关于原点对称,即曲面为中心对称曲面,称为中心型(有心)二次曲面,其标准方程可以写成

$$Ax^2+By^2+Cz^2=1$$

的形式. 当系数 A,B,C 全正时,表示椭球面;当系数 A,B,C 两正一负时,表示单

叶双曲面；当系数 A,B,C 两负一正时，表示双叶双曲面；当系数 A,B,C 全负时，表示虚椭球面，即不表示实图形.

3）抛物型曲面

（1）在空间直角坐标系下，方程

$$\frac{x^2}{a^2}+\frac{y^2}{b^2}=2z \quad (a,\ b>0) \tag{12}$$

所表示的曲面称为椭圆抛物面.

由方程(12)可知，椭圆抛物面关于 xOz 面、yOz 面及 z 轴对称，但关于 xOy 面、x 轴、y 轴及原点不对称，曲面无对称中心，而且曲面位于 xOy 面之上，即 $z\geqslant 0$.

曲面与 xOy 面的交线是一个点，即原点 $O(0,\ 0,\ 0)$，与 yOz 面及 xOz 面的交线为两抛物线

$$\begin{cases} y^2=2b^2z, \\ x=0; \end{cases} \qquad \begin{cases} x^2=2a^2z, \\ y=0. \end{cases}$$

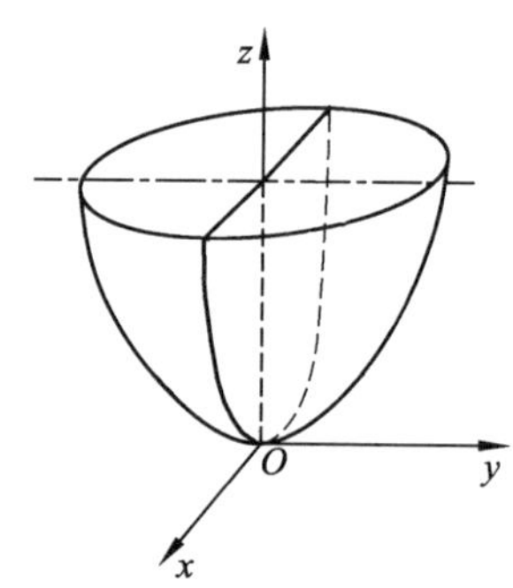

图 10-47

曲面和 xOy 面的平行面 $z=h(h>0)$ 的交线为

$$\begin{cases} \dfrac{x^2}{2a^2h}+\dfrac{y^2}{2b^2h}=1, \\ z=h. \end{cases}$$

这是 $z=h$ 平面上的一族椭圆，且当 h 逐渐变大时，这族椭圆也逐渐变大. 由此可知椭圆抛物面的形状如图 10-47 所示.

（2）在空间直角坐标系下，方程

$$\frac{x^2}{a^2}-\frac{y^2}{b^2}=2z \quad (a,\ b>0) \tag{13}$$

所表示的曲面称为双曲抛物面.

由方程(13)可知，双曲抛物面关于 xOz 面、yOz 面及 z 轴对称，但关于 xOy 面、x 轴、y 轴及原点不对称，曲面无对称中心.

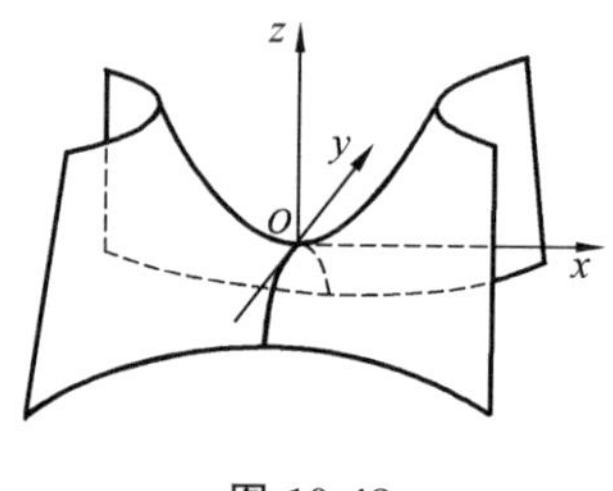

图 10-48

双曲抛物面的形状如图 10-48 所示，其形状像一个马鞍，故又称马鞍曲面. 读者可用平行截割法进行讨论，由于它的形状较为复杂，需用多组平行平面(如 $z=h,\ x=t,\ y=m$ 等)去截割曲面.

注意　(1) 在数学及工程上，双曲抛物面的方程还常用另一表示形式：$z=xy$.

(2) 抛物型曲面也称为非中心型二次曲面或无心二次曲面，其标准方程可写成

$$Ax^2+By^2=2z.$$

当系数 A,B 同号时表示椭圆抛物面；当系数 A,B 异号时表示双曲抛物面.

例 7　指出方程组 $\begin{cases} x^2-4y^2+z^2=9, \\ x=5 \end{cases}$ 所表示的曲线，并求出中心和顶点坐标.

解　方程 $x^2-4y^2+z^2=9$ 表示单叶双曲面，故曲线为单叶双曲面与平面 $x=5$ 的交线，其方程可写成 $\begin{cases} 4y^2-z^2=16, \\ x=5, \end{cases}$ 可知这是平面 $x=5$ 上的双曲线，其中心坐标为(5，0，0)，顶点坐标为(5，±2，0).

例 8　画出 $\dfrac{x^2}{25}+\dfrac{y^2}{9}=z$ 与三坐标面及 $x+y=1$ 所围的立体部分.

解　方程 $\dfrac{x^2}{25}+\dfrac{y^2}{9}=z$ 表示椭圆抛物面，它与 xOy 面交于一点，与 xOz 面及 yOz 面的交线为两抛物线 $\begin{cases} x^2=25z, \\ y=0 \end{cases}$ 及 $\begin{cases} y^2=9z, \\ x=0, \end{cases}$ 与 $x+y=1$ 的交线是一个上凹的曲线. 平面 $x+y=1$ 与 xOy 面的交线是 xOy 面上直线 $x+y=1$；与 xOz 面的交线是 $x=1$；与 yOz 面的交线是 $y=1$. 由以上讨论可知立体部分位于椭圆抛物面之下被三坐标面和 $x+y=1$ 所围，如图 10-49 所示.

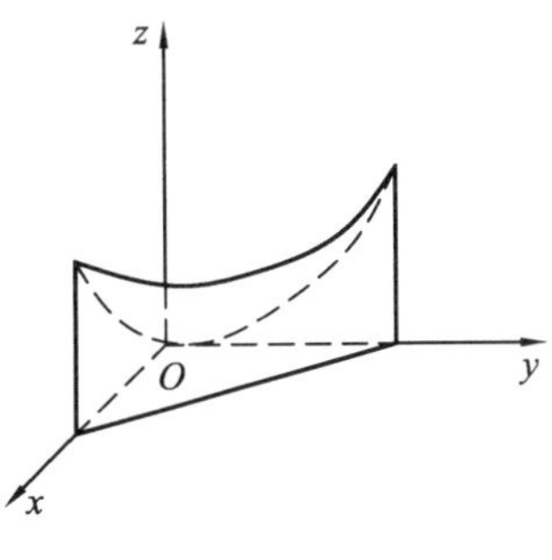

图 10-49

习题 10-4

1. 设有两点 $A(2,3,1)$ 和 $B(6,-4,2)$，求满足条件 $2|\overrightarrow{PA}|=|\overrightarrow{PB}|$ 的动点 P 的轨迹.

2. 指出下列各方程表示的曲面：

(1) $3x^2+4y^2=25$；　　(2) $y=2x^2$；

(3) $z^2-x^2=1$；　　(4) $y=x+1$.

3. 求下列各坐标面上平面曲线绕给定旋转轴旋转而成的旋转曲面方程：

(1) $\dfrac{x^2}{4}+\dfrac{y^2}{9}=1$ 绕 x 轴旋转；　　(2) $x^2-z^2=1$ 绕 z 轴旋转；

(3) $z^2=5x$ 绕 x 轴旋转；　　(4) $4x^2-9y^2=36$ 绕 y 轴旋转.

4. 指出下列方程组所表示的图形：

(1) $\begin{cases} x+y+z=3, \\ x+2y=1; \end{cases}$　　(2) $\begin{cases} \dfrac{x^2}{25}-\dfrac{y^2}{16}=1, \\ z=3. \end{cases}$

5. 把下列曲线的参数式方程化为一般式方程：

(1) $\begin{cases} x=6t+1, \\ y=(t+1)^2, \\ z=2t \end{cases}$ $(-\infty<t<+\infty)$；　　(2) $\begin{cases} x=3\sin t, \\ y=5\sin t, \\ z=4\cos t \end{cases}$ $(0\leqslant t<2\pi)$.

6. 将下列曲线的一般式方程化为参数式方程：

(1) $\begin{cases} x^2+y^2+z^2=9, \\ y=x; \end{cases}$　　(2) $\begin{cases} (x-1)^2+y^2+(z-1)^2=4, \\ z=0. \end{cases}$

7. 求空间曲线 $\begin{cases} x^2+z^2-3yz-2x+3z-3=0, \\ x+y+z=1 \end{cases}$ 对三坐标面的投影柱面和投影曲线方程.

8. 指出下列各方程所表示的曲面：

(1) $x^2+y^2+4z^2-1=0$；　　(2) $-x^2+\frac{y^2}{2}+\frac{z^2}{3}=1$；

(3) $x^2+\frac{y^2}{4}-\frac{z^2}{6}=-1$；　　(4) $x^2+y^2-z=0$；

(5) $x^2-y^2-z^2-1=0$；　　(6) $3x^2-4y^2+12z=0$.

9. 指出下列方程所表示的曲线：

(1) $\begin{cases} \frac{x^2}{25}+\frac{y^2}{16}+\frac{z^2}{9}=1, \\ x=3; \end{cases}$　　(2) $\begin{cases} x^2+y^2+z^2=16, \\ y=2; \end{cases}$

(3) $\begin{cases} \frac{x^2}{25}-\frac{z^2}{16}=1, \\ y=4; \end{cases}$　　(4) $\begin{cases} \frac{x^2}{16}+\frac{y^2}{16}-\frac{z^2}{9}=1, \\ z=4. \end{cases}$

10. 画出下列各曲面所围立体图形：

(1) $\frac{x^2}{25}+\frac{y^2}{9}+\frac{z^2}{16}=1$ 在第一卦限所围立体；

(2) $y=0$，$z=0$，$3x+y=6$，$3x+2y=12$，$x+y+z=6$.

本章小结

1. 主要内容

向量是数学和物理学中的重要工具，对数学和物理学的发展产生了十分重要的影响，也是空间解析几何和多元微积分的基础.

(1) 向量及其线性运算，包括向量的概念、向量的线性运算、向量的坐标、利用向量的坐标进行向量的线性运算.

(2) 数量积、向量积和混合积，包括两向量的数量积、两向量的向量积和三向量的混合积.

(3) 平面及其方程，包括空间平面的概念、平面的点法式方程、平面的一般式方程和两平面的夹角.

(4) 空间直线及其方程，包括空间直线的一般式方程、空间直线的对称式方程与参数式方程、两直线的夹角，以及直线与平面的夹角.

(5) 曲面及其方程，包括曲面研究的基本问题及旋转曲面、柱面和二次曲面.

(6) 空间曲线及其方程，包括空间曲线的一般式方程、空间曲线的参数式方程和空间曲线在坐标面上的投影.

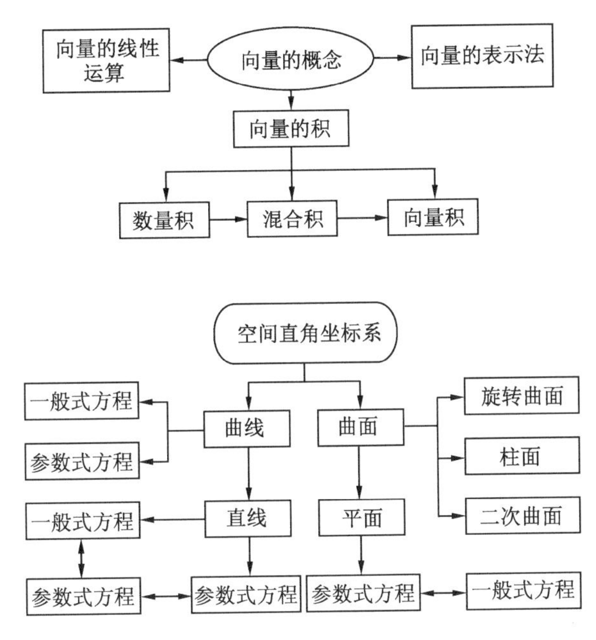

2. 基本要求

通过本章内容的学习,应达到以下目标和要求:

(1) 理解空间直角坐标系,理解向量的概念及其坐标表示法.

(2) 掌握向量的运算(线性运算、数量积、向量积、混合积)及两个向量垂直、平行的条件.

(3) 理解单位向量、方向余弦、向量的坐标表示,掌握利用坐标进行向量运算的方法.

(4) 掌握平面方程和直线方程及其求法.

(5) 会求平面与平面、平面与直线、直线与直线的夹角,并会利用平面、直线的相互关系(平行、垂直、相交等)解决有关问题.

(6) 会求点到直线及点到平面的距离.

(7) 了解曲面方程和空间曲线方程的概念.

(8) 了解常用曲线方程及其图形,掌握球面及其方程,会求以坐标轴为旋转轴的旋转曲面方程及母线平行于坐标轴的柱面方程.

(9) 了解空间曲线的参数式方程和一般式方程,了解空间曲线在坐标平面上的投影,并会求其方程.

(10) 了解研究二次曲面的基本方法——截痕法.

3. 学习指导

本章要求学生深刻理解“代数”与“几何”之间的密切关系,掌握以代数为工具研究几何问题，以及为代数问题寻找直观的几何背景的方法.

本章首先介绍了空间点的坐标及有关概念，需要大家关注对称点的坐标、两点间的距离，理解向量的坐标表示，在加深对向量的理解和掌握简化运算的方法后建立平面、直线方程；向量的数乘是数量与向量的运算，它的结果是一个新的向量，它的应用主要体现在利用已知向量去作一个共线新向量.

向量的数量积和向量积都是两个向量之间的运算，数量积的运算结果是一个数量，满足交换律，典型的物理背景是做功问题；向量积的运算结果是一个与已知向量垂直的新向量，不满足交换律，典型的物理背景是力矩问题. 利用数量积可以求两个向量的夹角，判断两个向量是否垂直，建立平面方程等；利用向量积可以求法向量或者方向向量，判断两个向量是否平行.

在解决向量的相关问题时，应多注意结合相应的几何图形. 平面方程一般有一般式、点法式、截距式等形式；直线方程一般有一般式、点向式、参数式、两点式等形式.

本章中平面与平面、直线与直线、直线与平面的夹角都是通过向量的夹角来定义的. 曲面方程要掌握曲面的形状和特征，可以用“平行平面截割法”，也就是用一组平行平面来截割曲面，研究截得的一组曲线的变化，从这一组截线的变化推想出所表示曲面的整体形状，它的基本思想是把复杂的空间图形转化为较容易认识的平面曲线；空间曲线一般由两个曲面相交而得，这样的曲面有无穷多个，曲面形状不易把握时，可以从两个曲面方程中消去一个未知量得出射影柱面的方程，判断射影柱面的形状.

自我检测题 10

1. 已知 $A(1,2,1)$，$\overrightarrow{AB}=(0,2,3)$，求：(1)点 B 的坐标；(2)$|\overrightarrow{AB}|$；(3)$\overrightarrow{AB}^{\circ}$.

2. 已知 $\boldsymbol{a}=(2,-3,1)$，$\boldsymbol{b}=(1,-2,3)$，$\boldsymbol{c}=(2,1,2)$. 求：(1) $2\boldsymbol{a}+3\boldsymbol{b}-4\boldsymbol{c}$；(2) $\boldsymbol{a}\cdot\boldsymbol{b}$及$\boldsymbol{a}\times\boldsymbol{b}$；(3) $(\boldsymbol{a},\boldsymbol{b},\boldsymbol{c})$.

3. 已知 $A(1,1,2)$，$B(2,2,1)$，$C(2,1,2)$，求三角形 ABC 的面积.

4. 求过点$(0,1,4)$，且与平面 $x-3y+4z-2=0$ 平行的平面方程.

5. 求平行于 x 轴，且经过 $P_1(4,0,-2)$，$P_2(5,1,7)$的平面方程.

6. 求过点$(1,1,1)$，且与直线$\begin{cases}x+y+3z=0,\\x-y-z=0\end{cases}$平行的直线方程.

7. 求直线$\dfrac{x+1}{2}=\dfrac{y}{3}=\dfrac{z-3}{6}$与平面 $10x+2y-11z+3=0$ 的交点.

8. 指出下列方程或方程组所表示的曲面或曲线名称：

(1) $x^2+y^2-2ax=0$；　　(2) $\dfrac{x^2}{25}-\dfrac{y^2}{16}+\dfrac{z^2}{25}=1$；

(3) $x^2+\frac{1}{4}y^2+z^2=1$；　　(4) $x^2+y^2=2z$；

(5) $\begin{cases}x^2-y^2=1,\\ z=0；\end{cases}$　　(6) $\begin{cases}2x+3y+1=0,\\ x-3y+4z=0.\end{cases}$

9. 求曲线$\begin{cases}2x^2+3y^2+z^2=1,\\ x+y+z=1\end{cases}$在三个坐标面上的投影曲线的方程.

10. 指出$\frac{x^2}{25}-\frac{y^2}{16}+\frac{z^2}{9}=1$与$z=2$的交线是什么曲线，并求出该曲线的中心、顶点和焦点的坐标.

复习题10

1. 试用向量证明：若平面上一个四边形的对角线互相平分，则此四边形是平行四边形.

2. 已知$\overrightarrow{AB}=2\boldsymbol{i}-3\boldsymbol{j}-\boldsymbol{k}$，而$A$点的坐标为(1,1,1)，求：

(1) 点B的坐标；(2) $\overrightarrow{AB}$上的单位向量.

3. 已知$\boldsymbol{a}=(1,2,-2)$，$\boldsymbol{b}=(3,4,0)$，求：

(1) $\boldsymbol{a}\cdot\boldsymbol{b}$，$\boldsymbol{a}\times\boldsymbol{b}$，$(\boldsymbol{a}+\boldsymbol{b})\cdot(\boldsymbol{a}-\boldsymbol{b})$；(2) 同时垂直于$\boldsymbol{a}$，$\boldsymbol{b}$的单位向量.

4. 已知三角形的顶点$A(1,2,3)$，$B(2,-1,2)$，$C(3,2,3)$，试求三角形面积及AB边上的高.

5. 已知四面体的顶点$A(2,3,1)$，$B(4,1,-2)$，$C(6,3,7)$，$D(-5,4,8)$，求四面体的体积和从顶点D所引出的高的长.

6. 求经过$P_1(3,-2,9)$及$P_2(-6,0,4)$两点且与平面$2x-y+4z-8=0$垂直的平面方程.

7. 设平面$x+ky-2z-9=0$，求：

(1) 当k为何值时，它与平面$2x+4y+3z-3=0$垂直？

(2) 当k为何值时，它与平面$3x-7y-6z-1=0$平行？

8. 求分别满足下列条件的直线方程：

(1) 过原点且垂直于x轴及直线$\frac{x-3}{3}=\frac{y-6}{2}=\frac{2}{-1}$；

(2) 过点(3,−3,2)且平行于平面$x-4y+10=0$及$3x+5y-z-4=0$.

9. 求下列直线与平面的交点：

(1) 直线$\frac{x-1}{2}=\frac{y-12}{3}=\frac{z-9}{3}$与平面$x+3y-5z-2=0$；

(2) 直线$2x-y-2=0$，$3y-2z+2=0$和平面$y+2z-2=0$.

10. 求过点(−1,0,4)，平行于平面$3x-4y+z-10=0$，且与直线$\frac{x+1}{1}=\frac{y-3}{1}=\frac{z}{2}$垂直的直线方程.

11. 求中心在原点，通过(−2,1,2)的球面方程.

12. 指出下列曲面的名称：

(1) $x^2+y^2+z^2-2x+4y+2z=0$；　　(2) $x^2+y^2=4$；

(3) $z=x^2-y^2$；　　(4) $3x^2-2y^2+5z^2=-1$.

13. 求下列曲线在 xOy 面上的投影柱面和投影曲线：

(1) $\begin{cases} x^2+y^2=z, \\ z=2-x^2-y^2; \end{cases}$　　(2) $\begin{cases} z^2=x^2+y^2, \\ z^2=2y. \end{cases}$

14. 画出下列各曲面所围立体图形：

(1) $x^2+y^2=z$ 及 $z=4$；　　(2) $z=\sqrt{x^2+y^2}$ 及 $z=2-x^2-y^2$.

11 多元函数微分法及其应用

到目前为止，本书讨论的函数都是只有一个自变量的函数，这种函数称为一元函数. 但在理论研究和实际应用中，经常遇到涉及多种因素的问题，反映到数学中就是一个变量依赖于多个变量的关系，这就提出了多元函数及多元函数微分问题. 多元函数微分学中的基本概念、理论和方法是一元函数相应概念、理论和方法的推广和发展，它们之间既有相同之处，又有许多本质上的不同，在学习的过程中要善于进行比较，厘清多元函数微分学中极限、连续、偏导数、微分和方向导数等概念之间的相互关系，提高分析和解决问题的能力.

本章主要学习两个方面的内容：一是由多元函数极限、偏导数、方向导数、全微分和梯度组成的多元函数微分学的概念体系及其几何解释；二是由复合函数微分法和隐函数微分法构成的多元函数微分学的运算体系及微分学的应用.

11.1 多元函数的概念

11.1.1 平面点集及 n 维空间

在讨论一元函数的有关内容时，要考虑变量的变化范围，经常要用到邻域与区间的概念，在讨论二元函数的基本概念时需要把邻域和区间概念进行推广，从而得到平面点集与区域的概念. 因此，首先介绍平面点集与区域的基本知识，并把邻域的概念推广到平面上.

1) 平面点集

由于两个变量 x,y 所取的一组值 (x_0,y_0)，即二元有序实数组 (x_0,y_0) 与平面上一个点 P 之间存在一一对应关系，因此可将数组视作平面上点 P 的坐标，记为 $P(x_0,y_0)$. 这样数学上就把坐标平面上具有某种性质 M 的点的集合称为平面点集 E，记作

$$E=\{(x,y)\mid(x,y)\text{具有性质 }M\}.$$

常把全平面视为二维空间，记为 $\mathbf{R}^2$，并用 $E\subset\mathbf{R}^2$ 表示平面点集.

例如，$E=\{(x,y)\mid x^2+y^2<1\}$ 表示平面上所有满足 $x^2+y^2<1$ 的点 (x,y) 所组成的集合，即由圆心在原点的单位圆内一切点所组成的集合.

引入平面上邻域的概念.

设 $P_0(x_0,y_0)$ 是 xOy 平面上的一个点，δ 是某一正数，到点 $P_0(x_0,y_0)$ 距离小于 δ 的点 $P(x,y)$ 的全体，称为点 P_0 的 δ 邻域，记为 $U(P_0,\delta)$，即 $U(P_0,\delta)=\{P\mid |P_0P|<\delta\}$，也就是

$$U(P_0,\delta)=\left\{(x,y)\mid \sqrt{(x-x_0)^2+(y-y_0)^2}<\delta\right\}.$$

点 P_0 的 δ 去心邻域记作 $\mathring{U}(P_0,\delta)$，即 $\mathring{U}(P_0,\delta)=\{P\mid 0<|P_0P|<\delta\}$.

在几何上，邻域 $U(P_0,\delta)(\delta>0)$ 就是平面上以点 $P_0(x_0,y_0)$ 为圆心，δ 为半径的圆内的点 $P(x,y)$ 的全体，δ 称为邻域 $U(P_0,\delta)$ 的半径，如果不需要特别强调邻域的半径 δ，就用 $U(P_0)$ 来表示 P_0 的某一邻域，用 $\mathring{U}(P_0)$ 表示点 P_0 的去心邻域.

下面利用邻域来描述点和点集之间的联系.

(1) 内点：设 E 为平面上的点集，点 $P\in E$，若存在点 P 的某个邻域 $U(P)$ 使 $U(P)\subset E$，则称 P 为 E 的一个内点(见图 11-1). 显然，E 的内点属于 E.

(2) 外点：设 E 为平面点集，若存在点 P_1 的某个邻域 $U(P_1)$，使得 $U(P_1)\cap E=\varnothing$，则称 P_1 为点集 E 的外点(见图 11-1). 显然，E 的外点不属于 E.

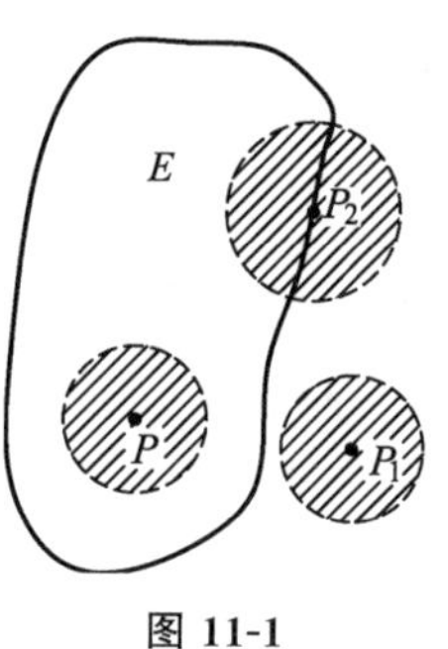

图 11-1

(3) 边界点：设 E 为平面点集，若点 P_2 的任何邻域 $U(P_2)$ 内既有属于 E 的点，也有不属于 E 的点，则称点 P_2 是点集 E 的边界点(见图 11-1).

点集 E 的边界点的全体称为 E 的边界，记作 ∂E. 应该注意，E 的边界点可以属于 E，也可以不属于 E.

例如，设平面点集 $E=\{(x,y)\mid 1<x^2+y^2\leqslant 2\}$，满足 $1<x^2+y^2<2$ 的一切点 (x,y) 都是 E 的内点；满足 $x^2+y^2=1$ 的一切点 (x,y) 是 E 的边界点，它们不属于 E；满足 $x^2+y^2=2$ 的一切点 (x,y) 也是 E 的边界点，它们属于 E.

任意一点 P 与一个点集 E 之间除了上述三种关系之外，还有另一种关系，即下面的聚点.

设 E 是平面上的点集，P 是平面上的一点，它可以属于 E，也可以不属于 E. 若点 P 的任意去心邻域内总有点集 E 的点，则称 P 为点集 E 的聚点.

例如，点集 $E_2=\{(x,y)\mid 0<x^2+y^2\leqslant 1\}$，点 $O(0,0)$ 既是 E_2 的边界点，也是 E_2 的聚点，但是 O 不属于 E_2，而圆周 $x^2+y^2=1$ 上的每一点既是 E_2 的边界点，也是 E_2 的聚点，而这些聚点都属于 E_2(见图 11-2).

根据点集所属点的特征来定义一些重要的平面点集.

开集：若点集 E 的点都是内点，则称 E 为开集.

闭集：若点集 E 的余集 E^C 为开集，则称 E 为闭集.

连通集：若对于集合 E 内的任意两点 P_1,P_2 都能用折线把它们连接起来，而该折线上的点都属于 E，则称集合 E 是连通的.

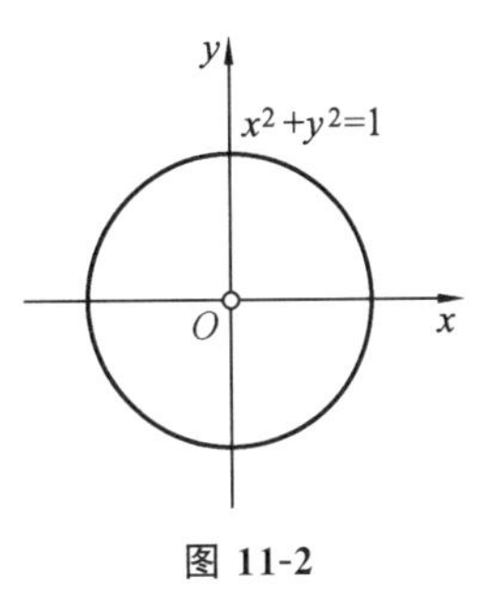

图 11-2

区域(或开区域)：连通的开集称为区域或开区域.

闭区域：开区域连同它的边界一起称为闭区域.

显然，如果 E 是一个区域，则点集 E 以及它的边界上的一切点都是 E 的聚点.

例如$\{(x,y)|x+y>0\}$，$\{(x,y)|x^2+y^2<1\}$都是区域(见图 11-3)，而$\{(x,y)|x^2+y^2\leqslant 1\}$为闭区域.

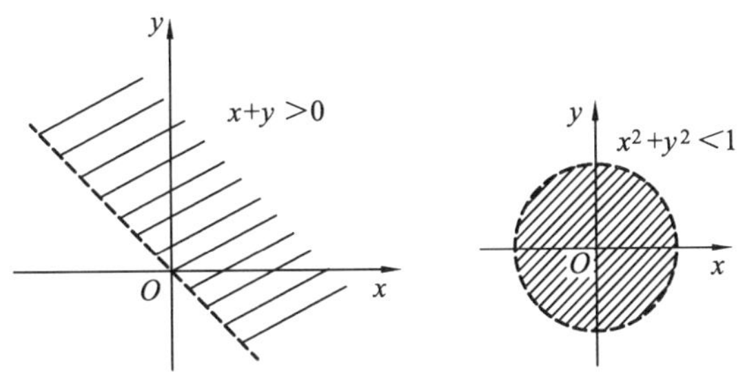

图 11-3

有界集：对于平面点集 E，若存在某一正数 r，使得 $E\subset U(O,r)$，其中 O 是坐标原点，则称 E 为有界集.

无界集：一个集合如果不是有界集，就称为无界集.

有界区域：若存在正数 M，使得对于区域 D 中任何点 $P(x,y)$ 与某一定点 A 的距离 $|AP|$ 总不超过 M，即 $|AP|\leqslant M$，则称区域 D 是有界区域，否则称无界区域.

例如，$\{(x,y)|x^2+y^2\leqslant 1\}$是有界闭区域，$\{(x,y)|x+y>0\}$是无界开区域.

2) n 维空间

在数轴上的点 M 与实数 x 是一一对应的，那么实数的全体就表示数轴上的一切点的集合，记为 $\mathbf{R}^1$，称为一维空间. 类似地，在平面上建立直角坐标系后平面上的点 M 与二元有序数组 (x,y) 是一一对应的，那么二元有序数组 (x,y) 的全体就表示平面上一切点的集合，记为 $\mathbf{R}^2$，称为二维空间. 在空间中建立直角坐标系之后，空间中的点 M 与三元有序数组 (x,y,z) 是一一对应的，那么三元有序数组 (x,y,z) 的全体就表示空间中一切点的集合，记为 $\mathbf{R}^3$，称为三维空间.

如此加以推广，把 n 元有序数组 $(x_1,x_2,\cdots,x_n)$ 的全体所组成的集合记为 $\mathbf{R}^n$，称为 n 维空间，而每一个 n 元有序数组 $(x_1,x_2,\cdots,x_n)$ 表示 n 维空间中一个点 M，

常记为 $M(x_1,x_2,\cdots,x_n)$，数 $x_i(i=1,2,\cdots,n)$称为点 M 的第 i 个坐标.

设点 $M(x_1,x_2,\cdots,x_n)$，$N(y_1,y_2,\cdots,y_n)\in\mathbf{R}^n$，规定 M,N 两点间距离为$|MN|=\sqrt{(y_1-x_1)^2+(y_2-x_2)^2+\cdots+(y_n-x_n)^2}$，显然，当 $n=1,2,3$ 时，上式就是解析几何中在直线上、平面上、空间中的两点间距离公式.

有了两点间的距离概念之后，就可以把平面点集中邻域的概念推广到 $\mathbf{R}^n$ 中去，设 $P_0\in\mathbf{R}^n$，δ 是某一正数，那么 $\mathbf{R}^n$ 中的点集 $U(P_0,\delta)=\{P\mid |PP_0|<\delta,P\in\mathbf{R}^n\}$就称为点 P_0 的 δ 邻域，有了邻域的概念，类似地可以定义 $\mathbf{R}^n$ 中点集的内点、边界点、区域、聚点等概念，这里不一一赘述.

11.1.2 多元函数的概念

本书着重介绍二元函数，三元及三元以上的多元函数可以作类似推广.

在很多自然现象及实际问题中，经常会遇到一个变量依赖于多个变量的问题.

例 1 要计算一个半椭球面的屋顶离地面的高度，取中心在原点 $O(0,0,0)$，在 x 轴、y 轴、z 轴上的半轴长依次为 a,b,c 的半椭球面，则高为

$$z=c\sqrt{1-\frac{x^2}{a^2}-\frac{y^2}{b^2}}\quad(a>0,b>0,c>0),$$

其中变量 x,y 在一定范围$\left(\frac{x^2}{a^2}+\frac{y^2}{b^2}\leqslant 1\right)$内可以自由取值，可见屋顶的高 z 是随着变量 x,y 的变化而变化，即对于平面点集

$$A=\left\{(x,y)\,\middle|\,\frac{x^2}{a^2}+\frac{y^2}{b^2}\leqslant 1\right\}$$

上的每一个点 $P(x,y)$通过上式都有一个确定的数值 z 与之对应.

例 2 一定量的理想气体的体积 V，依赖于压强 p(单位面积上所受的压力)和温度 T，由波义耳定律知它们满足

$$V=R\frac{T}{p},$$

其中 R 为比例常数，这里变量 p 与变量 T 在一定范围($p>0,T>T_0$，其中 T_0 为该气体的液化点)内可以自由取值，而变量 V 是随着变量 p,T 的变化而变化的，即对于平面点集 $D=\{(p,T)\mid p>0,T>T_0\}$中的每一点 $P(p,T)$，通过上面关系都有一个确定的数值 V 与之对应.

上面两个例子的实际意义虽然各不相同，但它们有共同的特征，即一个变量的取值要按照一定的规则依赖于另外两个变量，抽取它们的共性就可以得出二元函数的定义.

定义 1　设 D 是平面上的一个点集，若对于 D 中的每一个点 $P(x,y)$，变量 z 按照一定规则总有确定的值与之对应，则称 z 是变量 x,y 的二元函数（或点 P 的函数），记为 $z=f(x,y)$（或 $z=f(P)$）.

点集 D 称为该函数的定义域，x,y 称为自变量，z 称为因变量. 集合 $\{z \mid z=f(x,y),(x,y)\in D\}$ 称为该函数的值域，函数也可记为 $z=z(x,y)$，$z=\varphi(x,y)$.

类似地，可以定义三元函数 $u=f(x,y,z)$ 以及三元以上的函数. 一般地，若把函数定义中的平面点集 D 换成 n 维空间内的点集 D，则可类似地定义 n 元函数 $u=f(x_1,x_2,\cdots,x_n)$，也可记为 $u=f(P)$，这里点 $P(x_1,x_2,\cdots,x_n)\in D$. 显然，$n=1$ 时，就得到一元函数. 二元及二元以上的函数统称为多元函数.

多元函数的定义域与一元函数类似，除实际问题外作如下约定：在一般讨论用算式表达的多元函数 $u=f(P)$ 时，就按这个算式能给出有确定值 u 的自变量所确定的点集为这个函数的定义域.

例 3　求二元函数 $z=\ln(y-x)+\dfrac{\sqrt{x}}{\sqrt{1-x^2-y^2}}$ 的定义域.

解　由 $\ln(y-x)$ 有定义得 $y-x>0$；$\sqrt{x}$ 有定义得 $x\geqslant 0$；$\dfrac{1}{\sqrt{1-x^2-y^2}}$ 有定义得 $1-x^2-y^2>0$. 再取不等式组 $\begin{cases} y-x>0, \\ x\geqslant 0, \\ 1-x^2-y^2>0 \end{cases}$ 的公共解，从而得此二元函数的定义域为 $D=\{(x,y)\mid y>x, x\geqslant 0, x^2+y^2<1\}$（见图 11-4）.

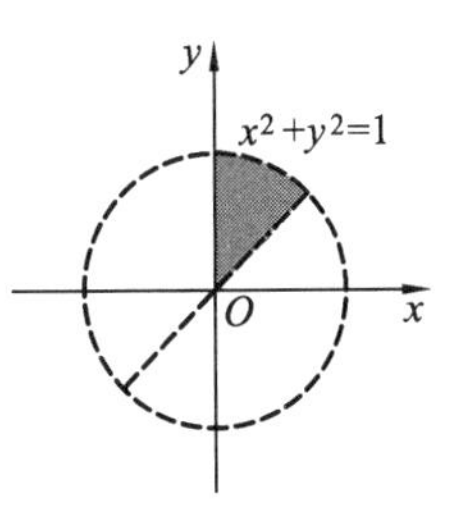

图 11-4

曾利用平面直角坐标系表示一元函数 $y=f(x)$ 的图形，一般情况下，它是平面上的一条曲线；对于二元函数 $z=f(x,y)$ 可以利用空间直角坐标系来表示它的图形.

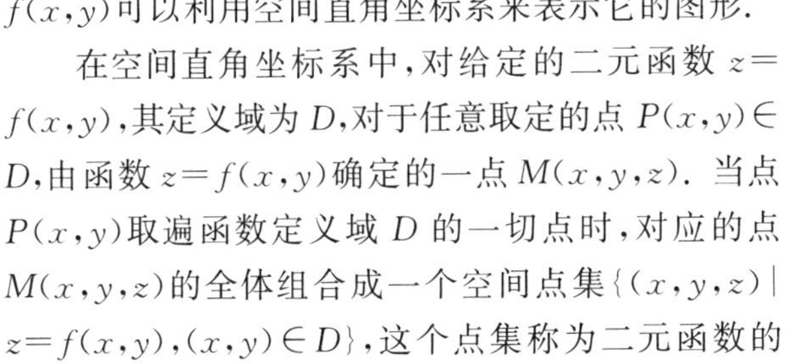
在空间直角坐标系中，对给定的二元函数 $z=f(x,y)$，其定义域为 D，对于任意取定的点 $P(x,y)\in D$，由函数 $z=f(x,y)$ 确定的一点 $M(x,y,z)$. 当点 $P(x,y)$ 取遍函数定义域 D 的一切点时，对应的点 $M(x,y,z)$ 的全体组合成一个空间点集 $\{(x,y,z)\mid z=f(x,y),(x,y)\in D\}$，这个点集称为二元函数的图形，通常二元函数的图形是一张曲面（见图 11-5）.

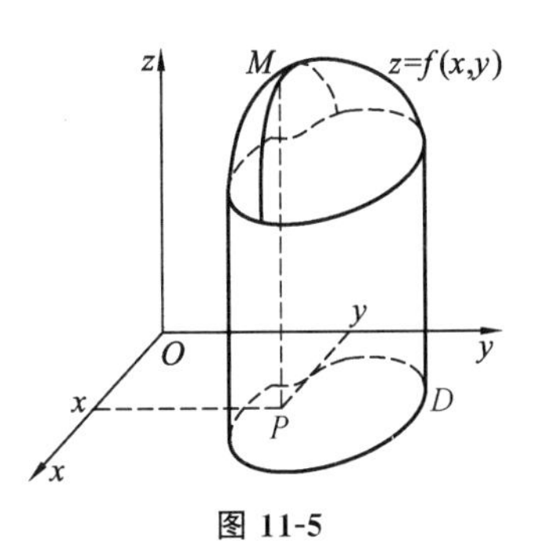

图 11-5

如例 1 中的二元函数 $z=c\sqrt{1-\dfrac{x^2}{a^2}-\dfrac{y^2}{b^2}}$ 的图

形是中心在原点，三个半轴为 a,b,c 的上半椭球面（见图 11-6）.

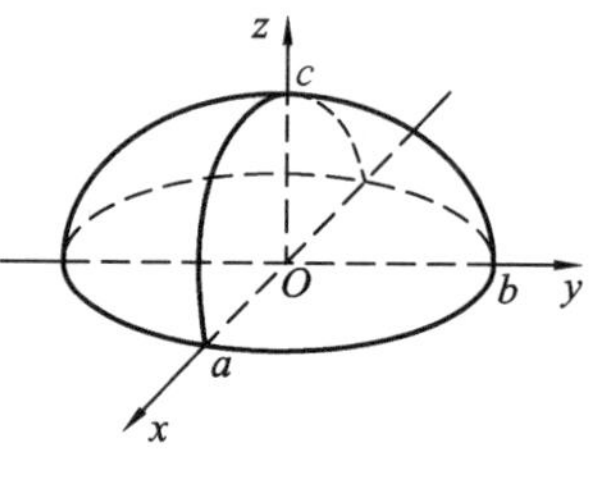

图 11-6

在上面的函数定义中，规定对点集 D 中每一个点 P，按照一定规则，若有唯一的变量 z 与之对应，则称 $z=f(x,y)$ 是单值函数，若有两个以上的 z 值与之对应，则称其为多值函数.

例如，由方程 $x^2+y^2+z^2=R^2$ 确定的球面在闭区域 $D=\{(x,y)\mid x^2+y^2\leqslant R^2\}$ 上，除在圆周 $x^2+y^2=R^2$ 上的点以外，对于任意的点 $P(x,y)\in D$，通过上述方程有两个实数 $z=\sqrt{R^2-x^2-y^2}$ 及 $z=-\sqrt{R^2-x^2-y^2}$ 与之对应，这时方程 $x^2+y^2+z^2=R^2$ 确定了多值函数，通常把多值函数分成几个单值函数来讨论，如上例可以分成两个单值函数 $z=\sqrt{R^2-x^2-y^2}$ 与 $z=-\sqrt{R^2-x^2-y^2}$，以后如不作特殊声明，本书所讨论的函数都是指单值函数.

11.1.3 多元函数的极限

讨论二元函数 $z=f(x,y)$ 当自变量 (x,y) 以任意方式趋于 (x_0,y_0)，即 $P(x,y)\to P_0(x_0,y_0)$ 时的极限.

设函数 $z=f(x,y)$ 定义在平面点集 D 上，点 $P_0(x_0,y_0)$ 为平面点集 D 的聚点，而点 $P(x,y)\in D$，当点 $P(x,y)$ 以任意方式趋于 $P_0(x_0,y_0)$ 时，若函数对应值 $f(x,y)$ 趋于一个确定的常数 A，则称常数 A 为函数 $z=f(x,y)$ 当 $(x,y)\to(x_0,y_0)$ 时的二重极限.

在这里，$P\to P_0$ 就是指点 P 与点 P_0 间的距离趋于零，即

$$|P_0P|=\sqrt{(x-x_0)^2+(y-y_0)^2}\to 0.$$

下面仿照一元函数的"ε-δ"语言描述这个极限概念.

定义 2 设函数 $z=f(x,y)$ 在平面点集 D 上有定义，点 $P_0(x_0,y_0)$ 为 D 的聚点，A 为一常数，若对于任意给定的正数 ε，总存在正数 δ，使得适合不等式 $0<|P_0P|=\sqrt{(x-x_0)^2+(y-y_0)^2}<\delta$ 的一切点 $P(x,y)$，都有 $|f(x,y)-A|<\varepsilon$ 成立，则称常数 A 为函数 $z=f(x,y)$ 当 $P(x,y)\to P(x_0,y_0)$ 时的二重极限，记作

$$\lim_{(x,y)\to(x_0,y_0)} f(x,y)=A \text{ 或 } f(x,y)\to A\ (\rho=|P_0P|\to 0).$$

例 4 设 $f(x,y)=(x^2+y^2)\cos\dfrac{1}{x^2+y^2}\ (x^2+y^2\neq 0)$，证明 $\lim\limits_{(x,y)\to(0,0)} f(x,y)=0$.

证 因为 $\left|(x^2+y^2)\cos\dfrac{1}{x^2+y^2}-0\right|=|x^2+y^2|\left|\cos\dfrac{1}{x^2+y^2}\right|\leqslant x^2+y^2$，可

见，对任给 $\varepsilon>0$，取 $\delta=\sqrt{\varepsilon}$，则当 $0<\sqrt{(x-0)^2+(y-0)^2}<\delta$ 时，总有 $\left|(x^2+y^2)\cos\dfrac{1}{x^2+y^2}-0\right|<\varepsilon$ 成立，所以 $\lim\limits_{(x,y)\to(0,0)}f(x,y)=0$.

在一元函数 $y=f(x)$，$\lim\limits_{x\to x_0}f(x)$ 存在的充分必要条件是函数在点 x_0 处的左、右极限都存在且相等，即 $f(x_0-0)=f(x_0+0)$. 但在二元函数中，由二元函数的极限定义知，所谓二重极限存在，是指点 $P(x,y)\in D$ 以任何方式趋于 $P_0(x_0,y_0)$ 时，函数 $f(x,y)$ 都无限接近于同一常数 A，因此，若点 $P(x,y)$ 以某一特殊方式趋于 $P_0(x_0,y_0)$ 时，即使函数 $f(x,y)$ 无限接近于某一确定值，还不能由此断定函数的极限存在；但是反过来，若当 $P(x,y)$ 以不同的方式趋于 $P_0(x_0,y_0)$ 时，函数趋于不同的值，则这函数在 $P_0(x_0,y_0)$ 处二重极限不存在.

例 5 函数 $f(x,y)=\begin{cases}\dfrac{2xy}{x^2+y^2}, & x^2+y^2\neq 0,\\ 0, & x^2+y^2=0,\end{cases}$ 讨论当点 $P(x,y)\to O(0,0)$ 时，函数的极限是否存在.

解 当点 $P(x,y)$ 沿 x 轴趋于 $O(0,0)$ 时，即沿 $y=0$ 而 $x\to 0$，$\lim\limits_{\substack{(x,y)\to(0,0)\\ y=0}}f(x,y)=\lim\limits_{x\to 0}f(x,0)=0$.

当点 $P(x,y)$ 沿 y 轴趋于 $O(0,0)$ 时，即沿 $x=0$ 而 $y\to 0$，$\lim\limits_{\substack{(x,y)\to(0,0)\\ x=0}}f(x,y)=\lim\limits_{y\to 0}f(0,y)=0$.

虽然点 $P(x,y)$ 以上述两种特殊方式趋于 $O(0,0)$ 时，函数的极限存在且相等，但是当点 $P(x,y)$ 沿直线 $y=kx$ 趋于 $O(0,0)$ 时，有 $\lim\limits_{\substack{(x,y)\to(0,0)\\ y=kx}}\dfrac{2xy}{x^2+y^2}=\lim\limits_{x\to 0}\dfrac{2kx^2}{x^2+k^2x^2}=\dfrac{2k}{1+k^2}$. 显然，它随着 k 的不同而改变. 所以，在点 $O(0,0)$ 处 $f(x,y)$ 的二重极限不存在.

这是一个很重要的例题，在后面通过它会看到多元函数在点 $O(0,0)$ 处偏导数存在但不连续的结论.

例 6 函数 $f(x,y)=\begin{cases}\dfrac{x^2y}{x^4+y^2}, & x^2+y^2\neq 0,\\ 0, & x^2+y^2=0.\end{cases}$ 当点 $P(x,y)$ 沿任一条直线趋于 $O(0,0)$ 时，$f(x,y)$ 有同一极限 0，但当点 $P(x,y)$ 沿抛物线 $y=x^2$ 趋于 $O(0,0)$ 时，极限为 $\dfrac{1}{2}$，所以 $f(x,y)$ 当 $P(x,y)$ 趋于 $O(0,0)$ 时二重极限不存在.

由这两个例子，说明在极限概念中，$P(x,y)\xrightarrow{\text{以任意的方式}}P_0(x_0,y_0)$ 的实际含义，就是它趋向的路径有无穷多.

如果把 n 元函数 $f(x_1,x_2,\cdots,x_n)$ 看作 n 维空间点 $P(x_1,x_2,\cdots,x_n)$ 的函数 $f(P)$，那么得到 n 元函数极限的有关概念，可用点函数的形式给出.

定义 3　设 n 元函数 $u=f(P)$ 定义在 $\mathbf{R}^n$ 中的点集 D 上，P_0 为 D 的聚点，A 为一常数，若对于任意给定的正数 ε，都存在 δ，使得满足不等式 $0<|P_0P|<\delta$ 的一切点 $P\in D$，恒有 $|f(P)-A|<\varepsilon$ 成立，则称当 $P\to P_0$ 时，函数 $f(P)$ 以 A 为极限，记为 $\lim\limits_{P\to P_0} f(P)=A$.

注意　这里 $P\to P_0$ 是指 P 以任意的方式趋于 P_0.

这是一种统一的书写形式，当 $n=1$ 时，得到一元函数的极限定义；当 $n=2$ 时，得到二元函数的极限定义. 依此类推，特别在讨论三元及三元以上的多元函数极限时，利用点函数形式更显示出它的方便之处.

例 7　求极限 $\lim\limits_{(x,y)\to(0,2)} \dfrac{\sin(xy)}{x}$.

解　因为当 $(x,y)\to(0,2)$ 时，$xy\to 0$，从而有 $\dfrac{\sin(xy)}{xy}\to 1$，所以

$$\lim_{(x,y)\to(0,2)} \frac{\sin(xy)}{x}=\lim_{(x,y)\to(0,2)}\left[\frac{\sin(xy)}{xy}\cdot y\right]=\lim_{(x,y)\to(0,2)}\frac{\sin(xy)}{xy}\cdot\lim_{(x,y)\to(0,2)} y=1\times 2=2.$$

关于多元函数的极限运算法则和一元函数的极限运算法则类似，例如极限的四则运算法则，若 $\lim\limits_{(x,y)\to(x_0,y_0)} f(x,y)=A$，$\lim\limits_{(x,y)\to(x_0,y_0)} g(x,y)=B$，则有

① $\lim\limits_{(x,y)\to(x_0,y_0)} [f(x,y)\pm g(x,y)]=A\pm B$；

② $\lim\limits_{(x,y)\to(x_0,y_0)} f(x,y)g(x,y)=AB$；

③ $\lim\limits_{(x,y)\to(x_0,y_0)} \dfrac{f(x,y)}{g(x,y)}=\dfrac{A}{B}$　（其中 $B\neq 0$）.

有关复合运算的极限运算法则同样成立.

11.1.4　多元函数的连续性

有了多元函数极限的概念，就容易说明多元函数的连续性，仿照一元函数连续性定义，得到二元函数连续性的定义.

定义 4　设二元函数 $z=f(x,y)$ 定义在平面点集 D 上，点 $P_0(x_0,y_0)$ 为 D 的聚点（内点或边界点）且 $P_0\in D$，若有 $\lim\limits_{(x,y)\to(x_0,y_0)} f(x,y)=f(x_0,y_0)$，则称二元函数 $f(x,y)$ 在点 P_0 处连续.

设二元函数 $f(x,y)$ 的定义域 D 是开区域或闭区域，若函数 $f(x,y)$ 在 D 上每一点处都连续，则称 $f(x,y)$ 是区域 D 上的连续函数.

若函数 $f(x,y)$ 在点 $P_0(x_0,y_0)$ 处不连续，则称点 $P_0(x_0,y_0)$ 为函数 $f(x,y)$ 的间断点.

例如，对于函数 $f(x,y)=\begin{cases}\dfrac{2xy}{x^2+y^2}, & x^2+y^2\neq 0,\\ 0, & x^2+y^2=0,\end{cases}$ 由 **11.1.3** 的例 5 可知，它在点 $O(0,0)$ 处极限不存在，所以点 $O(0,0)$ 是该函数的一个间断点.

二元函数的间断点也能形成一条曲线，如函数 $z=\dfrac{1}{x^2-y}$，在抛物线 $y=x^2$ 上没有定义，因此该抛物线上的每一点都是此函数的间断点.

与闭区间上一元连续函数的性质类似，在有界闭区域上多元连续函数也有如下的性质.

性质 1(最大值和最小值定理) 在有界闭区域 D 上的多元连续函数 $f(P)$，在 D 上一定有最大值和最小值. 即在 D 上至少存在点 P_1 和 P_2，使得 $f(P_1)$ 为 $f(P)$ 的最小值，而 $f(P_2)$ 为 $f(P)$ 的最大值. 即对任一点 $P\in D$，均有 $f(P_1)\leqslant f(P)\leqslant f(P_2)$.

性质 2(介值定理) 在有界闭区域 D 上的多元连续函数 $f(P)$，若在 D 上取得两个不同的函数值 m 和 M，则它在 D 上取得介于 m 和 M 这两个值之间的任何值 μ 至少一次.

特殊地，若 μ 是 D 上的最小值 m 和最大值 M 之间的一个数，则在 D 上至少存在一点 P_0，使 $f(P_0)=\mu$.

***性质 3(一致连续性定理)** 有界闭区域 D 上的多元连续函数 $f(P)$ 必定在 D 上一致连续.

也就是说，若 $f(P)$ 在有界闭区域 D 上连续，即对于任意给定的正数 ε，总存在正数 δ，使得对于有界闭区域 D 上的任意两点 P_1 及 P_2，只要满足 $|P_1P_2|<\delta$ 时，都有 $|f(P_1)-f(P_2)|<\varepsilon$ 成立.

与一元初等函数类似，多元初等函数是指可用一个式子表示的多元函数，而这个式子是由多元基本初等函数经过有限次的四则运算和有限次的复合步骤所构成的. 例如，$\sin(x+y)$ 是由基本初等函数 $\sin u$ 与多项式 $u=x+y$ 复合而成的.

根据上面指出的连续函数的和、差、积、商的连续性以及连续函数的复合函数的连续性，再考虑到基本初等函数的连续性，可进一步得出如下结论：

一切多元初等函数在其定义区域内是连续的，所谓定义区域是指在定义域内的区域或闭区域.

一般地,求 $\lim\limits_{P \to P_0} f(P)$时,如果 $f(P)$是初等函数,且 P 是 $f(P)$的定义区域内的点,则 $f(P)$在 P_0 处连续,于是 $\lim\limits_{P \to P_0} f(P)=f(P_0)$.

例 8 求 $\lim\limits_{(x,y)\to(0,0)} \dfrac{xy}{\sqrt{xy+1}-1}$.

解 $\lim\limits_{(x,y)\to(0,0)} \dfrac{xy}{\sqrt{xy+1}-1}=\lim\limits_{(x,y)\to(0,0)} \dfrac{xy(\sqrt{xy+1}+1)}{(xy+1)-1}=\lim\limits_{(x,y)\to(0,0)} (\sqrt{xy+1}+1)=2.$

习题 11-1

1. 下列点集是区域还是闭区域？并作图.

(1) $x>0, y>0, x^2+y^2<R^2 \quad (R>0)$;

(2) $y\geqslant 0, x^2+y^2\leqslant R^2 \quad (R>0)$;

(3) $x^2\leqslant y\leqslant 1$;

(4) $\dfrac{x^2}{4}+\dfrac{y^2}{9}>1$.

2. 确定并画出下列函数的定义域:

(1) $z=\dfrac{1}{\sqrt{x^2+y^2-1}}$;　　(2) $z=\arccos \dfrac{x^2+y^2-4}{3}$;

(3) $z=\sqrt{x-\sqrt{y}}$;　　(4) $z=\sqrt{\sin(x^2+y^2)}$;

(5) $z=\ln(y-x)+\dfrac{\sqrt{x}}{\sqrt{1-x^2-y^2}}$;

(6) $z=\sqrt{R^2-x^2-y^2}+\dfrac{1}{\sqrt{x^2+y^2-r^2}} \quad (R>r>0)$.

3. 设 $f(x,y)=\dfrac{x^2-y^2}{2xy}$,试求 $f(-y,x)$, $f\left(\dfrac{1}{x},\dfrac{1}{y}\right)$和 $f[x,f(x,y)]$.

4. 设 $z=\sqrt{y}+f(\sqrt{x}-1)$,当 $y=1$ 时,$z=x$,试确定函数 f 和 z.

5. 求下列极限:

(1) $\lim\limits_{(x,y)\to(0,0)} \dfrac{e^{xy}\sin y}{1+x^2+y^2}$;　　(2) $\lim\limits_{(x,y)\to(0,0)} \dfrac{2-\sqrt{xy+4}}{xy}$;

(3) $\lim\limits_{(x,y)\to(0,0)} \dfrac{\sin(xy)}{x}$;　　(4) $\lim\limits_{(x,y)\to(0,0)} \dfrac{x+y}{x^2+y^2}$;

(5) $\lim\limits_{(x,y)\to(\infty,k)} \left(1+\dfrac{y}{x}\right)^x$;　　(6) $\lim\limits_{(x,y)\to(0,0)} \left(x\sin\dfrac{1}{y}+y\sin\dfrac{1}{x}\right)$.

6. 证明下列极限不存在:

(1) $\lim\limits_{(x,y)\to(0,0)} \dfrac{x^2-y^2}{x^2+y^2}$;　　(2) $\lim\limits_{(x,y)\to(0,0)} \dfrac{x^2 y}{x^4-y^2}$.

7. 研究函数 $f(x+y)=\begin{cases}\sqrt{1-x^2-y^2}, & x^2+y^2\leqslant 1,\\ 0, & x^2+y^2>1\end{cases}$ 的连续性.

8. 求函数 $z=\tan(x^2+y^2)$ 的间断点.

9. 讨论函数 $f(x,y)=\begin{cases}(x+y)\sin\dfrac{1}{x}\sin\dfrac{1}{y}, & x\neq 0, y\neq 0,\\ 0, & x=0 \text{ 或 } y=0\end{cases}$ 在点(0,0)的连续性.

10. 设函数 $f(x,y)=\dfrac{x-y}{x+y}$,试求 $\lim\limits_{x\to 0}[\lim\limits_{y\to 0}f(x,y)]$,$\lim\limits_{y\to 0}[\lim\limits_{x\to 0}f(x,y)]$(这种极限称为二次极限),试问极限 $\lim\limits_{(x,y)\to(0,0)}f(x,y)$ 是否存在?

11.2 多元函数微分法

11.2.1 偏导数

1) 偏导数的概念

在一元函数中通过研究函数的变化率从而引入了导数概念,对于多元函数同样需要研究它的变化率,但是多元函数的自变量不止一个,多元函数因变量与自变量的关系要比一元函数复杂. 于是首先考虑多元函数关于其中一个自变量的变化率,即讨论只有一个自变量变化,而其余自变量固定不变(视为常数)时函数的变化率,这就是二元函数偏导数. 先介绍一个引例.

引例 一定量的理想气体的体积 V,与压强 p 和温度 T 之间的函数关系为 $V=R\dfrac{T}{p}$,其中 R 为比例常数,当温度 T 和压强 p 两个因素同时变化时,体积 V 变化的情况比较复杂,通常分成两种特殊情形进行研究:

(1) 等温过程,即温度一定($T=C$,C 为常数),考虑因压强 p 的变化引起的体积 V 的变化率,从而得到

$$\frac{\mathrm{d}V}{\mathrm{d}p}=-R\frac{T}{p^2}.$$

(2) 等压过程,即压强一定($p=C$,C 为常数),考虑因温度 T 的变化引起的体积 V 的变化率,从而得到

$$\frac{\mathrm{d}V}{\mathrm{d}T}=R\frac{1}{p}.$$

这样分别考虑了以上两种变化,有助于对复杂的整体过程的综合研究. 上面所说的只设一个自变量变动,而其余自变量保持不变的方法是研究多元函数的常用手段. 下面给出二元函数 $z=f(x,y)$ 的偏导数的定义. 注意到:当只设自变量 x 变化,而自变量 y 固定,这时 z 就是 x 的一元函数,于是仿照一元函数导数的概念

引进二元函数 $z=f(x,y)$ 对 x 的偏导数的定义.

定义1 设二元函数 $z=f(x,y)$ 在点 $P_0(x_0,y_0)$ 的某一邻域 $U(P_0,\delta)$ 内有定义,当自变量 y 固定在 y_0,而自变量 x 在 x_0 处有增量 Δx 时,$(x_0+\Delta x,y_0)\in U(P_0,\delta)$,相应地函数增量为 $\Delta_x z=f(x_0+\Delta x,y_0)-f(x_0,y_0)$(称为函数 z 对 x 的偏增量),若极限 $\lim\limits_{\Delta x\to 0}\dfrac{\Delta_x z}{\Delta x}=\lim\limits_{\Delta x\to 0}\dfrac{f(x_0+\Delta x,y_0)-f(x_0,y_0)}{\Delta x}$ 存在,则称此极限为函数 $z=f(x,y)$ 在点 $P_0(x_0,y_0)$ 处对 x 的偏导数,记为 $\left.\dfrac{\partial z}{\partial x}\right|_{\substack{x=x_0\\y=y_0}}$,$\left.\dfrac{\partial f}{\partial x}\right|_{\substack{x=x_0\\y=y_0}}$,$\left.z_x\right|_{\substack{x=x_0\\y=y_0}}$ 或 $f_x(x_0,y_0)$.

因此

$$f_x(x_0,y_0)=\lim_{\Delta x\to 0}\frac{\Delta_x z}{\Delta x}=\lim_{\Delta x\to 0}\frac{f(x_0+\Delta x,y_0)-f(x_0,y_0)}{\Delta x}.\tag{1}$$

同样,$z=f(x,y)$ 在点 (x_0,y_0) 处对自变量 y 的偏导数定义为:若 $\lim\limits_{\Delta y\to 0}\dfrac{\Delta_y z}{\Delta y}=\lim\limits_{\Delta y\to 0}\dfrac{f(x_0,y_0+\Delta y)-f(x_0,y_0)}{\Delta y}$ 存在,则称此极限为函数 $z=f(x,y)$ 在点 $P_0(x_0,y_0)$ 处对 y 的偏导数,记为 $\left.\dfrac{\partial z}{\partial y}\right|_{\substack{x=x_0\\y=y_0}}$,$\left.\dfrac{\partial f}{\partial y}\right|_{\substack{x=x_0\\y=y_0}}$,$\left.z_y\right|_{\substack{x=x_0\\y=y_0}}$ 或 $f_y(x_0,y_0)$.

如果函数 $z=f(x,y)$ 在区域内每一点 $P(x,y)$ 处都有偏导数 $f_x(x,y)$,$f_y(x,y)$,那么它们是 x,y 的一个新的二元函数,称它们为函数 $z=f(x,y)$ 的偏导函数,简称为偏导数,记为 $\dfrac{\partial z}{\partial x},\dfrac{\partial z}{\partial y}$; $\dfrac{\partial f}{\partial x},\dfrac{\partial f}{\partial y}$; z_x,z_y; $f_x(x,y),f_y(x,y)$.

注意 z_x,z_y, $f_x(x,y),f_y(x,y)$ 也可以分别用 z'_x,z'_y, $f'_x(x,y),f'_y(x,y)$ 来表示.

而函数 $z=f(x,y)$ 在点 $P_0(x_0,y_0)$ 处对 x 的偏导数 $f_x(x_0,y_0)$,就称为 $f(x,y)$ 对 x 的偏导函数 $f_x(x,y)$ 在点 $P_0(x_0,y_0)$ 处的函数值;$f_y(x_0,y_0)$ 就是偏导函数 $f_y(x,y)$ 在点 $P_0(x_0,y_0)$ 处的函数值. 就像一元函数的导函数一样,以后在不至于混淆的情况下,偏导函数就简称为偏导数.

由偏导数的定义知,求二元函数 $z=f(x,y)$ 的偏导数,实际上就是一元函数求导数,只不过在对其中一个自变量求导时,其他的自变量看作固定不变的(即视为常数).

仿照二元函数偏导数的定义,可以把偏导数的概念推广到三元及三元以上的函数,例如三元函数 $u=f(x,y,z)$,如果极限 $\lim\limits_{\Delta x\to 0}\dfrac{\Delta_x u}{\Delta x}=\lim\limits_{\Delta x\to 0}\dfrac{f(x+\Delta x,y,z)-f(x,y,z)}{\Delta x}$ 存在,就定义此极限为函数 $u=f(x,y,z)$ 在点 $P(x,y,z)$ 处对 x 的偏导数,记为 $\dfrac{\partial u}{\partial x}$,

$f_x(x,y,z)$等.

例 1 设 $z=y\sin(xy)+e^{2x+y}$,求 z_x, z_y 及 $z_x\big|_{\substack{x=1\\y=0}}$.

解 把 y 看作常量,得 $\qquad z_x=y^2\cos(xy)+2e^{2x+y}$;

把 x 看作常量,得 $\qquad z_y=\sin(xy)+xy\cos(xy)+e^{2x+y}$;

把 $x=1, y=0$ 代入到 z_x,得

$$z_x\big|_{\substack{x=1\\y=0}}=2e^2.$$

例 2 设 $r=\sqrt{x^2+y^2+z^2}$,求证 $x\dfrac{\partial r}{\partial x}+y\dfrac{\partial r}{\partial y}+z\dfrac{\partial r}{\partial z}=r$.

证明 因为 $$\frac{\partial r}{\partial x}=\frac{x}{\sqrt{x^2+y^2+z^2}}=\frac{x}{r},$$

由函数的对称性可知$\dfrac{\partial r}{\partial y}=\dfrac{y}{r}$,$\dfrac{\partial r}{\partial z}=\dfrac{z}{r}$,所以

$$x\frac{\partial r}{\partial x}+y\frac{\partial r}{\partial y}+z\frac{\partial r}{\partial z}=\frac{x^2+y^2+z^2}{r}=r.$$

例 3 设 $f(x,y)=x^y$,求 $f_x(2,3)$, $f_y(2,3)$.

解 因为 $\qquad f_x(x,y)=yx^{y-1}, f_y(x,y)=x^y\ln x$,

所以 $\qquad f_x(2,3)=3\times 2^2=12, f_y(2,3)=2^3\ln 2=8\ln 2$.

例 4 已知理想气体的状态方程 $pV=RT$(R 为常量),求证:$\dfrac{\partial p}{\partial V}\cdot\dfrac{\partial V}{\partial T}\cdot\dfrac{\partial T}{\partial p}=-1$.

证 因为

$$p=\frac{RT}{V},\frac{\partial p}{\partial V}=-\frac{RT}{V^2};$$

$$V=\frac{RT}{p},\frac{\partial V}{\partial T}=\frac{R}{p};$$

$$T=\frac{pV}{R},\frac{\partial T}{\partial p}=\frac{V}{R};$$

所以 $$\frac{\partial p}{\partial V}\cdot\frac{\partial V}{\partial T}\cdot\frac{\partial T}{\partial p}=-\frac{RT}{V^2}\cdot\frac{R}{p}\cdot\frac{V}{R}=-\frac{RT}{pV}=-1.$$

注意 对于一元函数来说,导数$\dfrac{dy}{dx}$可以看作函数的微分 dy 与自变量的微分 dx 之商,而偏导数的记号是一个不可分的整体记号,不能看成两个量之商.

2) 偏导数的几何意义

在一元函数中,已知 $y=f(x)$的导数$\dfrac{dy}{dx}$是曲线 $y=f(x)$在点(x,y)处的切线的斜率. 二元函数 $z=f(x,y)$在点(x_0,y_0)处的偏导数有完全类似的几何意义.

设 $M_0(x_0,y_0,f(x_0,y_0))$为曲面 $z=f(x,y)$上的一点,过 M_0 作平面 $y=y_0$ 截此曲面,则在平面 $y=y_0$ 上得到一曲线,其方程为$z=f(x,y_0)$,这样偏导数 $f_x(x_0,y_0)$

就是在$y=y_0$上的曲线$z=f(x,y_0)$在点M_0处的切线M_0T_x(对x轴)的斜率;同样偏导数$f_y(x_0,y_0)$的几何意义是曲面被平面$x=x_0$所截得的在$x=x_0$上的平面曲线$z=f(x_0,y)$在点M_0处的切线M_0T_y(对y轴)的斜率(见图11-7).

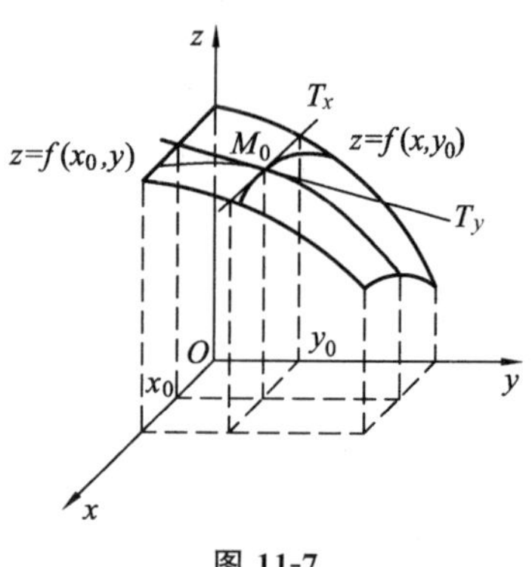

图 11-7

已经知道在一元函数中,若函数$y=f(x)$在某点可导,则它在该点必定连续. 但对于多元函数来说,即使在点$P_0(x_0,y_0)$处各个偏导数都存在,也不能保证函数在该点处连续. 这是因为各偏导数存在只能保证点P沿着平行于坐标轴的方向趋于P_0时,函数值$f(P)$趋于$f(P_0)$,但不能保证点P按任意方式趋于P_0时,函数值$f(P)$都趋于$f(P_0)$.

例 5　设$f(x,y)=\begin{cases}\dfrac{2xy}{x^2+y^2}, & x^2+y^2\neq 0,\\ 0, & x^2+y^2=0,\end{cases}$求偏导数$f_x(0,0)$及$f_y(0,0)$.

解　在前面的**11.1.3**的例5中,已知这个函数在点$(0,0)$处不连续,但它的两个偏导数

$$f_x(0,0)=\lim_{\Delta x\to 0}\frac{f(0+\Delta x,0)-f(0,0)}{\Delta x}=\lim_{\Delta x\to 0}\frac{0}{\Delta x}=0,$$

$$f_y(0,0)=\lim_{\Delta y\to 0}\frac{f(0,0+\Delta y)-f(0,0)}{\Delta y}=\lim_{\Delta y\to 0}\frac{0}{\Delta y}=0$$

都存在.

所以在多元函数中,函数在一点处偏导数都存在不能推出函数在该点一定连续的结论.

3) 高阶偏导数

设函数$z=f(x,y)$在区域D内具有偏导数$f_x(x,y)$,$f_y(x,y)$. 一般地,这两个偏导数$f_x(x,y)$,$f_y(x,y)$仍然为变量x,y的二元函数. 若这两个函数的偏导数也存在,则称它们是函数$z=f(x,y)$的二阶偏导数,按照对变量求导次序不同,函数的二阶偏导数有下列四种类型:

$$\frac{\partial}{\partial x}\left(\frac{\partial z}{\partial x}\right)\triangleq\frac{\partial^2 z}{\partial x^2}\triangleq f_{xx}(x,y);\quad \frac{\partial}{\partial y}\left(\frac{\partial z}{\partial x}\right)\triangleq\frac{\partial^2 z}{\partial x\partial y}\triangleq f_{xy}(x,y);$$

$$\frac{\partial}{\partial x}\left(\frac{\partial z}{\partial y}\right)\triangleq\frac{\partial^2 z}{\partial y\partial x}\triangleq f_{yx}(x,y);\quad \frac{\partial}{\partial y}\left(\frac{\partial z}{\partial y}\right)\triangleq\frac{\partial^2 z}{\partial y^2}\triangleq f_{yy}(x,y).$$

其中$f_{xy}(x,y)$和$f_{yx}(x,y)$称为函数$f(x,y)$的二阶混合偏导数.

例 6　设函数$z=x^3y+3x^2y^3-xy+2$,求$\dfrac{\partial^2 z}{\partial x^2}$,$\dfrac{\partial^2 z}{\partial x\partial y}$,$\dfrac{\partial^2 z}{\partial y\partial x}$,$\dfrac{\partial^2 z}{\partial y^2}$及$\dfrac{\partial^3 z}{\partial x^3}$.

解 $\frac{\partial z}{\partial x}=3x^2y+6xy^3-y$，　　$\frac{\partial z}{\partial y}=x^3+9x^2y^2-x$；

$\frac{\partial^2 z}{\partial x^2}=6xy+6y^3$，　　$\frac{\partial^2 z}{\partial y^2}=18x^2y$，

$\frac{\partial^2 z}{\partial x\partial y}=3x^2+18xy^2-1$，　　$\frac{\partial^2 z}{\partial y\partial x}=3x^2+18xy^2-1$；

$\frac{\partial^3 z}{\partial x^3}=6y$.

由例 6 可以看到，虽然两个二阶混合偏导数$\frac{\partial^2 z}{\partial x\partial y}$和$\frac{\partial^2 z}{\partial y\partial x}$求偏导数的先后次序不同，但是它们相等.

不过这并不说明所有函数的二阶混合偏导数都相等.

例 7 已知函数 $f(x,y)=\begin{cases}xy\dfrac{x^2-y^2}{x^2+y^2}, & x^2+y^2\neq 0,\\ 0, & x^2+y^2=0,\end{cases}$ 求 $f_{xy}(0,0)$及 $f_{yx}(0,0)$.

解 在 $x^2+y^2\neq 0$ 时，容易求得

$$f_x(x,y)=\frac{y(x^4+4x^2y^2-y^4)}{(x^2+y^2)^2},$$

$$f_y(x,y)=\frac{x(x^4-4x^2y^2-y^4)}{(x^2+y^2)^2}.$$

在 $x^2+y^2=0$ 时，有

$$f_x(0,0)=\lim_{\Delta x\to 0}\frac{f(0+\Delta x,0)-f(0,0)}{\Delta x}=\lim_{\Delta x\to 0}\frac{0}{\Delta x}=0,$$

$$f_y(0,0)=\lim_{\Delta y\to 0}\frac{f(0+\Delta y,0)-f(0,0)}{\Delta y}=0,$$

所以

$$f_x(x,y)=\begin{cases}\dfrac{y(x^4+4x^2y^2-y^4)}{(x^2+y^2)^2}, & x^2+y^2\neq 0,\\ 0, & x^2+y^2=0,\end{cases}$$

$$f_y(x,y)=\begin{cases}\dfrac{x(x^4-4x^2y^2-y^4)}{(x^2+y^2)^2}, & x^2+y^2\neq 0,\\ 0, & x^2+y^2=0.\end{cases}$$

则

$$f_{xy}(0,0)=\lim_{\Delta y\to 0}\frac{f_x(0,0+\Delta y)-f_x(0,0)}{\Delta y}=\lim_{\Delta y\to 0}\frac{\Delta y\left[\dfrac{-(\Delta y)^4}{(\Delta y)^4}\right]}{\Delta y}=-1,$$

$$f_{yx}(0,0)=\lim_{\Delta x\to 0}\frac{f_y(0+\Delta x,0)-f_y(0,0)}{\Delta x}=\lim_{\Delta x\to 0}\frac{\Delta x\left[\dfrac{(\Delta x)^4}{(\Delta x)^4}\right]}{\Delta x}=1.$$

这里 $f_{xy}(0,0)\neq f_{yx}(0,0)$.

在什么条件下两个二阶混合偏导数相等呢？不加证明地给出下面的结论：

定理 1 如果函数 $z=f(x,y)$ 的两个二阶混合偏导数 $\frac{\partial^2 z}{\partial x\partial y}$ 及 $\frac{\partial^2 z}{\partial y\partial x}$ 在区域 D 内连续，那么在该区域内这两个二阶混合偏导数必相等.

也就是说，当二阶混合偏导数是连续函数时，它与求导的先后次序无关. 这个结论还可以推广到更高阶的偏导数上去. 例如函数 $z=f(x,y)$ 的三阶混合偏导，如果是连续函数，则有 $f_{xxy}(x,y)=f_{xyx}(x,y)=f_{yxx}(x,y)$，$f_{xyy}(x,y)=f_{yxy}(x,y)=f_{yyx}(x,y)$.

完全类似地，可以定义多元函数的高阶偏导数，而且高阶混合偏导数在偏导数连续的条件下也与求导次序无关.

例 8 证明函数 $u=\frac{1}{r}$ 满足方程 $\frac{\partial^2 u}{\partial x^2}+\frac{\partial^2 u}{\partial y^2}+\frac{\partial^2 u}{\partial z^2}=0$，其中 $r=\sqrt{x^2+y^2+z^2}$.

证 $\frac{\partial u}{\partial x}=-\frac{1}{r^2}\cdot\frac{\partial r}{\partial x}=-\frac{1}{r^2}\cdot\frac{x}{r}=-\frac{x}{r^3}$,

$\frac{\partial^2 u}{\partial x^2}=-\frac{1}{r^3}+\frac{3x}{r^4}\cdot\frac{\partial r}{\partial x}=-\frac{1}{r^3}+\frac{3x^2}{r^5}$.

由函数关于自变量的对称性，得

$$\frac{\partial^2 u}{\partial y^2}=-\frac{1}{r^3}+\frac{3y^2}{r^5},\frac{\partial^2 u}{\partial z^2}=-\frac{1}{r^3}+\frac{3z^2}{r^5}.$$

因此
$$\frac{\partial^2 u}{\partial x^2}+\frac{\partial^2 u}{\partial y^2}+\frac{\partial^2 u}{\partial z^2}=-\frac{3}{r^3}+\frac{3(x^2+y^2+z^2)}{r^5}=-\frac{3}{r^3}+\frac{3r^2}{r^5}=0.$$

例 8 中的方程称为拉普拉斯(Laplace)方程，它是数学物理方程中主要研究的方程之一.

11.2.2 全微分及其应用

1) 全微分的概念

由一元函数微分学知道，一元函数 $y=f(x)$ 的微分 $\mathrm{d}y=f'(x)\mathrm{d}x$ 是函数 $f(x)$ 的增量 Δy 的线性主部，它是描述函数 $y=f(x)$ 在自变量 x 有一个改变量 Δx 时函数改变量大小的近似值，即用函数的微分 $\mathrm{d}y$ 去代替函数的增量 Δy，当 $\Delta x\to 0$ 时，舍去的是 Δx 的高阶无穷小. 对于多元函数也有类似的情况，下面就二元函数情形进行讨论.

设二元函数 $z=f(x,y)$ 在点 $P(x,y)$ 的某邻域内有定义，当自变量在点 $P(x,y)$ 处分别有增量 Δx 与 Δy 时，函数的增量 $\Delta z=f(x+\Delta x,y+\Delta y)-f(x,y)$ 称为 $z=f(x,y)$ 在点 $P(x,y)$ 对应于增量 $\Delta x,\Delta y$ 的全增量.

一般地，全增量 Δz 的计算比较复杂，因此希望得到一个类似于一元函数的自变量的增量 $\Delta x,\Delta y$ 的线性函数来作为它的近似值. 观察下面的例题.

例 9 设有一块矩形的金属薄板，长为 x，宽为 y，金属薄板受热膨胀，长增加 Δx，宽增加 Δy，求金属薄板的面积增加了多少？

解 记金属薄板的面积为 A，则 $A=xy$.

由于金属薄板的长、宽分别增加 Δx 和 Δy，故面积 A 的增量为

$$\Delta A=(x+\Delta x)(y+\Delta y)-xy=y\Delta x+x\Delta y+\Delta x\Delta y.$$

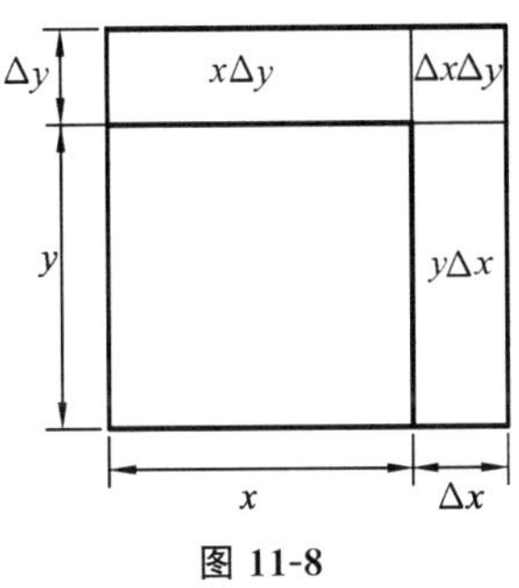

图 11-8

于是见到二元函数 $A=xy$ 的全增量 ΔA 由两部分组成(见图 11-8).

下面令 $\rho=\sqrt{\Delta x^2+\Delta y^2}$，则 $\rho\to 0$ 就等价于 $(\Delta x,\Delta y)\to(0,0)$.

第一部分 $y\Delta x+x\Delta y$ 是关于 $\Delta x,\Delta y$ 的线性函数，第二部分 $\Delta x\Delta y$ 是图中右上角小长方形的面积，当 $\rho\to 0$ 时，$\Delta x\Delta y$ 是 $\rho=\sqrt{(\Delta x)^2+(\Delta y)^2}$ 的高阶无穷小，即 $\lim\limits_{\rho\to 0}\dfrac{\Delta x\Delta y}{\rho}=\lim\limits_{\rho\to 0}\dfrac{\Delta x\Delta y}{\sqrt{(\Delta x)^2+(\Delta y)^2}}=0$. 因此，第一部分 $y\Delta x+x\Delta y$ 是全增量 ΔA 的线性主部，用 $y\Delta x+x\Delta y$ 作为 ΔA 的近似值，当 $\rho\to 0$ 时，舍去的是比 $\rho=\sqrt{(\Delta x)^2+(\Delta y)^2}$ 高阶的无穷小量.

当金属薄板的长 x 和宽 y 分别为已知常数 b,a 时，面积的增量 ΔA 就只是 Δx，Δy 的函数，即 $\Delta A=a\Delta x+b\Delta y+o(\rho)$，其中 a,b 不依赖于 $\Delta x,\Delta y$. 同时注意到 $A=xy$，所以 $A_x=y,A_y=x$，从而 ΔA 又可表示成 $\Delta A=A_x(b,a)\Delta x+A_y(b,a)\Delta y+o(\rho)$.

这种结论是否具有普遍意义？为此引入二元函数全微分的定义.

定义 2 设函数 $z=f(x,y)$ 在点 $P(x,y)$ 的全增量 $\Delta z=f(x+\Delta x,y+\Delta y)-f(x,y)$ 可以表示为

$$\Delta z=A\Delta x+B\Delta y+o(\rho),\tag{2}$$

其中 A,B 不依赖于 $\Delta x,\Delta y$ 而仅与 x,y 有关，$\rho=\sqrt{(\Delta x)^2+(\Delta y)^2}$，则称函数 $z=f(x,y)$ 在点 $P(x,y)$ 处可微，而 $A\Delta x+B\Delta y$ 称为函数 $z=f(x,y)$ 在点 $P(x,y)$ 处的全微分，记为 $\mathrm{d}z$ 或 $\mathrm{d}f(x,y)$，即

$$\mathrm{d}z=A\Delta x+B\Delta y.$$

若函数 $z=f(x,y)$ 在区域 D 内各点处都可微，则称函数 $z=f(x,y)$ 在 D 内可微.

前面已知多元函数在某点即使各个偏导数都存在，也不能保证函数在该点连续，但是如果函数 $z=f(x,y)$ 在点 $P_0(x_0,y_0)$ 处可微，那么函数 $z=f(x,y)$ 在该点处一定连续. 这个结论由下面的讨论给出.

现在讨论函数 $z=f(x,y)$ 可微的必要条件与充分条件.

定理 2(必要条件) 若函数 $z=f(x,y)$ 在点 (x_0,y_0) 处可微,则

(1) $f(x,y)$ 在点 $P_0(x_0,y_0)$ 处连续;

(2) $f(x,y)$ 在点 $P_0(x_0,y_0)$ 处偏导数存在,且有 $A=f_x(x_0,y_0)$,$B=f_y(x_0,y_0)$,则 $z=f(x,y)$ 在点 $P_0(x_0,y_0)$ 处的全微分可表示成

$$dz=f_x(x_0,y_0)\Delta x+f_y(x_0,y_0)\Delta y.$$

证 (1) 这是因为当 $z=f(x,y)$ 可微时,有

$$\Delta z=f(x_0+\Delta x,y_0+\Delta y)-f(x_0,y_0)=A\Delta x+B\Delta y+o(\rho),$$

于是

$$\lim_{\rho\to 0}\Delta z=\lim_{\rho\to 0}[f(x_0+\Delta x,y_0+\Delta y)-f(x_0,y_0)]=0,$$

即

$$\lim_{\rho\to 0}f(x_0+\Delta x,y_0+\Delta y)=f(x_0,y_0),$$

所以 $f(x,y)$ 在点 $P_0(x_0,y_0)$ 处连续.

(2) 在式(2)中取 $\Delta y=0$,这时 $\rho=|\Delta x|$,所以 $\rho\to 0$ 等价于 $\Delta x\to 0$,式(2)变为

$$f(x_0+\Delta x,y_0)-f(x_0,y_0)=A\Delta x+o(|\Delta x|),$$

等式两边同除以 Δx,并令 $\Delta x\to 0$,得

$$\lim_{\Delta x\to 0}\frac{f(x_0+\Delta x,y_0)-f(x_0,y_0)}{\Delta x}=A.$$

同理可得

$$\lim_{\Delta y\to 0}\frac{f(x_0,y_0+\Delta y)-f(x_0,y_0)}{\Delta y}=B.$$

所以 $f(x,y)$ 在点 $P_0(x_0,y_0)$ 处偏导数存在,且 $f_x(x_0,y_0)=A$,$f_y(x_0,y_0)=B$. 证毕.

若函数 $z=f(x,y)$ 在区域 D 内每一点 $P(x,y)$ 处都可微,则其全微分为

$$dz=f_x(x,y)\Delta x+f_y(x,y)\Delta y \text{ 或 } dz=\frac{\partial z}{\partial x}\Delta x+\frac{\partial z}{\partial y}\Delta y.$$

上述定理给出了函数在一点可微应满足的必要条件. 这些条件对于保证函数的可微性并不是充分的,这一点与一元函数的情形不同,当函数的各偏导数都存在时,虽然能形式地写出 $\frac{\partial z}{\partial x}\Delta x+\frac{\partial z}{\partial y}\Delta y$,但它与 Δz 之差并不一定是 ρ 的高阶无穷小,因此它不一定是函数的全微分. 换句话说,各偏导数的存在只是全微分存在的必要条件而不是充要条件.

例 10 设 $f(x,y)=\begin{cases}\dfrac{xy}{\sqrt{x^2+y^2}}, & x^2+y^2\neq 0,\\ 0, & x^2+y^2=0,\end{cases}$ 求 $f_x(0,0)$,$f_y(0,0)$,并讨论 $z=f(x,y)$ 在点 $O(0,0)$ 处的可微性.

解 容易证明这个函数在点(0,0)处极限存在且连续,由

$$f_x(0,0)=\lim_{\Delta x\to 0}\frac{f(0+\Delta x,0)-f(0,0)}{\Delta x}=\lim_{\Delta x\to 0}\frac{0}{\Delta x}=0,$$

$$f_y(0,0)=\lim_{\Delta y\to 0}\frac{f(0,0+\Delta y)-f(0,0)}{\Delta y}=\lim_{\Delta y\to 0}\frac{0}{\Delta y}=0$$

推出函数 $f(x,y)$ 在点 $(0,0)$ 处偏导数存在,

$$\Delta z-[f_x(0,0)\Delta x+f_y(0,0)\Delta y]=[f(0+\Delta x,0+\Delta y)-f(0,0)]-0$$

$$=f(\Delta x,\Delta y)=\frac{\Delta x\Delta y}{\sqrt{(\Delta x)^2+(\Delta y)^2}}.$$

当 $(\Delta x,\Delta y)$ 按照 $\Delta y=\Delta x$ 的方式趋于 $O(0,0)$,这时有

$$\frac{\frac{\Delta x\Delta y}{\sqrt{(\Delta x)^2+(\Delta y)^2}}}{\rho}=\frac{\Delta x\Delta y}{(\Delta x)^2+(\Delta y)^2}\xlongequal{\Delta y=\Delta x}\frac{\Delta x\cdot\Delta x}{(\Delta x)^2+(\Delta x)^2}=\frac{1}{2}.$$

显然,当 $\rho\to 0$ 时,上式不会趋于 0,这表明当 $\rho\to 0$ 时,差 $\Delta z-[f_x(0,0)\Delta x+f_y(0,0)\Delta y]$ 并不是比 ρ 高阶的无穷小量,所以函数 $z=f(x,y)$ 在点 $O(0,0)$ 处不可微.

由定理 2 及例 10 可知,函数 $z=f(x,y)$ 的偏导数存在只是函数可微的必要条件,而不是充分条件. 下面给出函数可微的充分条件.

定理 3(充分条件) 若函数 $z=f(x,y)$ 的偏导数 $\frac{\partial z}{\partial x}=f_x(x,y)$,$\frac{\partial z}{\partial y}=f_y(x,y)$ 在点 $P(x,y)$ 处连续,则函数 $z=f(x,y)$ 在该点处可微.

证 要证明函数 $z=f(x,y)$ 在点 $P(x,y)$ 处可微,只要证明 $z=f(x,y)$ 的增量 Δz 可以表示成 $\Delta z=f_x(x,y)\Delta x+f_y(x,y)\Delta y+o(\rho)$.

函数 $z=f(x,y)$ 的偏导数 $f_x(x,y)$,$f_y(x,y)$ 在点 $P(x,y)$ 处连续,就意味着偏导数在点 $P(x,y)$ 的某邻域内存在且在该点处连续,设点 $P'(x+\Delta x,y+\Delta y)$ 是点 $P(x,y)$ 的该邻域内任意一点,函数的全增量为

$$\Delta z=f(x+\Delta x,y+\Delta y)-f(x,y)=[f(x+\Delta x,y+\Delta y)-f(x,y+\Delta y)]+[f(x,y+\Delta y)-f(x,y)].$$

在全增量的第一个括号内的表达式中,由于 $y+\Delta y$ 保持不变,因而可以看作 x 的一元函数 $f(x,y+\Delta y)$ 的增量. 因为 $f_x(x,y)$ 在点 $P(x,y)$ 的某邻域内存在,即一元函数 $f(x,y+\Delta y)$ 对 x 的导数在区间 $[x,x+\Delta x]$ 或 $[x+\Delta x,x]$ 上存在,由一元函数的可导必连续的结论可知,关于变量 x 的一元函数 $f(x,y+\Delta y)$ 在区间 $[x,x+\Delta x]$ 或 $[x+\Delta x,x]$ 上满足拉格朗日中值定理条件,从而有

$$f(x+\Delta x,y+\Delta y)-f(x,y+\Delta y)=f_x(x+\theta_1\Delta x,y+\Delta y)\Delta x\quad(0<\theta_1<1).$$

在全增量的第二个括号内的表达式中,由于 x 保持不变,因而可以看作变量 y 的一元函数 $f(x,y)$ 的增量. 同理,关于 y 的一元函数 $f(x,y)$ 在区间 $[y,y+\Delta y]$ 或 $[y+\Delta y,y]$ 上满足拉格朗日中值定理条件,应用拉格朗日中值定理,得

$$f(x,y+\Delta y)-f(x,y)=f_y(x,y+\theta_2\Delta y)\Delta y \quad (0<\theta_2<1).$$

由题设知，偏导数 $f_x(x,y)$，$f_y(x,y)$ 在点 $P(x,y)$ 处连续，于是有

$$\lim_{\rho\to 0} f_x(x+\theta_1\Delta x,y+\Delta y)=f_x(x,y);$$

$$\lim_{\rho\to 0} f_y(x,y+\theta_2\Delta y)=f_y(x,y).$$

所以

$$f_x(x+\theta_1\Delta x,y+\Delta y)=f_x(x,y)+\alpha;$$

$$f_y(x,y+\theta_2\Delta y)=f_y(x,y)+\beta,$$

其中 $\lim\limits_{\rho\to 0}\alpha=0$，$\lim\limits_{\rho\to 0}\beta=0$.

于是全增量的表达式变成 $\Delta z=f_x(x,y)\Delta x+f_y(x,y)\Delta y+\alpha\Delta x+\beta\Delta y.$ (3)

因为

$$\left|\frac{\Delta x}{\rho}\right|=\left|\frac{\Delta x}{\sqrt{(\Delta x)^2+(\Delta y)^2}}\right|\leqslant 1,\lim_{\rho\to 0}\alpha=0,$$

又由有界函数与无穷小量的乘积仍为无穷小量可知，

$$\lim_{\rho\to 0}\frac{\alpha\Delta x}{\rho}=0,$$

同理

$$\lim_{\rho\to 0}\frac{\beta\Delta y}{\rho}=0.$$

从而得到

$$\lim_{\rho\to 0}\frac{\alpha\Delta x+\beta\Delta y}{\rho}=0,$$

即

$$\Delta z=f_x(x,y)\Delta x+f_y(x,y)\Delta y+o(\rho).$$

定理 3 的逆命题不成立，即函数 $z=f(x,y)$ 在点 $P(x,y)$ 处可微不能保证它的偏导数 $f_x(x,y)$，$f_y(x,y)$ 在该点处连续.

例 11 设函数 $f(x,y)=\begin{cases}(x^2+y^2)\sin\dfrac{1}{\sqrt{x^2+y^2}}, & x^2+y^2\neq 0,\\ 0, & x^2+y^2=0.\end{cases}$

(1) 求偏导数 $f_x(x,y)$，$f_y(x,y)$；

(2) 问 $f_x(x,y)$，$f_y(x,y)$ 在点 $O(0,0)$ 处是否连续；

(3) 问函数 $f(x,y)$ 在点 $O(0,0)$ 处是否可微.

解 (1) 当 $(x,y)\neq(0,0)$ 时，

$$f_x(x,y)=2x\sin\frac{1}{\sqrt{x^2+y^2}}-\frac{x}{\sqrt{x^2+y^2}}\cos\frac{1}{\sqrt{x^2+y^2}},$$

$$f_y(x,y)=2y\sin\frac{1}{\sqrt{x^2+y^2}}-\frac{y}{\sqrt{x^2+y^2}}\cos\frac{1}{\sqrt{x^2+y^2}};$$

而

$$f_x(0,0)=\lim_{\Delta x\to 0}\frac{f(0+\Delta x,0)-f(0,0)}{\Delta x}=\lim_{\Delta x\to 0}\frac{(\Delta x)^2\sin\dfrac{1}{|\Delta x|}}{\Delta x}$$

$$=\lim_{\Delta x\to 0}\Delta x\cdot\sin\frac{1}{|\Delta x|}=0,$$

同理
$$f_y(0,0)=0.$$

于是
$$f_x(x,y)=\begin{cases}2x\sin\dfrac{1}{\sqrt{x^2+y^2}}-\dfrac{x}{\sqrt{x^2+y^2}}\cos\dfrac{1}{\sqrt{x^2+y^2}}, & x^2+y^2\neq 0,\\ 0, & x^2+y^2=0,\end{cases}$$

$$f_y(x,y)=\begin{cases}2y\sin\dfrac{1}{\sqrt{x^2+y^2}}-\dfrac{y}{\sqrt{x^2+y^2}}\cos\dfrac{1}{\sqrt{x^2+y^2}}, & x^2+y^2\neq 0,\\ 0, & x^2+y^2=0.\end{cases}$$

(2) 当点 $P(x,y)$ 沿 x 轴趋于点 $O(0,0)$ 时,因为

$$\lim_{\substack{(x,y)\to(0,0)\\ y=0}} f_x(x,y)=\lim_{x\to 0}\left(2x\sin\frac{1}{x}-\cos\frac{1}{x}\right)$$

不存在,所以 $f_x(x,y)$ 在点 $O(0,0)$ 处不连续,同理 $f_y(x,y)$ 在点 $O(0,0)$ 处也不连续.

(3) 因为
$$\lim_{\rho\to 0}\frac{\Delta z-f_x(0,0)\Delta x-f_y(0,0)\Delta y}{\rho}=\lim_{\rho\to 0}\frac{\Delta z}{\rho}$$
$$=\lim_{\rho\to 0}\frac{[(\Delta x)^2+(\Delta y)^2]\sin\dfrac{1}{\sqrt{(\Delta x)^2+(\Delta y)^2}}}{\sqrt{(\Delta x)^2+(\Delta y)^2}}=\lim_{\rho\to 0}\rho\sin\frac{1}{\rho}=0,$$

所以函数 $f(x,y)$ 在点 $O(0,0)$ 处可微.

以上是二元函数全微分的定义及可微的必要条件与充分条件,可以类似地推广到三元及三元以上的多元函数.

像一元函数一样,自变量的增量等于自变量的微分,即 $\Delta x=\mathrm{d}x,\Delta y=\mathrm{d}y$,这样函数 $z=f(x,y)$ 的全微分就可以表示成

$$\mathrm{d}z=\frac{\partial z}{\partial x}\mathrm{d}x+\frac{\partial z}{\partial y}\mathrm{d}y.$$

通常把二元函数的全微分等于它的两个偏微分之和称为二元函数的微分叠加原理.叠加原理也适用于二元以上函数的情形.例如,若三元函数 $u=f(x,y,z)$ 在点 $P(x,y,z)$ 处可微,则有

$$\mathrm{d}u=\frac{\partial u}{\partial x}\mathrm{d}x+\frac{\partial u}{\partial y}\mathrm{d}y+\frac{\partial u}{\partial z}\mathrm{d}z.$$

例 12 求函数 $z=x^2y+y^2$ 在点(1,2)处的全微分.

解 因为
$$\frac{\partial z}{\partial x}=2xy,\ \frac{\partial z}{\partial y}=x^2+2y,$$

则
$$\left.\frac{\partial z}{\partial x}\right|_{\substack{x=1\\ y=2}}=4,\ \left.\frac{\partial z}{\partial y}\right|_{\substack{x=1\\ y=2}}=5,$$

所以
$$\left.\mathrm{d}z\right|_{\substack{x=1\\ y=2}}=4\mathrm{d}x+5\mathrm{d}y.$$

例 13 求函数 $u=\mathrm{e}^{xyz}+xy+z^2$ 的全微分.

解　因为 $\frac{\partial u}{\partial x}=yze^{xyz}+y$，$\frac{\partial u}{\partial y}=xze^{xyz}+x$，$\frac{\partial u}{\partial z}=xye^{xyz}+2z$，

所以
$$du=(yze^{xyz}+y)dx+(xze^{xyz}+x)dy+(xye^{xyz}+2z)dz.$$

2）全微分在近似计算中的应用

（1）求函数的近似值.

设 $z=f(x,y)$是可微函数，它在点 $P_0(x_0,y_0)$处的全增量为

$\Delta z=f(x_0+\Delta x,y_0+\Delta y)-f(x_0,y_0)=f_x(x_0,y_0)\Delta x+f_y(x_0,y_0)\Delta y+o(\rho)$，
当$|\Delta x|$和$|\Delta y|$都比较小时，有近似公式
$$\Delta z\approx dz=f_x(x_0,y_0)\Delta x+f_y(x_0,y_0)\Delta y.$$
即
$$f(x_0+\Delta x,y_0+\Delta y)\approx f(x_0,y_0)+f_x(x_0,y_0)\Delta x+f_y(x_0,y_0)\Delta y. \tag{4}$$
利用上面的近似公式(4)可以计算函数的近似值.

例 14　计算$(1.04)^{2.02}$的近似值.

解　把$(1.04)^{2.02}$看作函数 $z=x^y$ 在 $x=1.04,y=2.02$ 的函数值 $f(1.04,2.02)$.
取 $x_0=1,y_0=2,\Delta x=0.04,\Delta y=0.02$，则
$$f_x(x,y)=yx^{y-1},f_x(1,2)=2,$$
$$f_y(x,y)=x^y\ln x,f_y(1,2)=0.$$
由公式(4)得
$$\begin{aligned}(1.04)^{2.02}&\approx f(1,2)+f_x(1,2)\times0.04+f_y(1,2)\times0.02\\&=1+2\times0.04+0\times0.02=1.08.\end{aligned}$$

（2）误差估计.

对一般的二元函数 $z=f(x,y)$，若已知自变量 x,y 的绝对误差限分别为 δ_x，δ_y，即$|\Delta x|\leqslant\delta_x$，$|\Delta y|\leqslant\delta_y$，则由 $z=f(x,y)$来计算函数值 z 所产生的误差为
$$|\Delta z|\approx|dz|=\left|\frac{\partial z}{\partial x}\Delta x+\frac{\partial z}{\partial y}\Delta y\right|\leqslant\left|\frac{\partial z}{\partial x}\right||\Delta x|+\left|\frac{\partial z}{\partial y}\right||\Delta y|\leqslant\left|\frac{\partial z}{\partial x}\right|\delta_x+\left|\frac{\partial z}{\partial y}\right|\delta_y,$$
称 $\delta_z=\left|\frac{\partial z}{\partial x}\right|\delta_x+\left|\frac{\partial z}{\partial y}\right|\delta_y$ 为变量 z 的绝对误差限，称$\frac{\delta_z}{|z|}=\left|\frac{1}{z}\frac{\partial z}{\partial x}\right|\delta_x+\left|\frac{1}{z}\frac{\partial z}{\partial y}\right|\delta_y$ 为变量 z 的相对误差限.

例 15　生产球面透镜的工厂，通过测量透镜的 h,r 的长度来检验球面半径 R 的长度，现测得 $h=(10\pm0.01)$cm，$r=(25\pm0.02)$cm，问由于测量 h,r 的误差而引起 R 的绝对误差与相对误差是多少？

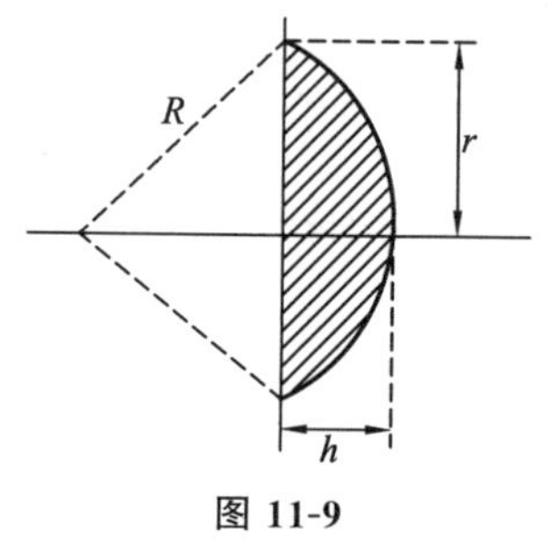

图 11-9

解　由球面透镜的剖面图（见图 11-9）的几何关系，不难推得　$R^2=(R-h)^2+r^2$，

从而有
$$R=\frac{1}{2}\left(h+\frac{r^2}{h}\right).$$

现取 $h=10,\delta_h=0.01,r=25,\delta_r=0.02$，有 $\frac{\partial R}{\partial h}=\frac{1}{2}\left(1-\frac{r^2}{h^2}\right),\frac{\partial R}{\partial r}=\frac{r}{h}$，从而得到 R 的绝对误差

$$\delta_R=\left|\frac{\partial R}{\partial h}\right|\delta_h+\left|\frac{\partial R}{\partial r}\right|\delta_r=\left|\frac{1}{2}\left(1-\frac{25^2}{10^2}\right)\right|\times 0.01+\frac{25}{10}\times 0.02\approx 0.076\ \mathrm{cm}.$$

由 $h=10,r=25$，可计算 R 的近似值

$$R\approx\frac{1}{2}\left(10+\frac{25^2}{10}\right)=36.25\ \mathrm{cm},$$

于是 R 的相对误差为

$$\frac{\delta_R}{R}=\frac{0.076}{36.25}=0.21\%.$$

11.2.3 多元复合函数微分法

1) 多元复合函数的一阶偏导数

对于一元函数的复合函数 $y=f[\varphi(x)]$，若函数 $y=f(u)$ 在点 u 处可导，而 $u=\varphi(x)$ 又在点 x 处可导，则有一元复合函数的微分法则

$$\frac{\mathrm{d}y}{\mathrm{d}x}=\frac{\mathrm{d}y}{\mathrm{d}u}\frac{\mathrm{d}u}{\mathrm{d}x}.$$

该法则可以用一张连锁图来反映它们的求导过程，如

$$y(\text{函数})\rightarrow u(\text{中间变量})\rightarrow x(\text{自变量}).$$

要求函数对自变量的导数，必须先通过中间变量，再由中间变量找到自变量，即简单表示成 $y'_x=y'_u u'_x$.

现在要把这一微分法则推广到多元复合函数的情形，建立多元复合函数的微分法则.

假设函数 $z=f(u,v)$ 通过中间变量 $u=\varphi(x,y)$ 及 $v=\psi(x,y)$ 而成为变量 x,y 的复合函数 $z=f[\varphi(x,y),\psi(x,y)]$.

先讨论中间变量是一元函数 $u=\varphi(t),v=\psi(t)$，而得到的关于变量 t 的复合函数 $z=f[\varphi(t),\psi(t)]$ 的微分公式.

定理 4 如果函数 $u=\varphi(t)$ 及 $v=\psi(t)$ 都在点 t 可导，函数 $z=f(u,v)$ 在对应点 (u,v) 具有连续偏导数，那么复合函数 $z=f[\varphi(t),\psi(t)]$ 在点 t 可导，且其导数可用下列公式计算：

$$\frac{\mathrm{d}z}{\mathrm{d}t}=\frac{\partial z}{\partial u}\frac{\mathrm{d}u}{\mathrm{d}t}+\frac{\partial z}{\partial v}\frac{\mathrm{d}v}{\mathrm{d}t}. \tag{5}$$

证 设 t 获得增量 Δt，这时 $u=\varphi(t),v=\psi(t)$ 的对应增量为 $\Delta u,\Delta v$，由此函数 $z=f(u,v)$ 相应地获得增量 Δz. 根据假定函数 $z=f(u,v)$ 在点 (u,v) 具有连续偏

导数，于是由式(3)得

$$\Delta z=\frac{\partial z}{\partial u}\Delta u+\frac{\partial z}{\partial v}\Delta v+\alpha\Delta u+\beta\Delta v,$$

这里当 $\Delta u\to 0,\Delta v\to 0$ 时，$\alpha\to 0,\beta\to 0$.

将上式两边各除以 Δt，得

$$\frac{\Delta z}{\Delta t}=\frac{\partial z}{\partial u}\frac{\Delta u}{\Delta t}+\frac{\partial z}{\partial v}\frac{\Delta v}{\Delta t}+\alpha\ \frac{\Delta u}{\Delta t}+\beta\ \frac{\Delta u}{\Delta t}.$$

因为当 $\Delta t\to 0$ 时，$\Delta u\to 0,\Delta v\to 0,\frac{\Delta u}{\Delta t}\to\frac{\mathrm{d}u}{\mathrm{d}t},\frac{\Delta v}{\Delta t}\to\frac{\mathrm{d}v}{\mathrm{d}t}$，所以

$$\lim_{\Delta t\to 0}\frac{\Delta z}{\Delta t}=\frac{\partial z}{\partial u}\frac{\mathrm{d}u}{\mathrm{d}t}+\frac{\partial z}{\partial v}\frac{\mathrm{d}v}{\mathrm{d}t}.$$

这就证明了复合函数 $z=f[\varphi(t),\psi(t)]$在点 t 可导，且导数可用公式(5)计算，证毕.

定理 4 告知函数 z 通过两个中间变量 u 和 v 依赖于自变量 t，所以它对自变量 t 的求导分别通过中间变量 u 和 v 找到 t，即

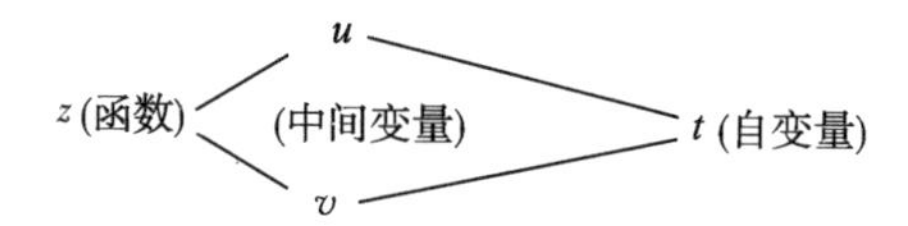

公式(5)就给出函数 z 对自变量 t 的求导过程.

这种画函数结构连锁图的方法可以帮助我们掌握多元复合函数的微分法则. 例如由函数 $z=f(u,v)$及 $u=\varphi(t),v=\psi(t)$复合而成的复合函数 $z=f[\varphi(t),\psi(t)]$，可以用“示意图”说明公式(5)中哪些是中间变量，哪些是自变量以及中间变量和自变量的个数，求 z 对 t 的导数就好像沿着图中的两条途径到达 t，即 z 先沿 u 到达 t，再加上沿 v 到达 t.

由于公式(5)中最终只含一个自变量，这时的导数称为全导数. 用同样的方法，可把定理 4 推广到复合函数的中间变量多于两个的情形.

推论　设 $z=f(u,v,w),u=\varphi(t),v=\psi(t),w=\omega(t)$复合而得复合函数 $z=f[\varphi(t),\psi(t),\omega(t)]$，若函数 $u=\varphi(t),v=\psi(t),w=\omega(t)$都在点 t 可导，$z=f(u,v,w)$在对应点(u,v,w)具有连续偏导数，则复合函数在点 t 可导，这时的连锁图为

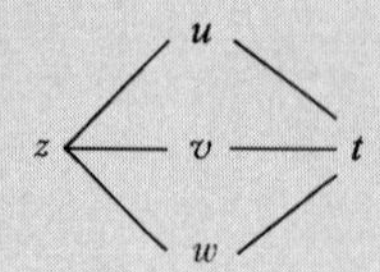

所以 z 对 t 的全导数计算公式为

$$\frac{\mathrm{d}z}{\mathrm{d}t}=\frac{\partial z}{\partial u}\frac{\mathrm{d}u}{\mathrm{d}t}+\frac{\partial z}{\partial v}\frac{\mathrm{d}v}{\mathrm{d}t}+\frac{\partial z}{\partial w}\frac{\mathrm{d}w}{\mathrm{d}t}. \tag{6}$$

上述定理还可以推广到中间变量是多元函数的情形，下面介绍的定理实际上是多元复合函数求导的基本定理.

定理 5 设函数 $u=\varphi(x,y),v=\psi(x,y)$ 在点 (x,y) 处存在偏导数，而函数 $z=f(u,v)$ 在对应点 (u,v) 处可微，则复合函数 $z=f[\varphi(x,y),\psi(x,y)]$ 在点 (x,y) 处的两个偏导数 $\frac{\partial z}{\partial x},\frac{\partial z}{\partial y}$ 存在，并有下列公式：

$$\begin{cases}\dfrac{\partial z}{\partial x}=\dfrac{\partial z}{\partial u}\dfrac{\partial u}{\partial x}+\dfrac{\partial z}{\partial v}\dfrac{\partial v}{\partial x},\\[2ex]\dfrac{\partial z}{\partial y}=\dfrac{\partial z}{\partial u}\dfrac{\partial u}{\partial y}+\dfrac{\partial z}{\partial v}\dfrac{\partial v}{\partial y}.\end{cases} \tag{7}$$

先来观察定理 5 中变量的结构连锁图

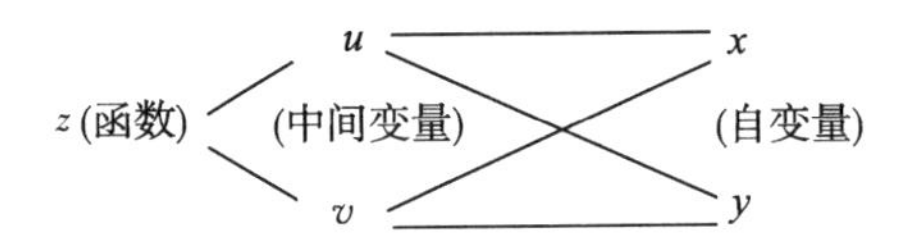

连锁图指明了有两个中间变量 u,v 和两个自变量以及 z 必须通过什么路径找到其与自变量 x,y 的依赖关系. 于是公式(7)给出了函数 z 对 x 和 y 的求导法.

证 给 x 以增量 Δx，让 y 保持不变，这时函数 $u=\varphi(x,y),v=\psi(x,y)$ 对 x 的偏增量分别为

$$\Delta_x u=\varphi(x+\Delta x,y)-\varphi(x,y),$$
$$\Delta_x v=\psi(x+\Delta x,y)-\psi(x,y).$$

因为函数 $u=\varphi(x,y),v=\psi(x,y)$ 对 x 的偏导数存在，由一元函数的可导必连续知道 $u=\varphi(x,y),v=\psi(x,y)$ 为 x 的连续函数，故当 $\Delta x\to 0$ 时，有 $\Delta_x u\to 0,\Delta_x v\to 0$. 又因为 $z=f(u,v)$ 在对应点 (u,v) 处可微，所以函数 $z=f(u,v)$ 在 (u,v) 处的全增量为

$$\Delta z=f(u+\Delta u,v+\Delta v)-f(u,v)=\frac{\partial z}{\partial u}\Delta u+\frac{\partial z}{\partial v}\Delta v+o(\rho),$$

其中 $o(\rho)$ 为 $\rho=\sqrt{(\Delta u)^2+(\Delta v)^2}\to 0$ 的高阶无穷小.

复合函数 $z=f[\varphi(x,y),\psi(x,y)]$ 在点 (x,y) 处对 x 的偏增量为

$$\begin{aligned}\Delta_x z&=f[\varphi(x+\Delta x,y),\psi(x+\Delta x,y)]-f[\varphi(x,y),\psi(x,y)]\\&=f(u+\Delta_x u,v+\Delta_x v)-f(u,v)=\frac{\partial z}{\partial u}\Delta_x u+\frac{\partial z}{\partial v}\Delta_x v+o(\rho),\end{aligned}$$

于是得
$$\frac{\Delta_x z}{\Delta x}=\frac{\partial z}{\partial u}\frac{\Delta_x u}{\Delta x}+\frac{\partial z}{\partial v}\frac{\Delta_x v}{\Delta x}+\frac{o(\rho)}{\Delta x}.$$

因为
$$\frac{o(\rho)}{\Delta x}=\frac{o(\rho)}{\rho}\frac{|\Delta x|}{\Delta x}\sqrt{\left(\frac{\Delta_x u}{\Delta x}\right)^2+\left(\frac{\Delta_x v}{\Delta x}\right)^2},$$
且当 $\Delta x \to 0$ 时，$\Delta_x u \to 0$，$\Delta_x v \to 0$，即
$$\rho=\sqrt{(\Delta_x u)^2+(\Delta_x v)^2}\to 0,$$
从而
$$\frac{o(\rho)}{\sqrt{(\Delta_x u)^2+(\Delta_x v)^2}}\to 0.$$
又因为 $\Delta x \to 0$ 时，
$$\sqrt{\left(\frac{\Delta_x u}{\Delta x}\right)^2+\left(\frac{\Delta_x v}{\Delta x}\right)^2}\to\sqrt{\left(\frac{\partial u}{\partial x}\right)^2+\left(\frac{\partial v}{\partial x}\right)^2},$$
所以$\frac{|\Delta x|}{\Delta x}\sqrt{\left(\frac{\Delta_x u}{\Delta x}\right)^2+\left(\frac{\Delta_x v}{\Delta x}\right)^2}$有界，故
$$\lim_{\Delta x\to 0}\frac{\Delta_x z}{\Delta x}=\frac{\partial z}{\partial u}\frac{\partial u}{\partial x}+\frac{\partial z}{\partial v}\frac{\partial v}{\partial x},$$
即
$$\frac{\partial z}{\partial x}=\frac{\partial z}{\partial u}\frac{\partial u}{\partial x}+\frac{\partial z}{\partial v}\frac{\partial v}{\partial x}.$$
同理可得
$$\frac{\partial z}{\partial y}=\frac{\partial z}{\partial u}\frac{\partial u}{\partial y}+\frac{\partial z}{\partial v}\frac{\partial v}{\partial y}.$$

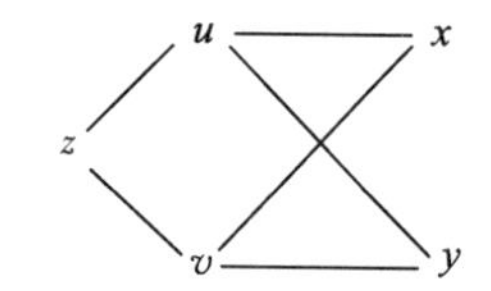

证毕.

从连锁图中可以发现两个规律：一是有几个自变量就有几个偏导数；二是有几个中间变量就有几项相加.

这个定理可以向两方面扩展：

(1) 设 $u=\varphi(x,y)$，$v=\psi(x,y)$ 及 $w=\omega(x,y)$ 都在点 (x,y) 具有对 x 及对 y 的偏导数，函数 $z=f(u,v,w)$ 在对应点 (u,v,w) 具有连续偏导数，则复合函数
$$z=f[\varphi(x,y),\psi(x,y),\omega(x,y)]$$
在点 (x,y) 的两个偏导数都存在，且可用下列公式计算：
$$\frac{\partial z}{\partial x}=\frac{\partial z}{\partial u}\frac{\partial u}{\partial x}+\frac{\partial z}{\partial v}\frac{\partial v}{\partial x}+\frac{\partial z}{\partial w}\frac{\partial w}{\partial x},$$
$$\frac{\partial z}{\partial y}=\frac{\partial z}{\partial u}\frac{\partial u}{\partial y}+\frac{\partial z}{\partial v}\frac{\partial v}{\partial y}+\frac{\partial z}{\partial w}\frac{\partial w}{\partial y},$$

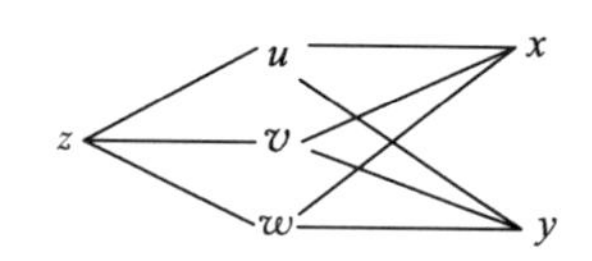

连锁图如右所示.

(2) 设 $u=\varphi(x,y,t)$，$v=\psi(x,y,t)$ 都在点 (x,y,t) 处具有偏导数，而 $z=f(u,v)$ 在点 (u,v) 处有连续偏导，则复合函数 $z=f[\varphi(x,y,t),\psi(x,y,t)]$ 对 x,y,t 的偏导数都存在且有
$$\frac{\partial z}{\partial x}=\frac{\partial z}{\partial u}\frac{\partial u}{\partial x}+\frac{\partial z}{\partial v}\frac{\partial v}{\partial x},$$

$$\frac{\partial z}{\partial y}=\frac{\partial z}{\partial u}\frac{\partial u}{\partial y}+\frac{\partial z}{\partial v}\frac{\partial v}{\partial y},$$

$$\frac{\partial z}{\partial t}=\frac{\partial z}{\partial u}\frac{\partial u}{\partial t}+\frac{\partial z}{\partial v}\frac{\partial v}{\partial t}.$$

它们的连锁图为

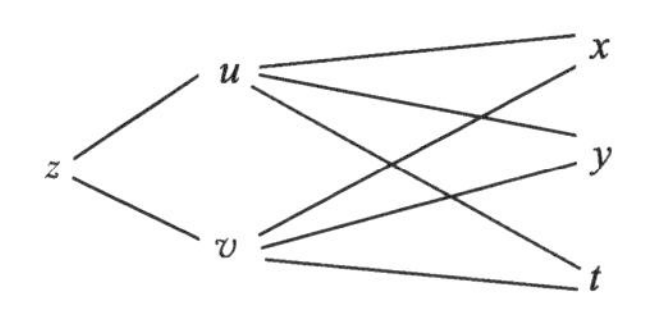

特别地，若 $z=f(u,x,y)$ 具有连续偏导数，而 $u=\varphi(x,y)$ 具有偏导数，则复合函数 $z=f[\varphi(x,y),x,y]$ 可看作上述情形中当 $v=x,w=y$ 的特殊情形，因此

$$\frac{\partial v}{\partial x}=1,\frac{\partial w}{\partial x}=0,$$

$$\frac{\partial v}{\partial y}=0,\frac{\partial w}{\partial y}=1.$$

因此，复合函数具有对自变量 x 及 y 的偏导数，且由公式得

$$\frac{\partial z}{\partial x}=\frac{\partial f}{\partial u}\frac{\partial u}{\partial x}+\frac{\partial f}{\partial v},$$

$$\frac{\partial z}{\partial y}=\frac{\partial f}{\partial u}\frac{\partial u}{\partial y}+\frac{\partial f}{\partial w}.$$

注意　这里 $\frac{\partial z}{\partial x}$ 与 $\frac{\partial f}{\partial x}$ 是不同的，$\frac{\partial z}{\partial x}$ 是把复合函数中的 y 看作不变而对 x 的偏导数，$\frac{\partial f}{\partial x}$ 是把 $f(u,x,y)$ 中的 u 及 y 看作不变而对 x 的偏导数，$\frac{\partial z}{\partial y}$ 与 $\frac{\partial f}{\partial y}$ 也有类似的差别.

例 16　设 $z=\mathrm{e}^{x-2y}$，$x=\sin t$，$y=t^3$，求 $\frac{\mathrm{d}z}{\mathrm{d}t}$.

解　令 $u=x-2y$，则函数 z 的全导数

$$\begin{aligned}\frac{\mathrm{d}z}{\mathrm{d}t}&=\frac{\mathrm{d}z}{\mathrm{d}u}\frac{\partial u}{\partial x}\frac{\mathrm{d}x}{\mathrm{d}t}+\frac{\mathrm{d}z}{\mathrm{d}u}\frac{\partial u}{\partial y}\frac{\mathrm{d}y}{\mathrm{d}t}=\mathrm{e}^u\cdot 1\cdot\cos t+\mathrm{e}^u\cdot(-2)\cdot 3t^2\\&=\mathrm{e}^{\sin t-2t^3}(\cos t-6t^2).\end{aligned}$$

此题的另一种求法是消去中间变量，即将中间变量代入函数，得

$$z=\mathrm{e}^{\sin t-2t^3}.$$

这时问题就转化成一元函数的求导问题，即

$$z_t=\mathrm{e}^{\sin t-2t^3}(\cos t-6t^2).$$

这种计算方法常用于求多元函数的全导数.

例 17　设 $z=\mathrm{e}^u\sin v$，而 $u=xy$，$v=x^2+y^2$，求 $\frac{\partial z}{\partial x}$ 和 $\frac{\partial z}{\partial y}$.

解 由复合函数微分法则,得

$$\frac{\partial z}{\partial x}=\frac{\partial z}{\partial u}\frac{\partial u}{\partial x}+\frac{\partial z}{\partial v}\frac{\partial v}{\partial x}=ye^u\sin v+2xe^u\cos v$$

$$=e^{xy}[y\sin(x^2+y^2)+2x\cos(x^2+y^2)].$$

$$\frac{\partial z}{\partial y}=xe^u\sin v+2ye^u\cos v=e^{xy}[x\sin(x^2+y^2)+2y\cos(x^2+y^2)].$$

此题也可以用消去中间变量法,这种方法常常用来检验题解的正确性.注意抽象函数不能用消去中间变量法.

例 18 设 $u=f(x,y,z)=e^{x^2+y^2+z^2}$,$z=x^2\sin y$,求$\frac{\partial u}{\partial x}$和$\frac{\partial u}{\partial y}$.

解 $$\frac{\partial u}{\partial x}=\frac{\partial f}{\partial x}+\frac{\partial f}{\partial z}\frac{\partial z}{\partial x}=2xe^{x^2+y^2+z^2}+2ze^{x^2+y^2+z^2}\cdot 2x\sin y$$

$$=2x(1+2x^2\sin^2 y)e^{x^2+y^2+x^4\sin^2 y},$$

$$\frac{\partial u}{\partial y}=\frac{\partial f}{\partial y}+\frac{\partial f}{\partial z}\frac{\partial z}{\partial y}=2ye^{x^2+y^2+z^2}+2ze^{x^2+y^2+z^2}x^2\cos y$$

$$=2(y+x^4\sin y\cos y)e^{x^2+y^2+x^4\sin^2 y}.$$

例 19 设 $z=f(u,v)$,$u=x^2-y^2$,$v=e^{xy}$,其中 f 有一阶连续偏导数,求$\frac{\partial z}{\partial x}$,$\frac{\partial z}{\partial y}$.

解 $$\frac{\partial z}{\partial x}=\frac{\partial f}{\partial u}\frac{\partial u}{\partial x}+\frac{\partial f}{\partial v}\frac{\partial v}{\partial x}=\frac{\partial f}{\partial u}\cdot 2x+\frac{\partial f}{\partial v}ye^{xy}=2xf_u+ye^{xy}f_v,$$

$$\frac{\partial z}{\partial y}=-2y\frac{\partial f}{\partial u}+xe^{xy}\frac{\partial f}{\partial v}=-2yf_u+xe^{xy}f_v.$$

2)多元复合函数的高阶偏导数

前面已经给出高阶偏导数的定义,这里通过一些具体的例子来说明求多元复合函数的高阶偏导数的方法.

例 20 设 $w=f(x+y+z,xyz)$,f 具有二阶连续偏导数,求$\frac{\partial w}{\partial x}$及$\frac{\partial^2 w}{\partial x\partial z}$.

解 令 $u=x+y+z$,$v=xyz$,则 $w=f(u,v)$.

为表达简便起见,引入以下记号:

$$f_1'=\frac{\partial f(u,v)}{\partial u},f_{12}''=\frac{\partial^2 f(u,v)}{\partial u\partial v},$$

这里下标 1 表示对第一个变量 u 求偏导数,下标 2 表示对第二个变量 v 求偏导数.同理有 f_{12}'',f_{11}'',f_{22}''等.

因所给函数由 $w=f(u,v)$及 $u=x+y+z$,$v=xyz$ 复合而成,根据复合函数求导法则,有

$$\frac{\partial w}{\partial x}=\frac{\partial f}{\partial u}\frac{\partial u}{\partial x}+\frac{\partial f}{\partial v}\frac{\partial v}{\partial x}=f_1'+yzf_2',$$

$$\frac{\partial^2 w}{\partial x\partial z}=\frac{\partial}{\partial z}(f_1'+yzf_2')=\frac{\partial f_1'}{\partial z}+yf_2'+yz\frac{\partial f_2'}{\partial z}.$$

在求$\frac{\partial f_1'}{\partial z}$及$\frac{\partial f_2'}{\partial z}$时，应注意 f_1'及 f_2'仍旧是 u,v 的函数，而 u,v 仍是 x,y 的函数，即 f_1'及 f_2'与函数 f 具有相同的中间变量与自变量，有

$$\frac{\partial f_1'}{\partial z}=\frac{\partial f_1'}{\partial u}\frac{\partial u}{\partial z}+\frac{\partial f_1'}{\partial v}\frac{\partial v}{\partial z}=f_{11}''+xyf_{12}'',$$

$$\frac{\partial f_2'}{\partial z}=\frac{\partial f_2'}{\partial u}\frac{\partial u}{\partial z}+\frac{\partial f_2'}{\partial v}\frac{\partial v}{\partial z}=f_{21}''+xyf_{22}''.$$

于是

$$\begin{aligned}\frac{\partial^2 w}{\partial x\partial z}&=f_{11}''+xyf_{12}''+yf_2'+yzf_{21}''+xy^2zf_{22}''\\&=f_{11}''+y(x+z)f_{12}''+xy^2zf_{22}''+yf_2'.\end{aligned}$$

例 21 设 $z=xf(2x+3y,xy)$，其中函数 f 具有二阶连续偏导数，求$\frac{\partial^2 z}{\partial x\partial y}$.

解 令 $u=2x+3y,v=xy$，于是

$$\frac{\partial z}{\partial x}=f(u,v)+x\left(f_1'\frac{\partial u}{\partial x}+f_2'\frac{\partial v}{\partial x}\right)=f(u,v)+2xf_1'+xyf_2',$$

$$\begin{aligned}\frac{\partial^2 z}{\partial x\partial y}&=\frac{\partial}{\partial y}[f(u,v)+2xf_1'+xyf_2']=\frac{\partial}{\partial y}f(u,v)+2x\frac{\partial}{\partial y}f_1'+x\frac{\partial}{\partial y}(yf_2')\\&=f_1'\frac{\partial u}{\partial y}+f_2'\frac{\partial v}{\partial y}+2x\left(f_{11}''\frac{\partial u}{\partial y}+f_{12}''\frac{\partial v}{\partial y}\right)+x\left[f_2'+y\left(f_{21}''\frac{\partial u}{\partial y}+f_{22}''\frac{\partial v}{\partial y}\right)\right]\\&=3f_1'+xf_2'+2x(3f_{11}''+xf_{12}'')+x[f_2'+y(3f_{21}''+xf_{22}'')]\\&=3f_1'+2xf_2'+6xf_{11}''+(2x^2+3xy)f_{12}''+x^2yf_{22}''.\end{aligned}$$

例 22 设 $z=f(x,y)$具有二阶连续偏导数，在极坐标变换下证明

$$\frac{\partial^2 z}{\partial x^2}+\frac{\partial^2 z}{\partial y^2}=\frac{\partial^2 z}{\partial r^2}+\frac{1}{r}\frac{\partial z}{\partial r}+\frac{1}{r^2}\frac{\partial^2 z}{\partial \theta^2}.$$

证 因为 z 是 x,y 的函数，而在极坐标系下，$x=r\cos\theta,y=r\sin\theta$，所以 z 是 r,θ 的复合函数，由复合函数微分法则，得

$$\frac{\partial z}{\partial r}=\frac{\partial z}{\partial x}\frac{\partial x}{\partial r}+\frac{\partial z}{\partial y}\frac{\partial y}{\partial r}=\frac{\partial z}{\partial x}\cos\theta+\frac{\partial z}{\partial y}\sin\theta,$$

$$\frac{\partial z}{\partial \theta}=\frac{\partial z}{\partial x}\frac{\partial x}{\partial \theta}+\frac{\partial z}{\partial y}\frac{\partial y}{\partial \theta}=\frac{\partial z}{\partial x}(-r\sin\theta)+\frac{\partial z}{\partial y}(r\cos\theta).$$

再求二阶偏导数，得

$$\begin{aligned}\frac{\partial^2 z}{\partial r^2}&=\frac{\partial}{\partial r}\left(\frac{\partial z}{\partial r}\right)=\frac{\partial}{\partial r}\left(\frac{\partial z}{\partial x}\cos\theta+\frac{\partial z}{\partial y}\sin\theta\right)=\left(\frac{\partial^2 z}{\partial x^2}\cos\theta+\frac{\partial^2 z}{\partial x\partial y}\sin\theta\right)\cos\theta+\\&\quad\left(\frac{\partial^2 z}{\partial y\partial x}\cos\theta+\frac{\partial^2 z}{\partial y^2}\sin\theta\right)\sin\theta=\frac{\partial^2 z}{\partial x^2}\cos^2\theta+2\frac{\partial^2 z}{\partial x\partial y}\sin\theta\cos\theta+\frac{\partial^2 z}{\partial y^2}\sin^2\theta,\end{aligned}$$

$$\frac{\partial^2 z}{\partial \theta^2}=\frac{\partial}{\partial \theta}\left(\frac{\partial z}{\partial \theta}\right)=\frac{\partial}{\partial \theta}\left[\frac{\partial z}{\partial x}(-r\sin\theta)+\frac{\partial z}{\partial y}(r\cos\theta)\right]$$

$$=\left[\frac{\partial^2 z}{\partial x^2}(-r\sin\theta)+\frac{\partial^2 z}{\partial x\partial y}(r\cos\theta)\right](-r\sin\theta)-r\frac{\partial z}{\partial x}\cos\theta+$$

$$\left[\frac{\partial^2 z}{\partial y\partial x}(-r\sin\theta)+\frac{\partial^2 z}{\partial y^2}(r\cos\theta)\right](r\cos\theta)-r\frac{\partial z}{\partial y}\sin\theta$$

$$=\frac{\partial^2 z}{\partial x^2}r^2\sin^2\theta-2\frac{\partial^2 z}{\partial x\partial y}r^2\sin\theta\cos\theta+\frac{\partial^2 z}{\partial y^2}r^2\cos^2\theta-r\frac{\partial z}{\partial x}\cos\theta-r\frac{\partial z}{\partial y}\sin\theta.$$

因此 $\frac{\partial^2 z}{\partial r^2}+\frac{1}{r}\frac{\partial z}{\partial r}+\frac{1}{r^2}\frac{\partial^2 z}{\partial\theta^2}=\frac{\partial^2 z}{\partial x^2}(\cos^2\theta+\sin^2\theta)+\frac{\partial^2 z}{\partial y^2}(\sin^2\theta+\cos^2\theta)$

$$=\frac{\partial^2 z}{\partial x^2}+\frac{\partial^2 z}{\partial y^2}.$$

3）全微分形式不变性

在一元函数中，已知 $dy=y_u du$ 不论 u 是自变量还是中间变量，dy 总可以用 $y_u du$ 表示出来，称为微分形式的不变性，这个性质在多元函数中也一样成立.

设函数 $z=f(u,v)$ 具有连续偏导数，则有全微分

$$dz=\frac{\partial z}{\partial u}du+\frac{\partial z}{\partial v}dv.$$

若 u,v 又是 x,y 的函数 $u=\varphi(x,y)$，$v=\psi(x,y)$，且这两个函数也具有连续偏导数，则复合函数 $z=f[\varphi(x,y),\psi(x,y)]$ 的全微分为

$$dz=\frac{\partial z}{\partial x}dx+\frac{\partial z}{\partial y}dy,$$

其中 $\frac{\partial z}{\partial x}$ 及 $\frac{\partial z}{\partial y}$ 由公式(7)给出. 把公式(7)中的 $\frac{\partial z}{\partial x}$ 及 $\frac{\partial z}{\partial y}$ 代入上式，得

$$dz=\left(\frac{\partial z}{\partial u}\frac{\partial u}{\partial x}+\frac{\partial z}{\partial v}\frac{\partial v}{\partial x}\right)dx+\left(\frac{\partial z}{\partial u}\frac{\partial u}{\partial y}+\frac{\partial z}{\partial v}\frac{\partial v}{\partial y}\right)dy$$

$$=\frac{\partial z}{\partial u}\left(\frac{\partial u}{\partial x}dx+\frac{\partial u}{\partial y}dy\right)+\frac{\partial z}{\partial v}\left(\frac{\partial v}{\partial x}dx+\frac{\partial v}{\partial y}dy\right)=\frac{\partial z}{\partial u}du+\frac{\partial z}{\partial v}dv.$$

由此可见，无论 z 是自变量 u,v 的函数或中间变量 u,v 的函数，它的全微分形式是一样的. 这个性质称为全微分形式不变性.

例 23 设 $z=f(x^2-y^2,e^{xy})$，其中 f 具有一阶连续偏导数，利用全微分形式不变性求 $dz,\frac{\partial z}{\partial x},\frac{\partial z}{\partial y}$.

解 $dz=df(x^2-y^2,e^{xy})=f'_1d(x^2-y^2)+f'_2de^{xy}$

$$=f'_1(2xdx-2ydy)+f'_2e^{xy}d(xy)$$

$$=2xf'_1dx-2yf'_1dy+f'_2e^{xy}(ydx+xdy)$$

$$=(2xf'_1+ye^{xy}f'_2)dx+(-2yf'_1+xe^{xy}f'_2)dy,$$

于是 $\frac{\partial z}{\partial x}=2xf'_1+ye^{xy}f'_2$，$\frac{\partial z}{\partial x}=-2yf'_1+xe^{xy}f'_2$.

11.2.4 隐函数的求导公式

1) 一个方程所确定的隐函数的微分法

在第 2 章导数与微分中已经给出隐函数的概念,并且指出所谓隐函数是由方程

$$F(x,y)=0 \tag{8}$$

确定的一个函数 $y=f(x)$,此函数在某一区间上满足 $F[x,f(x)]\equiv 0$.

需要注意的是,并不是任何方程 $F(x,y)=0$ 都能确定 y 为 x 的函数,只有在一定的条件下,由 $F(x,y)=0$ 才能确定 y 为 x 的函数,这就是下面要介绍的隐函数存在定理.

定理 6(隐函数存在定理 1) 设函数 $F(x,y)$ 在点 (x_0,y_0) 的某邻域内具有连续的偏导数 $F_x(x,y),F_y(x,y)$,且 $F(x_0,y_0)=0,F_y(x_0,y_0)\neq 0$,则

(1) 方程 $F(x,y)=0$ 在点 (x_0,y_0) 的某一邻域内恒能唯一确定一个单值连续的隐函数 $y=f(x)$,当 $x=x_0$ 时,$y_0=f(x_0)$.

(2) $f(x)$ 存在连续的导数,且有 $\dfrac{\mathrm{d}y}{\mathrm{d}x}=-\dfrac{F_x(x,y)}{F_y(x,y)}$. (9)

公式(9)就是隐函数的求导公式.

这个定理证明从略,仅对公式(9)作如下解释.

将方程(8)所确定的函数 $y=f(x)$ 代入方程(8)得恒等式

$$F[x,f(x)]\equiv 0,$$

其左端可以看作 x 的一个复合函数,求这个函数的全导数,由于恒等式两端求导后仍然恒等,即得

$$\frac{\partial F}{\partial x}+\frac{\partial F}{\partial y}\frac{\mathrm{d}y}{\mathrm{d}x}=0.$$

由于 F_y 连续,且 $F_y(x_0,y_0)\neq 0$,所以存在 (x_0,y_0) 的一个邻域,在这个邻域内 $F_y\neq 0$,于是得 $\dfrac{\mathrm{d}y}{\mathrm{d}x}=-\dfrac{F_x(x,y)}{F_y(x,y)}$.

注意公式(9)中 $F_x(x,y),F_y(x,y)$ 并将 $F(x,y)$ 视为 x,y 的二元函数分别对 x 和 y 求偏导.

若 $F(x,y)$ 的二阶偏导数也都连续,把公式(9)的两端看作 x 的复合函数,再一次求导,则得

$$\begin{aligned}\frac{\mathrm{d}^2y}{\mathrm{d}x^2}&=\frac{\partial}{\partial x}\left(-\frac{F_x}{F_y}\right)+\frac{\partial}{\partial y}\left(-\frac{F_x}{F_y}\right)\frac{\mathrm{d}y}{\mathrm{d}x}\\&=-\frac{F_{xx}F_y-F_{yx}F_x}{F_y^2}-\frac{F_{xy}F_y-F_{yy}F_x}{F_y^2}\left(-\frac{F_x}{F_y}\right)\end{aligned}$$

$$=-\frac{F_{xx}F_y^2-2F_{xy}F_xF_y+F_{yy}F_x^2}{F_y^3}.$$

例 24 验证方程 $x^2+y^2-1=0$ 在点(0,1)的某一邻域内能唯一确定一个单值且连续的导数.当 $x=0$ 时,$y=1$ 的隐函数 $y=f(x)$,并求这个函数在 $x=0$ 处的一阶与二阶导数.

解 设 $F(x,y)=x^2+y^2-1$,则 $F_x=2x,F_y=2y,F(0,1)=0,F_y(0,1)=2\neq0$,满足定理 6,因此方程 $x^2+y^2-1=0$ 在点(0,1)的某一邻域内能唯一确定一个单值且连续的导数,当 $x=0$ 时,$y=1$ 的函数 $y=f(x)$.

下面求这函数的一阶及二阶导数:

$$\frac{\mathrm{d}y}{\mathrm{d}x}=-\frac{F_x}{F_y}=-\frac{x}{y},\left.\frac{\mathrm{d}y}{\mathrm{d}x}\right|_{x=0}=0;$$

$$\frac{\mathrm{d}^2y}{\mathrm{d}x^2}=-\frac{y-xy'}{y^2}=-\frac{y-x\left(-\frac{x}{y}\right)}{y^2}=-\frac{y^2+x^2}{y^3}=-\frac{1}{y^3},\ \left.\frac{\mathrm{d}^2y}{\mathrm{d}x^2}\right|_{x=0}=-1.$$

与定理 6 一样,三元方程 $F(x,y,z)=0$ 在一定的条件下可以确定一个二元隐函数 $z=f(x,y)$,且有类似于公式(9)的二元函数的偏导数的公式.

定理 7(隐函数存在定理 2) 设函数 $F(x,y,z)$ 在点 (x_0,y_0,z_0) 的某邻域内具有连续的偏导数,且 $F(x_0,y_0,z_0)=0,F_z(x_0,y_0,z_0)\neq0$,则

(1) 在 (x_0,y_0) 的某邻域内,方程 $F(x,y,z)=0$ 能唯一确定一个单值连续的隐函数 $z=f(x,y)$,当 $x=x_0,y=y_0$ 时,$z_0=f(x_0,y_0)$.

(2) $f(x,y)$ 存在连续的偏导数,且有

$$\frac{\partial z}{\partial x}=-\frac{F_x(x,y,z)}{F_z(x,y,z)},\frac{\partial z}{\partial y}=-\frac{F_y(x,y,z)}{F_z(x,y,z)}. \tag{10}$$

公式(10)是求二元隐函数的偏导数公式.与定理 6 类似,这个定理证明从略,仅对公式(10)作如下解释.若函数 $F(x,y,z)$ 满足定理 7 的条件,则由方程 $F(x,y,z)=0$ 定义了隐函数 $z=f(x,y)$,将它代入方程 $F(x,y,z)=0$ 中,就得到恒等式

$$F[x,y,f(x,y)]\equiv0,$$

应用复合函数求导法则,将上式两端分别对 x,y 求偏导数,得

$$F_x+F_z\frac{\partial z}{\partial x}=0,\ F_y+F_z\frac{\partial z}{\partial y}=0.$$

由于偏导数 $F_z(x,y,z)$ 连续,且 $F_z(x_0,y_0,z_0)\neq0$,所以存在点 (x_0,y_0,z_0) 的某一邻域,在这个邻域内 $F_z(x,y,z)\neq0$,于是有

$$\frac{\partial z}{\partial x}=-\frac{F_x(x,y,z)}{F_z(x,y,z)},\ \frac{\partial z}{\partial y}=-\frac{F_y(x,y,z)}{F_z(x,y,z)}.$$

例 25 设 $2x^2+y^2+z^2-2z=0$ 确定隐函数 $z=f(x,y)$，求 $\frac{\partial^2 z}{\partial x^2}$.

解 设 $F(x,y,z)=2x^2+y^2+z^2-2z$，则有

$$F_x=4x,\ F_z=2z-2,$$

所以
$$\frac{\partial z}{\partial x}=-\frac{F_x}{F_z}=-\frac{4x}{2z-2}=\frac{2x}{1-z}.$$

再对 x 求一次偏导数，得

$$\frac{\partial^2 z}{\partial x^2}=\frac{2(1-z)+2x\cdot\frac{\partial z}{\partial x}}{(1-z)^2}=\frac{2(1-z)+2x\cdot\frac{2x}{1-z}}{(1-z)^2}=\frac{2(1-z)^2+4x^2}{(1-z)^3}.$$

例 26 设 z 是由方程 $F\left(\frac{z}{x},\frac{z}{y}\right)=0$ 所确定的 x,y 的隐函数，其中 $F\left(\frac{z}{x},\frac{z}{y}\right)$ 为可微函数，求 $\frac{\partial z}{\partial x},\frac{\partial z}{\partial y}$.

解 设 $u=\frac{z}{x},v=\frac{z}{y}$，于是

$$F_x=F_1'\cdot u_x+F_2'\cdot v_x=-\frac{z}{x^2}F_1',$$

$$F_y=F_1'\cdot u_y+F_2'\cdot v_y=-\frac{z}{y^2}F_2',$$

$$F_z=F_1'\cdot u_z+F_2'\cdot v_z=\frac{1}{x}F_1'+\frac{1}{y}F_2'.$$

由二元隐函数求偏导数的公式(10)得

$$\frac{\partial z}{\partial x}=-\frac{F_x}{F_z}=-\frac{-\frac{z}{x^2}F_1'}{\frac{1}{x}F_1'+\frac{1}{y}F_2'}=\frac{yzF_1'}{x(yF_1'+xF_2')},$$

$$\frac{\partial z}{\partial y}=-\frac{F_y}{F_z}=-\frac{-\frac{z}{y^2}F_2'}{\frac{1}{x}F_1'+\frac{1}{y}F_2'}=\frac{xzF_2'}{y(yF_1'+xF_2')}.$$

2) 方程组所确定的隐函数的微分法

下面研究更一般的情形. 设

$$\begin{cases}F(x,y,u,v)=0,\\ G(x,y,u,v)=0,\end{cases}\tag{11}$$

是由四个变量组成的两个方程，所以其中有两个变量可以独立变化(代数中称为自由未知量)，方程组(11)在下面给出的条件下就可以确定两个二元函数.

定理 8(隐函数存在定理 3)　设函数 $F(x,y,u,v)$ 及 $G(x,y,u,v)$ 在点 (x_0,y_0,u_0,v_0) 的某邻域内对各个变量具有连续的偏导数，又 $F(x_0,y_0,u_0,v_0)=0$，$G(x_0,y_0,u_0,v_0)=0$，且函数行列式(称为雅可比(Jacobi)行列式)

$$J=\frac{\partial(F,G)}{\partial(u,v)}=\begin{vmatrix}\frac{\partial F}{\partial u} & \frac{\partial F}{\partial v}\\ \frac{\partial G}{\partial u} & \frac{\partial G}{\partial v}\end{vmatrix}$$

在点 (x_0,y_0,u_0,v_0) 不等于零，则

(1) 由方程组

$$\begin{cases}F(x,y,u,v)=0,\\ G(x,y,u,v)=0\end{cases}$$

在点 (x_0,y_0) 的某邻域内恒能唯一确定一组单值连续的函数

$$u=u(x,y),v=v(x,y),$$

它们满足 $u_0=u(x_0,y_0)$，$v_0=v(x_0,y_0)$.

(2) 函数 $u(x,y)$，$v(x,y)$ 存在连续的偏导数，且有

$$\begin{aligned}\frac{\partial u}{\partial x}&=-\frac{1}{J}\frac{\partial(F,G)}{\partial(x,v)}=-\frac{1}{J}\begin{vmatrix}F_x & F_v\\ G_x & G_v\end{vmatrix},\\ \frac{\partial v}{\partial x}&=-\frac{1}{J}\frac{\partial(F,G)}{\partial(u,x)}=-\frac{1}{J}\begin{vmatrix}F_u & F_x\\ G_u & G_x\end{vmatrix},\\ \frac{\partial u}{\partial y}&=-\frac{1}{J}\frac{\partial(F,G)}{\partial(y,v)}=-\frac{1}{J}\begin{vmatrix}F_y & F_v\\ G_y & G_v\end{vmatrix},\\ \frac{\partial v}{\partial y}&=-\frac{1}{J}\frac{\partial(F,G)}{\partial(u,y)}=-\frac{1}{J}\begin{vmatrix}F_u & F_y\\ G_u & G_y\end{vmatrix}.\end{aligned}\tag{12}$$

这个定理证明从略，与前面定理类似，对公式(12)作如下解释.

由于

$$\begin{cases}F[x,y,u(x,y),v(x,y)]\equiv 0,\\ G[x,y,u(x,y),v(x,y)]\equiv 0,\end{cases}$$

应用复合函数求导法则，将恒等式两端分别对 x 求偏导数，得到关于 $\frac{\partial u}{\partial x}$，$\frac{\partial v}{\partial x}$ 的线性方程组

$$\begin{cases}F_x+F_u\frac{\partial u}{\partial x}+F_v\frac{\partial v}{\partial x}=0,\\ G_x+G_u\frac{\partial u}{\partial x}+G_v\frac{\partial v}{\partial x}=0.\end{cases}$$

由定理 8 的条件可知在点(x_0,y_0,u_0,v_0)的某邻域内系数行列式

$$J=\begin{vmatrix} F_u & F_v \\ G_u & G_v \end{vmatrix}\neq 0,$$

从而可以解得

$$\frac{\partial u}{\partial x}=-\frac{1}{J}\frac{\partial(F,G)}{\partial(x,v)},\ \frac{\partial v}{\partial x}=-\frac{1}{J}\frac{\partial(F,G)}{\partial(u,x)}.$$

同理可求得

$$\frac{\partial u}{\partial y}=-\frac{1}{J}\frac{\partial(F,G)}{\partial(y,v)},\frac{\partial v}{\partial y}=-\frac{1}{J}\frac{\partial(F,G)}{\partial(u,y)}.$$

例 27 设$\begin{cases} xu-yv=0, \\ yu+xv=1, \end{cases}$求$\frac{\partial u}{\partial x},\frac{\partial u}{\partial y},\frac{\partial v}{\partial x}$和$\frac{\partial v}{\partial y}$.

解 注意到 u,v 都是 x,y 的函数,将所给的方程组的两边对 x 求偏导数,整理移项后得

$$\begin{cases} x\dfrac{\partial u}{\partial x}-y\dfrac{\partial v}{\partial x}=-u, \\ y\dfrac{\partial u}{\partial x}+x\dfrac{\partial v}{\partial x}=-v. \end{cases}$$

关于$\frac{\partial u}{\partial x},\frac{\partial v}{\partial x}$的线性非齐次方程组的系数行列式是$\begin{vmatrix} x & -y \\ y & x \end{vmatrix}$.

当 $J=\begin{vmatrix} x & -y \\ y & x \end{vmatrix}=x^2+y^2\neq 0$ 时,有

$$\frac{\partial u}{\partial x}=\frac{\begin{vmatrix} -u & -y \\ -v & x \end{vmatrix}}{J}=-\frac{xu+yv}{x^2+y^2},$$

$$\frac{\partial v}{\partial x}=\frac{\begin{vmatrix} x & -u \\ y & -v \end{vmatrix}}{J}=\frac{yu-xv}{x^2+y^2}.$$

同理将所给方程组的两边对 y 求偏导数,用相同的方法,当 $J=x^2+y^2\neq 0$ 时,求得

$$\frac{\partial u}{\partial y}=\frac{xv-yu}{x^2+y^2},\ \frac{\partial v}{\partial y}=-\frac{xu+yv}{x^2+y^2}.$$

例 28 设函数 $x=x(u,v)$,$y=y(u,v)$在点(u,v)的某一邻域内连续且有连续偏导数,又$\frac{\partial(x,y)}{\partial(u,v)}\neq 0$.

(1) 证明方程组

$$\begin{cases} x=x(u,v), \\ y=y(u,v) \end{cases}$$

在点(x,y,u,v)的某一邻域内唯一确定一组单值连续且具有连续偏导数的反函数$u=u(x,y),v=v(x,y)$.

(2) 求反函数$u=u(x,y),v=v(x,y)$对x,y的偏导数.

解　(1) 将方程组改写成

$$\begin{cases}F(x,y,u,v)=x-x(u,v)=0,\\G(x,y,u,v)=y-y(u,v)=0,\end{cases}$$

则按假设

$$J=\frac{\partial(F,G)}{\partial(u,v)}=\frac{\partial(x,y)}{\partial(u,v)}\neq 0.$$

由定理8即得到所要证明的结论.

(2) 将反函数$u=u(x,y),v=v(x,y)$代入原方程组

$$\begin{cases}x\equiv x[u(x,y),v(x,y)],\\y\equiv y[u(x,y),v(x,y)].\end{cases}$$

应用复合函数求偏导数法则,将上面恒等式两端对x求导,得

$$\begin{cases}1=\dfrac{\partial x}{\partial u}\dfrac{\partial u}{\partial x}+\dfrac{\partial x}{\partial v}\dfrac{\partial v}{\partial x},\\0=\dfrac{\partial y}{\partial u}\dfrac{\partial u}{\partial x}+\dfrac{\partial y}{\partial v}\dfrac{\partial v}{\partial x}.\end{cases}$$

由于

$$J=\begin{vmatrix}\dfrac{\partial x}{\partial u} & \dfrac{\partial x}{\partial v}\\ \dfrac{\partial y}{\partial u} & \dfrac{\partial y}{\partial v}\end{vmatrix}=\frac{\partial(x,y)}{\partial(u,v)}\neq 0,$$

故可解得

$$\frac{\partial u}{\partial x}=\frac{1}{J}\frac{\partial y}{\partial v},\frac{\partial v}{\partial x}=-\frac{1}{J}\frac{\partial y}{\partial u}.$$

同理可求得

$$\frac{\partial u}{\partial y}=-\frac{1}{J}\frac{\partial x}{\partial v},\frac{\partial v}{\partial y}=\frac{1}{J}\frac{\partial x}{\partial u}.$$

习题 11-2

1. 求出下列函数的偏导数:

(1) $z=xy+\dfrac{x}{y}$;

(2) $z=\dfrac{x}{\sqrt{x^2+y^2}}$;

(3) $z=\arctan(x-y^2)$;

(4) $z=x\sin(x+y)$;

(5) $z=\tan\dfrac{x^2}{y}$;

(6) $z=(1+xy)^y$;

(7) $u=(xy)^z$;

(8) $u=\left(\dfrac{x}{y}\right)^z$;

(9) $u=e^{x(x^2+y^2+z^2)}$;

(10) $u=\arctan(x-y)^z$.

2. 设 $f(x,y,z)=\ln(xy+z)$,求 $f_x(1,2,0)$,$f_y(1,2,0)$,$f_z(1,2,0)$.

3. 设 $z=xy+xe^{\frac{y}{x}}$,证明:$x\frac{\partial z}{\partial x}+y\frac{\partial z}{\partial y}=xy+z$.

4. 设 $f(x,y)=\sqrt{x^2+y^4}$,求 $f_x(x,1)$.

5. 求曲线 $\begin{cases} z=\sqrt{1+x^2+y^2}, \\ x=1 \end{cases}$ 在点$(1,1,\sqrt{3})$处的切线与 y 轴正向所成的角度.

6. 求下列函数的二阶偏导数$\frac{\partial^2 z}{\partial x^2}$,$\frac{\partial^2 z}{\partial y^2}$和$\frac{\partial^2 z}{\partial x\partial y}$:

(1) $z=\sqrt{2xy+y^2}$;

(2) $z=\arctan\frac{x+y}{1-xy}$;

(3) $z=y^x$;

(4) $z=\sin^2(ax+by)$.

7. 设 $u=x^\alpha y^\beta z^\gamma$,求$\frac{\partial^3 u}{\partial x\partial y\partial z}$.

8. 如果 $u=z\arctan\frac{x}{y}$,证明:$\frac{\partial^2 u}{\partial x^2}+\frac{\partial^2 u}{\partial y^2}+\frac{\partial^2 u}{\partial z^2}=0$.

9. 求下列函数的全微分:

(1) $z=x^2y^3$;

(2) $z=\frac{x^2-y^2}{x^2+y^2}$;

(3) $z=yx^y$;

(4) $z=\sin^2 x+\cos^2 y$;

(5) $z=\arctan\frac{y}{x}+\arctan\frac{x}{y}$;

(6) $u=\left(xy+\frac{x}{y}\right)^z$.

10. 如果 $f(x,y,z)=\frac{z}{\sqrt{x^2+y^2}}$,求 $\mathrm{d}f(3,4,5)$.

11. 求当 $x=2$,$y=1$,$\Delta x=0.01$,$\Delta y=0.03$ 时,函数 $z=\frac{xy}{x^2+y^2}$的全增量与全微分.

12. 求函数 $u=z\sqrt{\frac{x}{y}}$在点 $M_0(1,1,1)$处的全微分.

13. 利用全微分,求下列各式的近似值:

(1) $1.002\times(2.003)^2\times(3.004)^3$;

(2) $\sqrt{(1.02)^3+(1.97)^3}$.

14. 测定三角形的边 $a=200$ m,其最大误差为 2 m,测得边 $b=300$ m,最大误差为 5 m,测得边 a 和 b 的夹角$\angle C=60°$,最大误差 1°,求第三边 c 产生的最大误差.

15. 有半径 $R=5$ cm,高 $H=20$ cm 的金属圆柱体 100 个,现在要把圆柱表面镀一层厚度为 0.05 cm 的镍,估计需要多少镍?(镍的密度 $\gamma=8.8\ \mathrm{g/cm^3}$)

16. 证明:两个函数之和的绝对误差等于它们各自的绝对误差之和.

17. 证明:两个函数乘积的相对误差等于各个因式相对误差之和.

18. 设函数 $z=\frac{y}{x}$,$x=e^t$,$y=1-e^{2t}$,求$\frac{\mathrm{d}z}{\mathrm{d}t}$.

19. 设 $z=u^2v-uv^2$，$u=x\cos y$，$v=x\sin y$，求$\frac{\partial z}{\partial x}$，$\frac{\partial z}{\partial y}$.

20. 设 $z=\arctan(xy)$，$y=e^x$，求$\frac{dz}{dx}$.

21. 设 $u=\frac{1}{x}f\left(\frac{y}{x}\right)$，验证：$x\frac{\partial u}{\partial x}+y\frac{\partial u}{\partial y}+u=0$.

22. 求下列函数的一阶偏导数(其中 f 具有一阶连续偏导数)：

(1) $u=f(x^2+y^2+z^2)$；　　(2) $u=f\left(\frac{x}{y},\frac{y}{z}\right)$；

(3) $u=f(x^2+y^2,xy,xyz)$.

23. 求下列函数的二阶偏导数(其中 f 具有二阶连续偏导数)：

(1) $z=f\left(x,\frac{x}{y}\right)$；　　(2) $z=f(xy^2,x^2y)$.

24. 设 $z=xy+xF(u)$，$u=\frac{y}{x}$，F 是可微函数，证明：$x\frac{\partial z}{\partial x}+y\frac{\partial z}{\partial y}=z+xy$.

25. 设 f 具有二阶连续偏导数，φ 为可微函数，如果 $z=f[x+\varphi(y)]$，证明：$\frac{\partial z}{\partial x}\frac{\partial^2 z}{\partial x\partial y}=\frac{\partial z}{\partial y}\frac{\partial^2 z}{\partial x^2}$.

26. 设函数 φ,ψ 具有二阶连续偏导数，证明：函数 $z=x\varphi\left(\frac{y}{x}\right)+\psi\left(\frac{y}{z}\right)$，满足方程 $x^2\frac{\partial^2 z}{\partial x^2}+2xy\frac{\partial^2 z}{\partial x\partial y}+y^2\frac{\partial^2 z}{\partial y^2}=0$.

27. 由方程$(x^2+y^2)^3-3(x^2+y^2)+1=0$ 确定 y 为 x 的函数，求$\frac{dy}{dx}$和$\frac{d^2y}{dx^2}$.

28. 设$\frac{x}{z}+\frac{y}{z}=\ln\frac{z}{x}$，求$\frac{\partial z}{\partial x}$，$\frac{\partial z}{\partial y}$.

29. 设 $F(u,v)$具有连续的偏导数，证明：由方程 $F(cx+az,cy-bz)=0$ 所确定的函数 $z=f(x,y)$满足方程 $a\frac{\partial z}{\partial x}+b\frac{\partial z}{\partial y}=c$.

30. 设 $F(u,v)$是可微函数，而由方程 $F\left(x+\frac{z}{y},y+\frac{z}{x}\right)=0$ 确定 z 为 x,y 的函数. 证明：$x\frac{\partial z}{\partial x}+y\frac{\partial z}{\partial y}=z-xy$.

31. 设$\begin{cases}z=x^2+y^3,\\x^2+5y^2+6z^2=5,\end{cases}$求$\frac{dy}{dx}$，$\frac{dz}{dx}$.

32. 设$\begin{cases}x=e^u\cos v,\\y=e^u\sin v,\\z=uv,\end{cases}$求$\frac{\partial z}{\partial x}$，$\frac{\partial z}{\partial y}$.

33. 设 $z=f(x,y)+g(u,v)$，$u=x^3$，$v=x^y$，其中 f,g 具有一阶连续偏导数，求$\frac{\partial z}{\partial x}$，$\frac{\partial z}{\partial y}$.

34. 设 $u=f(z)$，而 z 是由方程 $z=x+y\varphi(z)$确定为 x,y 的函数 $z=z(x,y)$，f,φ 均为可微函数，证明：$\frac{\partial u}{\partial y}=\varphi(z)\frac{\partial u}{\partial x}$.

11.3 方向导数与梯度

11.3.1 方向导数

函数 $z=f(x,y)$ 在点 $P(x,y)$ 处的偏导数 $f_x(x,y)$ 与 $f_y(x,y)$ 分别表示函数 $z=f(x,y)$ 在点 $P(x,y)$ 沿 x 轴方向与 y 轴方向的变化率，它们只描述了函数 $z=f(x,y)$ 沿特殊方向的变化情况.

但实践中的许多问题需要求函数 $z=f(x,y)$ 沿着一个指定方向的变化率，这就是下面要研究的方向导数的问题.

定义 1 设函数 $z=f(x,y)$ 在点 $P(x,y)$ 的某邻域内有定义，自点 P 引射线 l，x 轴的正向到射线 l 的转角为 α，并设 $P'(x+\Delta x,y+\Delta y)$ 为射线 l 上的另一点（见图 11-10），记 P,P' 两点间的距离为 $\rho=\sqrt{(\Delta x)^2+(\Delta y)^2}$.

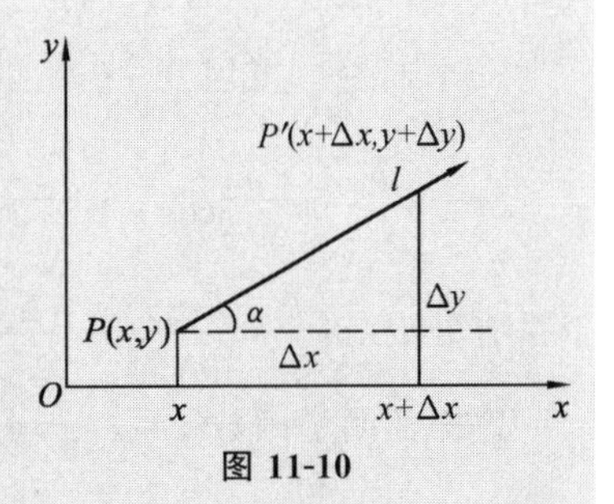

图 11-10

考虑函数 $z=f(x,y)$ 在点 $P(x,y)$ 处的全增量

$$\Delta z=f(x+\Delta x,y+\Delta y)-f(x,y)$$

与 ρ 的比值，当点 P' 沿着射线 l 趋于点 P 时，若这个比值的极限

$$\lim_{\rho\to 0}\frac{\Delta z}{\rho}=\lim_{\rho\to 0}\frac{f(x+\Delta x,y+\Delta y)-f(x,y)}{\rho}$$

存在，则称此极限值为函数 $z=f(x,y)$ 在点 $P(x,y)$ 处沿方向 l 的方向导数，记为 $\frac{\partial z}{\partial l}$，即

$$\frac{\partial z}{\partial l}=\lim_{\rho\to 0}\frac{f(x+\Delta x,y+\Delta y)-f(x,y)}{\rho}. \tag{1}$$

由方向导数的定义可知，当函数 $z=f(x,y)$ 在点 $P(x,y)$ 的偏导数 $f_x(x,y)$，$f_y(x,y)$ 存在时，那它们就是函数 $z=f(x,y)$ 在点 $P(x,y)$ 沿 x 轴正向 $\boldsymbol{e}_1=(1,0)$，y 轴正向 $\boldsymbol{e}_2=(0,1)$ 的方向导数. 这时函数 $z=f(x,y)$ 在点 $P(x,y)$ 沿 x 轴负向 $\boldsymbol{e}_1'=(-1,0)$，y 轴负向 $\boldsymbol{e}_2'=(0,-1)$ 的方向导数也存在，其值依次为 $-f_x(x,y)$ 和 $-f_y(x,y)$.

至于函数 $z=f(x,y)$ 沿任一方向的方向导数的存在性及计算方法，有如下的定理.

定理 若函数 $z=f(x,y)$ 在点 $P(x,y)$ 处可微，则函数 $f(x,y)$ 在该点沿任一方向 l 的方向导数都存在，且有

$$\frac{\partial z}{\partial l}=\frac{\partial z}{\partial x}\cos\alpha+\frac{\partial z}{\partial y}\cos\beta, \tag{2}$$

其中 $\cos\alpha,\cos\beta$ 为 l 的方向余弦.

证 因为函数 $z=f(x,y)$ 在点 $P(x,y)$ 处可微，所以函数 $z=f(x,y)$ 在点 $P(x,y)$ 的全增量可表示为

$$\Delta z=f(x+\Delta x,y+\Delta y)-f(x,y)=\frac{\partial z}{\partial x}\Delta x+\frac{\partial z}{\partial y}\Delta y+o(\rho),$$

其中 $\rho=\sqrt{(\Delta x)^2+(\Delta y)^2}$，将上式两端分别除以 ρ，得

$$\begin{aligned}\frac{\Delta z}{\rho}=\frac{f(x+\Delta x,y+\Delta y)-f(x,y)}{\rho}&=\frac{\partial z}{\partial x}\frac{\Delta x}{\rho}+\frac{\partial z}{\partial y}\frac{\Delta y}{\rho}+\frac{o(\rho)}{\rho}\\&=\frac{\partial z}{\partial x}\cos\alpha+\frac{\partial z}{\partial y}\cos\beta+\frac{o(\rho)}{\rho},\end{aligned}$$

于是有极限 $\lim\limits_{\rho\to 0}\frac{f(x+\Delta x,y+\Delta y)-f(x,y)}{\rho}=\frac{\partial z}{\partial x}\cos\alpha+\frac{\partial z}{\partial y}\cos\beta.$

这样证明了函数 $z=f(x,y)$ 在点 $P(x,y)$ 沿方向 l 的方向导数存在，其值为

$$\frac{\partial z}{\partial l}=\frac{\partial z}{\partial x}\cos\alpha+\frac{\partial z}{\partial y}\cos\beta.$$

例 1 求函数 $z=xy+\sin(x+2y)$ 在点 $O(0,0)$ 到点 $P(1,2)$ 方向的方向导数.

解 这里方向 l 即向量 $\overrightarrow{OP}=(1,2)$ 的方向，与 $\overrightarrow{OP}$ 的单位向量为 $\boldsymbol{e}_l=\left(\frac{1}{\sqrt{5}},\frac{2}{\sqrt{5}}\right)$.

又因为 $$\frac{\partial z}{\partial x}=y+\cos(x+2y),\frac{\partial z}{\partial y}=x+2\cos(x+2y),$$

在点 $(0,0)$ 处，$\frac{\partial z}{\partial x}=1,\frac{\partial z}{\partial y}=2.$

故所求方向导数

$$\frac{\partial z}{\partial l}=\frac{\partial z}{\partial x}\cos\alpha+\frac{\partial z}{\partial y}\cos\beta=1\cdot\frac{1}{\sqrt{5}}+2\cdot\frac{2}{\sqrt{5}}=\sqrt{5}.$$

类似地，若三元函数 $u=f(x,y,z)$ 在点 $P(x,y,z)$ 处可微，则函数 $u=f(x,y,z)$ 在该点沿任一方向 l 的方向导数存在，且有

$$\frac{\partial u}{\partial l}=\frac{\partial u}{\partial x}\cos\alpha+\frac{\partial u}{\partial y}\cos\beta+\frac{\partial u}{\partial z}\cos\gamma,$$

其中 $\cos\alpha,\cos\beta,\cos\gamma$ 为方向 l 的方向余弦.

例 2 已知一点电荷 q 位于坐标原点 $O(0,0,0)$，它所产生的电场中任一点

$P(x,y,z)(x,y,z$ 不同时为零)的电位为 $u=\frac{kq}{r}$,其中 k 为常数,r 为原点到点 P 的距离,求在 P 点处电位沿某一方向 $l=(\cos\alpha,\cos\beta,\cos\gamma)$的变化率.

解 因为 $u=\frac{kq}{r}, r=\sqrt{x^2+y^2+z^2}$,所以

$$\frac{\partial u}{\partial x}=-\frac{kq}{r^2}\cdot\frac{\partial r}{\partial x}=-\frac{kq}{r^2}\cdot\frac{x}{\sqrt{x^2+y^2+z^2}}=-\frac{kqx}{r^3}.$$

同样可得
$$\frac{\partial u}{\partial y}=-\frac{kqy}{r^3},\frac{\partial u}{\partial z}=-\frac{kqz}{r^3}.$$

于是
$$\frac{\partial z}{\partial l}=-\frac{kq}{r^3}(x\cos\alpha+y\cos\beta+z\cos\gamma).$$

11.3.2 梯 度

一般说来,一个二元函数在给定的点处沿不同方向的方向导数是不一样的.在许多实际问题中需要寻找函数最大的方向导数.为此先介绍梯度的概念.

定义 2 设函数 $z=f(x,y)$在点(x,y)处偏导数存在,称向量$\frac{\partial z}{\partial x}\boldsymbol{i}+\frac{\partial z}{\partial y}\boldsymbol{j}$ 为函数 $z=f(x,y)$在点(x,y)处的梯度(gradient),记作 $\textbf{grad}\, f(x,y)$,即

$$\textbf{grad}\, f(x,y)=\frac{\partial z}{\partial x}\boldsymbol{i}+\frac{\partial z}{\partial y}\boldsymbol{j}. \tag{3}$$

由向量的数量积概念,公式(2)写成

$$\frac{\partial z}{\partial l}=\left(\frac{\partial z}{\partial x},\frac{\partial z}{\partial y}\right)\cdot(\cos\alpha,\cos\beta)=\textbf{grad}\, f(x,y)\cdot\boldsymbol{e}_l,$$

其中 $\boldsymbol{e}_l=(\cos\alpha,\cos\beta)$.这个表达式说明函数 $f(x,y)$在点(x,y)处沿方向 l 的方向导数等于函数在该点处的梯度与 l 方向的单位向量 $\boldsymbol{e}_l$ 的数量积.由此看出,如果函数 $z=f(x,y)$在点(x,y)可微,那么$\frac{\partial z}{\partial l}$就是梯度在射线 l 上的投影,当方向 l 与梯度的方向一致时,有 $\left|\frac{\partial z}{\partial l}\right|=|\textbf{grad}\, f(x,y)|$,从而$\frac{\partial z}{\partial l}$有最大值,所以得出结论:函数沿梯度方向的方向导数达到最大值.简单地说,就是可微函数在某点处沿着梯度的方向具有最大的增长率,最大增长率等于梯度的模.于是得到如下结论:

函数在某点的梯度是这样一个向量,它的方向与取得最大方向导数的方向一致,它的模等于方向导数的最大值,即

$$|\textbf{grad}\, f(x,y)|=\sqrt{\left(\frac{\partial f}{\partial x}\right)^2+\left(\frac{\partial f}{\partial y}\right)^2}.$$

当$\dfrac{\partial f}{\partial x}$不为零时，$x$ 轴到梯度的转角的正切为

$$\tan\theta=\frac{\partial f}{\partial y}\Big/\frac{\partial f}{\partial x}.$$

根据梯度的定义，不难验证梯度具有以下性质：

(1) $\mathbf{grad}(u+v)=\mathbf{grad}\,u+\mathbf{grad}\,v$；

(2) $\mathbf{grad}(uv)=u\,\mathbf{grad}\,v+v\,\mathbf{grad}\,u$；

(3) $\mathbf{grad}(f(u))=f'(u)\mathbf{grad}\,u$，其中 $f(u)$是可微函数.

例 3 设函数 $z=f(x,y)=xe^y$.

(1) 求出函数 f 在点 $P(2,0)$处沿从 P 到 $Q\left(\dfrac{1}{2},2\right)$方向的变化率.

(2) 函数 f 在点 $P(2,0)$处沿什么方向具有最大的增长率，最大增长率为多少？

解 (1) 设 $\boldsymbol{e}_l$ 是与$\overrightarrow{PQ}$同方向的单位向量，$\overrightarrow{PQ}=\left(-\dfrac{3}{2},2\right)$，所以

$$\boldsymbol{e}_l=\left(-\frac{3}{5},\frac{4}{5}\right),$$

又
$$\mathbf{grad}\,f(x,y)=(e^y,xe^y),$$

所以
$$\left.\frac{\partial f}{\partial l}\right|_{(2,0)}=\mathbf{grad}\,f(2,0)\cdot\boldsymbol{e}_l=(1,2)\cdot\left(-\frac{3}{5},\frac{4}{5}\right)=1.$$

(2) $f(x,y)$在点 $P(2,0)$处沿 $\mathbf{grad}\,f(2,0)=(1,2)$方向具有最大的增长率，最大增长率为$|\mathbf{grad}\,f(2,0)|=\sqrt{5}$.

为进一步了解梯度，下面从几何上来看 $\mathbf{grad}\,f$ 的方向.

一般地，二元函数 $z=f(x,y)$在几何上表示一张曲面，该曲面被平面 $z=C$ (C 为常数)所截得的平面曲线 L 的方程为$\begin{cases}z=f(x,y),\\ z=C.\end{cases}$

设平面曲线 L^* 是曲线 L 在 xOy 面上的投影，它在 xOy 平面中的方程为 $f(x,y)=C$ (见图 11-11). 对于曲线 L^* 上的一切点，函数 $z=f(x,y)$的函数值都等于相同的常数 C. 所以，称平面曲线 L^* 为函数 $z=f(x,y)$的等高线(或等值线).

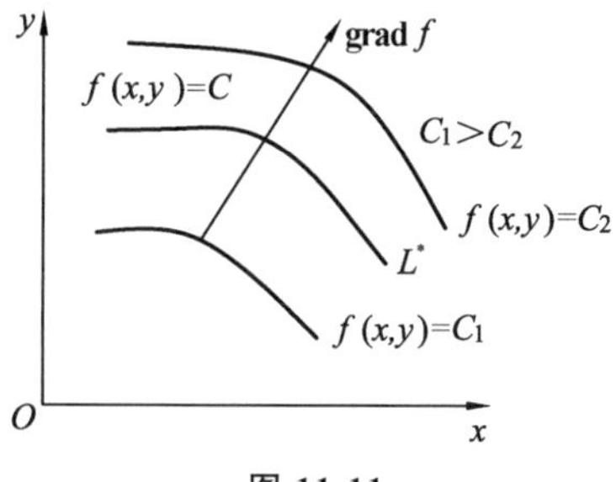

图 11-11

若 f_x,f_y 不同时为零，则等值线 $f(x,y)=C$ 上任一点 $P_0(x_0,y_0)$处的一个单位法向量为

$$\boldsymbol{n}=\frac{1}{\sqrt{f_x^2(x_0,y_0)+f_y^2(x_0,y_0)}}(f_x(x_0,y_0),f_y(x_0,y_0)).$$

这表明梯度 $\mathbf{grad}\,f(x_0,y_0)$的方向与等值线上这点的一个法线方向相同，而沿这个

方向的方向导数$\frac{\partial f}{\partial n}$就等于$|\mathbf{grad}\, f(x_0,y_0)|$，于是$\mathbf{grad}\, f(x_0,y_0)=\frac{\partial f}{\partial n}\boldsymbol{n}$.

这一关系式表明了函数在一点的梯度与过这点的等值线、方向导数间的关系. 因此，函数在一点的梯度方向与等值线在这点的一个法线方向相同，它的指向为从数值较低的等值线指向数值较高的等值线，梯度的模就等于函数在这个法线方向的方向导数.

上面讨论的梯度概念可以类似地推广到三元函数的情形. 设函数$f(x,y,z)$在空间区域G内具有一阶连续偏导数，则对于每一点$P_0(x_0,y_0,z_0)\in G$，都可以定出一个向量

$$f_x(x_0,y_0,z_0)\boldsymbol{i}+f_y(x_0,y_0,z_0)\boldsymbol{j}+f_z(x_0,y_0,z_0)\boldsymbol{k},$$

该向量称为函数$f(x,y,z)$在点$P_0(x_0,y_0,z_0)$的梯度，将它记作$\mathbf{grad}\, f(x_0,y_0,z_0)$，即

$$\mathbf{grad}\, f(x_0,y_0,z_0)=f_x(x_0,y_0,z_0)\boldsymbol{i}+f_y(x_0,y_0,z_0)\boldsymbol{j}+f_z(x_0,y_0,z_0)\boldsymbol{k}.$$

与二元函数讨论的情形类似，三元函数的梯度也是这样一个向量，它的方向与取得最大方向导数的方向一致，而它的模为方向导数的最大值.

若引进曲面

$$f(x,y,z)=C$$

为函数$f(x,y,z)$的等量面，则函数$f(x,y,z)$在点$P_0(x_0,y_0,z_0)$的梯度的方向与过点P_0的等量面$f(x,y,z)=C$在这点的法线的一个方向相同，它的指向为从数值较低的等量面指向数值较高的等量面，而梯度的模等于函数在这个法线方向的方向导数.

例 4 设函数$u=xy^2z$，试问：函数在点$P_0(1,-1,2)$处沿哪个方向的方向导数为最大值？最大的方向导数值是多少？

解 函数u在点P_0处沿梯度

$$\mathbf{grad}\, u=\left(\frac{\partial u}{\partial x},\frac{\partial u}{\partial y},\frac{\partial u}{\partial z}\right)\bigg|_{(1,-1,2)}=(y^2z,2xyz,xy^2)\Big|_{(1,-1,2)}=(2,-4,1)$$

方向的方向导数为最大. 最大的方向导数值为

$$|\mathbf{grad}\, u(1,-1,2)|=\sqrt{2^2+(-4)^2+1^2}=\sqrt{21}.$$

下面简单地介绍数量场与向量场的概念.

若对于空间区域G内的任一点M，都有一个确定的数量$f(M)$，则称在这空间区域G内确定了一个数量场（例如温度场、密度场等）. 一个数量场可用一个数量函数$f(M)$来确定. 若与点M相对应的是一个向量$\boldsymbol{F}(M)$，则称在这空间区域G内确定了一个向量场（例如力场、速度场等）. 一个向量场可用一个向量值函数$\boldsymbol{F}(M)$来确定，而

$$\boldsymbol{F}(M)=P(M)\boldsymbol{i}+Q(M)\boldsymbol{j}+R(M)\boldsymbol{k},$$

其中$P(M)$，$Q(M)$，$R(M)$是点M的数量函数.

利用场的概念,可以说向量函数 **grad** $f(M)$确定了一个向量场——称为梯度场,它是由数量场 $f(M)$产生的,通常称函数 $f(M)$为这个向量场的势,而这个向量场又称为势场.必须注意,任意一个向量场不一定是势场,因为它不一定是某个数量函数的梯度场.

习题 11-3

1. 求函数 $z=x^2+y^2$ 在点(1,2)处沿从点(1,2)到点$(2,2+\sqrt{3})$方向的方向导数.

2. 求函数 $u=xyz$ 在点(5,1,2)处沿从点(5,1,2)至点(9,4,14)方向的方向导数.

3. 求函数 $z=x^2-xy+y^2$ 在点(1,1)处沿与 x 轴正向夹角为 α 的 l 方向的方向导数;试问在怎样的方向上此方向导数有:(1) 最大的值?(2) 最小的值?(3) 等于 0?

4. 求函数 $z=\ln(x+y)$位于抛物线 $y^2=4x$ 上点(1,2)处沿着这抛物线在此点切线方向的方向导数.

5. 求函数 $u=xy^2z^3$ 在点(1,1,1)处方向导数的最大值与最小值.

6. 求函数 $u=x+y+z$ 在球面 $x^2+y^2+z^2=R^2$ 上的点(x_0,y_0,z_0)处沿球面法线外方向的方向导数.

7. 设 $f(x,y,z)=x^2+2y^2+3z^2+xy+3x-2y-6z$,求 $\mathbf{grad}\, f(1,1,1)$及$\mathbf{grad}\, f(2,2,2)$.

8. 求函数 $u=\dfrac{1}{\gamma}(\gamma=\sqrt{x^2+y^2+z^2})$在点$(x_0,y_0,z_0)$处的梯度的大小和方向.

9. 设 u,v 都是 x,y,z 的函数,且 u,v 都具有连续的偏导数,证明:

(1) $\mathbf{grad}(\alpha u+\beta v)=\alpha\,\mathbf{grad}\, u+\beta\,\mathbf{grad}\, v$　(α,β 为常数);

(2) $\mathbf{grad}(uv)=u\,\mathbf{grad}\, v+v\,\mathbf{grad}\, u$;

(3) $\mathbf{grad}\, F(u)=F'(u)\mathbf{grad}\, u$.

11.4　多元函数微分学的几何应用

11.4.1　空间曲线的切线与法平面

1) 空间曲线的切线和法平面的定义

设 $M_0(x_0,y_0,z_0)$及 $M(x,y,z)$为空间曲线 Γ 上两点,称直线$\overline{M_0M}$为空间曲线 Γ 的割线.

切线的定义:当点 $M(x,y,z)$沿曲线 Γ 向 M_0 逼近,这时割线$\overline{M_0M}$的极限位置$\overline{M_0T}$称为曲线 Γ 在点 $M_0(x_0,y_0,z_0)$处的切线.

法平面的定义:称过点 $M_0(x_0,y_0,z_0)$且与切线垂直的平面为曲线 Γ 在点 $M_0(x_0,y_0,z_0)$处的法平面.

2) 曲线与法平面的求法

(1) 设空间曲线 Γ 的参数方程为

$$\begin{cases}x=x(t),\\y=y(t),\\z=z(t),\end{cases}\tag{1}$$

其中 $x(t),y(t),z(t)$ 都可导，且其导数 $x'(t),y'(t),z'(t)$不同时为零(见图11-12).

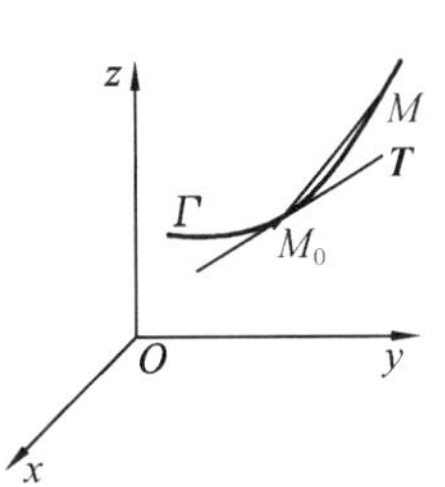

图 11-12

设当 $t=t_0$ 时，在曲线 Γ 上对应点为 $M_0(x_0,y_0,z_0)$. 求曲线在 M_0 处的切线，这里 $x_0=x(t_0),y_0=y(t_0),z_0=z(t_0)$. 设参数 t 在 t_0 有增量 Δt，于是在曲线 Γ 上对应于 $t=t_0+\Delta t$ 的点为$M(x_0+\Delta x,y_0+\Delta y,z_0+\Delta z)$，由空间解析几何可知，割线$\overline{M_0M}$方程为

$$\frac{x-x_0}{\Delta x}=\frac{y-y_0}{\Delta y}=\frac{z-z_0}{\Delta z},$$

用 Δt 除上式的各分母，得

$$\frac{x-x_0}{\frac{\Delta x}{\Delta t}}=\frac{y-y_0}{\frac{\Delta y}{\Delta t}}=\frac{z-z_0}{\frac{\Delta z}{\Delta t}}.$$

再令点 M 沿曲线 Γ 趋于点 M_0，割线$\overline{M_0M}$的极限位置$\overline{M_0T}$就是曲线 Γ 在点 M_0 点处的切线. 为此，令 $M\to M_0$(这时 $\Delta t\to 0$)，对上式取极限就得到曲线 Γ 在点 M_0 处的切线方程

$$\frac{x-x_0}{x'(t_0)}=\frac{y-y_0}{y'(t_0)}=\frac{z-z_0}{z'(t_0)}.\tag{2}$$

且称切线的方向向量 $\boldsymbol{T}=(x'(t_0),y'(t_0),z'(t_0))$为曲线在点 M_0 处的切向量.

曲线 Γ 过点 M_0 处的法平面方程为

$$x'(t_0)(x-x_0)+y'(t_0)(y-y_0)+z'(t_0)(z-z_0)=0.\tag{3}$$

例 1 求曲线 $x=t-\sin t,y=1-\cos t,z=4\sin\dfrac{t}{2}$在点 $M_0\left(\dfrac{\pi}{2}-1,1,2\sqrt{2}\right)$处的切线方程和法平面方程.

解 参数 $t_0=\dfrac{\pi}{2}$时，对应于曲线上一点 $M_0\left(\dfrac{\pi}{2}-1,1,2\sqrt{2}\right)$，在 M_0 处有

$$x'\left(\frac{\pi}{2}\right)=(1-\cos t)\Big|_{t=\frac{\pi}{2}}=1,$$

$$y'\left(\frac{\pi}{2}\right)=\sin t\Big|_{t=\frac{\pi}{2}}=1,$$

$$z'\left(\frac{\pi}{2}\right)=2\cos\frac{t}{2}\Big|_{t=\frac{\pi}{2}}=\sqrt{2}.$$

因此，曲线在点 M_0 处的切向量为 $\boldsymbol{T}=(1,1,\sqrt{2})$.

于是，在点 M_0 处的切线方程为

$$\frac{x-\left(\frac{\pi}{2}-1\right)}{1}=\frac{y-1}{1}=\frac{z-2\sqrt{2}}{\sqrt{2}}.$$

曲线在点 M_0 处的法平面方程为

$$\left(x-\frac{\pi}{2}+1\right)+(y-1)+\sqrt{2}(z-2\sqrt{2})=0,$$

即
$$x+y+\sqrt{2}z-\frac{\pi}{2}-4=0.$$

下面再讨论空间曲线是两曲面的交线给出的情形下的切线方程和法平面方程.

(2) 设空间曲线 Γ 是两柱面的交线,即以

$$\begin{cases}y=f(x),\\ z=g(x)\end{cases}$$

的形式给出,这时只要选取 x 为参量,曲线 Γ 的方程就可以表示为参数式方程的形式

$$\begin{cases}x=x,\\ y=f(x),\\ z=g(x).\end{cases}$$

假设 $f(x),g(x)$ 在 $x=x_0$ 处可导,根据上面的讨论,就可以知道曲线 Γ 在点 $M_0(x_0,y_0,z_0)$ 处的切向量为 $\boldsymbol{T}=(1,f'(x_0),g'(x_0))$,因此曲线 Γ 在点 M_0 的切线方程为

$$\frac{x-x_0}{1}=\frac{y-y_0}{f'(x_0)}=\frac{z-z_0}{g'(x_0)}. \tag{4}$$

曲线 Γ 在点 M_0 的法平面方程为

$$(x-x_0)+f'(x_0)(y-y_0)+g'(x_0)(z-z_0)=0. \tag{5}$$

(3) 设空间曲线 Γ 是两曲面的交线,即方程由

$$\begin{cases}F(x,y,z)=0,\\ G(x,y,z)=0\end{cases} \tag{6}$$

的形式给出,$M_0(x_0,y_0,z_0)$ 是曲线 Γ 上的一个点,又设 F,G 有对各个变量的连续偏导数,且 $\left.\frac{\partial(F,G)}{\partial(y,z)}\right|_{(x_0,y_0,z_0)}\neq 0$.

这时方程组(6)在点 $M_0(x_0,y_0,z_0)$ 的某一邻域内确定了一组函数 $y=y(x)$, $z=z(x)$,要求曲线 Γ 在点 M_0 处的切线方程和法平面方程,只要求得 $y'(x_0)$ 和 $z'(x_0)$,然后代入式(4)和式(5)即可,为此在恒等式

$$\begin{cases}F[x,y(x),z(x)]\equiv 0,\\ G[x,y(x),z(x)]\equiv 0\end{cases}$$

两边利用复合函数微分法分别对 x 求全导数，得

$$\begin{cases}\dfrac{\partial F}{\partial x}+\dfrac{\partial F}{\partial y}\dfrac{\mathrm{d}y}{\mathrm{d}x}+\dfrac{\partial F}{\partial z}\dfrac{\mathrm{d}z}{\mathrm{d}x}=0,\\[2ex]\dfrac{\partial G}{\partial x}+\dfrac{\partial G}{\partial y}\dfrac{\mathrm{d}y}{\mathrm{d}x}+\dfrac{\partial G}{\partial z}\dfrac{\mathrm{d}z}{\mathrm{d}x}=0.\end{cases}$$

由假设可知，在点 M_0 的某个邻域内

$$J=\frac{\partial(F,G)}{\partial(y,z)}\neq 0,$$

故可解得

$$\frac{\mathrm{d}y}{\mathrm{d}x}=\frac{\begin{vmatrix}F_z & F_x\\ G_z & G_x\end{vmatrix}}{\begin{vmatrix}F_y & F_z\\ G_y & G_z\end{vmatrix}},\qquad \frac{\mathrm{d}z}{\mathrm{d}x}=\frac{\begin{vmatrix}F_x & F_y\\ G_x & G_y\end{vmatrix}}{\begin{vmatrix}F_y & F_z\\ G_y & G_z\end{vmatrix}}.$$

于是 $\boldsymbol{T}=(1,y'(x_0),z'(x_0))$ 是曲线 Γ 在点 M_0 处的一个切向量，这里

$$y'(x_0)=\frac{\begin{vmatrix}F_z & F_x\\ G_z & G_x\end{vmatrix}_0}{\begin{vmatrix}F_y & F_z\\ G_y & G_z\end{vmatrix}_0},\qquad z'(x_0)=\frac{\begin{vmatrix}F_x & F_y\\ G_x & G_y\end{vmatrix}_0}{\begin{vmatrix}F_y & F_z\\ G_y & G_z\end{vmatrix}_0}.$$

分子、分母中带下标 0 的行列式表示行列式在点 $M_0(x_0,y_0,z_0)$ 的值，把上面的切向量 $\boldsymbol{T}$ 乘以 $\begin{vmatrix}F_y & F_z\\ G_y & G_z\end{vmatrix}_0$，得

$$\boldsymbol{T}_1=\left(\begin{vmatrix}F_y & F_z\\ G_y & G_z\end{vmatrix}_0,\begin{vmatrix}F_z & F_x\\ G_z & G_x\end{vmatrix}_0,\begin{vmatrix}F_x & F_y\\ G_x & G_y\end{vmatrix}_0\right),$$

这也是曲线 Γ 在点 M_0 处的一个切向量一般表示法，由此可写出曲线 Γ 在点 $M_0(x_0,y_0,z_0)$ 处的切线方程为

$$\frac{x-x_0}{\begin{vmatrix}F_y & F_z\\ G_y & G_z\end{vmatrix}_0}=\frac{y-y_0}{\begin{vmatrix}F_z & F_x\\ G_z & G_x\end{vmatrix}_0}=\frac{z-z_0}{\begin{vmatrix}F_x & F_y\\ G_x & G_y\end{vmatrix}_0}.$$

曲线 Γ 在点 $M_0(x_0,y_0,z_0)$ 处的法平面方程为

$$\begin{vmatrix}F_y & F_z\\ G_y & G_z\end{vmatrix}_0(x-x_0)+\begin{vmatrix}F_z & F_x\\ G_z & G_x\end{vmatrix}_0(y-y_0)+\begin{vmatrix}F_x & F_y\\ G_x & G_y\end{vmatrix}_0(z-z_0)=0.$$

特别要说明的是，若 $\left.\dfrac{\partial(F,G)}{\partial(y,z)}\right|_0=0$，而 $\left.\dfrac{\partial(F,G)}{\partial(z,x)}\right|_0$，$\left.\dfrac{\partial(F,G)}{\partial(x,y)}\right|_0$ 中至少有一个不等于零，可得同样的结果.

例 2 求曲线 $x^2+y^2+z^2=6,x+y+z=0$ 在点 $(1,-2,1)$ 处的切线及法平面方程.

解　这里可以直接利用公式来解，但下面利用求导公式的方法来解.

将所给方程的两边对 x 求导并移项，得

$$\begin{cases} y\dfrac{\mathrm{d}y}{\mathrm{d}x}+z\dfrac{\mathrm{d}z}{\mathrm{d}x}=-x, \\ \dfrac{\mathrm{d}y}{\mathrm{d}x}+\dfrac{\mathrm{d}z}{\mathrm{d}x}=-1. \end{cases}$$

由此得

$$\frac{\mathrm{d}y}{\mathrm{d}x}=\frac{\begin{vmatrix} -x & z \\ -1 & 1 \end{vmatrix}}{\begin{vmatrix} y & z \\ 1 & 1 \end{vmatrix}}=\frac{z-x}{y-z},\ \frac{\mathrm{d}z}{\mathrm{d}x}=\frac{\begin{vmatrix} y & -x \\ 1 & -1 \end{vmatrix}}{\begin{vmatrix} y & z \\ 1 & 1 \end{vmatrix}}=\frac{x-y}{y-z},$$

则

$$\left.\frac{\mathrm{d}y}{\mathrm{d}x}\right|_{(1,-2,1)}=0,\ \left.\frac{\mathrm{d}z}{\mathrm{d}x}\right|_{(1,-2,1)}=-1.$$

从而 $\boldsymbol{T}=(1,0,-1)$，故所求切线方程为

$$\frac{x-1}{1}=\frac{y+2}{0}=\frac{z-1}{-1}.$$

法平面方程为

$$(x-1)+0(y+2)-(z-1)=0,$$

即

$$x-z=0.$$

11.4.2　曲面的切平面与法线

1) 曲面的切平面及法线的定义

给出曲面 Σ 及曲面上的点 $M_0(x_0,y_0,z_0)$.

切平面的定义：设曲面 Σ 上过 $M_0(x_0,y_0,z_0)$ 的任意一条曲线在点 $M_0(x_0,y_0,z_0)$ 处的切线都在同一平面上，则称这个平面为曲面 Σ 在点 $M_0(x_0,y_0,z_0)$ 处的切平面.

法线的定义：称过 $M_0(x_0,y_0,z_0)$ 且垂直于切平面的直线为曲面 Σ 在 M_0 处的法线.

2) 求曲面的切平面和法线

首先讨论由隐式给出的曲面方程 $F(x,y,z)=0$ 的情形，然后把由显式给出的曲面方程 $z=f(x,y)$ 作为特殊情况而导出相应的结果.

设曲面 Σ 的方程为 $F(x,y,z)=0$，而 $M_0(x_0,y_0,z_0)$ 是 Σ 上的一点，又设函数 $F(x,y,z)$ 的偏导数在 M_0 点处连续且不同时为零.

在曲面 Σ 上，通过 M_0 点任意作一条曲线 Γ(见图 11-13)，设其参数方程为

$$\begin{cases} x=x(t), \\ y=y(t), \\ z=z(t). \end{cases} \tag{7}$$

$t=t_0$ 对应于曲线 Γ 上一点为 $M_0(x(t_0),y(t_0),z(t_0))$（即 $x_0=x(t_0),y_0=y(t_0),z_0=z(t_0)$），且 $x'(t_0),y'(t_0),z'(t_0)$ 不同时为零，则曲线 Γ 在 M_0 点的切向量为

$$\boldsymbol{T}=(x'(t_0),y'(t_0),z'(t_0)).$$

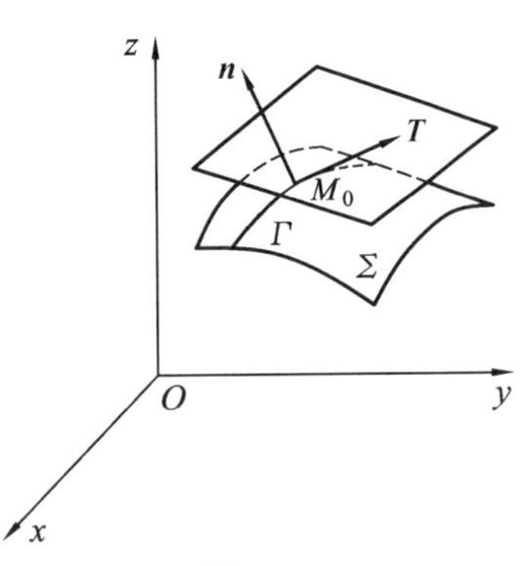

图 11-13

另一方面，由于曲线 Γ 在曲面 Σ 上，故 Γ 上的所有点的坐标都满足曲面 Σ 的方程，因此有恒等式

$$F[x(t),y(t),z(t)]\equiv 0.$$

求全导数，得

$$\left.\frac{\mathrm{d}F}{\mathrm{d}t}\right|_{t=t_0}=F_x(x_0,y_0,z_0)x'(t_0)+F_y(x_0,y_0,z_0)y'(t_0)+F_z(x_0,y_0,z_0)z'(t_0)=0. \tag{8}$$

引入向量 $\boldsymbol{n}=(F_x(x_0,y_0,z_0),F_y(x_0,y_0,z_0),F_z(x_0,y_0,z_0))$，则式(8)表示 M_0 处的曲线切向量 $\boldsymbol{T}=(x'(t_0),y'(t_0),z'(t_0))$ 与向量 $\boldsymbol{n}$ 垂直. 因为曲线(7)是曲面上通过点 M_0 的任意一条曲线，它们在点 M_0 的切线都与同一个向量 $\boldsymbol{n}$ 垂直，所以曲面上通过点 M_0 的一切曲线在点 M_0 的切线都在同一个平面上（见图 11-13），所以曲面 Σ 过点 M_0 的切平面方程是

$$F_x(x_0,y_0,z_0)(x-x_0)+F_y(x_0,y_0,z_0)(y-y_0)+F_z(x_0,y_0,z_0)(z-z_0)=0. \tag{9}$$

法线方程是

$$\frac{x-x_0}{F_x(x_0,y_0,z_0)}=\frac{y-y_0}{F_y(x_0,y_0,z_0)}=\frac{z-z_0}{F_z(x_0,y_0,z_0)}, \tag{10}$$

且称

$$\boldsymbol{n}=(F_x(x_0,y_0,z_0),F_y(x_0,y_0,z_0),F_z(x_0,y_0,z_0))$$

为曲面 Σ 在点 M_0 处的一个法向量.

若曲面 Σ 的方程是由显函数

$$z=f(x,y) \tag{11}$$

的形式给出，则可令

$$F(x,y,z)=f(x,y)-z=0,$$

这时有 $F_x(x,y,z)=f_x(x,y),F_y(x,y,z)=f_y(x,y),F_z(x,y,z)=-1.$

于是，当函数 $z=f(x,y)$ 的偏导数 $f_x(x,y),f_y(x,y)$ 在点 (x_0,y_0) 处连续，则曲面 Σ 在点 $M_0(x_0,y_0,z_0)$ 的切平面的法向量为 $\boldsymbol{n}=(f_x(x_0,y_0),f_y(x_0,y_0),-1)$.

因此曲面 Σ 在 M_0 点处的切平面方程为

$$f_x(x_0,y_0)(x-x_0)+f_y(x_0,y_0)(y-y_0)-(z-z_0)=0, \tag{12}$$

而曲面 Σ 在 M_0 点处的法线方程为

$$\frac{x-x_0}{f_x(x_0,y_0)}=\frac{y-y_0}{f_y(x_0,y_0)}=\frac{z-z_0}{-1}. \tag{13}$$

有了曲面 Σ 在点 $M_0(x_0,y_0,z_0)$ 的切平面方程

$$z-z_0=f_x(x_0,y_0)(x-x_0)+f_y(x_0,y_0)(y-y_0),$$

就能比较清楚地解释 $z=f(x,y)$ 在点 (x_0,y_0) 的全微分的几何意义. 事实上,切平面方程的右端就是函数 $z=f(x,y)$ 在点 (x_0,y_0) 处的全微分,而左端是切平面上的点在竖坐标上的增量. 因此,函数 $z=f(x,y)$ 在点 (x_0,y_0) 的全微分,在几何上表示曲面 Σ:$z=f(x,y)$ 在点 $M_0(x_0,y_0,z_0)$ 处的切平面上点的竖坐标的增量.

例 3 求抛物面 $z=1-x^2-y^2$ 在点 $M_0(1,1,-1)$ 处的切平面和法线方程.

解 设 $z=f(x,y)=1-x^2-y^2$,则

$$f_x(x,y)=-2x,\ f_y(x,y)=-2y,$$
$$f_x(1,1)=-2,\ f_y(1,1)=-2.$$

抛物面在点 $M_0(1,1,-1)$ 的法向量为

$$\boldsymbol{n}=(-2,-2,-1),$$

因此所求的切平面方程为

$$-2(x-1)-2(y-1)-(z+1)=0,$$

即

$$2x+2y+z-3=0,$$

所求法线方程为

$$\frac{x-1}{2}=\frac{y-1}{2}=\frac{z+1}{1}.$$

例 4 试证明:曲面 $\sqrt{x}+\sqrt{y}+\sqrt{z}=\sqrt{a}\,(a>0)$ 在任一点 (x_0,y_0,z_0) 处的切平面在三个坐标轴上的截距之和为常数(其中 $x_0>0,y_0>0,z_0>0$).

证 令 $F(x,y,z)=\sqrt{x}+\sqrt{y}+\sqrt{z}-\sqrt{a}$,则

$$F_x(x_0,y_0,z_0)=\frac{1}{2\sqrt{x_0}},$$

$$F_y(x_0,y_0,z_0)=\frac{1}{2\sqrt{y_0}},$$

$$F_z(x_0,y_0,z_0)=\frac{1}{2\sqrt{z_0}}.$$

曲面上任一点 (x_0,y_0,z_0) 处的法向量为

$$\boldsymbol{n}=\left(\frac{1}{2\sqrt{x_0}},\frac{1}{2\sqrt{y_0}},\frac{1}{2\sqrt{z_0}}\right),$$

在 (x_0,y_0,z_0) 这点处的切平面方程为

$$\frac{1}{2\sqrt{x_0}}(x-x_0)+\frac{1}{2\sqrt{y_0}}(y-y_0)+\frac{1}{2\sqrt{z_0}}(z-z_0)=0,$$

即
$$\frac{x}{\sqrt{x_0}}+\frac{y}{\sqrt{y_0}}+\frac{z}{\sqrt{z_0}}=\sqrt{a}.$$

将以上切平面方程化为截距式,得
$$\frac{1}{\sqrt{ax_0}}x+\frac{1}{\sqrt{ay_0}}y+\frac{1}{\sqrt{az_0}}z=1.$$
于是切平面在三个坐标轴上的截距分别为
$$\sqrt{ax_0},\ \sqrt{ay_0},\ \sqrt{az_0}.$$

所以切平面的截距之和为
$$\sqrt{ax_0}+\sqrt{ay_0}+\sqrt{az_0}=\sqrt{a}(\sqrt{x_0}+\sqrt{y_0}+\sqrt{z_0})=\sqrt{a}\cdot\sqrt{a}=a.$$

证毕.

习题 11-4

1. 求曲线 $x=\frac{t}{1+t}, y=\frac{1+t}{t}, z=t^2$ 在 $t=1$ 处的切线和法平面方程.

2. 求曲线 $x=a\cos\alpha\cos t, y=a\sin\alpha\cos t, z=a\sin t$ 在 $t=t_0$ 处的切线和法平面方程.

3. 在曲线 $x=t, y=t^2, z=t^3$ 上求出一点,使在该点的切线平行于平面 $x+2y+z=4$.

4. 求曲线 $\begin{cases}x^2+y^2+z^2=6,\\ x+y+z=0\end{cases}$ 在点 $M_0(1,-2,1)$ 处的切线和法平面方程.

5. 在曲面 $z=xy$ 上求一点,使得该点处的法线垂直于平面 $x+3y+z+9=0$,并写出该法线方程.

6. 求旋转椭球面 $3x^2+y^2+z^2=16$ 在点 $(-1,-2,3)$ 处的切平面与 xOy 平面夹角的余弦.

7. 求椭球面 $\frac{x^2}{a^2}+\frac{y^2}{b^2}+\frac{z^2}{c^2}=1$ 上的点,使它的法线的三个方向角相等.

8. 求曲面 $\frac{x^2}{a^2}+\frac{y^2}{b^2}+\frac{z^2}{c^2}=1$ 的切平面,使其在各坐标轴上截取长度相等的线段.

11.5 多元函数的极值与最值

11.5.1 多元函数的极值及其求法

人们在实际问题中往往会遇到求多元函数的最大值、最小值问题. 与一元函数类似,多元函数的最大值、最小值与多元函数的极大值、极小值有密切的关系.

现在以二元函数为例介绍多元函数极值的概念,并研究极值存在的必要条件和充分条件.

定义 设函数 $z=f(x,y)$ 在点 $M_0(x_0,y_0)$ 的某邻域 $U(M_0)$ 内有定义，若对于任意 $M(x,y)\in \mathring{U}(M_0)$，恒有 $f(x,y)<f(x_0,y_0)$，则称 $f(x_0,y_0)$ 为函数 $z=f(x,y)$ 的极大值，$M_0(x_0,y_0)$ 称为极大值点；若 $f(x,y)>f(x_0,y_0)$，则称 $f(x_0,y_0)$ 为函数 $z=f(x,y)$ 的极小值，$M_0(x_0,y_0)$ 称为极小值点. 极大值和极小值统称为极值，使函数取得极值的点 $M_0(x_0,y_0)$ 称为极值点.

例 1 函数 $z=x^2+y^2$ 在点(0,0)处有极小值，因为对于点(0,0)的任一邻域内一切异于(0,0)的点，函数值皆为正，而在点(0,0)的函数值为零，即

$$z=x^2+y^2>0,(x,y)\neq(0,0).$$

从几何上看这是显然的，因为点(0,0,0)是开口向上的旋转抛物面 $z=x^2+y^2$ 的顶点.

例 2 函数 $z=\sqrt{1-x^2-y^2}$ 在点(0,0)处有极大值，由于在点(0,0)的充分小的邻域内一切异于(0,0)的点函数值都小于 1，而在点(0,0)处的函数值为 1，即

$$z=\sqrt{1-x^2-y^2}<1,(x,y)\neq(0,0).$$

从几何上看这是显然的，因为函数 $z=\sqrt{1-x^2-y^2}$ 的图形是中心在坐标原点，半径为 1 的上半球面.

例 3 函数 $z=xy$ 在点(0,0)处既取不得极大值也取不得极小值，因为在点(0,0)处的函数值为零，而在点(0,0)的任一邻域内，总有使函数值为正的点，也有使函数值为负的点.

一般地可以利用偏导数来解决二元函数的极值问题，下面两个定理就是关于这个问题的结论.

定理 1(极值存在的必要条件) 设函数 $z=f(x,y)$ 在点 $P_0(x_0,y_0)$ 具有偏导数，且在该点处取得极值，则必有

$$f_x(x_0,y_0)=0,\ f_y(x_0,y_0)=0. \tag{1}$$

证 不妨设函数 $f(x,y)$ 在点 (x_0,y_0) 处有极大值. 由极大值的定义，在点 (x_0,y_0) 的某邻域内异于 (x_0,y_0) 的一切点 (x,y) 皆有 $f(x,y)<f(x_0,y_0)$. 特别地，在该邻域内取 $y=y_0,x\neq x_0$，仍有不等式

$$f(x,y_0)<f(x_0,y_0).$$

这就表明一元函数 $f(x,y_0)$ 在 $x=x_0$ 点处取得极大值，所以

$$\frac{\mathrm{d}}{\mathrm{d}x}f(x,y_0)\bigg|_{x=x_0}=0,$$

即

$$f_x(x_0,y_0)=0.$$

同理可证

$$f_y(x_0,y_0)=0.$$

证毕.

从几何上看,曲面 $z=f(x,y)$ 在点 $M_0(x_0,y_0,z_0)$ 的切平面方程为

$$z-z_0=f_x(x_0,y_0)(x-x_0)+f_y(x_0,y_0)(y-y_0), \tag{2}$$

当点 (x_0,y_0) 为函数的极值点时,由定理1有

$$f_x(x_0,y_0)=0,\ f_y(x_0,y_0)=0,$$

这时切平面的方程为 $z-z_0=0$,这就表明曲面 $z=f(x,y)$ 在点 $M_0(x_0,y_0,z_0)$ 的切平面平行于 xOy 坐标面.

使得 $f_x(x,y)=0$ 与 $f_y(x,y)=0$ 同时成立的点称为函数 $f(x,y)$ 的驻点.

极值存在的必要条件提供了寻找极值点的途径,对于偏导数存在的函数来说,如果它有极值点,那么极值点一定是驻点,但上面的条件并不充分,即函数的驻点不一定是极值点. 例如点(0,0)是函数 $z=xy$ 的驻点,但函数 $z=xy$ 在点(0,0)处不能取得极值.

怎样判定一个驻点是不是极值点呢? 下面极值存在的充分条件回答了这个问题.

定理 2(极值存在的充分条件) 设函数 $z=f(x,y)$ 在点 (x_0,y_0) 的某邻域内连续,且具有一阶及二阶连续偏导数,又 $f_x(x_0,y_0)=0,f_y(x_0,y_0)=0$,令

$$A=f_{xx}(x_0,y_0),\ B=f_{xy}(x_0,y_0),\ C=f_{yy}(x_0,y_0),$$

那么

(1) 当 $AC-B^2>0$ 时,若 $A<0$(或 $C<0$),$f(x_0,y_0)$ 为函数 $f(x,y)$ 的极大值,若 $A>0$(或 $C>0$),$f(x_0,y_0)$ 为函数 $f(x,y)$ 的极小值;

(2) 当 $AC-B^2<0$ 时,$f(x_0,y_0)$ 不是极值;

(3) 当 $AC-B^2=0$ 时,不能判定,即 $f(x_0,y_0)$ 可能是极值,也可能不是极值,需另作讨论.

证明从略.

综合定理1和定理2的结果,可以把具有二阶连续偏导数的函数 $z=f(x,y)$ 的极值求法叙述如下:

(1) 求方程组

$$\begin{cases} f_x(x,y)=0, \\ f_y(x,y)=0 \end{cases}$$

的一切实数解,得到所有驻点;

(2) 求出二阶偏导数 $f_{xx}(x,y),f_{xy}(x,y)$ 及 $f_{yy}(x,y)$,并对每一个驻点求出二阶偏导数的值 A,B 及 C;

(3) 对每一个驻点,定出 $AC-B^2$ 的符号,按定理2的结论判断驻点是否为极值点,是极大值点还是极小值点;

(4) 求极值点处的函数值,即得所求的极值.

例 4 求函数 $f(x,y)=x^3+8y^3-6xy+5$ 的极值.

解 令
$$\begin{cases} f_x(x,y)=3x^2-6y=0, \\ f_y(x,y)=24y^2-6x=0, \end{cases}$$
解得驻点 $M_1(0,0)$ 及 $M_2\left(1,\dfrac{1}{2}\right)$.

函数 $f(x,y)$ 的二阶偏导数
$$f_{xx}(x,y)=6x,\ f_{xy}(x,y)=-6,\ f_{yy}(x,y)=48y.$$
在 $M_1(0,0)$ 点处,$A=0,B=-6,C=0$,则
$$AC-B^2=-36<0,$$
根据极值存在的充分条件知,$f(0,0)=5$ 不是函数的极值.

在 $M_2\left(1,\dfrac{1}{2}\right)$ 处,$A=6,B=-6,C=24$,则
$$AC-B^2=108>0,$$
而 $A=6>0$,根据极值存在的充分条件知,$f\left(1,\dfrac{1}{2}\right)=4$ 为函数的极小值.

11.5.2 多元函数的最值

利用多元函数的极值求多元函数的最大值与最小值,在 **11.1** 已经指出,若函数 $z=f(x,y)$ 在有界闭区域 D 上连续,则函数 $f(x,y)$ 在闭区域 D 上必定取得最大值和最小值. 这种使函数 $f(x,y)$ 取得最大值或最小值的点既可能在区域 D 的内部,也可能在 D 的边界上.

现在假设函数 $f(x,y)$ 在有界闭区域 D 上连续,并在该区域内可微,而且只有有限个驻点,假定函数 $f(x,y)$ 在区域 D 的内部取得最大值或最小值,这个最大值或最小值必定是函数 $f(x,y)$ 在该区域内的极大值或极小值,由此可以得出求函数 $z=f(x,y)$ 在有界闭区域 D 上最大值和最小值的一般方法.

分别求出 $f(x,y)$ 在有界闭区域 D 内所有驻点处的函数值及 D 的边界曲线上的最大值和最小值,然后比较这些数值的大小,其中最大的就是最大值,最小的就是最小值.

但若函数 $f(x,y)$ 在区域 D 内只有一个极值,则它必为函数在区域 D 内的最值,即若极值是极小(大)值,那它就是函数的最小(大)值.

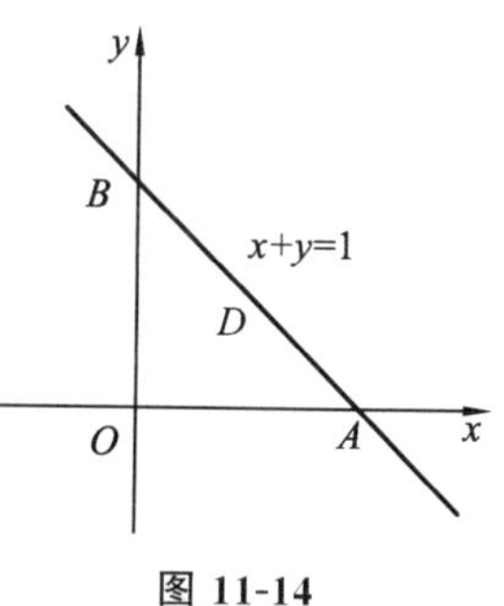

图 11-14

例 5 求函数 $z=3x^2+3y^2-2x-2y+2$ 在有界闭区域 $D=\{(x,y)|x\geqslant 0,y\geqslant 0,x+y\leqslant 1\}$(见图 11-14)上的最大值和最小值.

解 解方程组

$$\begin{cases}\dfrac{\partial z}{\partial x}=6x-2=0,\\ \dfrac{\partial z}{\partial y}=6y-2=0,\end{cases}$$

求得函数在 D 内的驻点 $P\left(\dfrac{1}{3},\dfrac{1}{3}\right)$，函数值 $z\left(\dfrac{1}{3},\dfrac{1}{3}\right)=\dfrac{4}{3}$，再求函数 z 在 D 的边界上的最大值和最小值.

在 OA 上，$y=0$，于是 $z=3x^2-2x+2(0\leqslant x\leqslant 1)$，按一元函数求最大值、最小值的方法，求得 OA 上函数的最大值为 $z|_{x=1}=3$，最小值为 $z|_{x=\frac{1}{3}}=\dfrac{5}{3}$.

在 OB 上，$x=0$，于是 $z=3y^2-2y+2(0\leqslant y\leqslant 1)$，同理求得 OB 上函数的最大值和最小值分别为 $z|_{y=1}=3$ 和 $z|_{y=\frac{1}{3}}=\dfrac{5}{3}$.

在 AB 上，$x+y=1$，于是 $z=6x^2-6x+3(0\leqslant x\leqslant 1)$，可求得 $x=0$ 及 $x=1$ 时，函数有最大值 $z|_{x=0}=z|_{x=1}=3$；当 $x=\dfrac{1}{2}$ 时，函数有最小值 $z|_{x=\frac{1}{2}}=\dfrac{3}{2}$. 综合比较区域 D 内驻点处的函数值与 D 的边界上函数的最大值与最小值的大小，可得出函数 $z=3x^2+3y^2-2x-2y+2$ 在有界闭区域 D 上的最大值为 $z(1,0)=z(0,1)=3$，最小值为 $z\left(\dfrac{1}{3},\dfrac{1}{3}\right)=\dfrac{4}{3}$.

从本例可以看出，计算多元函数在有界闭区域 D 的边界上的最大值或最小值比较复杂，但在实际问题中，根据问题的性质往往可以判定函数的最大(最小)值一定在区域的内部取得，此时如果函数在区域内只有一个驻点，那么就可以判定该驻点处的函数值，就是函数在区域上的最大(最小)值.

例 6 设有断面面积为 S(常数)的等腰梯形渠道，当两腰的倾角 α，高 x，底边长 y 为多少时，才能使湿周(所谓“湿周”就是渠道的断面与水接触的周界的长度，记为 l)最小(见图 11-15)?

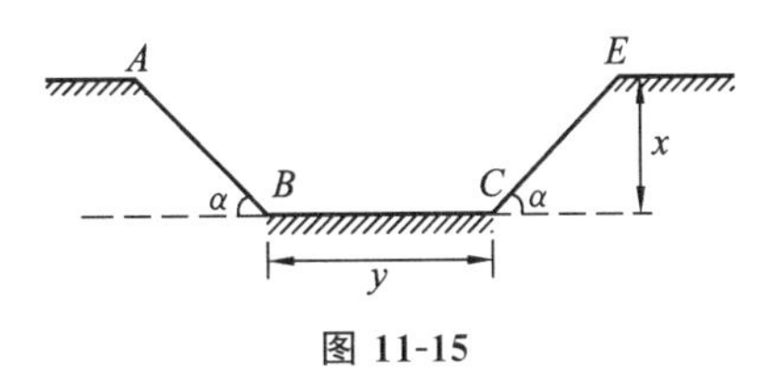

图 11-15

解
$$l=AB+BC+CE,$$

即
$$l=y+\frac{2x}{\sin\alpha}.$$

又因为
$$S=(y+x\cot\alpha)x,$$

解得

$$y=\frac{S}{x}-x\cot\alpha.$$

所以
$$l=\frac{S}{x}+\frac{2-\cos\alpha}{\sin\alpha}x\quad\left(0<\alpha<\frac{\pi}{2},0<x<+\infty\right),$$
即湿周 l 是 α,x 的二元函数.

令
$$\begin{cases}\dfrac{\partial l}{\partial\alpha}=\dfrac{1-2\cos\alpha}{\sin^2\alpha}x=0,\\ \dfrac{\partial l}{\partial x}=-\dfrac{S}{x^2}+\dfrac{2-\cos\alpha}{\sin\alpha}=0,\end{cases}$$
解此方程组得唯一驻点 $\alpha=\frac{\pi}{3},x=\frac{\sqrt{S}}{\sqrt[4]{3}}$.

根据问题的实际意义,在定义域 $0<\alpha<\frac{\pi}{2},0<x<+\infty$ 内,湿周的最小值一定存在,而在该区域内只有唯一驻点 $\left(\frac{\pi}{3},\frac{\sqrt{S}}{\sqrt[4]{3}}\right)$,故在 $\alpha=\frac{\pi}{3},x=\frac{\sqrt{S}}{\sqrt[4]{3}},y=\frac{2\sqrt{S}}{\sqrt[4]{27}}$ 时湿周 l 取得最小值.

11.5.3　条件极值　拉格朗日乘数法

上面讨论的极值问题,函数的自变量除了限制在函数的定义域内取值以外,没有其他的限制条件,这种情况称为无条件极值.但是在实际问题中经常会出现对函数的自变量有附加条件的极值问题,对自变量有附加条件的极值称为条件极值.例如在例 6,由实际问题建立的数学模型是求函数
$$l=y+\frac{2x}{\sin\alpha}\tag{3}$$
在条件
$$y=\frac{S}{x}-x\cot\alpha\tag{4}$$
下的极小值.

那里的解法是将条件(4)代入式(3)中,消去一个变量 y,使问题转化成求
$$l=\frac{S}{x}+\frac{2-\cos\alpha}{\sin\alpha}x$$
的无条件极值.

但是在很多情况下,将条件极值转化为无条件极值来解会引出很复杂的运算.下面介绍的拉格朗日乘数法就不必把条件极值转化为无条件极值而直接求条件极值.

先来观察函数
$$z=f(x,y)\tag{5}$$

在条件

$$\varphi(x,y)=0 \tag{6}$$

下取得极值的必要条件.

设函数 $z=f(x,y)$ 在条件 $\varphi(x,y)=0$ 下取得极值的点为 $P_0(x_0,y_0)$,那么有

$$\varphi(x_0,y_0)=0. \tag{7}$$

假设在点 $P_0(x_0,y_0)$ 的某一邻域内 $f(x,y)$ 与 $\varphi(x,y)$ 均有连续的一阶偏导数,而 $\varphi_y(x_0,y_0)\neq 0$,由隐函数存在定理 1 可知方程 $\varphi(x,y)=0$ 确定一个单值可导且具有连续导数的隐函数 $y=y(x)$,把它代入式(5)后得到

$$z=f[x,y(x)].$$

由于 $f(x,y)$ 在 $P_0(x_0,y_0)$ 处取得条件极值,这就相当于函数 $f[x,y(x)]$ 在 $x=x_0$ 处取得了极值,由一元可导函数取得极值的必要条件可知,必有

$$\left.\frac{\mathrm{d}z}{\mathrm{d}x}\right|_{x=x_0}=f_x(x_0,y_0)+f_y(x_0,y_0)\left.\frac{\mathrm{d}y}{\mathrm{d}x}\right|_{x=x_0}=0,$$

而由隐函数求导公式,有 $\left.\frac{\mathrm{d}y}{\mathrm{d}x}\right|_{x=x_0}=-\frac{\varphi_x(x_0,y_0)}{\varphi_y(x_0,y_0)}$,将其代入上式就得

$$f_x(x_0,y_0)-\frac{f_y(x_0,y_0)\varphi_x(x_0,y_0)}{\varphi_y(x_0,y_0)}=0. \tag{8}$$

式(7)和式(8)就是函数 $z=f(x,y)$ 在点 (x_0,y_0) 取得条件极值的必要条件.

若设

$$\lambda=-\frac{f_y(x_0,y_0)}{\varphi_y(x_0,y_0)}, \tag{9}$$

则上述必要条件就可写成

$$\begin{cases}f_x(x_0,y_0)+\lambda\varphi_x(x_0,y_0)=0,\\ f_y(x_0,y_0)+\lambda\varphi_y(x_0,y_0)=0,\\ \varphi(x_0,y_0)=0.\end{cases} \tag{10}$$

根据以上分析的结果,引进辅助函数

$$L(x,y,\lambda)=f(x,y)+\lambda\varphi(x,y),$$

其中函数 $L(x,y,\lambda)$ 称为拉格朗日函数,参数 λ 称为拉格朗日乘子. 从式(10)不难看出 (x_0,y_0) 正适合方程组 $L_x=0$, $L_y=0$, $L_\lambda=\varphi(x,y)=0$,即 $x=x_0$, $y=y_0$ 是拉格朗日函数 $L(x,y,\lambda)$ 的驻点的坐标,于是得到求条件极值的拉格朗日乘数法.

拉格朗日乘数法 求函数 $z=f(x,y)$ 在附加(约束)条件 $\varphi(x,y)=0$ 下的可能极值点,可按以下步骤进行:

(1) 构造拉格朗日函数

$$L(x,y,\lambda)=f(x,y)+\lambda\varphi(x,y), \tag{11}$$

其中 λ 是一个参数.

(2) 求式(11)对 x,y 的一阶偏导数,并建立方程组

$$\begin{cases}f_x(x,y)+\lambda\varphi_x(x,y)=0,\\ f_y(x,y)+\lambda\varphi_y(x,y)=0,\\ \varphi(x,y)=0.\end{cases} \tag{12}$$

(3) 由方程组(12)解出 x,y 及 λ，则其中 x,y 就是可能的极值点的坐标.

以上方法还可以推广到自变量多于两个，而附加条件多于一个的情形. 例如，要求函数

$$u=f(x,y,z,t)$$

在约束条件 $\varphi(x,y,z,t)=0$，$\psi(x,y,z,t)=0$ 下的极值，可以先作拉格朗日函数

$$L(x,y,z,t,\lambda,\mu)=f(x,y,z,t)+\lambda\varphi(x,y,z,t)+\mu\psi(x,y,z,t),$$

其中 λ,μ 是参数，然后求解方程组

$$L_x=0,L_y=0,L_z=0,L_t=0,L_\lambda=0 \text{ 及 } L_\mu=0,$$

则解得的 x_0,y_0,z_0 就是可能的极值点的坐标.

在构造拉格朗日函数时，函数 $f(x,y)$ 和条件 $\varphi(x,y)$ 在拉格朗日函数中的位置一定要正确.

例 7　求表面积为 12 m^2 的无盖长方体水箱的最大容积.

解　设水箱的长为 x m，宽为 y m，高为 z m，要求容积 $V=xyz$ 在表面积 $\varphi(x,y,z)=2xz+2yz+xy-12=0$ 约束下的最大值.

构造拉格朗日函数

$$L(x,y,z,\lambda)=xyz+\lambda(2xz+2yz+xy-12),$$

然后求出 L 的驻点，即求解方程组

$$\begin{cases}yz+\lambda(2z+y)=0,\\ xz+\lambda(2z+x)=0,\\ xy+\lambda(2x+2y)=0,\\ 2xz+2yz+xy-12=0.\end{cases}$$

将前三个方程的两边依次乘以 x,y 和 z，并约去 xyz 便可得

$$\lambda x(2z+y)=\lambda y(2z+x)=\lambda z(2x+2y).$$

因 λ 不能为零，故有

$$x(2z+y)=y(2z+x)=z(2x+2y).$$

由左边的等式 $x(2z+y)=y(2z+x)$ 得 $xz=yz$，因 z 为正值，所以 $x=y$. 同样，由右边的等式 $y(2z+x)=z(2x+2y)$ 得 $y=2z$.

将 $x=y=2z$ 代入最后一个方程即约束方程，就得到 $z^2=1$. 按题意，z 不取负值，于是求得 $x=2,y=2,z=1$（λ 的值不必求出）. 点(2,2,1)是唯一的驻点，根据问题性质知所求的最大容积一定存在，所以最大容积在长、宽各为 2 m，高为 1 m 时取到，其值为 4 m^3.

上面讨论了函数取得(有约束或无约束)极值的条件，从理论上讲，已经可以

用来寻找函数的极值与最值，但是在实践中还会遇到许多困难. 例如为了获取目标函数或拉格朗日函数的驻点，需要求解一个方程组，这种方程组一般是非线性的，求解非线性方程组并没有一个普遍适用的方法，在前面几个例子中可以看到，它依赖于求解者的经验和直觉.

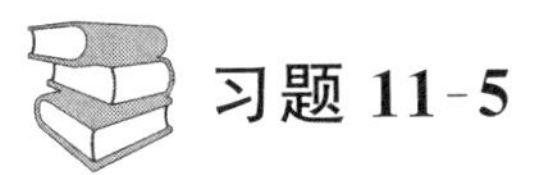

习题 11-5

1. 求函数 $f(x,y)=x^3+3xy^2-15x+12y$ 的极值.

2. 求函数 $f(x,y)=xy+\dfrac{50}{x}+\dfrac{20}{y}$ $(x>0,y>0)$的极值.

3. 求函数 $f(x,y)=e^{x-y}(x^2-2y^2)$的极值.

4. 求函数 $z=x^2+y^2$ 在条件$\dfrac{x}{a}+\dfrac{y}{b}=1(a>0,b>0)$下的极值，并根据图形的特征说明其是极小值.

5. 求抛物线 $y=x^2$ 到直线 $x-y-2=0$ 的最短距离.

6. 在椭球面$\dfrac{x^2}{a^2}+\dfrac{y^2}{b^2}+\dfrac{z^2}{c^2}=1$ 的第一卦限上求一点，使该点处切平面与三个坐标面围成四面体的体积最小.

7. 做一个容积为 1 m^3 的有盖圆柱形铅桶，问什么样的尺寸才能使所用材料最省？

8. 在平面 xOy 上求一点使它到 $x=0,y=0$ 及 $x+2y-16=0$ 三直线距离平方之和最小.

9. 在半径为 R 的半球内，求一体积最大的内接直角平行六面体(长方体).

10. 证明函数 $z=(1+e^y)\cos x-ye^y$ 有无穷多个极大值而无极小值.

*11.6　二元函数的泰勒公式

11.6.1　二元函数的泰勒公式

在 **11.2.2** 二元函数全微分的定义中，已经知道若函数 $f(x,y)$在点(x_0,y_0)可微，则有

$$f(x_0+h,y_0+k)-f(x_0,y_0)=f_x(x_0,y_0)h+f_y(x_0,y_0)k+o(\rho),$$

其中 $\rho=\sqrt{h^2+k^2}$，而 $h=x-x_0,k=y-y_0$，这说明当$|h|,|k|$充分小时，在点(x_0,y_0)的某邻域内可以用 h,k 的一个一次多项式来近似表示 $f(x_0+h,y_0+k)$，即

$$f(x_0+h,y_0+k)\approx f(x_0,y_0)+f_x(x_0,y_0)h+f_y(x_0,y_0)k.$$

当上式的近似程度达不到要求时，自然会考虑用 h,k 的高次多项式来近似代替 h,k 的函数 $f(x_0+h,y_0+k)$，并且要求能具体估计出误差的大小，为了解决这一问题，下面将一元函数的泰勒中值定理推广到多元函数.

定理　设二元函数 $z=f(x,y)$ 在点 (x_0,y_0) 的某邻域内具有直到 $n+1$ 阶连续偏导数，(x_0+h,y_0+k) 为该邻域内任一点，则有

$$f(x_0+h,y_0+k)=f(x_0,y_0)+\left(h\frac{\partial}{\partial x}+k\frac{\partial}{\partial y}\right)f(x_0,y_0)+\frac{1}{2!}\left(h\frac{\partial}{\partial x}+k\frac{\partial}{\partial y}\right)^2 f(x_0,y_0)+\cdots+\frac{1}{n!}\left(h\frac{\partial}{\partial x}+k\frac{\partial}{\partial y}\right)^n f(x_0,y_0)+R_n, \tag{1}$$

其中 $$R_n=\frac{1}{(n+1)!}\left(h\frac{\partial}{\partial x}+k\frac{\partial}{\partial y}\right)^{n+1} f(x_0+\theta h,y_0+\theta k)\quad(0<\theta<1). \tag{2}$$

式(1)中的记号

$\left(h\frac{\partial}{\partial x}+k\frac{\partial}{\partial y}\right)f(x_0,y_0)$ 表示 $hf_x(x_0,y_0)+kf_y(x_0,y_0)$；

$\left(h\frac{\partial}{\partial x}+k\frac{\partial}{\partial y}\right)^2 f(x_0,y_0)$ 表示 $h^2 f_{xx}(x_0,y_0)+2hkf_{xy}(x_0,y_0)+k^2 f_{yy}(x_0,y_0)$.

一般地，记号

$\left(h\frac{\partial}{\partial x}+k\frac{\partial}{\partial y}\right)^m f(x_0,y_0)$ 表示 $\sum\limits_{r=0}^{m}\mathrm{C}_m^r h^r k^{m-r}\left.\frac{\partial^m f(x,y)}{\partial x^r\partial y^{m-r}}\right|_{(x_0,y_0)}$，

其中 $\mathrm{C}_m^r=\frac{m!}{r!(m-r)!}$.

证　为了利用一元函数的泰勒中值定理来证明本定理，下面考虑一元函数

$$F(t)=f(x_0+th,y_0+tk)\quad(0\leqslant t\leqslant 1).$$

显然有 $F(0)=f(x_0,y_0)$，$F(1)=f(x_0+h,y_0+k)$. 由定理所设可知函数 $F(t)$ 在区间 $[0,1]$ 上具有直至 $n+1$ 阶连续导数，利用多元复合函数微分法，并令 $x=x_0+th$，$y=y_0+tk$，得

$$F'(t)=h\frac{\partial f}{\partial x}+k\frac{\partial f}{\partial y}=\left(h\frac{\partial}{\partial x}+k\frac{\partial}{\partial y}\right)f(x_0+th,y_0+tk),$$

$$F''(t)=h^2\frac{\partial^2 f}{\partial x^2}+2hk\frac{\partial^2 f}{\partial x\partial y}+k^2\frac{\partial^2 f}{\partial y^2}=\left(h\frac{\partial}{\partial x}+k\frac{\partial}{\partial y}\right)^2 f(x_0+th,y_0+tk),$$

…………

$$F^{(m)}(t)=\left(h\frac{\partial}{\partial x}+k\frac{\partial}{\partial y}\right)^m f(x_0+th,y_0+tk)=\sum_{r=0}^{m}\mathrm{C}_m^r h^r k^{m-r}\frac{\partial^m}{\partial x^r\partial y^{m-r}}f(x_0+th,y_0+tk).$$

从而有

$$F'(0)=\left(h\frac{\partial}{\partial x}+k\frac{\partial}{\partial y}\right)f(x_0,y_0),$$

$$F''(0)=\left(h\frac{\partial}{\partial x}+k\frac{\partial}{\partial y}\right)^2 f(x_0,y_0),$$

…………

$$F^{(n)}(0)=\left(h\frac{\partial}{\partial x}+k\frac{\partial}{\partial y}\right)^n f(x_0,y_0),$$

$$F^{(n+1)}(\theta)=\left(h\frac{\partial}{\partial x}+k\frac{\partial}{\partial y}\right)^{n+1} f(x_0+\theta h,y_0+\theta k).$$

利用一元函数的麦克劳林公式得

$$F(t)=F(0)+F'(0)t+\frac{F''(0)}{2!}t^2+\cdots+\frac{F^{(n)}(0)}{n!}t^n+R_n,$$

其中 $R_n=\frac{1}{(n+1)!}F^{(n+1)}(\theta t)\quad(0<\theta<1)$.

令 $t=1$,得

$$F(1)=F(0)+F'(0)+\frac{F''(0)}{2!}+\cdots+\frac{F^{(n)}(0)}{n!}+R_n,$$

其中 $R_n=\frac{1}{(n+1)!}F^{(n+1)}(\theta)\quad(0<\theta<1)$.

于是得到

$$f(x_0+h,y_0+k)=f(x_0,y_0)+\left(h\frac{\partial}{\partial x}+k\frac{\partial}{\partial y}\right)f(x_0,y_0)+\frac{1}{2!}\left(h\frac{\partial}{\partial x}+k\frac{\partial}{\partial y}\right)^2 f(x_0,y_0)+\cdots+\frac{1}{n!}\left(h\frac{\partial}{\partial x}+k\frac{\partial}{\partial y}\right)^n f(x_0,y_0)+R_n.$$

其中 $R_n=\frac{1}{(n+1)!}\left(h\frac{\partial}{\partial x}+k\frac{\partial}{\partial y}\right)^{n+1} f(x_0+\theta h,y_0+\theta k)\quad(0<\theta<1)$.

证毕.

公式(1)称为函数 $f(x,y)$ 在点 (x_0,y_0) 的 n 阶泰勒公式,而公式(2)中的 R_n 称为拉格朗日型余项.

记点 $M_0(x_0,y_0)$ 与 $M(x_0+h,y_0+k)$ 的距离为 $\rho=\sqrt{h^2+k^2}$,由定理假设函数 $f(x,y)$ 在点 (x_0,y_0) 的某邻域内具有直到 $n+1$ 阶的连续偏导数,故它们的绝对值在点 (x_0,y_0) 的某邻域内都不超过某一正数 K,于是

$$\begin{aligned}|R_n|&=\frac{1}{(n+1)!}\left|\left(h\frac{\partial}{\partial x}+k\frac{\partial}{\partial y}\right)^{n+1} f(x_0+\theta h,y_0+\theta k)\right|\\&=\frac{1}{(n+1)!}\rho^{n+1}\left|\left(\frac{h}{\rho}\frac{\partial}{\partial x}+\frac{k}{\rho}\frac{\partial}{\partial y}\right)^{n+1} f(x_0+\theta h,y_0+\theta k)\right|\\&\leqslant\frac{K}{(n+1)!}\rho^{n+1}\left(\frac{|h|}{\rho}+\frac{|k|}{\rho}\right)^{n+1},\end{aligned}$$

由于 $\frac{|h|}{\rho}\leqslant 1,\frac{|k|}{\rho}\leqslant 1$,那么 $\left(\frac{|h|}{\rho}+\frac{|k|}{\rho}\right)\leqslant 2$,于是 $|R_n|\leqslant\frac{2^{n+1}K}{(n+1)!}\rho^{n+1}$,故知当 $\rho\to 0$

时，$|R_n|$是比 ρ^n 高阶的无穷小.

在泰勒公式(1)中，若取 $x_0=0,y_0=0$，则 $h=x,k=y,f(x,y)$的 n 阶泰勒公式为

$$f(x,y)=f(0,0)+\left(x\frac{\partial}{\partial x}+y\frac{\partial}{\partial y}\right)f(0,0)+\frac{1}{2!}\left(x\frac{\partial}{\partial x}+y\frac{\partial}{\partial y}\right)^2f(0,0)+\cdots+$$
$$\frac{1}{n!}\left(x\frac{\partial}{\partial x}+y\frac{\partial}{\partial y}\right)^nf(0,0)+\frac{1}{(n+1)!}\left(x\frac{\partial}{\partial x}+y\frac{\partial}{\partial y}\right)^{n+1}f(\theta x,\theta y)$$
$$(0<\theta<1).\quad(3)$$

公式(3)称为函数 $f(x,y)$的 n 阶麦克劳林公式.

例 1　求函数 $f(x,y)=\ln(1+x+y)$的三阶麦克劳林公式.

解　函数 $f(x,y)=\ln(1+x+y)$在点$(0,0)$的某邻域内有直至四阶的连续偏导数：

$$f_x(x,y)=f_y(x,y)=\frac{1}{1+x+y},$$
$$f_{xx}(x,y)=f_{xy}(x,y)=f_{yy}(x,y)=-\frac{1}{(1+x+y)^2},$$
$$\frac{\partial^3 f}{\partial x^r\partial y^{3-r}}=\frac{2!}{(1+x+y)^3}\quad(r=0,1,2,3),$$
$$\frac{\partial^4 f}{\partial x^r\partial y^{4-r}}=-\frac{3!}{(1+x+y)^4}\quad(r=0,1,2,3,4).$$

则有
$$\left(x\frac{\partial}{\partial x}+y\frac{\partial}{\partial y}\right)f(0,0)=xf_x(0,0)+yf_y(0,0)=x+y,$$
$$\left(x\frac{\partial}{\partial x}+y\frac{\partial}{\partial y}\right)^2f(0,0)=x^2f_{xx}(0,0)+2xyf_{xy}(0,0)+y^2f_{yy}(0,0)$$
$$=-(x+y)^2,$$
$$\left(x\frac{\partial}{\partial x}+y\frac{\partial}{\partial y}\right)^3f(0,0)=x^3f_{xxx}(0,0)+3x^2yf_{xxy}(0,0)+3xy^2f_{xyy}(0,0)+$$
$$y^3f_{yyy}(0,0)=2(x+y)^3.$$

又因为 $f(0,0)=0$，所以

$$\ln(1+x+y)=x+y-\frac{1}{2}(x+y)^2+\frac{1}{3}(x+y)^3+R_3,$$

其中 $R_3=\frac{1}{4!}\left(x\frac{\partial}{\partial x}+y\frac{\partial}{\partial y}\right)^4f(\theta x,\theta y)=-\frac{1}{4}\cdot\frac{(x+y)^4}{(1+\theta x+\theta y)^4}\quad(0<\theta<1).$

11.6.2　二元函数极值存在的充分条件的证明

作为二元函数泰勒公式的应用，下面证明 **11.5.1** 定理 2 二元函数极值存在的充分条件.

设函数 $z=f(x,y)$在点 $M_0(x_0,y_0)$的某邻域 $U_1(M_0)$内连续，且具有一阶及

二阶连续偏导数，又 $f_x(x_0,y_0)=0$，$f_y(x_0,y_0)=0$.

按照二元函数 $f(x,y)$ 在点 $M_0(x_0,y_0)$ 的泰勒公式，对于任一 $(x_0+h,y_0+k)\in U_1(M_0)$ 有

$$\begin{aligned}&f(x_0+h,y_0+k)-f(x_0,y_0)\\&=f_x(x_0,y_0)h+f_y(x_0,y_0)k+\frac{1}{2!}[f_{xx}(x_0+\theta h,y_0+\theta k)h^2+\\&2f_{xy}(x_0+\theta h,y_0+\theta k)hk+f_{yy}(x_0+\theta h,y_0+\theta k)k^2]\\&=\frac{1}{2}[h^2f_{xx}(x_0+\theta h,y_0+\theta k)+2hkf_{xy}(x_0+\theta h,y_0+\theta k)+\\&k^2f_{yy}(x_0+\theta h,y_0+\theta k)]\quad(0<\theta<1).\end{aligned}\tag{4}$$

(1) 设 $AC-B^2>0$，即

$$f_{xx}(x_0,y_0)f_{yy}(x_0,y_0)-[f_{xy}(x_0,y_0)]^2>0.\tag{5}$$

因 $f(x,y)$ 的二阶偏导数在 $U_1(M_0)$ 内连续，由不等式(5)可知，存在点 M_0 的邻域 $U_2(M_0)\subset U_1(M_0)$，使得对任一 $(x_0+h,y_0+k)\in U_2(M_0)$，有

$$f_{xx}(x_0+\theta h,y_0+\theta k)f_{yy}(x_0+\theta h,y_0+\theta k)-[f_{xy}(x_0+\theta h,y_0+\theta k)]^2>0.\tag{6}$$

为书写简便，把 $f_{xx}(x,y)$，$f_{xy}(x,y)$，$f_{yy}(x,y)$ 在点 $(x_0+\theta h,y_0+\theta k)$ 处的值依次记为 f_{xx}，f_{xy}，f_{yy}. 由式(6)可知，当 $(x_0+h,y_0+k)\in U_2(M_0)$ 时，f_{xx} 及 f_{yy} 都不等于零且两者同号，于是式(4)可写成

$$\Delta f=\frac{1}{2f_{xx}}[(hf_{xx}+kf_{xy})^2+k^2(f_{xx}f_{yy}-f_{xy})^2].$$

当 h,k 不同时为零且 $(x_0+h,y_0+k)\in U_2(M_0)$ 时，上式右端方括号内的值为正，所以 Δf 异于零且与 f_{xx} 同号. 又由 $f(x,y)$ 的二阶偏导数的连续性知 f_{xx} 与 A 同号，因此 Δf 与 A 同号，当 $A>0$ 时 $f(x_0,y_0)$ 为极小值，当 $A<0$ 时 $f(x_0,y_0)$ 为极大值.

(2) 设 $AC-B^2<0$，即

$$f_{xx}(x_0,y_0)f_{yy}(x_0,y_0)-[f_{xy}(x_0,y_0)]^2<0.\tag{7}$$

先假定 $f_{xx}(x_0,y_0)=f_{yy}(x_0,y_0)=0$，于是由式(7)可知这时 $f_{xy}(x_0,y_0)\neq0$，现在分别令 $k=h$ 及 $k=-h$，则由式(4)分别得

$$\Delta f=\frac{h^2}{2}[f_{xx}(x_0+\theta_1h,y_0+\theta_1h)+2f_{xy}(x_0+\theta_1h,y_0+\theta_1h)+f_{yy}(x_0+\theta_1h,y_0+\theta_1h)],$$

$$\Delta f=\frac{h^2}{2}[f_{xx}(x_0+\theta_2h,y_0-\theta_2h)-2f_{xy}(x_0+\theta_2h,y_0-\theta_2h)+f_{yy}(x_0+\theta_2h,y_0-\theta_2h)],$$

其中 $0<\theta_1,\theta_2<1$. 当 $h\to0$ 时，以上两式中方括号内的式子分别趋于极限 $2f_{xy}(x_0,y_0)$ 及 $-2f_{xy}(x_0,y_0)$.

当 h 充分接近零时，两式中方括号内的值有相反的符号，即 Δf 可取不同符号的值，所以 $f(x_0,y_0)$ 不是极值.

再证 $f_{xx}(x_0,y_0)$和 $f_{yy}(x_0,y_0)$不同时为零的情形. 不妨假定 $f_{yy}(x_0,y_0)\neq 0$，先取 $k=0$，于是由式(4)得

$$\Delta f=\frac{1}{2}h^2 f_{xx}(x_0+\theta h,y_0).$$

由此看出，当 h 充分接近零时，Δf 与 $f_{xx}(x_0,y_0)$同号.

但如果取

$$h=-f_{xy}(x_0,y_0)s,\ k=f_{xx}(x_0,y_0)s,\tag{8}$$

其中 s 是异于零但充分接近零的数，则可发现当$|s|$充分小时，Δf 与 $f_{xx}(x_0,y_0)$异号. 事实上，在式(4)中将 h 及 k 用式(8)给定的值代入，得

$$\Delta f=\frac{1}{2}s^2\{[f_{xy}(x_0,y_0)]^2 f_{xx}-2f_{xy}(x_0,y_0)f_{xx}(x_0,y_0)f_{xy}+[f_{xx}(x_0,y_0)]^2 f_{yy}\}.\tag{9}$$

上式右端花括号内的式子当 $s\to 0$ 时趋于极限

$$f_{xx}(x_0,y_0)\{f_{xx}(x_0,y_0)f_{yy}(x_0,y_0)-[f_{xy}(x_0,y_0)]^2\}.$$

由不等式(7)，上式花括号内的值为负，因此当 s 充分接近零时，式(9)右端与 $f_{xx}(x_0,y_0)$异号.

这样证明了在点(x_0,y_0)的任意邻近，Δf 可取不同符号的值，因此 $f(x_0,y_0)$不是极值.

(3) 设 $AC-B^2=0$，对于 $f(x_0+h,y_0+k)-f(x_0,y_0)$的值的符号尚需讨论，例如下面两个函数

$$f(x,y)=x^3y^3,\ g(x,y)=x^2+y^4.$$

显然 $O(0,0)$都是它们的驻点，并且容易验算它们都满足 $AC-B^2=0$，但 $f(x,y)$在 $O(0,0)$处无极值，而 $g(x,y)$在 $O(0,0)$处有极值.

*习题 11-6

1. 求函数 $f(x,y)=2x^2-xy-y^2-6x-3y+5$ 在点$(1,-2)$处的泰勒公式.
2. 求函数 $f(x,y)=e^x\ln(1+y)$的三阶麦克劳林公式.
3. 求函数 $f(x,y)=e^{x+y}$的 n 阶麦克劳林公式.

本章小结

1. 主要内容

本章内容可分为多元函数、极限、连续和多元函数微分法几个部分.

(1) 多元函数的相关概念和性质，具体包括：

① 多元函数的概念及二元函数的几何意义；

② 多元函数的极限与连续的概念，多元函数的累次极限与极限，多元函数的极限与连续的关系，有界闭区域上多元连续函数的性质.

(2) 多元函数微分法，具体包括：

① 多元函数的偏导数和全微分，全微分存在的必要条件和充分条件，以及偏导数的存在性、全微分的存在性、偏导数的连续性之间的关系；

② 多元复合函数和隐函数的求导法，多元复合函数的求导法则及抽象函数的高阶导数；

③ 隐函数的求导法则及由方程组确定的隐函数的求导法则.

(3) 多元函数的方向导数和梯度.

(4) 多元函数微分学的几何应用，具体包括：

① 空间曲线的切线和法平面；

② 曲面的切平面和法线.

(5) 多元函数的极值与最值，具体包括：

① 多元函数的极值及其求法；

② 多元函数的最大值、最小值及其简单应用；

③ 条件极值、无条件极值，以及拉格朗日乘数法.

(6) 二元函数的泰勒公式，具体包括：

① 二元函数的泰勒公式；

② 二元函数极值存在的充分条件的证明.

2. 基本要求

通过本章内容的学习，应达到以下目标和要求：

(1) 理解多元函数的概念及二元函数的几何意义.

(2) 了解二元函数的极限与连续的概念，以及有界闭区域上连续函数的性质.

(3) 理解多元函数偏导数与全微分的概念，会求全微分；了解全微分存在的必要条件与充分条件，了解全微分形式的不变性.

(4) 理解方向导数与梯度的概念，并掌握其计算方法.

(5) 熟练掌握多元复合函数一阶、二阶偏导数的求法.

(6) 了解隐函数存在定理，熟练掌握多元隐函数偏导数的求法.

(7) 了解空间曲线的切线与法平面及曲面的切平面与法线的概念，熟练掌握其方程的求法.

(8) 理解多元函数极值与条件极值的概念，掌握多元函数极值存在的必要条件；掌握二元函数极值存在的充分条件，并会求二元函数的极值；会用拉格朗日乘数法求条件极值，会求简单多元函数的最大值与最小值，并会解决一些应用问题.

(9) 了解二元函数的二阶泰勒公式.

3. 学习指导

深刻理解概念.在多元函数微分学的知识体系中,最重要的就是对基本概念的理解,也就是要理解多元函数的极限、连续、可导与可微.首先,对极限的理解.多元函数的极限与一元函数的极限是有区别的,例如,二元函数逼近极限点的方式是任意的,而一元函数只能从左、右两个方向逼近,因此,要判断二元函数的极限是否存在,必须先考虑变量以何种方式趋向极限点.把极限弄清楚了,就很容易判断函数的连续性了.其次,可导的概念.仍以二元函数为例,二元函数有两个变量,其导数是指偏导数.求偏导数的基本思想是求一个变量的导数时先固定另外一个变量,其实质还是求一元函数的导数.最后,多元函数的微分可以直接平移一元函数的微分,其基本形式是一样的.由多元函数可微可以推出多元函数可导和连续,反之不成立.深刻理解这些概念,多元函数的计算问题就迎刃而解了.

培养计算能力.多元函数的计算实质上就是多元函数微分学的应用,主要包括偏导数的计算、方向导数与梯度的计算,以及求二元函数的极值(无条件与条件).具体来说,计算偏导数,特别是高阶偏导数,只要掌握链式法则及高阶导数与求导次序无关的条件就可以了.计算方向导数与梯度,需要知道它们的含义及两个计算公式.计算二元函数的极值分为计算无条件极值和有条件极值两种.可以将无条件极值与一元函数的极值作类比,以简化计算;有条件极值的计算则需要掌握拉格朗日乘数法.总之,在学习多元函数微分学时,应先针对重点知识做题巩固,对每一道题理解、反思,然后针对次重点知识做一些题目促进自我提高.

自我检测题 11

1. 选择题.

(1) 二元函数 $f(x,y)=\begin{cases}\dfrac{xy}{x^2+y^2}, & (x,y)\neq(0,0),\\ 0, & (x,y)=(0,0)\end{cases}$ 在点(0,0)处(　　).

(A) 连续,偏导数存在;　　(B) 连续但偏导数不存在;

(C) 不连续,偏导数存在;　　(D) 不连续,偏导数不存在.

(2) 函数 $f(x,y)$ 的偏导数 $f_x(x,y)$, $f_y(x,y)$ 在点 (x_0,y_0) 处连续是 $f(x,y)$ 在该点可微分的(　　).

(A) 必要条件;　　(B) 充分条件;

(C) 充要条件;　　(D) 既不是必要条件也不是充分条件.

(3) 设 $f(x,y)=\begin{cases}\dfrac{1}{xy}\sin(x^2y), & xy\neq0,\\ 0, & xy=0,\end{cases}$ 则 $f_x(0,1)=$(　　).

(A) 0;　　(B) 1;　　(C) 2;　　(D) 不存在.

2. 填空题.

(1) 函数 $z=\ln(x\ln y)$的定义域为__________.

(2) 二元函数 $z=x^3-y^3-3x^2+3y-9x$ 的极值点为__________.

(3) 曲线$\begin{cases}x-y-z=0,\\2x+y+z=-2\end{cases}$在点$(0,1,-1)$处的法平面方程为__________.

(4) 设函数 $z=z(x,y)$由方程 $\sin x+2y-z=e^z$ 所确定,则$\frac{\partial z}{\partial x}=$__________.

3. 计算下列各题:

(1) 设 $z=ue^v\sin u$,而 $u=xy, v=x+y$,求$\frac{\partial z}{\partial x},\frac{\partial z}{\partial y}$;

(2) 求极限 $\lim\limits_{(x,y)\to(0,0)}\frac{1-\sqrt{x^2y+1}}{x^3y^2}\sin(xy)$;

(3) 求曲线$\begin{cases}x=t,\\y=-t^2,\\z=t^3\end{cases}$上与平面 $x+2y+z=4$ 平行的切线方程.

4. 设 $z=\sqrt{y}+f(\sqrt{x}-1)$,其中 $x\geqslant0, y\geqslant0$,当 $y=1$ 时 $z=x$,试确定函数$f(x)$和 z.

5. 求函数 $z=x^2+y^2$ 在条件$\frac{x}{a}+\frac{y}{b}=1$ 下的极值.

6. 求函数 $u=e^z-x+xy$ 在点$(2,1,0)$处沿曲面 $e^z-z+xy=3$ 法线方向的方向导数.

7. 设 $f(x,y)=x^2+(x+3)y+ay^2+y^3$,已知两曲线$\frac{\partial f}{\partial x}=0$ 和$\frac{\partial f}{\partial y}=0$ 相切,求 a.

8. 设 $f(u)$具有二阶连续导数,而 $z=f(e^x\sin y)$满足方程$\frac{\partial^2 z}{\partial x^2}+\frac{\partial^2 z}{\partial y^2}=e^{2x}z$,求 $f(u)$.

9. 设 $u=\sqrt{x^2+y^2+z^2}$,证明$\frac{\partial^2 u}{\partial x^2}+\frac{\partial^2 u}{\partial y^2}+\frac{\partial^2 u}{\partial z^2}=\frac{2}{u}$.

复习题 11

1. 填空题.

(1) 函数 $z=\ln(x^2+y^2-1)$的连续区域是__________.

(2) 函数 $f(x,y)$在点(x,y)可微分是 $f(x,y)$在该点连续的__________条件,$f(x,y)$在点(x,y)连续是 $f(x,y)$在该点可微分的__________条件.

2. 选择题.

(1) 设函数 $z=1-\sqrt{x^2+y^2}$,则点$(0,0)$是函数 z 的(　　).

(A) 极小值点且是最小值点;　　(B) 极大值点且是最大值点;

(C) 极小值点但非最小值点;　　(D) 极大值点但非最大值点.

(2) $z_x(x_0,y_0)=0$ 和 $z_y(x_0,y_0)=0$ 是函数 $z=z(x,y)$在点(x_0,y_0)处取得极值的(　　).

(A) 必要条件但非充分条件;　　(B) 充分条件但非必要条件;

(C) 充要条件;　　(D) 既非必要也非充分条件.

3. 求极限$\lim\limits_{\substack{x\to0\\y\to0}}\frac{3y^3+2yx^2}{x^2-xy+y^2}$.

4. 证明 $\lim\limits_{\substack{x\to 0\\ y\to 0}}\dfrac{2x-y}{x+y}$不存在.

5. 设 $f(x,y)=\begin{cases}xy-\dfrac{x^3+y^3}{x^2+y^2}, & (x,y)\neq(0,0),\\ 0, & (x,y)=(0,0),\end{cases}$ 求 $f_x(0,0),f_y(0,0)$.

6. 求下列函数的一阶和二阶偏导数：

(1) $z=xy+\ln\sqrt{x^2+y^2}$；　　(2) $u=x^y$.

7. 求下列函数的全微分：

(1) $z=\dfrac{xy}{x^2-y^2}$；　　(2) $u=\ln(x^x y^y z^z)$.

8. 设 $z=F(u,v,x)$，$u=\varphi(x)$，$v=\psi(x)$，求$\dfrac{\mathrm{d}z}{\mathrm{d}x}$.

9. 若 $z=\sin y+f(\sin x-\sin y)$，其中 f 为可微函数，证明：$\sec x\dfrac{\partial z}{\partial x}+\sec y\dfrac{\partial z}{\partial y}=1$.

10. 设 $z=xf\left(\dfrac{y}{x}\right)+2y\varphi\left(\dfrac{x}{y}\right)$，其中 f,φ 均具有连续二阶导数，求$\dfrac{\partial^2 z}{\partial x^2},\dfrac{\partial^2 z}{\partial x\partial y}$.

11. 求函数 $z=x^2+xy+y^2-3ax-3by$ 的极值.

12. 设 $\varphi(u,v)$是可微函数，证明：曲面 $\varphi(x-az,y-bz)=0$ 上任一点处的切平面都与直线 $\dfrac{x}{a}=\dfrac{y}{b}=z$ 平行.

13. 求曲线 $x=2t^2,y=\cos(\pi t),z=2\ln t$ 在对应于 $t=2$ 点处的切线及法平面方程.

14. 求函数 $u=xy^2z^3$ 在点$(1,1,1)$处方向导数的最大值与最小值.

15. 横截面为长方形的半圆柱形的张口容器，且表面积等于 S，当容器的长度与断面半径各为多少时，其有最大容积？

12 重 积 分

有了多元函数概念是一元函数概念的推广的知识基础，便可自然想到重积分是定积分概念的拓展和延伸. 重积分除了被积函数是多元函数之外，其积分的范围是平面或空间的一个有界闭区域. 重积分与定积分虽然形式不同，但本质上却是一致的，都是一种和式极限. 二重积分是三重积分的基础，是基于定积分发展起来的，它的几何意义是求一个曲顶柱体的体积. 在建立了二重积分概念以后，便知道三重积分是其自然推广，没有本质的差别.

本章主要学习重积分(包括二重积分和三重积分)的概念、计算方法及它们的一些应用. 重积分是多元函数积分学的重要内容，是高等数学的核心内容之一，应当注重各类积分概念的引入和理论的应用，通过对各类积分计算的对比和联系，形成统一的知识体系，达到融会贯通的目的.

12.1 二重积分的概念及性质

本节将从实例出发引入二重积分的概念，三重积分的概念作为二重积分的推广只作简要叙述.

12.1.1 引 例

1) 曲顶柱体的体积

所谓曲顶柱体是指这样的一种立体，它的底是 xOy 面上的有界闭区域 D，侧面是以 D 的边界曲线为准线，母线平行于 z 轴的柱面，顶部则是曲面 $z=f(x,y)$，$(x,y)\in D$(其中 $f(x,y)\geqslant 0$ 且在 D 上连续)(见图 12-1). 下面讨论如何计算上述曲顶柱体的体积 V.

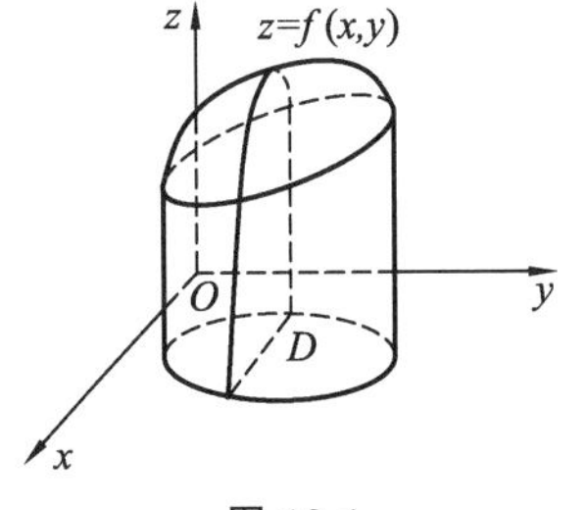

图 12-1

平顶柱体的体积可以用公式

$$体积=高\times底面积$$

计算. 对于曲顶柱体，当点 (x,y) 在区域 D 上变动时，柱体的高度 $f(x,y)$ 是一个变化的量,因此它的体积若仍用上述公式计算,则高的变化会使求出的曲顶柱体的体积和真值之间产生很大的误差,如何解决这个问题呢? 回顾第 6 章中求曲边梯形面积的问题,且注意到体积具有可加性,即可以分割为小体积的和,就不难想到解决目前问题的方法.

首先,将 D 任意分割成 n 个小闭区域 $\Delta\sigma_i$ $(i=1, 2,\cdots,n)$,仍用 $\Delta\sigma_i$ 代表这个小区域的面积且分别以这些小闭区域的边界曲线为准线,作母线平行于 z 轴的柱面,这些柱面把原来的曲顶柱体分为 n 个细曲顶柱体(见图 12-2),设这些细曲顶柱体的体积为 ΔV_i,则

$$V=\sum_{i=1}^{n}\Delta V_i.$$

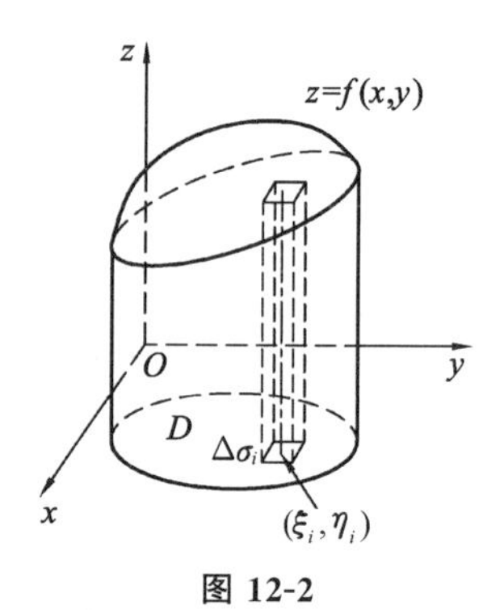

图 12-2

当小区域 $\Delta\sigma_i$ 的直径(即区域上任意两点间距离的最大值)很小时,由于 $f(x,y)$ 的连续性,在同一个小闭区域上 $f(x,y)$ 变化很小,这时细曲顶柱体就可近似看作平顶柱体. 在 $\Delta\sigma_i$ 上任取一点(ξ_i, η_i),以 $f(\xi_i, \eta_i)$为高、$\Delta\sigma_i$ 为底的平顶柱体的体积为 $f(\xi_i, \eta_i)\Delta\sigma_i$. 于是

$$\Delta V_i\approx f(\xi_i, \eta_i)\Delta\sigma_i \quad (i=1, 2, \cdots, n).$$

将这 n 个细平顶柱体的体积相加,即得曲顶柱体体积的近似值

$$V=\sum_{i=1}^{n}\Delta V_i\approx\sum_{i=1}^{n}f(\xi_i,\eta_i)\Delta\sigma_i.$$

这个近似值 $\sum\limits_{i=1}^{n}f(\xi_i,\eta_i)\Delta\sigma_i$ 显然与区域D 的分割法及点$(\xi_i, \eta_i)\in\Delta\sigma_i$ 的取法有关,但当 n 个小闭区域 $\Delta\sigma_i$ 的直径中的最大值(记作 λ)趋于零时,上述和式的极限值便为所求的曲顶柱体的体积 V,即

$$V=\lim_{\lambda\to 0}\sum_{i=1}^{n}f(\xi_i, \eta_i)\Delta\sigma_i.$$

它与区域 D 的分割法及点(ξ_i, η_i)的取法无关.

2) 平面薄板的质量

设有一平面薄板在 xOy 面上由闭区域 D 围成,它的面密度 $\rho(x,y)$是 D 上的连续函数,且 $\rho(x,y)>0$,现在要计算该薄板的质量 m.

如果薄板是均匀的,即面密度是常数,那么薄板的质量可以用公式

质量=面密度×面积

来计算. 此板面密度 $\rho(x,y)$是变量,薄板的质量就不能直接用上述公式来计算,但是质量也具有可加性的特征,所以处理曲顶柱体体积问题的方法完全适用于本问题.

把薄板分成 n 小块 $\Delta\sigma_i(i=1,2,\cdots,n)$ 且仍用 $\Delta\sigma_i$ 代表这个小区域的面积，由于 $\rho(x,y)$ 连续，因此只要这些小块所占的闭区域 $\Delta\sigma_i$ 的直径很小，就可以近似地看作均匀薄板. 于是在 $\Delta\sigma_i$ 上任取一点 (ξ_i, η_i)，以 $\rho(\xi_i, \eta_i)$ 作为这一小块的密度，就可得到小块的质量 Δm_i 的近似值 $\rho(\xi_i, \eta_i)\Delta\sigma_i$，即 $\Delta m_i \approx \rho(\xi_i, \eta_i)\Delta\sigma_i$，通过求和即得平面薄板质量的近似值(见图 12-3)

$$m = \sum_{i=1}^{n}\Delta m_i \approx \sum_{i=1}^{n}\rho(\xi_i, \eta_i)\Delta\sigma_i.$$

这个近似值 $\sum\limits_{i=1}^{n}\rho(\xi_i, \eta_i)\Delta\sigma_i$ 显然与区域 D 的分割法及点 (ξ_i, η_i) 的取法有关.

当 $\lambda=\max\limits_{1\leqslant i\leqslant n}\{\Delta\sigma_i \text{ 的直径}\}\to 0$ 时，上述和式极限值便为所求的平面薄板的质量，即

$$m = \lim_{\lambda\to 0}\sum_{i=1}^{n}\rho(\xi_i, \eta_i)\Delta\sigma_i,$$

且它与区域 D 的分割法及点 (ξ_i, η_i) 的取法无关.

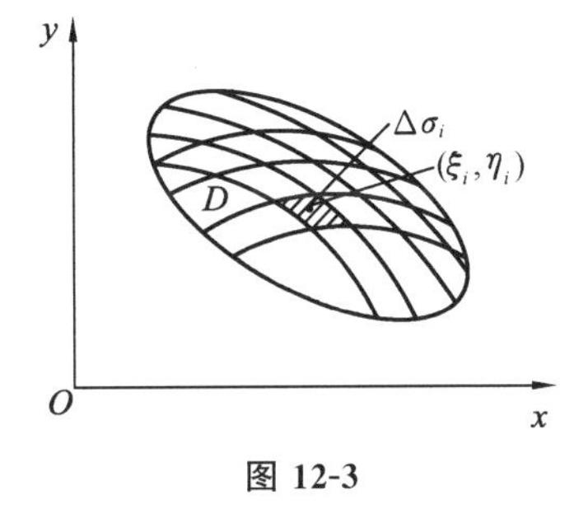

图 12-3

上面两个问题实际意义不同，解决它们的数学方法却完全相同，即所求量都归结为同一形式和式极限. 这种现象在解决其他物理、力学、几何和工程技术的问题中常会出现，由此可抽象出下述二重积分的定义.

12.1.2 二重积分的定义

定义 设 $f(x,y)$ 是有界闭区域 D 上的有界函数，将闭区域 D 任意划分成 n 个小闭区域 $\Delta\sigma_i(i=1,2,\cdots,n)$，并用 $\Delta\sigma_i$ 表示第 i 个小闭区域 $\Delta\sigma_i$ 的面积，在每个 $\Delta\sigma_i$ 上任取一点 (ξ_i, η_i) 作乘积 $f(\xi_i, \eta_i)\Delta\sigma_i$，并作和 $\sum\limits_{i=1}^{n}f(\xi_i, \eta_i)\Delta\sigma_i$，当各小闭区域的直径中的最大值 λ 趋于零时，该和式极限存在，且它与区域 D 的分割法及点 (ξ_i, η_i) 的取法无关，则称此极限为函数 $f(x,y)$ 在闭区域 D 上的二重积分，记作 $\iint\limits_D f(x,y)\mathrm{d}\sigma$，即

$$\iint\limits_D f(x,y)\mathrm{d}\sigma = \lim_{\lambda\to 0}\sum_{i=1}^{n}f(\xi_i, \eta_i)\Delta\sigma_i, \tag{1}$$

其中 $f(x,y)$ 称为被积函数，$f(x,y)\mathrm{d}\sigma$ 称为被积表达式，$\mathrm{d}\sigma$ 称为面积元素，x 与 y 称为积分变量，D 称为积分区域，$\sum\limits_{i=1}^{n}f(\xi_i, \eta_i)\Delta\sigma_i$ 称为积分和(黎曼和).

很显然，二重积分是定积分在二元函数情形下的推广.

二重积分记号$\iint\limits_D f(x,y)\mathrm{d}\sigma$中的面积元素$\mathrm{d}\sigma$实际上就是积分和中的$\Delta\sigma_i$，由二重积分的定义可知和式极限与$D$的分割法无关，所以在直角坐标系中为了方便，用分别平行于两坐标轴的直线来划分D，那么除了包含边界点的一些小闭区域外，其余的小闭区域都是矩形闭区域. 设矩形闭区域$\Delta\sigma_i$的边长为Δx_i和Δy_i，则$\Delta\sigma_i=\Delta x_i\Delta y_i$. 因此在直角坐标系中，当$\lambda\to 0$时，所有的$\Delta\sigma_i$都可以视为矩形闭区域，所以把面积元素$\mathrm{d}\sigma$记作$\mathrm{d}x\mathrm{d}y$，而把二重积分记作

$$\iint\limits_D f(x,y)\mathrm{d}x\mathrm{d}y,$$

其中$\mathrm{d}x\mathrm{d}y$称为直角坐标系中的面积元素.

不加证明地指出，当$f(x,y)$在闭区域D上连续时，式(1)右端和的极限必定存在. 也就是说，如果函数$f(x,y)$在D上连续，那么它在D上的二重积分必定存在；并且可进一步证明，如果用一些分段光滑曲线(光滑曲线是指曲线上每一点处都具有切线，且切线随切点的移动而连续转动的曲线)将D分成有限个小区域，而$f(x,y)$在每个小区域内均连续，则$f(x,y)$在D上的二重积分也是存在的.

由二重积分的定义可知，曲顶柱体的体积是曲顶柱体的变高$f(x,y)$在底D上的二重积分

$$V=\iint\limits_D f(x,y)\mathrm{d}\sigma;$$

平面薄板的质量是它的面密度$\rho(x,y)$在薄板所占闭区域D上的二重积分

$$m=\iint\limits_D \rho(x,y)\mathrm{d}\sigma.$$

一般地，若$f(x,y)\geqslant 0$，被积函数$f(x,y)$可解释为曲顶柱体的顶在点(x,y)处的竖坐标，则二重积分的几何意义就是曲顶柱体的体积. 如果$f(x,y)$是负的，柱体就在xOy面的下方，二重积分的绝对值仍等于曲顶柱体的体积，但二重积分的值是负的. 若$f(x,y)$在D的部分区域上是正的，而在其他的部分区域上是负的，则在xOy面上方的曲顶柱体体积赋予“正”号，在xOy面下方的曲顶柱体体积赋予“负”号，$f(x,y)$在D上的二重积分就等于这些部分区域上的曲顶柱体体积的代数和.

12.1.3　二重积分的性质

注意到二重积分和定积分一样都是和式极限，所以重积分有着与定积分相类似的性质，现逐一列出而不再给出证明.

性质 1 若函数 $f(x,y),g(x,y)$都在有界闭区域 D 上可积,则对任意的常数 k 和 l,函数 $kf(x,y)+lg(x,y)$在 D 上也可积,且

$$\iint_D [kf(x,y)\pm lg(x,y)]\mathrm{d}x\mathrm{d}y = k\iint_D f(x,y)\mathrm{d}x\mathrm{d}y \pm l\iint_D g(x,y)\mathrm{d}x\mathrm{d}y.$$

这一性质称为重积分的线性性.

性质 2 若函数 $f(x,y)$在 D 上可积,用曲线将 D 分割成两个闭区域 D_1 与 D_2,则 $f(x,y)$在 D_1 与 D_2 上也都可积,且

$$\iint_D f(x,y)\mathrm{d}x\mathrm{d}y = \iint_{D_1} f(x,y)\mathrm{d}x\mathrm{d}y + \iint_{D_2} f(x,y)\mathrm{d}x\mathrm{d}y.$$

这一性质可以推广到将 D 分割成有限个区域 $D_i(i=1,2,\cdots,n)$上去,即

$$\iint_D f(x,y)\mathrm{d}x\mathrm{d}y = \sum_{i=1}^{n}\iint_{D_i} f(x,y)\mathrm{d}x\mathrm{d}y.$$

这一性质称为二重积分对区域具有可加性.

性质 3 若在 D 上,$f(x,y)=1$,σ 为 D 的面积,则

$$\iint_D 1\cdot \mathrm{d}\sigma = \iint_D \mathrm{d}\sigma = \sigma.$$

这一性质的几何意义是很明显的,即高为 1 的平顶柱体的体积在数值上等于柱体的底面积.

性质 4 若函数 $f(x,y)$在 D 上可积,并且在 D 上 $f(x,y)\geqslant 0$,则

$$\iint_D f(x,y)\mathrm{d}x\mathrm{d}y \geqslant 0.$$

这一性质称为二重积分的保号性.

推论 1 若 $f(x,y),g(x,y)$都在 D 上可积,且在 D 上 $f(x,y)\leqslant g(x,y)$,则

$$\iint_D f(x,y)\mathrm{d}x\mathrm{d}y \leqslant \iint_D g(x,y)\mathrm{d}x\mathrm{d}y.$$

推论 2 若函数 $f(x,y)$在 D 上可积,则函数$|f(x,y)|$也在 D 上可积,且

$$\left|\iint_D f(x,y)\mathrm{d}x\mathrm{d}y\right| \leqslant \iint_D |f(x,y)|\mathrm{d}x\mathrm{d}y.$$

性质 5 设 M, m 分别是 $f(x,y)$ 在闭区域 D 上的最大值和最小值,σ 是 D 的面积,则

$$m\sigma \leqslant \iint_D f(x,y)\mathrm{d}\sigma \leqslant M\sigma.$$

这一结论称为二重积分的估值定理.

性质 6 若函数 $f(x,y)$ 在闭区域 D 上连续,则在 D 上至少存在一点 (ξ,η),使得

$$\iint_D f(x,y)\mathrm{d}x\mathrm{d}y = f(\xi,\eta)\sigma.$$

其中 σ 表示区域 D 的面积.

这一结论称为二重积分的中值定理.

例 1 估计二重积分 $\iint_D \mathrm{e}^{\sin x\cos y}\mathrm{d}x\mathrm{d}y$ 的值,其中 D 为圆形区域 $x^2+y^2\leqslant 4$.

解 对任意的 $(x,y)\in\mathbf{R}^2$,因 $-1\leqslant \sin x\cos y\leqslant 1$,故有

$$\frac{1}{\mathrm{e}}\leqslant \mathrm{e}^{\sin x\cos y}\leqslant \mathrm{e}.$$

又因为区域 D 的面积 $\sigma=4\pi$,所以

$$\frac{4\pi}{\mathrm{e}}\leqslant \iint_D \mathrm{e}^{\sin x\cos y}\mathrm{d}x\mathrm{d}y\leqslant 4\pi\mathrm{e}.$$

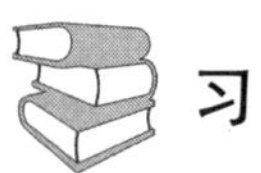

习题 12-1

1. 利用二重积分定义证明:

(1) $\iint_D \mathrm{d}\sigma = S$(其中 S 为 D 的面积);

(2) $\iint_D \sqrt{R^2-x^2-y^2}\,\mathrm{d}\sigma = \frac{2}{3}\pi R^3$($D$ 为以原点为中心,半径为 R 的圆域).

2. 根据二重积分的性质,比较下列积分的大小:

(1) $\iint_D (x+y)^2\mathrm{d}\sigma$ 与 $\iint_D (x+y)^3\mathrm{d}\sigma$,其中积分区域 D 由 x 轴、y 轴与直线 $x+y=1$ 所围成;

(2) $\iint_D \ln(x+y)\mathrm{d}\sigma$ 与 $\iint_D [\ln(x+y)]^2\mathrm{d}\sigma$,其中 $D=\{(x,y)\mid 3\leqslant x\leqslant 5,\ 0\leqslant y\leqslant 1\}$.

3. 判断二重积分 $\iint_D \ln(x^2+y^2)\mathrm{d}x\mathrm{d}y$ 的符号,其中 $D=\{(x,y)\mid 0<|x|+|y|\leqslant 1\}$.

4. 利用二重积分的性质估计下列积分值：

(1) $I=\iint\limits_{D}\sin^2 x\sin^2 y\mathrm{d}\sigma$，其中 $D=\{(x,y)\mid 0\leqslant x\leqslant\pi,\ 0\leqslant y\leqslant\pi\}$；

(2) $I=\iint\limits_{D}(x^2+4y^2+9)\mathrm{d}x\mathrm{d}y$，其中 $D=\{(x,y)\mid x^2+y^2\leqslant 4\}$.

12.2 二重积分的计算

与定积分一样，人们一般不用定义的方法求二重积分. 下面给出的方法是将二重积分化为二次单积分，然后通过连续计算两次定积分求得二重积分的值.

12.2.1 利用直角坐标计算二重积分

先讨论在直角坐标系下二重积分 $\iint\limits_{D}f(x,y)\mathrm{d}x\mathrm{d}y$ 的计算公式.

利用定积分的几何应用，已知物体的截面面积 $S(x)$，$x\in[a,b]$，求物体的体积公式 $V=\int_a^b S(x)\mathrm{d}x$.

为此设 $f(x,y)\geqslant 0$，而将 $\iint\limits_{D}f(x,y)\mathrm{d}x\mathrm{d}y$ 视为在区域 D 上的曲顶柱体的体积.

设积分区域 D 的边界曲线被 $x=a$，$x=b$ $(a<b)$ 两直线分割成两条曲线 $y=\varphi_1(x)$，$y=\varphi_2(x)$，$\varphi_1(x)\leqslant\varphi_2(x)$，且在 xOy 平面上用平行于 y 轴的直线去穿区域 D 时，它与区域 D 的边界交点不多于 2 个，这时区域 D 可表示成 $\varphi_1(x)\leqslant y\leqslant\varphi_2(x)$，$a\leqslant x\leqslant b$，以后称这种积分区域为 X 型区域(见图 12-4). 下面来求此曲顶柱体的体积(见图 12-5).

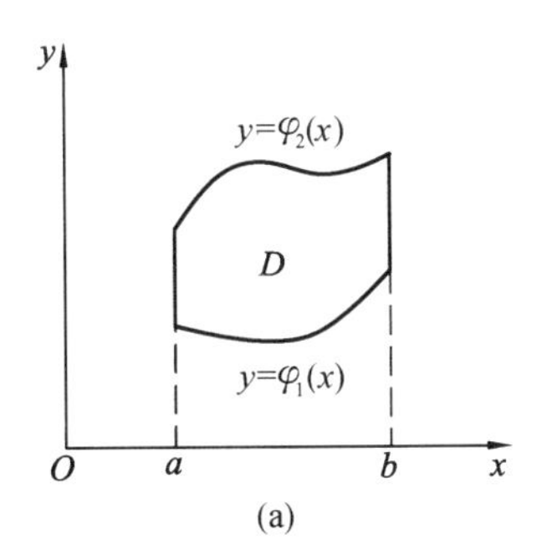

(a)

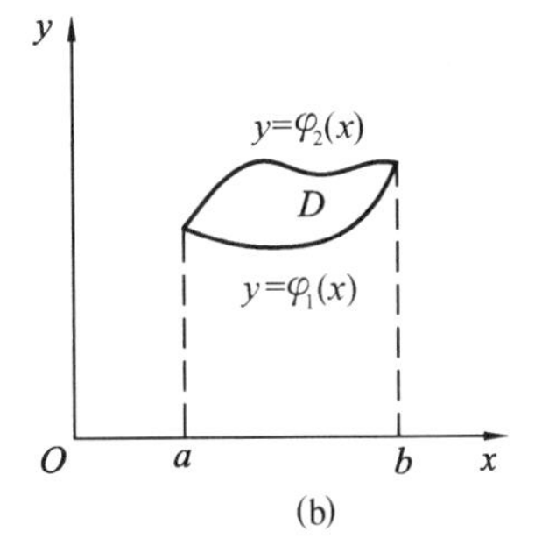

(b)

图 12-4

用一组平行于 yOz 坐标面的平面 $x=x_0$ 去截曲顶柱体，在点 $(x_0,0,0)$ $(a\leqslant x_0\leqslant b)$ 处的截面是一个以区间 $[\varphi_1(x_0),\varphi_2(x_0)]$ 为底、曲线 $z=f(x_0,y)$ 为曲边的曲边梯形(见图 12-5 中的阴影部分)，所以这个截面的面积为

$$S(x_0)=\int_{\varphi_1(x_0)}^{\varphi_2(x_0)}f(x_0,y)\mathrm{d}y.$$

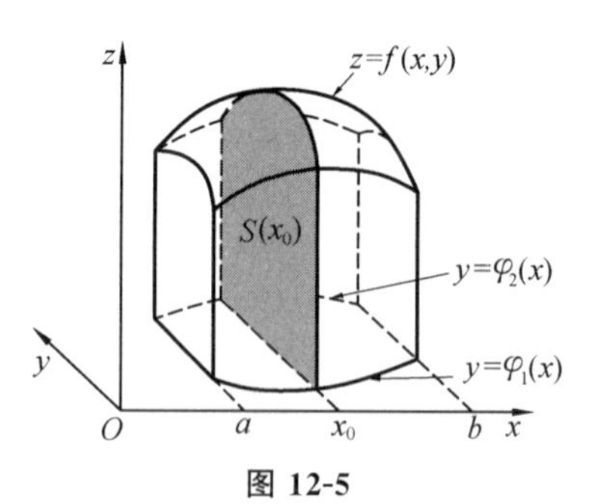

图 12-5

一般地，过$[a,b]$上任一点 x 且平行于 yOz 面的平面截曲顶柱体所得截面面积为

$$S(x)=\int_{\varphi_1(x)}^{\varphi_2(x)}f(x,y)\mathrm{d}y.$$

由平行截面面积为已知的立体体积公式 $V=\int_a^b S(x)\mathrm{d}x$，得到曲顶柱体的体积

$$V=\int_a^b S(x)\mathrm{d}x=\int_a^b\left[\int_{\varphi_1(x)}^{\varphi_2(x)}f(x,y)\mathrm{d}y\right]\mathrm{d}x. \tag{1}$$

因此有

$$\iint_D f(x,y)\mathrm{d}x\mathrm{d}y=\int_a^b\left[\int_{\varphi_1(x)}^{\varphi_2(x)}f(x,y)\mathrm{d}y\right]\mathrm{d}x. \tag{2}$$

式(2)的右端称为先对 y 积分再对 x 积分的二次积分或累次积分，它实际上是先把 x 看作常数，即 $f(x,y)$只看作 y 的函数，对变量 y 从 $\varphi_1(x)$到 $\varphi_2(x)$求定积分，然后把计算出来的结果 $S(x)$再对变量 x 在$[a,b]$上求定积分.

这个结果给出二重积分的计算方法，即可以化为累次积分来计算，如式(2)右边那样，先对 y 后对 x 的累次积分，习惯上记为

$$\int_a^b\mathrm{d}x\int_{\varphi_1(x)}^{\varphi_2(x)}f(x,y)\mathrm{d}y,$$

即
$$\iint_D f(x,y)\mathrm{d}x\mathrm{d}y=\int_a^b\mathrm{d}x\int_{\varphi_1(x)}^{\varphi_2(x)}f(x,y)\mathrm{d}y.$$

类似地，如果积分区域 D 的边界曲线被 $y=c$，$y=d(c<d)$两直线分割成两条曲线 $x=\psi_1(y)$，$x=\psi_2(y)$，$\psi_1(y)\leqslant\psi_2(y)$. 在 xOy 平面上用平行于 x 轴的直线去穿区域 D 时，它与区域 D 的边界交点不多于 2 个(见图 12-6)，这时区域 D 可以表示成

$$\psi_1(y)\leqslant x\leqslant\psi_2(y),\ c\leqslant y\leqslant d,$$

这种区域称为 Y 型区域.

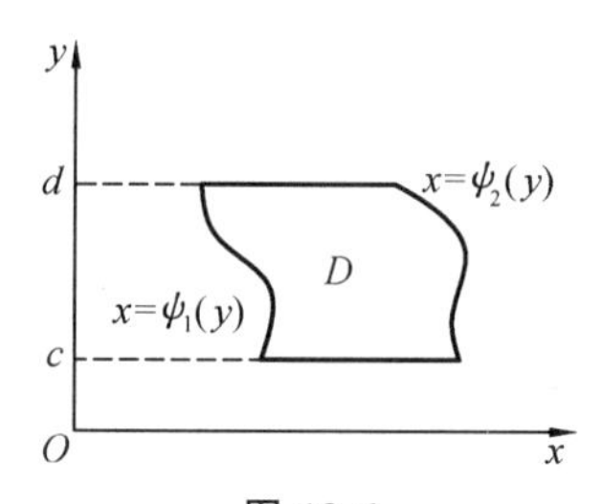

图 12-6

这样类似地可推出

$$\iint_D f(x,y)\mathrm{d}x\mathrm{d}y=\int_c^d\left[\int_{\psi_1(y)}^{\psi_2(y)}f(x,y)\mathrm{d}x\right]\mathrm{d}y. \tag{3}$$

式(3)习惯上也可以写成

$$\iint_D f(x,y)\mathrm{d}x\mathrm{d}y=\int_c^d\mathrm{d}y\int_{\psi_1(y)}^{\psi_2(y)}f(x,y)\mathrm{d}x.$$

这就把二重积分化为先对 x 后对 y 的累次积分.

公式(2)和公式(3)给出了直角坐标下二重积分的两种计算方法. 在上面的推导中,假定 $f(x,y)\geqslant 0$,实际上对有界闭区域 D 上的任意连续函数 $f(x,y)$,公式(2)和公式(3)都是成立的.

在上面介绍的二重积分的两种计算方法中都要求边界曲线与平行于 y 轴(或 x 轴)的直线的交点不多于 2 个,如果区域 D 不满足上述要求,如图 12-7 中的区域 D,可以用平行于 y 轴的直线将它分成 D_1, D_2, D_3 三部分,使每一部分都符合要求,再利用重积分的计算方法将区域 D 上的二重积分化成对区域 D_1, D_2, D_3 上的二重积分之和. 类似地,也可以用平行于 x 轴的直线把不满足简单区域条件的区域 D 分成若干个简单区域之和.

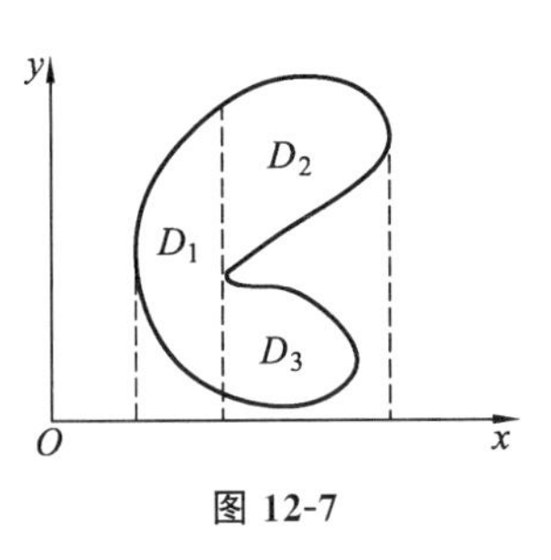

图 12-7

在计算二重积分 $\iint\limits_D f(x,y)\mathrm{d}x\mathrm{d}y$ 时,将 D 化成 X 型或 Y 型要具体题目具体对待,有的题目两种类型都可以;但有的题目必须要做出正确的选择,否则会使计算过程复杂,甚至算不出结果.

特别地,当积分区域 D 为矩形区域 $D=\{(x,y)\mid c\leqslant y\leqslant d,\ a\leqslant x\leqslant b\}$,且函数 $f(x,y)=f_1(x)f_2(y)$ 时,二重积分 $\iint\limits_D f(x,y)\mathrm{d}x\mathrm{d}y=\int_a^b f_1(x)\mathrm{d}x\int_c^d f_2(y)\mathrm{d}y$,实际上是两个定积分的乘积.

例 1 计算二重积分 $\iint\limits_D\left(1-\frac{x}{3}-\frac{y}{4}\right)\mathrm{d}x\mathrm{d}y$, 其中 D 为矩形域 $D=\{(x,y)\mid -2\leqslant y\leqslant 2, -1\leqslant x\leqslant 1\}$.

解法 1 先画出积分域 D 的图形(见图 12-8),D 是矩形区域,既是 X 型区域,也是 Y 型区域. 先按 X 型区域计算,得

$$\begin{aligned}\iint\limits_D\left(1-\frac{x}{3}-\frac{y}{4}\right)\mathrm{d}x\mathrm{d}y&=\int_{-1}^{1}\mathrm{d}x\int_{-2}^{2}\left(1-\frac{x}{3}-\frac{y}{4}\right)\mathrm{d}y\\&=\int_{-1}^{1}\left[y-\frac{x}{3}y-\frac{1}{8}y^2\right]_{-2}^{2}\mathrm{d}x\\&=\int_{-1}^{1}\left(4-\frac{4}{3}x\right)\mathrm{d}x=8.\end{aligned}$$

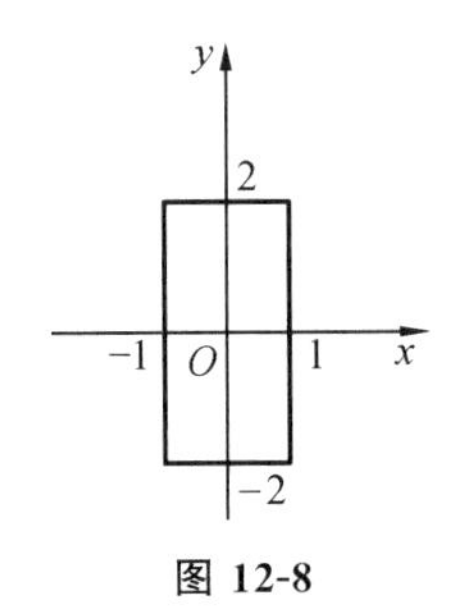

图 12-8

解法 2 按 Y 型区域计算,得

$$\begin{aligned}\iint\limits_D\left(1-\frac{x}{3}-\frac{y}{4}\right)\mathrm{d}x\mathrm{d}y&=\int_{-2}^{2}\mathrm{d}y\int_{-1}^{1}\left(1-\frac{x}{3}-\frac{y}{4}\right)\mathrm{d}x\\&=\int_{-2}^{2}\left[x-\frac{1}{6}x^2-\frac{y}{4}x\right]_{-1}^{1}\mathrm{d}y\end{aligned}$$

$$=\int_{-2}^{2}\left(2-\frac{1}{2}y\right)\mathrm{d}y=8.$$

例 2　计算 $\iint\limits_{D}xy\,\mathrm{d}x\mathrm{d}y$，其中 D 是由抛物线 $y^2=x$ 及直线 $y=x-2$ 所围成的平面闭区域.

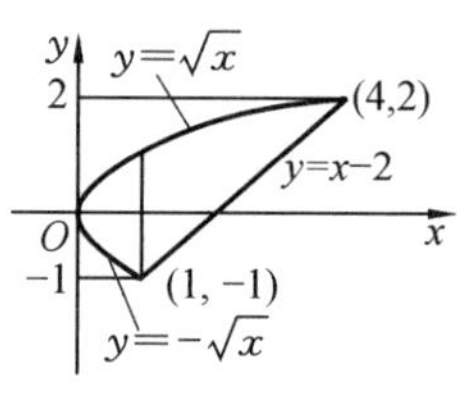

图 12-9

解　画出积分区域的图形（见图 12-9）.

先求两条曲线的交点. 联立方程 $\begin{cases}y^2=x,\\ y=x-2\end{cases}$ 可求得交点为(1，−1)，(4，2).

（1）将 D 作为 Y 型区域，则 $D=\{(x,y)\,|\,-1\leqslant y\leqslant 2, y^2\leqslant x\leqslant y+2\}$，得

$$\iint\limits_{D}xy\,\mathrm{d}\sigma=\int_{-1}^{2}\mathrm{d}y\int_{y^2}^{y+2}xy\,\mathrm{d}x=\int_{-1}^{2}y\left(\frac{1}{2}x^2\right)\Big|_{y^2}^{y+2}\mathrm{d}y$$

$$=\int_{-1}^{2}\frac{1}{2}[(y+2)^2-y^5]\mathrm{d}y=\frac{45}{8}.$$

（2）将 D 作为 X 型区域，这时的 D 必须用 $x=1$ 将 D 分割成 D_1，D_2 两个区域：

$D_1=\{(x,y)\,|\,0\leqslant x\leqslant 1,-\sqrt{x}\leqslant y\leqslant\sqrt{x}\}$，$D_2=\{(x,y)\,|\,1\leqslant x\leqslant 4, x-2\leqslant y\leqslant\sqrt{x}\}$.

二重积分 $\iint\limits_{D}xy\,\mathrm{d}x\mathrm{d}y=\iint\limits_{D_1}xy\,\mathrm{d}x\mathrm{d}y+\iint\limits_{D_2}xy\,\mathrm{d}x\mathrm{d}y=\int_{0}^{1}x\mathrm{d}x\int_{-\sqrt{x}}^{\sqrt{x}}y\mathrm{d}y+\int_{1}^{4}x\mathrm{d}x\int_{x-2}^{\sqrt{x}}y\mathrm{d}y=\frac{45}{8}.$

比较两种选择，显然方法(2)不如方法(1)好.

例 3　计算二重积分 $\iint\limits_{D}x^2\mathrm{e}^{-y^2}\mathrm{d}x\mathrm{d}y$，其中 D 是由直线 $y=x$，$y=1$ 及 $x=0$ 围成的平面区域.

解　先画出积分域 D 的图形(见图 12-10).

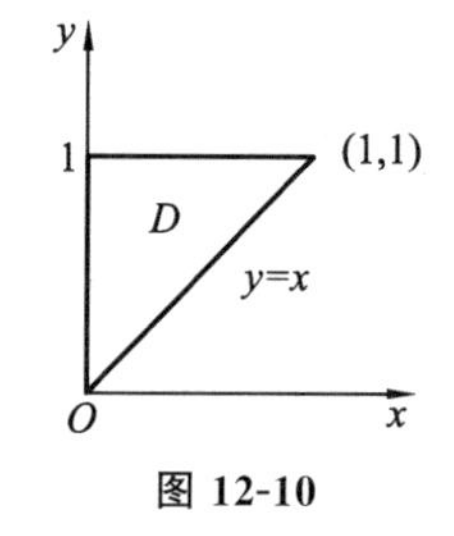

图 12-10

本题必须将区域 D 用 Y 型表示，即 $0\leqslant y\leqslant 1$，$0\leqslant x\leqslant y$. 选择先对 x 后对 y 的积分顺序，即

$$\iint\limits_{D}x^2\mathrm{e}^{-y^2}\mathrm{d}x\mathrm{d}y=\int_{0}^{1}\mathrm{d}y\int_{0}^{y}x^2\mathrm{e}^{-y^2}\mathrm{d}x=\frac{1}{3}\int_{0}^{1}y^3\mathrm{e}^{-y^2}\mathrm{d}y$$

$$=\frac{1}{6}\int_{0}^{1}y^2\mathrm{e}^{-y^2}\mathrm{d}y^2\xlongequal{令\ u=y^2}\frac{1}{6}\int_{0}^{1}u\mathrm{e}^{-u}\mathrm{d}u$$

$$=\frac{1}{6}\left[-u\mathrm{e}^{-u}\Big|_{0}^{1}+\int_{0}^{1}\mathrm{e}^{-u}\mathrm{d}u\right]=\frac{1}{6}-\frac{1}{3\mathrm{e}}.$$

本例中，若把区域 D 用 X 型表示，则这样二重积分化为先对 y 后对 x 的累次积分，由于 e^{-y^2} 的原函数不能用初等函数表示，所以积分难以计算. 例 2、例 3 说明将二重积分化为累次积分时，积分顺序的选择不当往往会使计算的繁简不同，甚至无法算出积分. 因此，在计算二重积分时应当先考察被积函数的性质和积分区域的形状，以便决定采用哪一种积分顺序的累次积分来计算.

例 4 计算二重积分$\iint\limits_D \sqrt{|y-x^2|}\mathrm{d}x\mathrm{d}y$，其中区域$D=\{(x,y)\,|\,-1\leqslant x\leqslant 1,0\leqslant y\leqslant 2\}$.

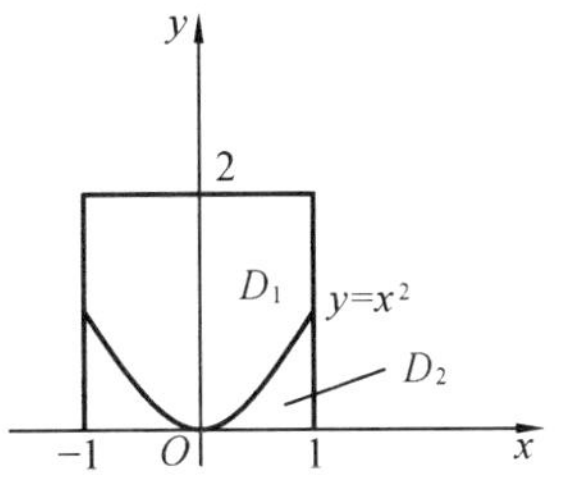

解 先画出区域D的图形(见图 12-11).

图 12-11

因为$|y-x^2|=\begin{cases}y-x^2, & y\geqslant x^2,\\ x^2-y, & y<x^2,\end{cases}$所以在区域$D$内，抛物线$y=x^2$将区域$D$分成上、下两部分$D_1$及$D_2$，且均取成$X$型区域，即$D_1=\{(x,y)\,|\,-1\leqslant x\leqslant 1,x^2\leqslant y\leqslant 2\}$，$D_2=\{(x,y)\,|\,-1\leqslant x\leqslant 1,0\leqslant y\leqslant x^2\}$，于是有

$$\begin{aligned}\iint\limits_D \sqrt{|y-x^2|}\mathrm{d}x\mathrm{d}y &= \iint\limits_{D_1} \sqrt{y-x^2}\mathrm{d}x\mathrm{d}y+\iint\limits_{D_2} \sqrt{x^2-y}\mathrm{d}x\mathrm{d}y\\ &= \int_{-1}^{1}\mathrm{d}x\int_{x^2}^{2} \sqrt{y-x^2}\mathrm{d}y+\int_{-1}^{1}\mathrm{d}x\int_{0}^{x^2} \sqrt{x^2-y}\mathrm{d}y\\ &= \int_{-1}^{1} \frac{2}{3}(2-x^2)^{\frac{3}{2}}\mathrm{d}x+\int_{-1}^{1} \frac{2}{3}\,|x|^3\mathrm{d}x=\frac{\pi}{2}+\frac{1}{3}.\end{aligned}$$

由于将二重积分化为累次积分时有两种积分顺序，有时对已给定的累次积分，为了计算上的方便需要将它的积分顺序进行交换.

例 5 设$f(x,y)$为连续函数，改变累次积分

$$I=\int_0^1\mathrm{d}x\int_0^{3\sqrt{x}} f(x,y)\mathrm{d}y+\int_1^{\sqrt{10}}\mathrm{d}x\int_0^{\sqrt{10-x^2}} f(x,y)\mathrm{d}y$$

的积分次序.

解 首先将所给的累次积分看成函数$f(x,y)$在区域D上的二重积分，积分区域$D=D_1+D_2$，然后由$D_1=\{(x,y)\,|\,0\leqslant y\leqslant 3\sqrt{x},\ 0\leqslant x\leqslant 1\}$和$D_2=\{(x,y)\,|\,0\leqslant y\leqslant \sqrt{10-x^2},\ 1\leqslant x\leqslant \sqrt{10}\}$在同一坐标系中画出$D_1$和$D_2$的图形(见图 12-12).

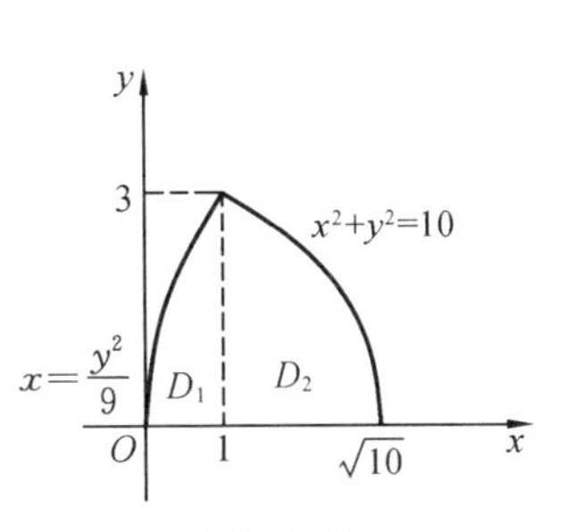

图 12-12

考虑交换积分顺序，选择先对x后对y的积分顺序，则推出

$$I=\iint\limits_D f(x,y)\mathrm{d}x\mathrm{d}y=\int_0^3\mathrm{d}y\int_{\frac{y^2}{9}}^{\sqrt{10-y^2}} f(x,y)\mathrm{d}x.$$

例 6 求两个底面圆的半径都等于R的直交圆柱面所围成的立体的体积.

解 取坐标如图 12-13 所示，则两个圆柱面的方程分别为

$$x^2+y^2=R^2\text{ 及 }x^2+z^2=R^2.$$

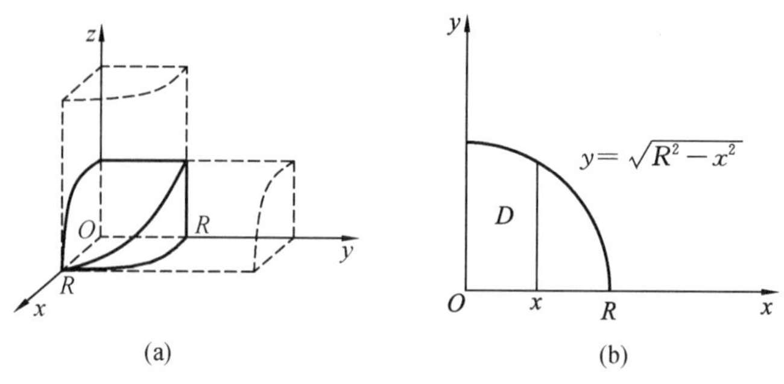

图 12-13

利用立体关于坐标平面的对称性，只要算出它在第一卦限部分（见图 12-13a）的体积 V_1，然后乘以 8 即可.

所求立体在第一卦限部分可以看成一个曲顶柱体，它的底是两柱面交线在 xOy 坐标面上的投影曲线和 x 轴、y 轴围成的区域 D. 所以 D 是由圆 $x^2+y^2=R^2$ 及 x 轴、y 轴围成的在第一象限的部分，即 $0\leqslant x\leqslant R, 0\leqslant y\leqslant\sqrt{R^2-x^2}$（见图 12-13b）.

这个立体的曲顶是柱面 $z=\sqrt{R^2-x^2}$，于是

$$V_1=\iint_D\sqrt{R^2-x^2}\,\mathrm{d}\sigma.$$

利用公式(1)得

$$\begin{aligned}V_1&=\iint_D\sqrt{R^2-x^2}\,\mathrm{d}\sigma=\int_0^R\left[\int_0^{\sqrt{R^2-x^2}}\sqrt{R^2-x^2}\,\mathrm{d}y\right]\mathrm{d}x\\&=\int_0^R\left[y\sqrt{R^2-x^2}\right]_0^{\sqrt{R^2-x^2}}\mathrm{d}x=\int_0^R(R^2-x^2)\,\mathrm{d}x=\frac{2}{3}R^3,\end{aligned}$$

从而所求立体体积 $V=8V_1=\dfrac{16}{3}R^3$.

12.2.2　利用极坐标计算二重积分

前面介绍了二重积分在直角坐标系下的两种计算方法，下面介绍在极坐标系下的二重积分计算方法.

1）二重积分在极坐标系下的表示法

由于某些被积函数或某些积分区域，用直角坐标计算往往很困难，而用极坐标计算较为简便，因此下面介绍极坐标系下的二重积分的计算方法. 为此先介绍在极坐标下二重积分的表示形式.

已知直角坐标与极坐标之间的变换关系 $\begin{cases}x=r\cos\theta,\\y=r\sin\theta,\end{cases}$ 于是函数 $f(x,y)$ 在极坐标下为 $f(x,y)=f(r\cos\theta,\ r\sin\theta)$，这里的关键问题是在极坐标系下面积元素 $\mathrm{d}\sigma$

是什么？为此首先设积分区域 D 在极坐标系下由射线 $\theta=\alpha,\theta=\beta$ 以及曲面 $r=r(\theta)$ 围成(见图12-14). 除边界 $\theta=\alpha$，$\theta=\beta$ 之外，从极点 O 引出的射线与 D 的边界的交点不多于 2 个,并且总假定 $r\geqslant 0$. 这样的图形称为曲边扇形.

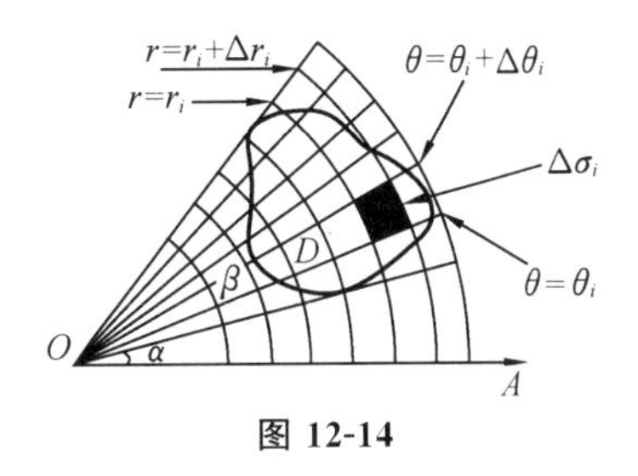

图 12-14

用 $r=r_i$ 和 $\theta=\theta_i$(C 为常数)两组坐标线把区域 D 分成 n 个小区域 $\Delta\sigma_i$,除了包含边界线的小区域之外,绝大多数小区域的形状都是圆扇形之差,其中任意一个小区域的面积 $\Delta\sigma_i$,利用圆扇形面积公式可得

$$\Delta\sigma_i=\frac{1}{2}(r_i+\Delta r_i)^2\Delta\theta_i-\frac{1}{2}r_i^2\ \Delta\theta_i=\left(r_i+\frac{1}{2}\Delta r_i\right)\Delta r_i\Delta\theta_i=r_i\Delta r_i\Delta\theta_i+\frac{1}{2}\Delta r_i^2\Delta\theta.$$

由此可见,$\frac{1}{2}\Delta r_i^2\Delta\theta$ 是一个比 $r_i\Delta r_i\Delta\theta_i$ 高阶的无穷小,利用微分概念可得 $\mathrm{d}\sigma=r\mathrm{d}r\mathrm{d}\theta$. 这样得到在极坐标系下二重积分的表示式为

$$\iint\limits_D f(x,y)\mathrm{d}x\mathrm{d}y=\iint\limits_D f(r\cos\theta,r\sin\theta)r\mathrm{d}r\mathrm{d}\theta. \tag{4}$$

在极坐标系下面积元素为 $\mathrm{d}\sigma=r\mathrm{d}r\mathrm{d}\theta$.

公式(4)表明,要把二重积分中的积分变量从直角坐标变换为极坐标,只要把被积函数中的 x,y 分别换成 $r\cos\theta,r\sin\theta$,并把直角坐标系下的面积元素 $\mathrm{d}x\mathrm{d}y$ 换成极坐标系下的面积元素 $r\mathrm{d}r\mathrm{d}\theta$.

由二重积分的定义可知,二重积分的值与积分区域 D 的分割法无关,因此无论是用直角坐标系中的分割方法,还是用极坐标系中的分割方法,所得到的二重积分的值都是一样的.

2) 极坐标系下的累次积分

与直角坐标系下二重积分的计算方法一样,极坐标系下二重积分的计算同样是化为累次积分,只不过是对变量 r 和 θ 的累次积分,确定累次积分的上下限的方法也与直角坐标系中不同. 它是按极坐标的极点 O 和积分区域 D 的关系来确定的,而且对变量的积分次序一般是先 r 后 θ. 假设区域 D 的边界线 $r=r(\theta)$ 与任意的一条射线 $\theta=\theta_0(\alpha\leqslant\theta_0\leqslant\beta)$ 的交点不多于 2 个.

(1) 极点在区域 D 内部.

区域 D 由不等式 $0\leqslant r\leqslant r(\theta)$，$0\leqslant\theta\leqslant 2\pi$ 表示(见图 12-15),于是

$$\iint\limits_D f(r\cos\theta,r\sin\theta)r\mathrm{d}r\mathrm{d}\theta=\int_0^{2\pi}\mathrm{d}\theta\int_0^{r(\theta)}f(r\cos\theta,r\sin\theta)r\mathrm{d}r.$$

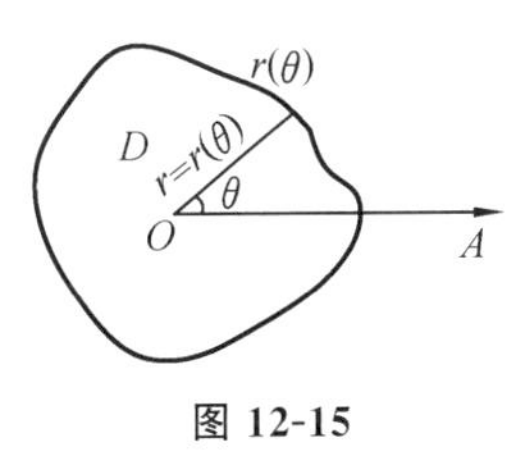

图 12-15

(2) 极点在区域 D 的边界上.

这时区域 D 用不等式 $0\leqslant r\leqslant r(\theta)$，$\alpha\leqslant\theta\leqslant\beta$ 表示(见图 12-16),则有

$$\iint\limits_D f(r\cos\theta,r\sin\theta)r\mathrm{d}r\mathrm{d}\theta=\int_\alpha^\beta\mathrm{d}\theta\int_0^{r(\theta)}f(r\cos\theta,r\sin\theta)r\mathrm{d}r.$$

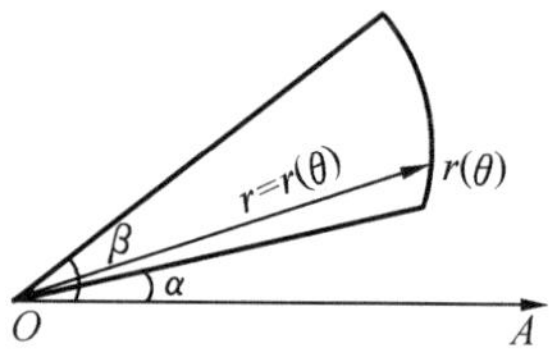

图 12-16

(3) 极点在区域 D 的外部.

设极点 O 在区域 D 的外部,则区域 D 用不等式

$$r_1(\theta)\leqslant r\leqslant r_2(\theta),\ \alpha\leqslant\theta\leqslant\beta$$

表示(见图 12-17),则有

$$\iint\limits_D f(r\cos\theta,r\sin\theta)r\mathrm{d}r\mathrm{d}\theta=\int_\alpha^\beta\mathrm{d}\theta\int_{r_1(\theta)}^{r_2(\theta)}f(r\cos\theta,r\sin\theta)r\mathrm{d}r.\tag{5}$$

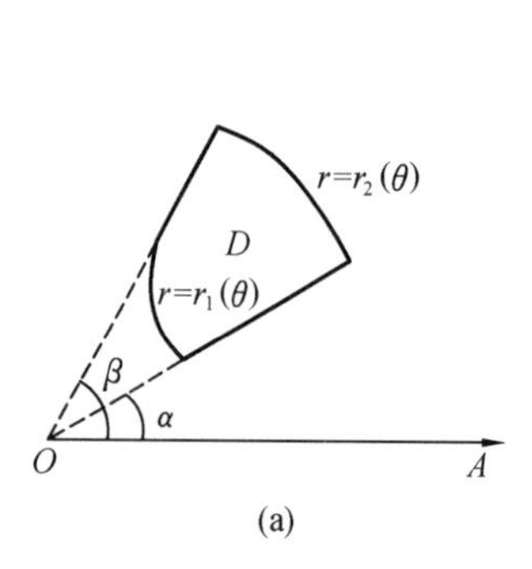

(a)

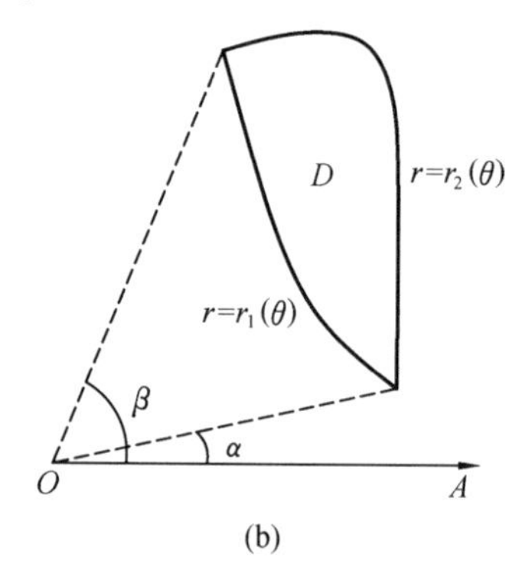

(b)

图 12-17

例 7　利用极坐标计算二重积分 $\iint\limits_D(1-x^2-y^2)\mathrm{d}x\mathrm{d}y$，其中 D 是由单位圆 $x^2+y^2=1$ 围成的区域内部.

解　这时极点在 D 内而区域 D 在极坐标系下表示成 $0\leqslant r\leqslant 1$，$0\leqslant\theta\leqslant 2\pi$，将 $x=r\cos\theta,y=r\sin\theta,\mathrm{d}x\mathrm{d}y=r\mathrm{d}r\mathrm{d}\theta$ 代入所给的二重积分,有

$$\begin{aligned}\iint\limits_D(1-x^2-y^2)\mathrm{d}x\mathrm{d}y&=\iint\limits_D(1-r^2)r\mathrm{d}r\mathrm{d}\theta=\int_0^{2\pi}\mathrm{d}\theta\int_0^1(1-r^2)r\mathrm{d}r\\&=2\pi\left(\frac{1}{2}r^2-\frac{1}{4}r^4\right)\bigg|_0^1=\frac{\pi}{2}.\end{aligned}$$

例 8　求 $\iint\limits_D(x+2y)\sqrt{x^2+y^2}\mathrm{d}x\mathrm{d}y$，其中 D 是由圆 $x^2+y^2-2ax=0(a>0)$ 围成的区域.

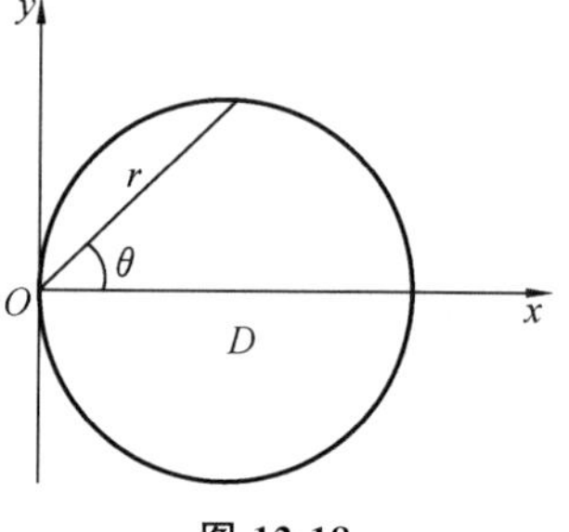

图 12-18

解　如图 12-18 所示,由 $\begin{cases}x=r\cos\theta,\\y=r\sin\theta,\end{cases}$ 知区域 D 的

边界曲线的极坐标方程为 $r=2a\cos\theta$，由于极点在边界上且 D 由 $-\frac{\pi}{2}<\theta<\frac{\pi}{2}, 0\leqslant r\leqslant 2a\cos\theta$ 表示，所以

$$\begin{aligned}\iint_D (x+2y)\sqrt{x^2+y^2}\,\mathrm{d}x\mathrm{d}y &= \iint_D (r\cos\theta+2r\sin\theta)r^2\,\mathrm{d}r\mathrm{d}\theta \\ &= \int_{-\frac{\pi}{2}}^{\frac{\pi}{2}}\mathrm{d}\theta\int_0^{2a\cos\theta}(\cos\theta+2\sin\theta)r^3\,\mathrm{d}r \\ &= 4a^4\int_{-\frac{\pi}{2}}^{\frac{\pi}{2}}(\cos\theta+2\sin\theta)\cos^4\theta\,\mathrm{d}\theta \\ &= 4a^4\left(2\int_0^{\frac{\pi}{2}}\cos^5\theta\,\mathrm{d}\theta+2\int_{-\frac{\pi}{2}}^{\frac{\pi}{2}}\sin\theta\cos^4\theta\,\mathrm{d}\theta\right) \\ &= 8a^4\left(\frac{4\times 2}{5\times 3}+0\right)=\frac{64}{15}a^4.\end{aligned}$$

例 9 计算 $\iint_D \mathrm{e}^{-x^2-y^2}\,\mathrm{d}x\mathrm{d}y$，其中 $D=\{(x,y)\mid x^2+y^2\leqslant a^2\}\quad(a>0)$.

解 在极坐标系中，因为极点在区域 D 的内部且区域 $D=\{(r,\theta)\mid 0\leqslant r\leqslant a, 0\leqslant\theta\leqslant 2\pi\}$，所以

$$\begin{aligned}\iint_D \mathrm{e}^{-x^2-y^2}\,\mathrm{d}x\mathrm{d}y &= \iint_D \mathrm{e}^{-r^2}r\,\mathrm{d}r\mathrm{d}\theta=\int_0^{2\pi}\mathrm{d}\theta\int_0^a \mathrm{e}^{-r^2}r\,\mathrm{d}r \\ &= 2\pi\left[-\frac{1}{2}\mathrm{e}^{-r^2}\right]_0^a=\pi(1-\mathrm{e}^{-a^2}).\end{aligned}$$

注意 由于 e^{-x^2} 的原函数不能用初等函数表示，所以本例在直角坐标系下是求不出来的.

例 10 计算广义积分 $\int_0^{+\infty}\mathrm{e}^{-x^2}\,\mathrm{d}x$ 的值.

解 e^{-x^2} 的原函数不能用初等函数表示，直接计算困难较大. 利用例 9 的结果及重积分的性质，设

$$D_1=\{(x,y)\mid x^2+y^2\leqslant R^2,\ x\geqslant 0,\ y\geqslant 0\}\ (R>0),$$
$$D=\{(x,y)\mid 0\leqslant x\leqslant R,\ 0\leqslant y\leqslant R\},$$
$$D_2=\{(x,y)\mid x^2+y^2\leqslant 2R^2,\ x\geqslant 0,\ y\geqslant 0\}.$$

如图 12-19 所示，则有 $D_1\subset D\subset D_2$，又由于

$$\mathrm{e}^{-x^2-y^2}>0,$$

故 $$\iint_{D_1}\mathrm{e}^{-x^2-y^2}\,\mathrm{d}x\mathrm{d}y\leqslant\iint_D \mathrm{e}^{-x^2-y^2}\,\mathrm{d}x\mathrm{d}y\leqslant\iint_{D_2}\mathrm{e}^{-x^2-y^2}\,\mathrm{d}x\mathrm{d}y,$$

代入例 9 结果可得

$$\frac{\pi}{4}(1-\mathrm{e}^{-R^2}) \leqslant \int_0^R \mathrm{e}^{-x^2}\mathrm{d}x\int_0^R \mathrm{e}^{-y^2}\mathrm{d}y \leqslant \frac{\pi}{4}(1-\mathrm{e}^{-2R^2}).$$

令 $R\to+\infty$，由于公式两端极限均为$\frac{\pi}{4}$，由夹逼准则，得

$$\int_0^{+\infty}\mathrm{e}^{-x^2}\mathrm{d}x\int_0^{+\infty}\mathrm{e}^{-y^2}\mathrm{d}y = \left(\int_0^{+\infty}\mathrm{e}^{-x^2}\mathrm{d}x\right)^2 = \frac{\pi}{4}.$$

因此
$$\int_0^{+\infty}\mathrm{e}^{-x^2}\mathrm{d}x = \frac{\sqrt{\pi}}{2}.$$

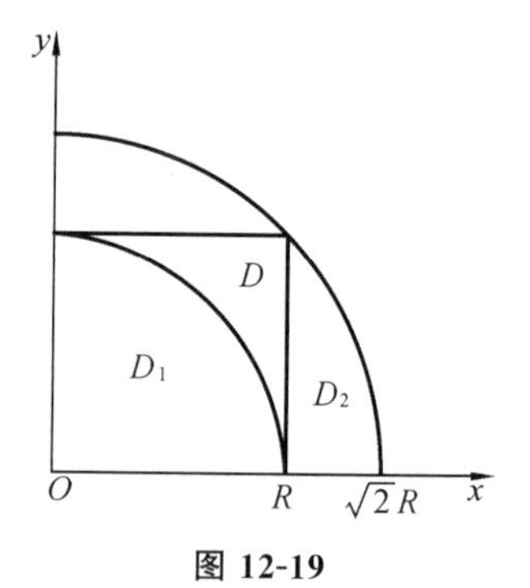

图 12-19

此例在概率统计研究正态分布时会用上，是一个很重要的结果. 由上面的例题可以看到当被积函数 $f(x,y)$是 x^2+y^2 的函数且积分区域由圆周(或部分圆)围成时，二重积分用极坐标来计算是比较方便的.

*12.2.3 二重积分的变量代换

上面介绍了将直角坐标系下的二重积分转成极坐标系下的二重积分的转换公式：

$$\iint_D f(x,y)\mathrm{d}x\mathrm{d}y = \iint_D f(r\cos\theta, r\sin\theta)r\mathrm{d}r\mathrm{d}\theta.$$

其中用到直角坐标和极坐标的转换公式$\begin{cases}x=r\cos\theta,\\ y=r\sin\theta.\end{cases}$下面用另一种观点来解释上述问题，将$\begin{cases}x=r\cos\theta,\\ y=r\sin\theta\end{cases}$看成两个直角坐标平面 $rO\theta$ 和 xOy 间的一种变换，即 $M'(r,\theta)\xrightarrow{\begin{cases}x=r\cos\theta,\\ y=r\sin\theta\end{cases}}M(x,y)$. 这里的点 $M(x,y)$，$M'(r,\theta)$是同一个点，只是在不同的坐标系中用不同的方式表示出来. 将 D'中的点 M'和 D 中的点 M 建立一一对应的关系. 这种方法称为二重积分的换元法.

下面不加证明地给出二重积分换元法的一般表示式.

定理 若函数 $f(x,y)$在有界闭区域 D 上连续，设变换式 $x=x(u,v)$，$y=y(u,v)$，把 uOv 平面上的有界闭区域D'一对一地变为xOy 平面上的区域D，又设 $x=x(u,v)$，$y=y(u,v)$在区域 D'上对 u,v 具有一阶连续的偏导数，且雅可比行列式

$$J=\frac{\partial(x,y)}{\partial(u,v)}=\begin{vmatrix}\frac{\partial x}{\partial u} & \frac{\partial x}{\partial v}\\ \frac{\partial y}{\partial u} & \frac{\partial y}{\partial v}\end{vmatrix}\neq 0.$$

则有 $$\iint\limits_D f(x,y)\mathrm{d}x\mathrm{d}y=\iint\limits_{D'} f[x(u,v),y(u,v)]\,|J|\,\mathrm{d}u\mathrm{d}v. \tag{6}$$

应当指出，在进行二重积分的变量代换时，选择变换式 $x=x(u,v)$，$y=y(u,v)$ 的依据有三条：其一，$x=x(u,v)$，$y=y(u,v)$ 对 u,v 有一阶连续的偏导数，并且雅可比行列式 $J\neq0$（这个条件可以放宽到 J 只在 D' 内个别点或在某一条曲线上为零，而在其他点上不为零，则式(6)仍成立）；其二，使得变换式对新变量 u,v 的两个积分限比较容易确定；其三，变换后新变量 u,v 的积分比原来变量的积分更易于计算.

例 11 试用变量代换写出直角坐标变为极坐标的二重积分公式.

解 因为 $x=r\cos\theta, y=r\sin\theta$,

$$J=\frac{\partial(x,y)}{\partial(r,\theta)}=\begin{vmatrix}\dfrac{\partial x}{\partial r} & \dfrac{\partial x}{\partial\theta}\\ \dfrac{\partial y}{\partial r} & \dfrac{\partial y}{\partial\theta}\end{vmatrix}=\begin{vmatrix}\cos\theta & -r\sin\theta\\ \sin\theta & r\cos\theta\end{vmatrix}=r.$$

除 $r=0$ 的点外，其他点均有 $J\neq0$，所以

$$\iint\limits_D f(x,y)\mathrm{d}x\mathrm{d}y=\iint\limits_{D'} f(r\cos\theta, r\sin\theta)r\mathrm{d}r\mathrm{d}\theta.$$

例 12 求由抛物线 $y^2=x, y^2=2x$ 及双曲线 $xy=2$，$xy=3$ 所围成的闭区域 D 的面积（见图 12-20a）.

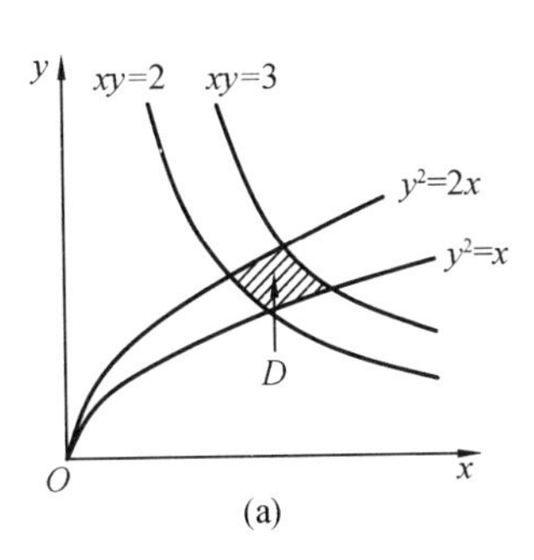

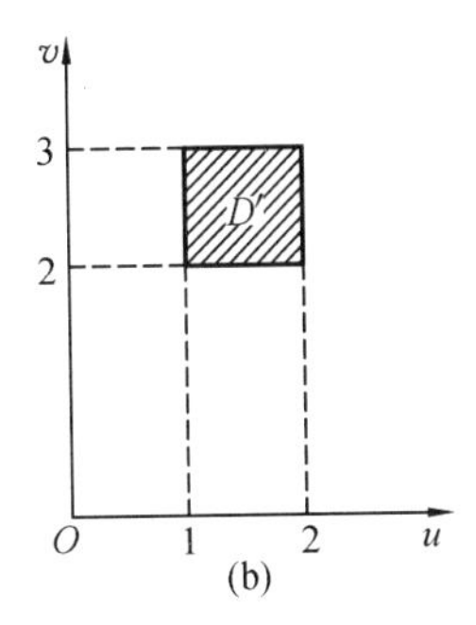

图 12-20

解 作变换 $\begin{cases}u=\dfrac{y^2}{x},\\ v=xy.\end{cases}$ 在这个变换下，平面 xOy 上的区域 D 变为平面 uOv 上的区域 D'（见图 12-20b）.

区域 D' 是矩形区域：$1\leqslant u\leqslant2$，$2\leqslant v\leqslant3$，且

$$J=\frac{\partial(x,y)}{\partial(u,v)}=\frac{1}{\dfrac{\partial(u,v)}{\partial(x,y)}}=\frac{1}{-\dfrac{3y^2}{x}}=-\frac{1}{3u}\neq 0.$$

于是所求的面积 A 为

$$A=\iint\limits_{D}1\mathrm{d}x\mathrm{d}y=\iint\limits_{D'}|J|\mathrm{d}u\mathrm{d}v=\frac{1}{3}\int_2^3\mathrm{d}v\int_1^2\frac{1}{u}\mathrm{d}u=\frac{1}{3}\ln 2.$$

例 13 计算 $\iint\limits_{D}\sqrt{1-\left(\dfrac{x^2}{a^2}+\dfrac{y^2}{b^2}\right)}\mathrm{d}x\mathrm{d}y$，其中 D 是由椭圆 $\dfrac{x^2}{a^2}+\dfrac{y^2}{b^2}=1(a>0,b>0)$ 围成的闭区域.

解 令 $\begin{cases}x=ra\cos\theta,\\ y=rb\sin\theta,\end{cases}$ 其中 $r\geqslant 0,a>0,b>0,0\leqslant\theta\leqslant 2\pi$.

在这个变换下 $D=\left\{(x,y)\left|\dfrac{x^2}{a^2}+\dfrac{y^2}{b^2}\leqslant 1\right.\right\}\Leftrightarrow D'=\{(r,\theta)\mid 0\leqslant r\leqslant 1,0\leqslant\theta\leqslant 2\pi\}$.

$J(r,\theta)=\begin{vmatrix}\dfrac{\partial x}{\partial r} & \dfrac{\partial x}{\partial\theta}\\ \dfrac{\partial y}{\partial r} & \dfrac{\partial y}{\partial\theta}\end{vmatrix}=abr$，又因为 $J(r,\theta)$ 仅在 $r=0$ 处为零，所以有

$$\iint\limits_{D}\sqrt{1-\left(\frac{x^2}{a^2}+\frac{y^2}{b^2}\right)}\mathrm{d}x\mathrm{d}y=\iint\limits_{D'}\sqrt{1-r^2}\,abr\,\mathrm{d}r\mathrm{d}\theta=\int_0^{2\pi}\mathrm{d}\theta\int_0^1\sqrt{1-r^2}\,r\mathrm{d}r=\frac{2}{3}\pi ab.$$

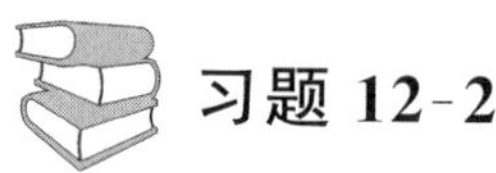

习题 12-2

1. 计算下列二重积分：

(1) $I=\iint\limits_{D}xy\mathrm{d}x\mathrm{d}y$，其中 D 是由 $0\leqslant x\leqslant 1$，$0\leqslant y\leqslant\pi$ 所围成的闭区域；

(2) $I=\iint\limits_{D}\mathrm{e}^{x+y}\mathrm{d}x\mathrm{d}y$，其中 D 是由 $0\leqslant x\leqslant 1$，$0\leqslant y\leqslant 1$ 所围成的闭区域；

(3) $\iint\limits_{D}\cos(x+y)\mathrm{d}x\mathrm{d}y$，其中 D 是由 $x=0$，$y=\pi$，$y=x$ 所围成的闭区域；

(4) $\iint\limits_{D}\dfrac{x}{y+1}\mathrm{d}x\mathrm{d}y$，其中 D 是由 $y=x^2+1$，$y=2x$ 及 $x=0$ 所围成的闭区域.

2. 画出积分区域，并计算下列二重积分：

(1) $\iint\limits_{D}xy(x-y)\mathrm{d}x\mathrm{d}y$，其中 D 为 $0\leqslant x\leqslant a,0\leqslant y\leqslant b$ 所围成的闭区域；

(2) $\iint\limits_{D}\dfrac{x^2}{y^3}\mathrm{d}x\mathrm{d}y$，其中 D 是由 $x=2$，$y=x$，$xy=1$ 所围成的闭区域；

(3) $\iint\limits_{D}xy^2\mathrm{d}x\mathrm{d}y$，其中 D 是由 $y^2=2px$ 和 $x=\dfrac{p}{2}(p>0)$ 所围成的闭区域；

(4) $\iint\limits_D xy^2\,\mathrm{d}x\mathrm{d}y$,其中 D 是由圆周 $x^2+y^2=4$ 及 y 轴所围成的右半闭区域.

3. 将下列二重积分 $\iint\limits_D f(x,y)\mathrm{d}x\mathrm{d}y$ 化为二次积分(两种次序),积分区域 D 如下:

(1) D 是由 $x+y=1$, $x-y=1$, $x=0$ 所围成的闭区域;

(2) D 是由 $y=x^2$, $y=4-x^2$ 所围成的闭区域;

(3) D 是由 $y=x$, $y=3x$, $x=1$, $x=3$ 所围成的闭区域;

(4) D 是由 $\dfrac{x^2}{a^2}+\dfrac{y^2}{b^2}=1$ 所围成的闭区域.

4. 证明 $\int_a^b \mathrm{d}x\int_a^x f(y)\mathrm{d}y=\int_a^b f(x)(b-x)\mathrm{d}x$.

5. 若 $f(x)$ 在 $[a,b]$ 上连续且恒大于零,试证: $\int_a^b f(x)\mathrm{d}x\int_a^b \dfrac{1}{f(x)}\mathrm{d}x\geqslant(b-a)^2$.

6. 画出对应于下列各累次积分的积分区域的图形,并更换累次积分的次序:

(1) $\int_0^1 \mathrm{d}y\int_y^{\sqrt{y}} f(x,y)\mathrm{d}x$;

(2) $\int_{-a}^0 \mathrm{d}x\int_{-x}^a f(x,y)\mathrm{d}y+\int_0^{\sqrt{a}}\mathrm{d}x\int_{x^2}^a f(x,y)\mathrm{d}y\ (a>0)$;

(3) $\int_0^1 \mathrm{d}x\int_{\sqrt{2+x^2}}^{\sqrt{4-x^2}} f(x,y)\mathrm{d}y$;

(4) $\int_1^{\mathrm{e}} \mathrm{d}x\int_0^{\ln x} f(x,y)\mathrm{d}y$;

(5) $\int_{-1}^1 \mathrm{d}x\int_{x^2+x}^{x+1} f(x,y)\mathrm{d}y$;

(6) $\int_0^1 \mathrm{d}x\int_0^x f(x,y)\mathrm{d}y+\int_1^2 \mathrm{d}x\int_0^{2-x} f(x,y)\mathrm{d}y$.

7. 求曲线 $y=x^2$, $y=x+2$ 所围成的平面薄板,其上各点处的面密度 $u=1+x^2$,则此薄板的质量为多少?

8. 求由曲面 $z=x^2+2y^2$ 及 $z=6-2x^2-y^2$ 所围成的立体的体积.

9. 求旋转抛物面 $z=x^2+y^2$ 和平面 $z=a^2(a>0)$ 所围成的空间立体的体积.

10. 把下列二次积分化为极坐标系中的二次积分:

(1) $\int_0^R \mathrm{d}x\int_0^{\sqrt{R^2-x^2}} f(\sqrt{x^2+y^2})\mathrm{d}y$;

(2) $\int_0^{2R} \mathrm{d}y\int_0^{\sqrt{2Ry-y^2}} f(x,y)\mathrm{d}x$;

(3) $\int_0^2 \mathrm{d}x\int_x^{\sqrt{3}x} f(\sqrt{x^2+y^2})\mathrm{d}y$;

(4) $\int_0^1 \mathrm{d}x\int_0^{1-x} f(x,y)\mathrm{d}y$;

(5) $\int_0^1 \mathrm{d}x\int_0^{x^2} f(x,y)\mathrm{d}y$;

(6) $\int_0^1 \mathrm{d}x\int_{1-x}^{\sqrt{1-x^2}} f(x,y)\mathrm{d}y$.

11. 用极坐标计算下列各二重积分:

(1) $\iint\limits_D \mathrm{e}^{x^2+y^2}\mathrm{d}x\mathrm{d}y$,其中 $D=\{(x,y)\mid x^2+y^2\leqslant R^2\}$;

(2) $\iint\limits_D \sin\sqrt{x^2+y^2}\,\mathrm{d}x\mathrm{d}y$,其中 $D=\{(x,y)\mid \pi^2\leqslant x^2+y^2\leqslant 4\pi^2\}$;

(3) $\iint\limits_D \arctan \frac{y}{x}\mathrm{d}x\mathrm{d}y$,其中 $D=\{(x,y)\mid x^2+y^2\leqslant a^2\}$；

(4) $\iint\limits_D \ln(1+x^2+y^2)\mathrm{d}x\mathrm{d}y$,其中 D 是由圆周 $x^2+y^2=1$ 及坐标轴所围成的在第一象限内的闭区域；

(5) $\iint\limits_D \sqrt{x^2+y^2}\mathrm{d}x\mathrm{d}y$,其中 D 是由 $y=x$ 及 $y=x^2$ 所围成的闭区域；

(6) $\iint\limits_D (x^2+y^2)\mathrm{d}x\mathrm{d}y$,其中 D 是 $(x-a)^2+y^2=a^2$ 的上半圆周所围成的闭区域.

12. 选用适当的坐标系计算下列各题：

(1) $\iint\limits_D \sqrt{\frac{1-x^2-y^2}{1+x^2+y^2}}\mathrm{d}x\mathrm{d}y$,其中 D 是由 $x^2+y^2=1$ 及 $x=0$，$y=0$ 所围第一象限部分的闭区域；

(2) $\iint\limits_D \arctan \frac{y}{x}\mathrm{d}x\mathrm{d}y$,其中 D 是由 $x^2+y^2\geqslant 1, x^2+y^2\leqslant 9, y\geqslant \frac{x}{\sqrt{3}}$ 及 $y\leqslant\sqrt{3}x$ 所围成的闭区域；

(3) $\iint\limits_D (|x|+|y|)\mathrm{d}x\mathrm{d}y$,其中 $D=\{(x,y)\mid x^2+y^2\leqslant 1\}$.

13. 设平面薄板所占的闭区域 D 由螺线 $l=2\theta$ 上一段弧 $\left(0\leqslant\theta\leqslant\frac{\pi}{2}\right)$ 与射线 $\theta=\frac{\pi}{2}$ 所围成，它的面密度为 $u(x,y)=x^2+y^2$,求该薄板的质量.

14. 求锥面 $z=\sqrt{x^2+y^2}$,圆柱面 $x^2+y^2=1$ 及 $z=0$ 所围立体的体积.

*15. 作适当的变换,计算下列二重积分：

(1) $\iint\limits_D x^2y^2\mathrm{d}x\mathrm{d}y$,其中 D 是由两条双曲线 $xy=1$ 和 $xy=2$,直线 $y=x$ 和 $y=4x$ 所围成的在第一象限内的闭区域；

(2) $\iint\limits_D \mathrm{e}^{\frac{y}{x+y}}\mathrm{d}x\mathrm{d}y$,其中 D 是由 x 轴，y 轴和直线 $x+y=1$ 所围成的闭区域；

(3) $\iint\limits_D \left(\frac{x^2}{a^2}+\frac{y^2}{b^2}\right)\mathrm{d}x\mathrm{d}y$,其中 $D=\left\{(x,y)\,\middle|\,\frac{x^2}{a^2}+\frac{y^2}{b^2}\leqslant 1\right\}$；

(4) $\iint\limits_D \cos\frac{x-y}{x+y}\mathrm{d}x\mathrm{d}y$,其中 D 是由 $x+y=1$，$x=0$，$y=0$ 所围成的闭区域.

*16. 选取适当的变换,证明下列等式：

(1) $\iint\limits_D f(x+y)\mathrm{d}x\mathrm{d}y=\int_{-1}^{1}f(u)\mathrm{d}u$，其中 $D=\{(x,y)\mid |x|+|y|\leqslant 1\}$；

(2) $\iint\limits_D f(ax+by+c)\mathrm{d}x\mathrm{d}y=2\int_{-1}^{1}\sqrt{1-u^2}f(u\sqrt{a^2+b^2}+c)\mathrm{d}u$,其中 $D=\{(x,y)\mid x^2+y^2\leqslant 1\}$,且 $a^2+b^2\neq 0$.

12.3　三重积分及其计算法

二重积分的概念可直接推广到三重积分.

12.3.1 三重积分的概念及性质

定义 设 $f(x,y,z)$是定义在空间有界闭区域 Ω 上的有界函数,将 Ω 任意地分为 n 个小区域 $\Delta v_i(i=1,2,\cdots,n)$,且 Δv_i 又表示它的体积. 若把 Δv_i 的直径(即 Δv_i 中任意两点间距离的最大值)记为 λ_i,并记 $\lambda=\max\{\lambda_1, \lambda_2,\cdots,\lambda_n\}$,在每个小区域 Δv_i 上任取一点(ξ_i,η_i,ζ_i),作乘积 $f(\xi_i,\eta_i,\zeta_i)\Delta v_i$,并作和式 $\sum\limits_{i=1}^{n}f(\xi_i,\eta_i,\zeta_i)\Delta v_i$,若当 $\lambda\to 0$ 时,上式和式的极限存在,且与 Ω 的分割法及(ξ_i,η_i,ζ_i) 的取法无关,则称此极限值为函数 $f(x,y,z)$ 在 Ω 上的三重积分,记为$\iiint\limits_{\Omega}f(x,y,z)\mathrm{d}v$, 即

$$\iiint\limits_{\Omega}f(x,y,z)\mathrm{d}v=\lim_{\lambda\to 0}\sum_{i=1}^{n}f(\xi_i,\eta_i,\zeta_i)\Delta v_i, \tag{1}$$

其中 $f(x,y,z)$称为被积函数,$\mathrm{d}v$ 称为体积元素,$f(x,y,z)\mathrm{d}v$ 称为被积表达式,Ω 称为积分区域.

由于极限值与 Ω 的分割法无关,所以在直角坐标系中,可以用平行于坐标面的平面来分割 Ω,那么除了包含 Ω 的边界点的一些不规则小闭区域外,得到的小闭区域 Δv_i 为长方体. 设小长方体 Δv_i 的边长为 $\Delta x_i,\Delta y_i,\Delta z_i$,则 $\Delta v_i=\Delta x_i\Delta y_i\Delta z_i$. 因此在直角坐标系中,当 $\lambda\to 0$ 时,所有的 Δv_i 都可以视为小长方体,所以把体积元素 $\mathrm{d}v$ 记作 $\mathrm{d}x\mathrm{d}y\mathrm{d}z$,从而把三重积分记作

$$\iiint\limits_{\Omega}f(x,y,z)\mathrm{d}x\mathrm{d}y\mathrm{d}z,$$

其中 $\mathrm{d}x\mathrm{d}y\mathrm{d}z$ 称为直角坐标系中的体积元素.

当函数 $f(x,y,z)$在闭区域 Ω 上连续时,式(1)右端的和式极限必定存在,也就是函数 $f(x,y,z)$在闭区域 Ω 上的三重积分必定存在. 总假定函数$f(x,y,z)$在闭区域 Ω 上是连续的. 关于二重积分的一些术语也可相应地用于三重积分. 三重积分的性质与二重积分的性质类似,这里不再重复叙述.

若 $f(x,y,z)$表示某物体在点(x,y,z)处的密度,Ω 表示该物体所占有的空间闭区域,$f(x,y,z)$在 Ω 上连续,则 $\sum\limits_{i=1}^{n}f(\xi_i,\eta_i,\zeta_i)\Delta v_i$ 是该物体的质量 m 的近似值,这个和式当 $\lambda\to 0$ 时的极限就是该物体的质量 m,所以 $m=\iiint\limits_{\Omega}f(x,y,z)\mathrm{d}v$.

12.3.2 利用直角坐标计算三重积分

计算三重积分 $\iiint\limits_{\Omega} f(x,y,z)\mathrm{d}v$ 的基本方法是将三重积分化为三次单积分来计算,在直角坐标系下是将三重积分先化为一个二重积分与单积分的形式,下面就不同类型的积分区域来讨论三重积分的计算法.

如果将积分区域 Ω 向 xOy 面投影得到投影区域 D_{xy},且 Ω 能够表示为
$\Omega=\{(x,y,z)\mid z_1(x,y)\leqslant z\leqslant z_2(x,y),\ (x,y)\in D_{xy}\}$,
其中 $z_1(x,y)$ 和 $z_2(x,y)$ 是平面区域 D_{xy} 内的连续函数,这时称 Ω 为 XY 型空间区域,其特点为任何一条垂直于 xOy 面且穿过 Ω 的直线与 Ω 的边界曲面 Σ 交点不多于 2 个(见图 12-21).

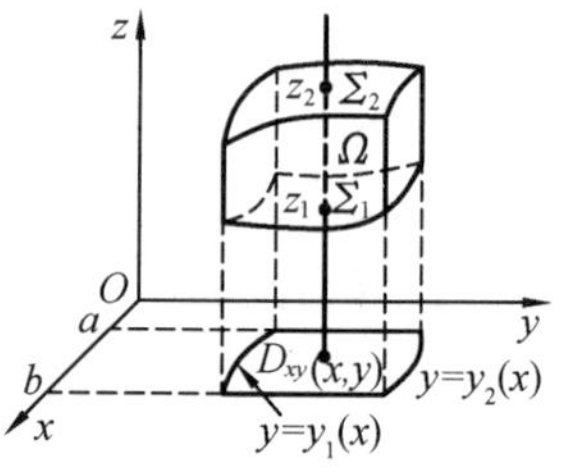

图 12-21

XY 型空间区域 Ω 对于 xOy 面的投影柱面把 Ω 的边界曲面 Σ 分割出下边界曲面 Σ_1 与上边界曲面 Σ_2 两部分,设它们的方程分别是 $\Sigma_1: z=z_1(x,y)$ 与 $\Sigma_2: z=z_2(x,y)$,且 $z_1(x,y)\leqslant z_2(x,y)$. 过 D_{xy} 内任一点 (x,y) 作平行于 z 轴的直线,该直线通过 Σ_1 穿入 Ω,然后通过 Σ_2 穿出 Ω,穿入点和穿出点的竖坐标分别是 $z_1(x,y)$ 与 $z_2(x,y)$. 于是先对固定的 $(x,y)\in D_{xy}$,在区间 $[z_1(x,y),z_2(x,y)]$ 上求定积分 $\int_{z_1(x,y)}^{z_2(x,y)} f(x,y,z)\mathrm{d}z$ (积分变量为 z),当点 (x,y) 在 D_{xy} 上变动时,则该定积分是 D_{xy} 上的二元函数

$$\varphi(x,y)=\int_{z_1(x,y)}^{z_2(x,y)} f(x,y,z)\mathrm{d}z.$$

然后计算 $\varphi(x,y)$ 在 D_{xy} 上的二重积分

$$\iint\limits_{D_{xy}} \varphi(x,y)\mathrm{d}x\mathrm{d}y=\iint\limits_{D_{xy}}\left[\int_{z_1(x,y)}^{z_2(x,y)} f(x,y,z)\mathrm{d}z\right]\mathrm{d}x\mathrm{d}y.$$

这时

$$\iiint\limits_{\Omega} f(x,y,z)\mathrm{d}x\mathrm{d}y\mathrm{d}z=\iint\limits_{D_{xy}}\left[\int_{z_1(x,y)}^{z_2(x,y)} f(x,y,z)\mathrm{d}z\right]\mathrm{d}x\mathrm{d}y. \tag{2}$$

用式(2)计算三重积分时,在化为二重积分与单积分的形式后,然后将二重积分化为二次单积分,例如当 D_{xy} 可表示为 $D_{xy}=\{(x,y)\mid y_1(x)\leqslant y\leqslant y_2(x),\ a\leqslant x\leqslant b\}$ 时,式(2)可进一步得

$$\iiint\limits_{\Omega} f(x,y,z)\mathrm{d}x\mathrm{d}y\mathrm{d}z=\int_a^b \mathrm{d}x\int_{y_1(x)}^{y_2(x)}\mathrm{d}y\int_{z_1(x,y)}^{z_2(x,y)} f(x,y,z)\mathrm{d}z.$$

这样三重积分最终化成了三次单积分.

类似地,空间区域 Ω 还有 YZ 型和 ZX 型,当 Ω 是 YZ 型或 ZX 型空间区域时,都可以把三重积分按先“单积分”后“二重积分”的步骤来计算,由于这一方法

是先把积分区域 Ω 向坐标面作投影，且这里的二重积分是在 Ω 的投影区域上进行的，故称该方法为坐标面投影法.

例 1 计算三重积分 $\iiint\limits_{\Omega} xyz\,\mathrm{d}x\mathrm{d}y\mathrm{d}z$，其中 Ω 是由球面 $x^2+y^2+z^2=1$ 和三坐标面围成在第一卦限内的闭区域(见图 12-22).

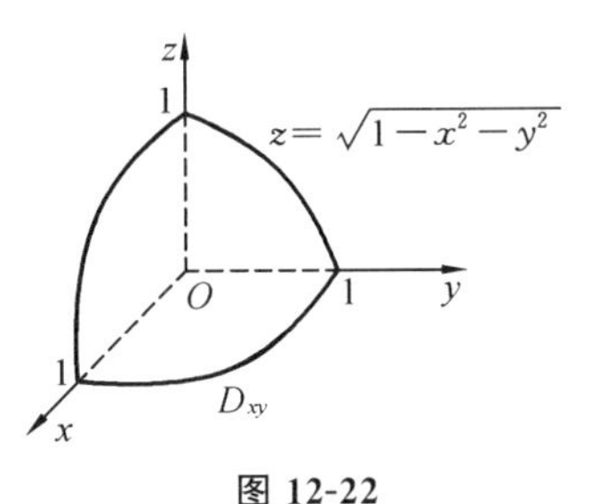

图 12-22

解 先对 z 积分，z 的变化范围是 $0\leqslant z\leqslant\sqrt{1-x^2-y^2}$，因为 Ω 在 xOy 平面上投影区域 D_{xy} 为 $x^2+y^2=1$ 在第一象限内围成的闭区域，所以 D_{xy} 可表示成 X 型区域 $D_{xy}=\{(x,y)\mid 0\leqslant x\leqslant 1,0\leqslant y\leqslant\sqrt{1-x^2}\}$，于是 $\Omega=\{(x,y,z)\mid 0\leqslant z\leqslant\sqrt{1-x^2-y^2},0\leqslant y\leqslant\sqrt{1-x^2},0\leqslant x\leqslant 1\}$.

因此
$$\iiint\limits_{\Omega} xyz\,\mathrm{d}x\mathrm{d}y\mathrm{d}z=\iint\limits_{D}\mathrm{d}x\mathrm{d}y\int_0^{\sqrt{1-x^2-y^2}}xyz\,\mathrm{d}z=\int_0^1\mathrm{d}x\int_0^{\sqrt{1-x^2}}\mathrm{d}y\int_0^{\sqrt{1-x^2-y^2}}xyz\,\mathrm{d}z$$
$$=\frac{1}{2}\int_0^1\mathrm{d}x\int_0^{\sqrt{1-x^2}}xy(1-x^2-y^2)\,\mathrm{d}y=\frac{1}{8}\int_0^1 x(1-x^2)^2\,\mathrm{d}x=\frac{1}{48}.$$

有时计算一个三重积分可以先化为计算一个二重积分，再计算一个定积分，即有下述的计算公式.

如果空间有界闭区域 Ω 向 z 轴作投影的投影区间为 $[c_1,c_2]$，且 Ω 能表示为 $\Omega=\{(x,y,z)\mid(x,y)\in D_z,c_1\leqslant z\leqslant c_2\}$，其中 D_z 是竖坐标为 z 的平面截闭区域 Ω 得到的平面闭区域(见图 12-23)，就称 Ω 是 Z 型空间区域，则有

$$\iiint\limits_{\Omega} f(x,y,z)\,\mathrm{d}x\mathrm{d}y\mathrm{d}z=\int_{c_1}^{c_2}\mathrm{d}z\iint\limits_{D_z}f(x,y,z)\,\mathrm{d}x\mathrm{d}y. \quad (3)$$

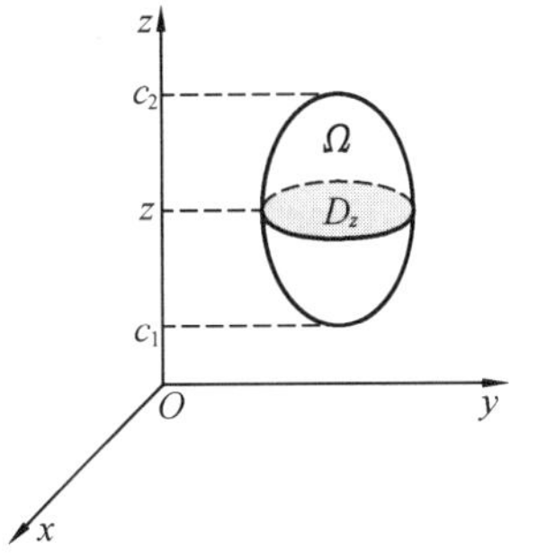

图 12-23

注意 如果二重积分 $\iint\limits_{D_z}f(x,y,z)\,\mathrm{d}x\mathrm{d}y$ 能比较容易地算出，其结果对 z 再进行积分也比较方便，那么就可以考虑使用式(3)来计算三重积分.

类似地，空间区域 Ω 还有 X 型和 Y 型，当 Ω 是 X 型、Y 型空间区域时，都可以把三重积分按先“二重积分”后“单积分”的步骤来计算. 由于这一方法是先把积分区域 Ω 向坐标轴作投影，且这里的二重积分是在 Ω 的截面区域上进行的，故称该方法为坐标轴投影法(或截面法).

例 2 计算 $\iiint\limits_{\Omega} z^2\,\mathrm{d}x\mathrm{d}y\mathrm{d}z$，其中 Ω 为椭球体 $\frac{x^2}{a^2}+\frac{y^2}{b^2}+\frac{z^2}{c^2}\leqslant 1$.

解 将 Ω 表示成 Z 型空间区域 $\Omega=\{(x,y,z)\mid(x,y)\in D_z,-c\leqslant z\leqslant c\}$，

其中
$$D_z=\left\{(x,y)\left|\frac{x^2}{a^2}+\frac{y^2}{b^2}\leqslant 1-\frac{z^2}{c^2}\right.\right\}\ (-c\leqslant z\leqslant c),$$
则
$$\iiint\limits_{\Omega} z^2\mathrm{d}x\mathrm{d}y\mathrm{d}z=\int_{-c}^{c}\mathrm{d}z\iint\limits_{D_z} z^2\mathrm{d}x\mathrm{d}y=\int_{-c}^{c} z^2\sigma(D_z)\mathrm{d}z.$$
这里 $\sigma(D_z)$表示 D_z 的面积. 利用椭圆面积的计算公式
$$\sigma(D_z)=\pi\left(a\sqrt{1-\frac{z^2}{c^2}}\right)\left(b\sqrt{1-\frac{z^2}{c^2}}\right)=\pi ab\left(1-\frac{z^2}{c^2}\right),$$
因此得
$$\iiint\limits_{\Omega} z^2\mathrm{d}x\mathrm{d}y\mathrm{d}z=\int_{-c}^{c}\pi ab\left(1-\frac{z^2}{c^2}\right)z^2\mathrm{d}z=\frac{4}{15}\pi abc^3.$$

若把本题中的被积函数由 z^2 变为常数 1,则可求得半轴长为 a,b,c 的椭球体的体积
$$V=\iiint\limits_{\Omega}\mathrm{d}x\mathrm{d}y\mathrm{d}z=\int_{-c}^{c}\mathrm{d}z\iint\limits_{D_z}\mathrm{d}x\mathrm{d}y=\int_{-c}^{c}\pi ab\left(1-\frac{z^2}{c^2}\right)\mathrm{d}z=\frac{4}{3}\pi abc.$$

更一般的结论:$\iiint\limits_{\Omega}\mathrm{d}x\mathrm{d}y\mathrm{d}z$ 计算的结果其数值即为 Ω 围成的立体的体积. 三重积分的计算与二重积分的计算一样,对某些函数 $f(x,y,z)$及区域 Ω 用直角坐标计算有时并不方便,而下面介绍的柱面坐标与球面坐标在三重积分的计算中经常被采用.

12.3.3 利用柱面坐标计算三重积分

1) 柱面坐标

设点 $M(x,y,z)$为空间中的一个点,它在 xOy 面上的投影点为 $P(x,y,0)$. 在直角坐标系中,以 x 轴为极轴,在 xOy 平面上建立极坐标系,再以 z 轴为竖轴,就构成了柱面坐标系(见图 12-24),并称 r,θ,z 这三个有序数为点 M 的柱面坐标,即 $M(r,\theta,z)$,其中 r 称为极径,θ 称为极角,z 称为竖坐标, r,θ,z 的变化范围为
$$0\leqslant r<+\infty,$$
$$0\leqslant\theta\leqslant 2\pi,$$
$$-\infty<z<+\infty.$$

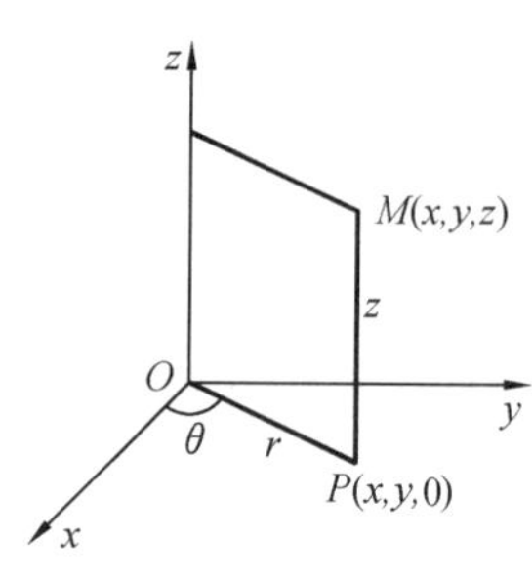

图 12-24

三组坐标面分别为

$r=$常数,表示以 z 轴为中心轴的圆柱面;

$\theta=$常数,表示以 z 轴为一条边的半平面;

$z=$常数,表示与 xOy 坐标面平行的平面.

显然,点 M 的直角坐标与柱面坐标的变换关系为

$$\begin{cases}x=r\cos\theta,\\y=r\sin\theta,\\z=z.\end{cases}\tag{4}$$

2）**计算方法**

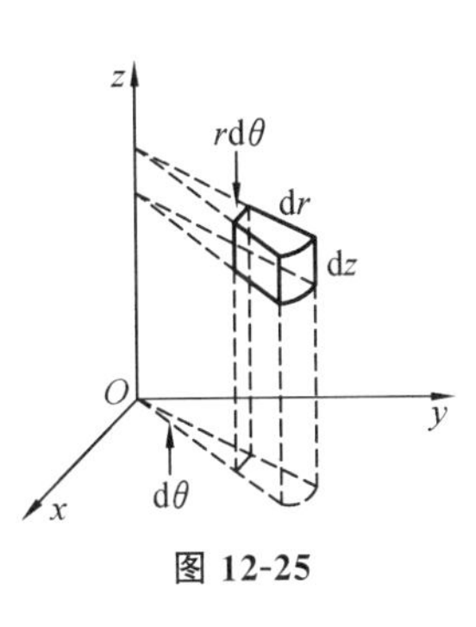

图 12-25

讨论怎样把三重积分 $\iiint\limits_{\Omega}f(x,y,z)\mathrm{d}x\mathrm{d}y\mathrm{d}z$ 转换成柱面坐标下的三重积分，其中被积函数 $f(x,y,z)$ 直接利用两坐标系统的变换公式(4)即可转换成 $f(r\cos\theta,r\sin\theta,z)$. 关键问题是体积元素 $\mathrm{d}x\mathrm{d}y\mathrm{d}z$ 在柱面坐标下如何表示. 为此，用 r,θ,z 分别为常数的三维坐标面把 Ω 分成许多小闭区域，除包含 Ω 的边界面的小闭区域之外，大部分的小区域都是如图 12-25 中所示的扇形柱体，并且体积 $\mathrm{d}v$ 等于小柱体的底面积与高的乘积(即极坐标系中的面积元素与 $\mathrm{d}z$ 之积)，于是得 $\mathrm{d}v=r\mathrm{d}r\mathrm{d}\theta\mathrm{d}z$. 这就是柱面坐标系下的体积元素的表达式. 由此得到将三重积分从直角坐标变换为柱面坐标的公式

$$\iiint\limits_{\Omega}f(x,y,z)\mathrm{d}x\mathrm{d}y\mathrm{d}z=\iiint\limits_{\Omega}f(r\cos\theta,r\sin\theta,z)r\mathrm{d}r\mathrm{d}\theta\mathrm{d}z.$$

变量变换为柱面坐标后的三重积分的计算还是要化为累次积分. 化为累次积分时，积分限可根据 r,θ,z 在积分区域 Ω 中的变化范围来确定，下面通过例子说明计算方法.

例 3 利用柱面坐标计算 $\iiint\limits_{\Omega}z\mathrm{d}x\mathrm{d}y\mathrm{d}z$，其中 Ω 是由上半球面 $x^2+y^2+z^2=4$ 与 $z=0$ 所围成的闭区域.

解 因为球面在 xOy 面上的投影区域 $D_{xy}=\{(x,y)\mid x^2+y^2\leqslant 4\}$，它在极坐标系下表示为 $D_{r\theta}=\{(r,\theta)\mid 0\leqslant r\leqslant 2,0\leqslant\theta\leqslant 2\pi\}$，所以 Ω 可表示为 $0\leqslant\theta\leqslant 2\pi,0\leqslant r\leqslant 2,0\leqslant z\leqslant\sqrt{4-r^2}$.

因此，

$$\begin{aligned}\iiint\limits_{\Omega}z\mathrm{d}x\mathrm{d}y\mathrm{d}z&=\iiint\limits_{\Omega}zr\mathrm{d}r\mathrm{d}\theta\mathrm{d}z=\int_0^{2\pi}\mathrm{d}\theta\int_0^2 r\mathrm{d}r\int_0^{\sqrt{4-r^2}}z\mathrm{d}z\\&=2\pi\int_0^2 r\left[\frac{1}{2}(4-r^2)\right]\mathrm{d}r=4\pi.\end{aligned}$$

例 4 计算 $\iiint\limits_{\Omega}(x^2+y^2)\mathrm{d}v$，其中 $\Omega=\{(x,y,z)\mid x^2+y^2\leqslant\frac{1}{2}z,z=2\}$.

解 如图 12-26 所示，Ω 在 xOy 面上的投影区域为 $D_{xy}=\{(x,y)\mid x^2+y^2\leqslant 1\}$，

在柱面坐标下 Ω 可表示成$0\leqslant\theta\leqslant 2\pi, 0\leqslant r\leqslant 1, 2r^2\leqslant z\leqslant 2$. 所以

$$\iiint\limits_{\Omega}(x^2+y^2)\,\mathrm{d}v=\int_0^{2\pi}\mathrm{d}\theta\int_0^1 r^3\,\mathrm{d}r\int_{2r^2}^{2}\mathrm{d}z$$

$$=2\pi\int_0^1 r^3(2-2r^2)\,\mathrm{d}r=\frac{1}{3}\pi.$$

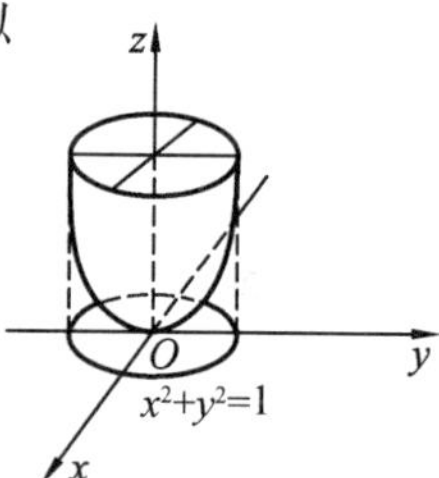

图 12-26

12.3.4　利用球面坐标计算三重积分

设点 $M(x,y,z)$为空间中的一点,r 为原点 O 与点 M 的距离,φ 为 OM 与 z 轴正向的夹角, P 为点 M 在 xOy 平面上的投影,记 x 轴的正向与射线 OP 的夹角为 θ(见图 12-27),则点 M 的位置可以用 r,φ,θ 这三个有序数确定,并称 $M(r,\varphi,\theta)$中的 r,φ,θ 三个有序数为点 M 的球面坐标,这里 r,φ,θ 的变化范围为

$$0\leqslant r<+\infty;\ 0\leqslant\varphi\leqslant\pi;\ 0\leqslant\theta\leqslant 2\pi.$$

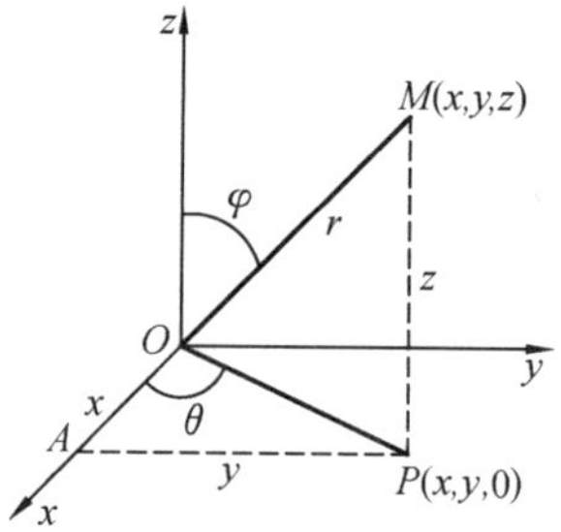

图 12-27

球面坐标的三组坐标面分别为

$r=$常数,表示以坐标原点为中心的球面;

$\varphi=$常数,表示以原点为顶点,z 轴为中心轴的圆锥面;

$\theta=$常数,表示过 z 轴的半平面.

由图 12-27 可知,设点 M 在 xOy 面上的投影为 P,点 P 在 x 轴上的投影为 A,则 $OA=x$, $AP=y$, $PM=z$,所以 $x=OP\cos\theta$, $y=OP\sin\theta$, $z=OM\cos\varphi$. 又因为 $OM=r$, $OP=r\sin\varphi$,所以可得点 M 的直角坐标与球面坐标的变换关系为

$$\begin{cases}x=r\sin\varphi\cos\theta,\\ y=r\sin\varphi\sin\theta,\\ z=r\cos\varphi.\end{cases}$$

下面讨论在球面坐标中的体积元素,为此分别用 r,φ,θ 为常数的三组坐标面把空间有界闭区域 Ω 分成许多小闭区域,除含有 Ω 的边界曲面的小闭区域外,大部分这样的小闭区域是"六面体"的形状(见图 12-28),考虑由 r,φ,θ 各取微小增量 $\mathrm{d}r,\mathrm{d}\varphi,\mathrm{d}\theta$ 所成的六面体的体积,若不计高阶无穷小,可以把这个六面体近似地看作长方体,其经线方向的长为 $r\mathrm{d}\varphi$,纬线方向的宽为 $r\sin\varphi\mathrm{d}\theta$,向径方向的高为 $\mathrm{d}r$,于是球面坐标系下的体积元素为 $\mathrm{d}v=r^2\sin\varphi\mathrm{d}r\mathrm{d}\varphi\mathrm{d}\theta$.

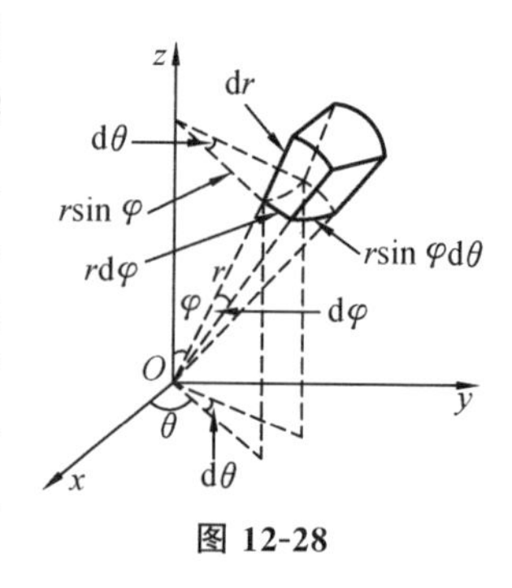

图 12-28

因此函数 $f(x,y,z)$在有界闭区域 Ω 上的三重积分可以写为

$$\iiint_{\Omega} f(x,y,z)\mathrm{d}x\mathrm{d}y\mathrm{d}z = \iiint_{\Omega} f(r\sin\varphi\cos\theta,\ r\sin\varphi\sin\theta,\ r\cos\varphi)r^2\sin\varphi\mathrm{d}r\mathrm{d}\varphi\mathrm{d}\theta.$$

这个式子就是三重积分由直角坐标变换为球面坐标的公式.要具体计算球面坐标下的三重积分,可把它化为对 r,φ 及 θ 的三重积分.

若原点在积分区域 Ω 内,且 Ω 的边界曲面在球面坐标中的方程为 $r=r(\varphi,\theta)$,则 $\Omega=\{(\theta,\varphi,r)\mid 0\leqslant\theta\leqslant 2\pi,0\leqslant\varphi\leqslant\pi,0\leqslant r\leqslant r(\varphi,\theta)\}$,于是三重积分可以转化为球面坐标下的累次积分,即

$$\begin{aligned}&\iiint_{\Omega} f(r\sin\varphi\cos\theta,\ r\sin\varphi\sin\theta,\ r\cos\varphi)r^2\sin\varphi\mathrm{d}r\mathrm{d}\varphi\mathrm{d}\theta\\ =&\int_0^{2\pi}\mathrm{d}\theta\int_0^{\pi}\sin\varphi\mathrm{d}\varphi\int_0^{r(\varphi,\theta)} f(r\sin\varphi\cos\theta,r\sin\varphi\sin\theta,r\cos\varphi)r^2\mathrm{d}r.\end{aligned}$$

当积分区域 Ω 为球面 $r=a$ 所围成时,则

$$\begin{aligned}&\iiint_{\Omega} f(r\sin\varphi\cos\theta,\ r\sin\varphi\sin\theta,\ r\cos\varphi)r^2\sin\varphi\mathrm{d}r\mathrm{d}\varphi\mathrm{d}\theta\\ =&\int_0^{2\pi}\mathrm{d}\theta\int_0^{\pi}\sin\varphi\mathrm{d}\varphi\int_0^{a} f(r\sin\varphi\cos\theta,r\sin\varphi\sin\theta,r\cos\varphi)r^2\mathrm{d}r.\end{aligned}$$

当 $f(x,y,z)=1$ 时,上式为 $\int_0^{2\pi}\mathrm{d}\theta\int_0^{\pi}\sin\varphi\mathrm{d}\varphi\int_0^{a}r^2\mathrm{d}r = 2\pi\cdot 2\cdot\frac{a^3}{3} = \frac{4}{3}\pi a^3$,这是我们熟知的球的体积计算公式.

例 5 计算三重积分 $\iiint_{\Omega}\mathrm{d}x\mathrm{d}y\mathrm{d}z$,其中 Ω 由球面 $x^2+y^2+(z-R)^2=R^2$ 和圆锥面 $z=\sqrt{x^2+y^2}$ 围成(见图 12-29).

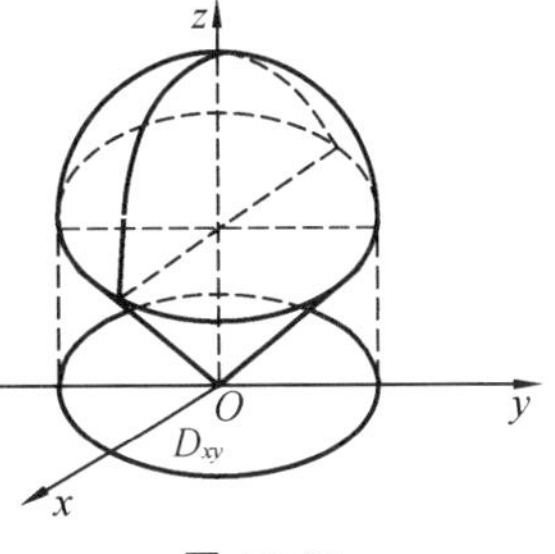

图 12-29

解 球面方程 $x^2+y^2+z^2-2Rz=0$ 在球面坐标下为

$$r^2\sin^2\varphi\cos^2\theta+r^2\sin^2\varphi\sin^2\theta+r^2\cos^2\varphi-2Rr\cos\varphi=0,$$

化简后为 $$r^2-2Rr\cos\varphi=0.$$

推得在球面坐标系中,球心为$(0,0,R)$,半径为 R 的球面方程为 $r=2R\cos\varphi$;顶点在坐标原点的圆锥面的方程为 $\varphi=\frac{\pi}{4}$.所以这里的区域 Ω 在球面坐标系中可表示为 $\Omega=\{(r,\varphi,\theta)\mid 0\leqslant r\leqslant 2R\cos\varphi,0\leqslant\varphi\leqslant\frac{\pi}{4},0\leqslant\theta\leqslant 2\pi\}$.于是

$$\begin{aligned}\iiint_{\Omega}\mathrm{d}x\mathrm{d}y\mathrm{d}z &= \iiint_{\Omega} r^2\sin\varphi\mathrm{d}r\mathrm{d}\varphi\mathrm{d}\theta = \int_0^{2\pi}\mathrm{d}\theta\int_0^{\frac{\pi}{4}}\sin\varphi\mathrm{d}\varphi\int_0^{2R\cos\varphi}r^2\mathrm{d}r\\ &= \int_0^{2\pi}\mathrm{d}\theta\int_0^{\frac{\pi}{4}}\sin\varphi\cdot\frac{r^3}{3}\bigg|_0^{2R\cos\varphi}\mathrm{d}\varphi = \frac{16}{3}\pi R^3\int_0^{\frac{\pi}{4}}\cos^3\varphi\sin\varphi\mathrm{d}\varphi\end{aligned}$$

$$= \frac{4}{3}\pi R^3 \left(1 - \cos^4 \frac{\pi}{4}\right) = \pi R^3.$$

习题 12-3

1. 化三重积分 $I = \iiint\limits_{\Omega} f(x,y,z)\mathrm{d}x\mathrm{d}y\mathrm{d}z$ 为三次积分，其中积分区域 Ω 分别如下：

(1) 由曲面 $z=x^2+y^2$，$y=x^2$ 及平面 $y=1$，$z=0$ 所围成的闭区域；

(2) 由双曲抛物面 $xy=z$ 及平面 $x+y-1=0$，$z=0$ 所围成的闭区域；

(3) 由球面 $x^2+y^2+z^2=1$ 和坐标面所围成的第一卦限部分的闭区域；

(4) 由曲面 $z=x^2+2y^2$ 及 $z=2-x^2$ 所围成的闭区域.

2. 利用直角坐标计算下列三重积分：

(1) 计算 $\iiint\limits_{\Omega} x\,\mathrm{d}x\mathrm{d}y\mathrm{d}z$，其中 Ω 是由三个坐标面与平面 $x+2y+z=1$ 所围成的闭区域；

(2) 计算 $\iiint\limits_{\Omega} \frac{x\,\mathrm{d}x\mathrm{d}y\mathrm{d}z}{(1+x+y+z)^3}$，其中 Ω 是由平面 $x=0$，$z=0$ 和 $x+y+z=1$ 所围成的四面体；

(3) 计算 $\iiint\limits_{\Omega} z\,\mathrm{d}x\mathrm{d}y\mathrm{d}z$，其中 Ω 是由曲面 $x^2+y^2+z^2=1$，$z=0$ 所围的上半个球形闭区域；

(4) 计算 $\iiint\limits_{\Omega} xz\,\mathrm{d}x\mathrm{d}y\mathrm{d}z$，其中 Ω 是由平面 $z=0$，$z=y$，$y=1$ 以及抛物柱面 $y=x^2$ 所围成的闭区域；

(5) 计算 $\iiint\limits_{\Omega} z^2\,\mathrm{d}x\mathrm{d}y\mathrm{d}z$，其中 Ω 是两个球 $x^2+y^2+z^2\leqslant R^2$ 和 $x^2+y^2+z^2\leqslant 2Rz\ (R>0)$ 的公共部分；

(6) 计算 $\iiint\limits_{\Omega} x^3y^2\,\mathrm{d}v$，其中 Ω 是由双曲抛物面 $z=xy$，坐标平面 $z=0$，平面 $y=x$ 及 $x=a$ 所围成的闭区域.

3. 设有一物体，占有空间闭区域 $\Omega=\{(x,y,z)\mid 0\leqslant x\leqslant 1,\ 0\leqslant y\leqslant 1,\ 0\leqslant z\leqslant 1\}$，在点 (x,y,z) 处的密度为 $\rho(x,y,z)=x+y+z$，计算该物体的质量.

4. 如果三重积分 $\iiint\limits_{\Omega} f(x,y,z)\mathrm{d}x\mathrm{d}y\mathrm{d}z$ 的被积函数 $f(x,y,z)$ 是三个函数 $f_1(x)$，$f_2(y)$，$f_3(z)$ 的乘积，即 $f(x,y,z)=f_1(x)f_2(y)f_3(z)$，积分区域 Ω 为 $a\leqslant x\leqslant b$，$c\leqslant y\leqslant d$，$l\leqslant z\leqslant m$. 证明这个三重积分等于三个单积分的乘积，即

$$\iiint\limits_{\Omega} f_1(x)f_2(y)f_3(z)\mathrm{d}x\mathrm{d}y\mathrm{d}z = \int_a^b f_1(x)\mathrm{d}x\int_c^d f_2(y)\mathrm{d}y\int_l^m f_3(z)\mathrm{d}z.$$

5. 利用柱面坐标计算下列三重积分：

(1) 计算 $\iiint\limits_{\Omega} (x^2+y^2)\mathrm{d}v$，其中 Ω 是由圆锥面 $x^2+y^2=z^2$ 与平面 $z=h\ (h>0)$ 所围成的闭区域；

(2) 计算 $\iiint\limits_{\Omega} z\mathrm{d}v$,其中 Ω 是由曲面 $x^2+y^2+z^2=2, x^2+y^2=z$ 所围成的闭区域.

6. 利用球面坐标计算下列三重积分：

(1) $\iiint\limits_{\Omega} z\sqrt{x^2+y^2}\mathrm{d}v$,其中 Ω 是由圆柱面 $x^2+y^2=2x(y\geqslant 0)$ 与平面 $z=0, z=a, y=0$ 所围成的闭区域；

(2) $\iiint\limits_{\Omega} z\mathrm{d}v$,其中闭区域 Ω 由不等式 $x^2+y^2+(z-a)^2\leqslant a^2, x^2+y^2\leqslant z^2$ 所确定.

7. 选用适当坐标计算下列三重积分：

(1) $\iiint\limits_{\Omega}(x+y+z)\mathrm{d}v$,其中 $\Omega=\{(x,y,z)\mid x\geqslant 0,\ y\geqslant 0,\ z\geqslant 0, x^2+y^2+z^2\leqslant R^2\}$；

(2) $\iiint\limits_{\Omega}(x^2+y^2)\mathrm{d}v$,其中 Ω 是由旋转抛物面 $x^2+y^2=2z$ 与平面 $z=1,\ z=2$ 所围成的空间闭区域；

(3) $\iiint\limits_{\Omega}\sqrt{x^2+y^2+z^2}\mathrm{d}v$,其中 Ω 由 $x^2+y^2+(z-1)^2\leqslant 1$ 所确定；

(4) $\iiint\limits_{\Omega}(x^2+y^2)\mathrm{d}v$,其中 Ω 是由两个半球面 $z=\sqrt{A^2-x^2-y^2}, z=\sqrt{a^2-x^2-y^2}\ (A>a>0)$ 及平面 $z=0$ 所围成的闭区域.

8. 利用三重积分计算下列曲面所围成的立体的体积：

(1) $x^2+y^2=az$ 与 $z=2a-\sqrt{x^2+y^2}\ (a>0)$；

(2) $z=\sqrt{x^2+y^2}$ 及 $z=x^2+y^2$；

(3) $z=\sqrt{5-x^2+y^2}$ 及 $x^2+y^2=4z$.

9. 求球体 $x^2+y^2+z^2\leqslant 4z$ 被曲面 $z=4-x^2-y^2$ 所分成的两部分的体积.

12.4 重积分的应用

前面指出了平面薄板的质量与曲顶柱体的体积可以通过二重积分来计算,现在进一步讨论几个应用重积分解决的几何与物理问题.

12.4.1 几何方面的应用

1) 封闭曲面所围立体的体积

例 1 求由三坐标面及平面 $x+y+z=1$ 围成的四面体 Ω 的体积.

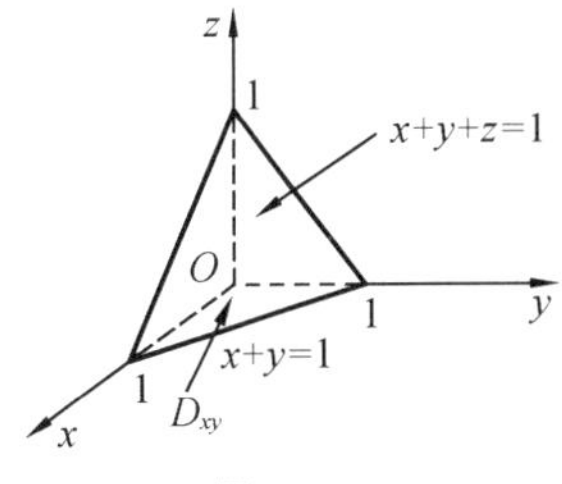

图 12-30

解 如图 12-30 所示,四面体 Ω 在 xOy 面上的投影区域 $D_{xy}=\{(x,y)\mid 0\leqslant x\leqslant 1, 0\leqslant y\leqslant 1-x\}$,所以 $\Omega=\{(x,y,z)\mid 0\leqslant x\leqslant 1, 0\leqslant y\leqslant 1-x, 0\leqslant z\leqslant 1-x-y\}$.

于是 Ω 的体积 $V=\int_0^1 dx\int_0^{1-x}dy\int_0^{1-x-y}dz$

$$=\int_0^1 dx\int_0^{1-x}(1-x-y)dy$$

$$=\int_0^1\left[(1-x)y-\frac{y^2}{2}\right]\Big|_0^{1-x}dx$$

$$=\int_0^1\left[(1-x)^2-\frac{1}{2}(1-x)^2\right]dx$$

$$=\frac{1}{2}\int_0^1(1-x)^2dx=-\frac{1}{6}(1-x)^3\Big|_0^1=\frac{1}{6}.$$

2）曲面的面积

设曲面 Σ 由方程

$$z=z(x,y) \tag{1}$$

给出，D_{xy} 为曲面 Σ 在 xOy 面上的投影区域，函数 $z(x,y)$ 在 D_{xy} 上具有一阶连续的偏导数 z_x 和 z_y，求曲面 Σ 的面积 A.

在闭区域 D_{xy} 上任取一个直径很小的闭区域 $d\sigma$（$d\sigma$ 同时也表示小闭区域的面积），在 $d\sigma$ 上取一点 $P(x,y)$，相应地，曲面 Σ 上有一点 $M(x,y,z(x,y))$，点 M 在 xOy 面上的投影即点 P. 点 M 处曲面 Σ 的切平面为 T（见图 12-31a).

以小闭区域 $d\sigma$ 的边界为准线作母线平行于 z 轴的柱面，这个柱面在曲面 Σ 上截下一小片曲面 dS，在切平面 T 上截下一小片平面 dA（见图 12-31b). 由于 $d\sigma$ 的直径很小，切平面 T 上的那小片平面的面积 dA 可以近似代替相应的那小片曲面的面积 dS. 设曲面 Σ 上点 M 处的法向量 $\boldsymbol{n}$（指向朝上）与 z 轴所成的角为 γ，则法向量 $\boldsymbol{n}=(-z_x(x,y),-z_y(x,y),1)$.

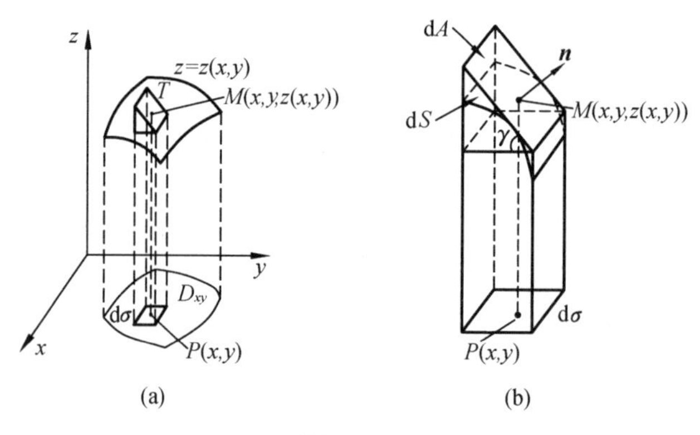

图 12-31

故
$$\cos\gamma=\frac{1}{\sqrt{1+z_x^2(x,y)+z_y^2(x,y)}}. \tag{2}$$

因为 $d\sigma=dA\cos\gamma$,所以 $dA=\dfrac{d\sigma}{\cos\gamma}$,则 (3)

$$dA=\sqrt{1+z_x^2(x,y)+z_y^2(x,y)}\,d\sigma. \tag{4}$$

这就是曲面 Σ 的面积元素 dS,以它作为被积表达式在闭区域 D 上积分,得到曲面 Σ 的面积

$$A=\iint_{D_{xy}}\sqrt{1+z_x^2(x,y)+z_y^2(x,y)}\,d\sigma \tag{5}$$

或
$$A=\iint_{D_{xy}}\sqrt{1+\left(\frac{\partial z}{\partial x}\right)^2+\left(\frac{\partial z}{\partial y}\right)^2}\,dxdy. \tag{5'}$$

若设空间曲面 Σ 的方程为 $x=x(y,z)$(或 $y=y(x,z)$),则可将曲面 Σ 投影到 yOz 面上(记投影区域为 D_{yz})或 zOx 面上(记投影区域为 D_{zx}).类似地,有计算公式

$$A=\iint_{D_{yz}}\sqrt{1+\left(\frac{\partial x}{\partial y}\right)^2+\left(\frac{\partial x}{\partial z}\right)^2}\,dydz \tag{6}$$

或
$$A=\iint_{D_{zx}}\sqrt{1+\left(\frac{\partial y}{\partial x}\right)^2+\left(\frac{\partial y}{\partial z}\right)^2}\,dxdz. \tag{7}$$

例 2 求半径为 R 的球的表面积.

解 将球的球心取在坐标原点,则球的方程为 $x^2+y^2+z^2=R^2$.由对称性可知整个球的表面积为上半球面的面积的两倍,上半球面的方程 $z=\sqrt{R^2-x^2-y^2}$,它在 xOy 坐标面上的投影闭区域 $D_{xy}=\{(x,y)\mid x^2+y^2\leqslant R^2\}$.

又由于
$$\sqrt{1+\left(\frac{\partial z}{\partial x}\right)^2+\left(\frac{\partial z}{\partial y}\right)^2}=\frac{R}{\sqrt{R^2-x^2-y^2}},$$

它在闭区域 D 的边界 $x^2+y^2=R^2$ 上不连续,因此不能直接用公式(5)去计算表面积.为此,先取闭区域 $D_1=\{(x,y)\mid x^2+y^2\leqslant\rho^2\}$ $(0<\rho<R)$为积分区域,计算出在 D_1 上的上半球面的面积 A_1 之后,再令 $\rho\to R$ 取 A_1 的极限就得到上半球面的面积.

上半球面方程在极坐标系下的表示式为$\begin{cases}0\leqslant\theta\leqslant 2\pi,\\ 0\leqslant r\leqslant R,\end{cases}$则

$$\begin{aligned}A_1&=\iint_{D_1}\frac{R}{\sqrt{R^2-x^2-y^2}}dxdy=R\int_0^{2\pi}d\theta\int_0^{\rho}\frac{rdr}{\sqrt{R^2-r^2}}=2\pi R\int_0^{\rho}\frac{r}{\sqrt{R^2-r^2}}dr\\&=2\pi R(R-\sqrt{R^2-\rho^2}).\end{aligned}$$

于是
$$A=2\lim_{\rho\to R}A_1=2\lim_{\rho\to R}2\pi R(R-\sqrt{R^2-\rho^2})=2\cdot 2\pi R^2=4\pi R^2.$$

例 3 求平面 $z=1-x$ 被两柱面 $x=y^2$ 和 $2x=y^2$ 截出的第一卦限部分平面的面积 A(见图 12-32a).

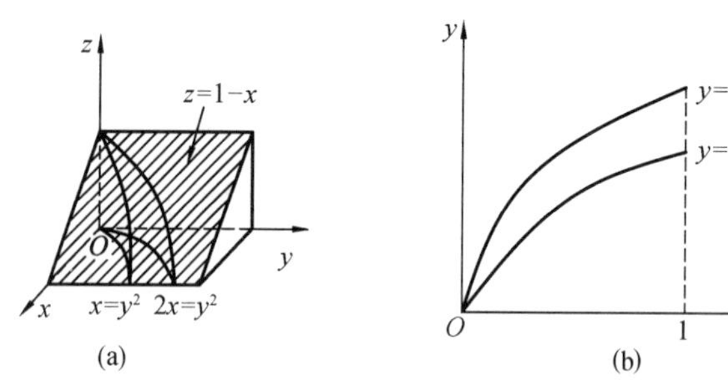

图 12-32

解 $D_{xy}=\{(x,y)\mid\sqrt{x}\leqslant y\leqslant\sqrt{2x},\ 0\leqslant x\leqslant 1\}$为截出的平面在 xOy 平面上投影闭区域(见图 12-32b),由于 $\sqrt{1+\left(\frac{\partial z}{\partial x}\right)^2+\left(\frac{\partial z}{\partial y}\right)^2}=\sqrt{2}$,因此

$$A=\iint_{D_{xy}}\sqrt{1+\left(\frac{\partial z}{\partial x}\right)^2+\left(\frac{\partial z}{\partial y}\right)^2}\mathrm{d}x\mathrm{d}y=\iint_{D_{xy}}\sqrt{2}\mathrm{d}x\mathrm{d}y$$

$$=\sqrt{2}\int_0^1\mathrm{d}x\int_{\sqrt{x}}^{\sqrt{2x}}\mathrm{d}y=\sqrt{2}\int_0^1(\sqrt{2}-1)\sqrt{x}\mathrm{d}x=\frac{2(2-\sqrt{2})}{3}.$$

12.4.2 物理方面的应用

利用二重积分可以计算平面薄板的质量、质心(重心)、转动惯量等问题,利用三重积分可以计算空间物体同样的问题.下面着重介绍平面薄板的情形,求空间物体质量、质心(重心)、转动惯量的方法与平面薄板的情形类似.

1) 物体的质量

由二重积分的概念引出中知,面密度为 $\rho=\rho(x,y)$的平面薄板 D 的质量 m 为

$$m=\iint_D\rho(x,y)\mathrm{d}\sigma. \tag{8}$$

由三重积分的概念知,体密度为 $\rho(x,y,z)$的空间物体 Ω 的质量 m 为

$$m=\iiint_\Omega\rho(x,y,z)\mathrm{d}v. \tag{9}$$

2) 物体的质心

先讨论平面薄板的情形.

设 xOy 平面上有 n 个质点,它们分别位于点$(x_1,y_1),(x_2,y_2),\cdots,(x_n,y_n)$处,其质量分别为 $m_1,m_2,\cdots,m_n$,由力学知识知道,这个质点系的质心$(\bar{x},\bar{y})$的坐标为

$$\bar{x}=\frac{\sum_{i=1}^n m_ix_i}{\sum_{i=1}^n m_i}=\frac{m_y}{m},\ \bar{y}=\frac{\sum_{i=1}^n m_iy_i}{\sum_{i=1}^n m_i}=\frac{m_x}{m}, \tag{10}$$

其中 $m_y=\sum\limits_{i=1}^{n}m_ix_i$，$m_x=\sum\limits_{i=1}^{n}m_iy_i$ 分别称为该质点系对 y 轴及 x 轴的静力矩，而 $m=\sum\limits_{i=1}^{n}m_i$ 为质点系的总质量.

现在考虑平面薄板的质心，设此平面薄板在 xOy 平面上由有界闭区域 D 围成，在点 (x,y) 处的面密度为 $\rho=\rho(x,y)$，并假定 $\rho(x,y)$ 为 D 上的连续函数. 求此平面薄板 D 的质心坐标.

在闭区域 D 上任取一个直径很小的闭区域 $\mathrm{d}\sigma$（$\mathrm{d}\sigma$ 也表示这小闭区域的面积），(x,y) 是这个小闭区域上的一个点，由于直径很小，且 $\rho(x,y)$ 在 D 上连续，所以薄板中相应于 $\mathrm{d}\sigma$ 部分的质量近似等于 $\rho(x,y)\mathrm{d}\sigma$，这部分质量可近似看作集中在点 (x,y) 上，于是可写出静力矩元素 $\mathrm{d}m_y$ 及 $\mathrm{d}m_x$：

$$\mathrm{d}m_y=x\rho(x,y)\mathrm{d}\sigma,\ \mathrm{d}m_x=y\rho(x,y)\mathrm{d}\sigma.$$

以这些元素为被积表达式，在闭区域 D 上积分，得到

$$m_y=\iint\limits_D x\rho(x,y)\mathrm{d}\sigma,\ m_x=\iint\limits_D y\rho(x,y)\mathrm{d}\sigma. \tag{11}$$

这样薄板的质心坐标为

$$\bar{x}=\frac{m_y}{m}=\frac{\iint\limits_D x\rho(x,y)\mathrm{d}\sigma}{\iint\limits_D \rho(x,y)\mathrm{d}\sigma},\ \bar{y}=\frac{m_x}{m}=\frac{\iint\limits_D y\rho(x,y)\mathrm{d}\sigma}{\iint\limits_D \rho(x,y)\mathrm{d}\sigma}. \tag{12}$$

特别地，若薄板是均匀的，即面密度为常数，则上式中可把 ρ 提到积分号外面，并从分子分母中约去，这样便得到均匀薄板的形心坐标为

$$\bar{x}=\frac{1}{A}\iint\limits_D x\,\mathrm{d}\sigma,\ \bar{y}=\frac{1}{A}\iint\limits_D y\,\mathrm{d}\sigma, \tag{13}$$

其中 $A=\iint\limits_D \mathrm{d}\sigma$ 为闭区域 D 的面积.

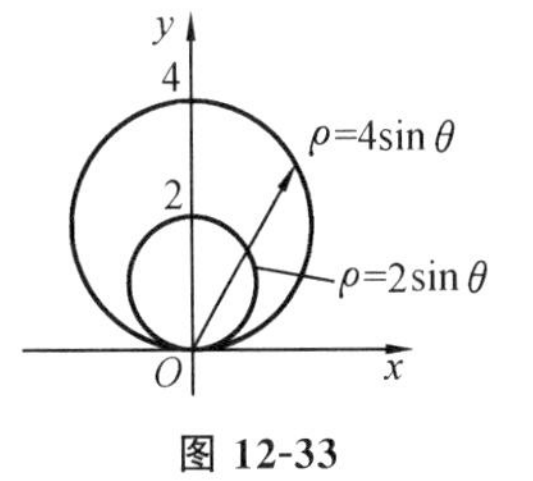

图 12-33

例 4 求位于两圆 $x^2+(y-1)^2=1$ 和 $x^2+(y-2)^2=4$ 之间的均匀薄板的形心（见图 12-33）.

解 由图知区域 D 对称于 y 轴，所以形心 $C(x,y)$ 必位于 y 轴上，于是 $\bar{x}=0$.

再由公式 $\bar{y}=\frac{1}{A}\iint\limits_D y\,\mathrm{d}\sigma$

来计算 $\bar{y}$.

而薄板的面积 A 等于这两个圆的面积之差，即 $A=3\pi$.

因为 $x^2+(y-1)^2=1$ 的极坐标方程为 $r=2\sin\theta$，$x^2+(y-2)^2=4$ 的极坐标方程为 $r=4\sin\theta$，其中 θ 满足 $0\leqslant\theta\leqslant\pi$. 所以利用极坐标计算积分：

$$\iint_D y\,\mathrm{d}\sigma=\iint_D r^2\sin\theta\mathrm{d}r\mathrm{d}\theta=\int_0^{\pi}\sin\theta\mathrm{d}\theta\int_{2\sin\theta}^{4\sin\theta}r^2\,\mathrm{d}r=\frac{56}{3}\int_0^{\pi}\sin^4\theta\mathrm{d}\theta=7\pi.$$

所以 $\bar{y}=\frac{7\pi}{3\pi}=\frac{7}{3}$,因此所求的形心坐标为$\left(0,\ \frac{7}{3}\right)$.

把平面的情形推广到空间物体,设空间物体的范围是有界闭区域 Ω,其体密度为 $\rho=\rho(x,y,z)$,类似地可以得到空间物体的质心$(\bar{x},\bar{y},\bar{z})$的坐标:

$$\bar{x}=\frac{\iiint\limits_{\Omega}x\rho(x,y,z)\mathrm{d}v}{\iiint\limits_{\Omega}\rho(x,y,z)\mathrm{d}v},\ \bar{y}=\frac{\iiint\limits_{\Omega}y\rho(x,y,z)\mathrm{d}v}{\iiint\limits_{\Omega}\rho(x,y,z)\mathrm{d}v},\ \bar{z}=\frac{\iiint\limits_{\Omega}z\rho(x,y,z)\mathrm{d}v}{\iiint\limits_{\Omega}\rho(x,y,z)\mathrm{d}v}.\tag{14}$$

这里 $\iiint\limits_{\Omega}\rho(x,y,z)\mathrm{d}v$ 表示空间物体的质量.

当 $\rho=\rho(x,y,z)=$常数时,公式(14)就给出物体的形心坐标.

例 5　求由旋转抛物面 $z=x^2+y^2$ 与平面 $z=1$ 所围成的质量分布均匀的物体 Ω 的质心.

解　先画出 Ω 的图形(见图 12-34).

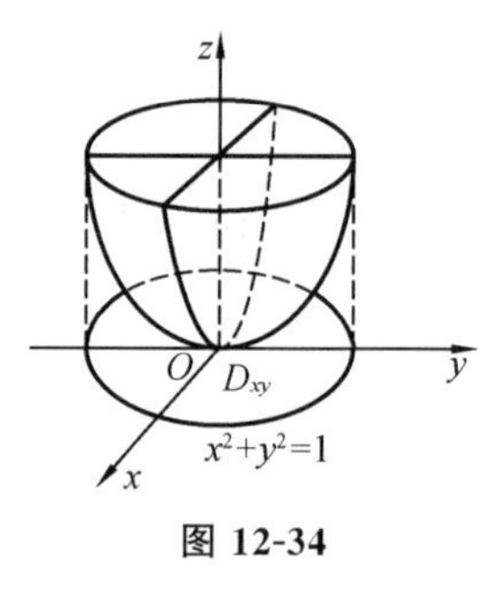

图 12-34

由于所给物体 Ω 关于 yOz 和 zOx 坐标面对称,而且质量分布均匀,所以质心在 z 轴上,故 $\bar{x}=\bar{y}=0$,下面计算 $\bar{z}$.

因为 $\rho=$常数,所以由式(14)得 $\bar{z}=\frac{\iiint\limits_{\Omega}z\,\mathrm{d}v}{\iiint\limits_{\Omega}\mathrm{d}v}$.

因为曲面在 xOy 坐标面上的投影区域 D_{xy} 由 $x^2+y^2=1$ 围成,于是 Ω 在柱面坐标下表示为 $\Omega=\{(\theta,r,z)\,|\,0\leqslant\theta\leqslant2\pi,0\leqslant r\leqslant1,r^2\leqslant z\leqslant1\}$,所以

$$\iiint\limits_{\Omega}z\,\mathrm{d}v=\iint_D r\,\mathrm{d}r\mathrm{d}\theta\int_{r^2}^{1}z\mathrm{d}z=\int_0^{2\pi}\mathrm{d}\theta\int_0^1\frac{1}{2}(r-r^5)\mathrm{d}r=\frac{\pi}{3},$$

$$\iiint\limits_{\Omega}\mathrm{d}v=\iint_D r\,\mathrm{d}r\mathrm{d}\theta\int_{r^2}^{1}\mathrm{d}z=\int_0^{2\pi}\mathrm{d}\theta\int_0^1(r-r^3)\mathrm{d}r=\frac{\pi}{2},$$

所以

$$\bar{z}=\frac{\iiint\limits_{\Omega}z\,\mathrm{d}v}{\iiint\limits_{\Omega}\mathrm{d}v}=\frac{\frac{\pi}{3}}{\frac{\pi}{2}}=\frac{2}{3}.$$

于是所求的物体的质心在$\left(0,\ 0,\ \frac{2}{3}\right)$处.

3) 物体的转动惯量

由力学知识可知,一个质点对一个轴的转动惯量等于质点的质量 m 与此质点

到轴的距离的平方的乘积.

设在 xOy 平面上有 n 个质点,它们分别为 m_1, m_2, …, m_n,由力学知识可知该质点系对于 x 轴、y 轴以及坐标原点的转动惯量依次为

$$I_x=\sum_{i=1}^{n}y_i^2m_i,\ I_y=\sum_{i=1}^{n}x_i^2m_i,\ I_O=\sum_{i=1}^{n}(x_i^2+y_i^2)m_i. \tag{15}$$

现求平面薄板的转动惯量.设一薄板,在 xOy 面上由闭区域 D 围成,在点 (x,y) 处的面密度为 $\rho(x,y)$,假定 $\rho(x,y)$ 在 D 上连续.求该薄板对 x 轴、y 轴及原点的转动惯量.

在闭区域 D 上任取一个直径很小的闭区域 $\mathrm{d}\sigma$($\mathrm{d}\sigma$ 也表示该小区域的面积),$(x,y)\in\mathrm{d}\sigma$,因为 $\mathrm{d}\sigma$ 的直径很小,且 $\rho(x,y)$ 在 D 上连续,所以薄板中相应于 $\mathrm{d}\sigma$ 部分的质量近似等于 $\rho(x,y)\mathrm{d}\sigma$,且由于 $\mathrm{d}\sigma$ 很小所以这部分质量可近似看作集中在点 (x,y) 上,这样得到薄板对于 x 轴、y 轴以及坐标原点 O 的转动惯量元素:

$$\mathrm{d}I_x=y^2\rho(x,y)\mathrm{d}\sigma,\ \mathrm{d}I_y=x^2\rho(x,y)\mathrm{d}\sigma,\ \mathrm{d}I_O=(x^2+y^2)\rho(x,y)\mathrm{d}\sigma.$$

以这些元素为被积表达式,在闭区域 D 上积分,便得

$$I_x=\iint\limits_D y^2\rho(x,y)\mathrm{d}\sigma,\ I_y=\iint\limits_D x^2\rho(x,y)\mathrm{d}\sigma, I_O=\iint\limits_D(x^2+y^2)\rho(x,y)\mathrm{d}\sigma. \tag{16}$$

例 6 求质量分布均匀的由心形线 $r=a(1+\cos\theta)(a>0)$ 所围的平面薄板 D(见图 12-35)对坐标轴 x 轴和 y 轴的转动惯量.

解 由于薄板 D 的质量分布均匀,所以不妨设密度 $\rho=\rho(x,y)=1$. 心形线所围的平面区域 $D=\{(r,\theta)\mid 0\leqslant r\leqslant a(1+\cos\theta),-\pi\leqslant\theta\leqslant\pi\}$. 于是有

$$\begin{aligned}I_x&=\iint\limits_D y^2\mathrm{d}\sigma=\iint\limits_D r^2\sin^2\theta\cdot r\mathrm{d}r\mathrm{d}\theta\\&=\int_{-\pi}^{\pi}\sin^2\theta\mathrm{d}\theta\int_0^{a(1+\cos\theta)}r^3\mathrm{d}r\\&=\frac{a^4}{4}\int_{-\pi}^{\pi}(1+\cos\theta)^4\sin^2\theta\mathrm{d}\theta\\&=\frac{a^4}{2}\int_0^{\pi}(1+\cos\theta)^4\sin^2\theta\mathrm{d}\theta\\&=2^6a^4\int_0^{\pi}\cos^{10}\frac{\theta}{2}\sin^2\frac{\theta}{2}\mathrm{d}\left(\frac{\theta}{2}\right).\end{aligned}$$

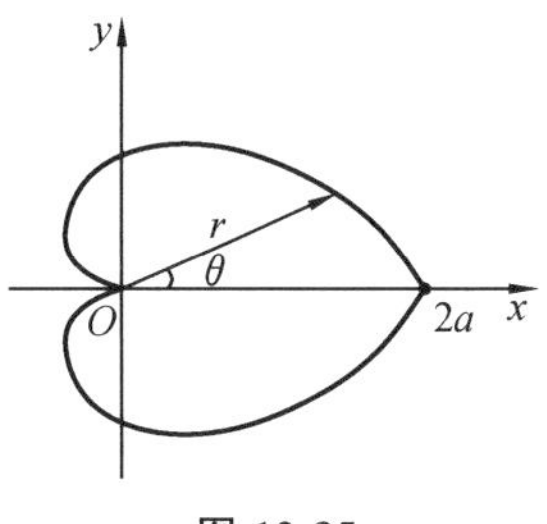

图 12-35

令 $t=\dfrac{\theta}{2}$,则

$$\begin{aligned}I_x&=2^6a^4\int_0^{\frac{\pi}{2}}\cos^{10}t\sin^2t\mathrm{d}t=2^6a^4\int_0^{\frac{\pi}{2}}\cos^{10}t(1-\cos^2t)\mathrm{d}t\\&=2^6\cdot a^4\cdot\frac{9\cdot7\cdot5\cdot3\cdot1}{10\cdot8\cdot6\cdot4\cdot2}\left(1-\frac{11}{12}\right)\cdot\frac{\pi}{2}=\frac{21}{32}\pi a^4.\end{aligned}$$

又 $$I_y=\iint\limits_D x^2\mathrm{d}\sigma=\iint\limits_D r^2\cos^2\theta\cdot r\mathrm{d}r\mathrm{d}\theta=\int_{-\pi}^{\pi}\cos^2\theta\mathrm{d}\theta\int_0^{a(1+\cos\theta)}r^3\mathrm{d}r$$
$$=\frac{a^4}{2}\int_0^{\pi}(1+\cos\theta)^4\cos^2\theta\mathrm{d}\theta=\frac{a^4}{2}\int_0^{\pi}(1+\cos\theta)^4\mathrm{d}\theta-\frac{21}{32}\pi a^4.$$

令 $t=\dfrac{\theta}{2}$,则有 $I_y=2^4a^4\int_0^{\frac{\pi}{2}}\cos^8 t\mathrm{d}t-\dfrac{21}{32}\pi a^4=\dfrac{70}{32}\pi a^4-\dfrac{21}{32}\pi a^4=\dfrac{49}{32}\pi a^4$.

类似地,占有空间有界闭区域 Ω,在点 (x,y,z) 处的密度为 $\rho(x,y,z)$(假定 $\rho(x,y,z)$ 在 Ω 上连续)的物体对于 x,y,z 轴及坐标原点 O 的转动惯量为

$$I_x=\iiint\limits_{\Omega}(y^2+z^2)\rho(x,y,z)\mathrm{d}v,\ I_y=\iiint\limits_{\Omega}(z^2+x^2)\rho(x,y,z)\mathrm{d}v,$$
$$I_z=\iiint\limits_{\Omega}(x^2+y^2)\rho(x,y,z)\mathrm{d}v,\ I_O=\iiint\limits_{\Omega}(x^2+y^2+z^2)\rho(x,y,z)\mathrm{d}v. \tag{17}$$

例 7　求密度为 1 的均匀球体 $\Omega=\{(x,y,z)\,|\,x^2+y^2+z^2\leqslant 1\}$ 对坐标轴 x,y,z 的转动惯量.

解　根据公式有

$$I_x=\iiint\limits_{\Omega}(y^2+z^2)\mathrm{d}v,\quad I_y=\iiint\limits_{\Omega}(z^2+x^2)\mathrm{d}v,\quad I_z=\iiint\limits_{\Omega}(x^2+y^2)\mathrm{d}v.$$

由对称性,可知 $$I_x=I_y=I_z=I.$$

相加得 $$3I=\iiint\limits_{\Omega}2(x^2+y^2+z^2)\mathrm{d}v.$$

在球面坐标下,积分区域 $\Omega=\{(r,\varphi,\theta)\,|\,0\leqslant r\leqslant 1,\ 0\leqslant\varphi\leqslant\pi,\ 0\leqslant\theta\leqslant 2\pi\}$. 这样

$$I=\frac{2}{3}\iiint\limits_{\Omega}(x^2+y^2+z^2)\mathrm{d}v=\frac{2}{3}\iiint\limits_{\Omega}r^2\cdot r^2\sin\varphi\mathrm{d}r\mathrm{d}\varphi\mathrm{d}\theta$$
$$=\frac{2}{3}\int_0^{2\pi}\mathrm{d}\theta\int_0^{\pi}\sin\varphi\mathrm{d}\varphi\int_0^1 r^4\mathrm{d}r=\frac{2}{3}\cdot 2\pi\cdot 2\cdot\frac{1}{5}=\frac{8}{15}\pi.$$

于是对坐标轴 x,y,z 的转动惯量为

$$I_x=I_y=I_z=\frac{8}{15}\pi.$$

4) **引力**

设一单位质量的质点位于空间的点 $P_0(x_0,y_0,z_0)$ 处,另有一质量为 m 的质点位于点 $P(x,y,z)$ 处,则由力学中的引力定律知该质点对单位质量质点的引力为

$$\boldsymbol{F}=\frac{Gm}{r^3}(x-x_0,y-y_0,z-z_0)=\frac{Gm}{r^3}\boldsymbol{r} \tag{18}$$

其中 G 为引力常数. 式中

$$\boldsymbol{r}=\overrightarrow{P_0P}=(x-x_0,\ y-y_0,\ z-z_0),$$

$$r=|\boldsymbol{r}|=\sqrt{(x-x_0)^2+(y-y_0)^2+(z-z_0)^2}.$$

下面讨论空间一物体对于物体外一点 $P_0(x_0,y_0,z_0)$ 处单位质量的质点的引力问题.

设物体由空间有界闭区域 Ω 围成,它在点 (x,y,z) 处的密度为 $\rho(x,y,z)$,并假定 $\rho(x,y,z)$ 在 Ω 上连续,在物体内任取一直径很小的闭区域 $\mathrm{d}v$(这闭区域的体积也记作 $\mathrm{d}v$),(x,y,z) 为这一小区域 $\mathrm{d}v$ 中的任一点,把这一小块物体的质量 $\rho(x,y,z)\mathrm{d}v$ 近似地看作集中在点 (x,y,z) 处,于是按两质点间的引力公式,可得这一小块物体对位于 $P_0(x_0,y_0,z_0)$ 处的单位质量的质点引力近似为

$$\mathrm{d}\boldsymbol{F}=(\mathrm{d}F_x,\ \mathrm{d}F_y,\ \mathrm{d}F_z)=\left(G\frac{\rho(x,y,z)(x-x_0)}{r^3}\mathrm{d}v,\ G\frac{\rho(x,y,z)(y-y_0)}{r^3}\mathrm{d}v,\right.$$
$$\left.G\frac{\rho(x,y,z)(z-z_0)}{r^3}\mathrm{d}v\right).$$

其中 $\mathrm{d}F_x$, $\mathrm{d}F_y$, $\mathrm{d}F_z$ 为引力元素 $\mathrm{d}\boldsymbol{F}$ 在三个坐标轴上的分量,$r=\sqrt{(x-x_0)^2+(y-y_0)^2+(z-z_0)^2}$,$G$ 为引力常数,将 $\mathrm{d}F_x$,$\mathrm{d}F_y$,$\mathrm{d}F_z$ 在 Ω 上分别积分,得到

$$\boldsymbol{F}=(F_x,\ F_y,\ F_z)=\left(\iiint_\Omega\frac{G\rho(x,y,z)(x-x_0)}{r^3}\mathrm{d}v,\ \iiint_\Omega\frac{G\rho(x,y,z)(y-y_0)}{r^3}\mathrm{d}v,\right.$$
$$\left.\iiint_\Omega\frac{G\rho(x,y,z)(z-z_0)}{r^3}\mathrm{d}v\right).\tag{19}$$

应该指出的是,在具体计算引力时常常不是三个分量都须通过积分求出,利用物体形状的对称性,可直接得到某个方向上的分量为零.

如果考虑平面薄板对薄板外一点 $P_0(x_0,y_0,z_0)$ 处单位质量质点的引力,设平面薄板由 xOy 平面上的有界闭区域 D 围成,其面密度为 $\rho(x,y)$,将 Ω 上的三重积分换成 D 上的二重积分,就可得到相应的计算公式.

例 8 求半径为 R 的均匀球体 $x^2+y^2+z^2\leqslant R^2$(体密度为常数 ρ)对于 z 轴上一点 $(0,0,a)$ 处单位质点的引力($a>R$).

解 由球体的对称性及质量分布的均匀性知 $F_x=F_y=0$.

引力沿 z 轴的分量为

$$\begin{aligned}F_z&=\iiint_\Omega\frac{G(z-a)\rho}{[x^2+y^2+(z-a)^2]^{\frac{3}{2}}}\mathrm{d}x\mathrm{d}y\mathrm{d}z\\&=G\rho\int_{-R}^{R}\mathrm{d}z\iint_{D_z}\frac{z-a}{[x^2+y^2+(z-a)^2]^{\frac{3}{2}}}\mathrm{d}x\mathrm{d}y,\end{aligned}$$

其中 $D_z=\{(x,y)\mid x^2+y^2\leqslant R^2-z^2\}$,由于

$$\iint_{D_z}\frac{z-a}{[x^2+y^2+(z-a)^2]^{\frac{3}{2}}}\mathrm{d}x\mathrm{d}y=(z-a)\int_0^{2\pi}\mathrm{d}\rho\int_0^{\sqrt{R^2-z^2}}\frac{r}{[r^2+(z-a)^2]^{\frac{3}{2}}}\mathrm{d}r$$

$$= 2\pi\left(-1-\frac{z-a}{\sqrt{R^2+a^2-2az}}\right).$$

故
$$F_z = 2\pi G\rho\int_{-R}^{R}\left(-1-\frac{z-a}{\sqrt{R^2+a^2-2az}}\right)dz$$
$$= 2\pi G\rho\left[-2R+\frac{1}{a}\int_{-R}^{R}(z-a)\,d\sqrt{R^2+a^2-2az}\right]$$
$$= 2\pi G\rho\left(-2R+2R-\frac{2R^3}{3a^2}\right)=-G\frac{M}{a^2},$$

其中 $M=\frac{4\pi R^3}{3}\rho$ 为均匀球体的质量.

习题 12-4

1. 求以 R 为半径的半球面的面积.

2. 求球面 $x^2+y^2+z^2=a^2$ 含在柱面 $x^2+y^2=ax(a>0)$ 内部的面积.

3. 求由半球面 $z=\sqrt{3a^2-x^2-y^2}$ 及旋转抛物面 $x^2+y^2=2az$ 所围成的立体的表面积.

4. 求由两个圆 $\rho=\cos\theta$, $\rho=2\cos\theta$ 所围成的平面均匀平板的重心.

5. 设平面薄板所占的闭区域 D 由抛物线 $y=x^2$ 及直线 $y=x$ 所围成,它在点 (x,y) 处的面密度 $\rho(x,y)=x^2y$,求该薄板的质心.

6. 设有质量均匀分布的半椭球体 $\frac{x^2}{a^2}+\frac{y^2}{b^2}+\frac{z^2}{c^2}\leqslant 1$, $z\geqslant 0$,求它的质心坐标.

7. 利用三重积分计算由下列曲面所围立体的质心(设密度 $\rho=1$):

(1) $z^2=x^2+y^2$, $z=1$;

(2) $z=x^2+y^2$, $x+y=a$, $x=0$, $y=0$, $z=0$;

(3) $z=\sqrt{A^2-x^2-y^2}$, $z=\sqrt{a^2-x^2-y^2}$ $(A>a>0)$, $z=0$.

8. 设物体占有空间区域 $\Omega=\{(x,y,z)\mid 0\leqslant x\leqslant 1,\ 0\leqslant y\leqslant 1,\ 0\leqslant z\leqslant 1\}$,其密度 $\rho(x,y,z)=x+y+z$,计算物体的重心.

9. 求密度为 1 的均匀球体对直径的转动惯量(球半径为 R).

10. 求由 $y^2=ax$ 及直线 $x=a(a>0)$ 所围成的图形对直线 $y=-a$ 的转动惯量.

11. 一均匀物体(密度 ρ 为常量)占有的闭区域 Ω 由曲面 $z=x^2+y^2$ 和平面 $z=0$, $|x|=a$, $|y|=a$ 所围成.

(1) 求物体的体积;

(2) 求物体的质心;

(3) 求物体关于 z 轴的转动惯量.

12. 设均匀柱体密度 ρ,占有闭区域 $\Omega=\{(x,y,z)\mid x^2+y^2\leqslant R^2,\ 0\leqslant z\leqslant h\}$,求它对位于点 $M_0(0,0,a)(a>b)$ 处的单位质量的质点的引力.

*12.5 含参变量的积分

设 $f(x,y)$ 是矩形闭区域 $R=[a,b]\times[\alpha,\beta]$ 上的连续函数，在 $[a,b]$ 上任意取定一个值 x，于是 $f(x,y)$ 是变量 y 在 $[\alpha,\beta]$ 上的连续函数，则积分 $\int_{\alpha}^{\beta}f(x,y)\mathrm{d}y$ 存在，但这个积分值依赖于取定的 x 值. 当 x 的值改变时，这个积分值也随着改变. 这个积分确定了一个定义在 $[a,b]$ 上的 x 函数，把它记作 $\varphi(x)$，即

$$\varphi(x)=\int_{\alpha}^{\beta}f(x,y)\mathrm{d}y \quad (a\leqslant x\leqslant b). \tag{1}$$

变量 x 在积分过程中可看作一个常量，通常称它为参变量，因此式(1)右端是一个含参变量 x 的积分，下面进一步讨论关于 $\varphi(x)$ 的一些性质.

定理 1 如果函数 $f(x,y)$ 在矩形 $R=[a,b]\times[\alpha,\beta]$ 上连续，那么 $\varphi(x)=\int_{\alpha}^{\beta}f(x,y)\mathrm{d}y$ 在 $[a,b]$ 上连续.

证 设 x，$x+\Delta x$ 为 $[a,b]$ 上的两点，则

$$\varphi(x+\Delta x)-\varphi(x)=\int_{\alpha}^{\beta}[f(x+\Delta x,y)-f(x,y)]\mathrm{d}y. \tag{2}$$

因为 $f(x,y)$ 在闭区域 R 上连续，从而一致连续，所以对于任意取定的 $\varepsilon>0$，存在 $\delta>0$，使得对于 R 内的任意两点 (x_1,y_1) 和 (x_2,y_2)，只要它们之间的距离小于 δ，即 $\sqrt{(x_2-x_1)^2+(y_2-y_1)^2}<\delta$，就有 $|f(x+\Delta x,y)-f(x,y)|<\varepsilon$，于是

$$|\varphi(x+\Delta x)-\varphi(x)|\leqslant\int_{\alpha}^{\beta}|f(x+\Delta x,y)-f(x,y)|\mathrm{d}y<\varepsilon(\beta-\alpha).$$

因此 $\varphi(x)$ 在 $[a,b]$ 上连续.

既然函数 $\varphi(x)$ 在 $[a,b]$ 上连续，那么它在 $[a,b]$ 上的积分存在，这个积分可以写为

$$\int_a^b\varphi(x)\mathrm{d}x=\int_a^b\left[\int_{\alpha}^{\beta}f(x,y)\mathrm{d}y\right]\mathrm{d}x=\int_a^b\mathrm{d}x\int_{\alpha}^{\beta}f(x,y)\mathrm{d}y.$$

右端积分是函数 $f(x,y)$ 先对 y 后对 x 的二次积分. 当 $f(x,y)$ 在矩形 R 上连续时，$f(x,y)$ 在 R 上的二重积分 $\iint\limits_R f(x,y)\mathrm{d}x\mathrm{d}y$ 是存在的，这个二重积分化为二次积分计算时，如果先对 y 后对 x 积分，就是上面的这个二次积分. 二重积分 $\iint\limits_R f(x,y)\mathrm{d}x\mathrm{d}y$ 也可化为先对 x 后对 y 的二次积分 $\int_{\alpha}^{\beta}\left[\int_a^b f(x,y)\mathrm{d}x\right]\mathrm{d}y$，因此有下面定理 2.

定理 2 如果函数 $f(x,y)$ 在矩形 $R=[a,b]\times[\alpha,\beta]$ 上连续，那么

$$\int_a^b\left[\int_\alpha^\beta f(x,y)\mathrm{d}y\right]\mathrm{d}x=\int_\alpha^\beta\left[\int_a^b f(x,y)\mathrm{d}x\right]\mathrm{d}y,\tag{3}$$

或写成

$$\int_a^b\mathrm{d}x\int_\alpha^\beta f(x,y)\mathrm{d}y=\int_\alpha^\beta\mathrm{d}y\int_a^b f(x,y)\mathrm{d}x.$$

下面考虑由积分(1)确定的函数 $\varphi(x)$ 的微分问题.

定理 3 如果函数 $f(x,y)$ 及其偏导数 $\dfrac{\partial f(x,y)}{\partial x}$ 都在矩形 $R=[a,b]\times[\alpha,\beta]$ 上连续，那么由积分(1)确定的函数 $\varphi(x)$ 在 $[a,b]$ 上可导，并有

$$\varphi'(x)=\frac{\mathrm{d}}{\mathrm{d}x}\int_\alpha^\beta f(x,y)\mathrm{d}y=\int_\alpha^\beta\frac{\partial f(x,y)}{\partial x}\mathrm{d}y.\tag{4}$$

证 因为 $\varphi'(x)=\lim\limits_{\Delta x\to0}\dfrac{\varphi(x+\Delta x)-\varphi(x)}{\Delta x}$，为了求 $\varphi'(x)$，先利用公式(2)作出增量之比

$$\frac{\varphi(x+\Delta x)-\varphi(x)}{\Delta x}=\int_\alpha^\beta\frac{f(x+\Delta x,y)-f(x,y)}{\Delta x}\mathrm{d}y.$$

利用拉格朗日中值定理以及 $\dfrac{\partial f}{\partial x}$ 的一致连续性，有

$$\frac{f(x+\Delta x,y)-f(x,y)}{\Delta x}=\frac{\partial f(x+\theta\Delta x,y)}{\partial x}=\frac{\partial f(x,y)}{\partial x}+\eta(x,y,\Delta x),$$

其中 $0<\theta<1$，$\lim\limits_{\Delta x\to0}\eta(x,y,\Delta x)=0$，于是得到

$$\frac{\varphi(x+\Delta x,y)-\varphi(x)}{\Delta x}=\int_\alpha^\beta\frac{\partial f(x,y)}{\partial x}\mathrm{d}y+\int_\alpha^\beta\eta(x,y,\Delta x)\mathrm{d}y.$$

令 $\Delta x\to0$ 取上式的极限，即得要证的公式.

例 1 计算积分

$$\int_0^{\frac{\pi}{2}}\ln(a^2\sin^2x+b^2\cos^2x)\mathrm{d}x.$$

解 由于

$$\begin{aligned}\int_0^{\frac{\pi}{2}}\ln(a^2\sin^2x+b^2\cos^2x)\mathrm{d}x&=\int_0^{\frac{\pi}{2}}\ln[a^2+(b^2-a^2)\cos^2x]\mathrm{d}x\\&=\int_0^{\frac{\pi}{2}}\ln(a^2+c\cos^2x)\mathrm{d}x=F(c),\end{aligned}$$

其中 $c=b^2-a^2$，所以

$$\begin{aligned}F'(c)&=\int_0^{\frac{\pi}{2}}\frac{\cos^2x}{a^2+c\cos^2x}\mathrm{d}x=\frac{1}{c}\int_0^{\frac{\pi}{2}}\left(1-\frac{a^2}{a^2+c\cos^2x}\right)\mathrm{d}x\\&=\frac{1}{c}\left[\frac{\pi}{2}-\frac{|a|}{\sqrt{a^2+c}}\arctan(\tan x)\Big|_0^{\frac{\pi}{2}}\right]\end{aligned}$$

$$=\frac{\pi}{2c}\left(1-\frac{|a|}{\sqrt{a^2+c}}\right)=\frac{\pi}{2\sqrt{a^2+c}}\cdot\frac{1}{\sqrt{a^2+c}+|a|},$$

$$F(c)-F(0)=\int_0^c F'(c)\mathrm{d}c=\pi\int_0^c\frac{\mathrm{d}(\sqrt{a^2+c}+|a|)}{\sqrt{a^2+c}+|a|}$$

$$=\pi\ln(\sqrt{a^2+c}+|a|)-\pi\ln|2a|.$$

因为 $c=b^2-a^2$，故 $\sqrt{a^2+c}=|b|$，且 $F(0)=\pi\ln|a|$，所以

$$F(c)=\int_0^{\frac{\pi}{2}}\ln(a^2\sin^2 x+b^2\cos^2 x)\mathrm{d}x=\pi\ln\frac{|a|+|b|}{2}.$$

在积分(1)中积分限 α 与 β 都是常数，但在实际应用中还会遇到对于参变量 x 的不同值，积分限也有不同的情形，这时积分限也是参变量 x 的函数，这样积分

$$\Phi(x)=\int_{\alpha(x)}^{\beta(x)}f(x,y)\mathrm{d}y \tag{5}$$

也是参变量 x 的函数，下面讨论这种依赖于参变量的积分的某些性质.

定理4 如果函数 $f(x,y)$ 在矩形 $R=[a,b]\times[\alpha,\beta]$ 上连续，函数 $\alpha(x)$ 与 $\beta(x)$ 在区间 $[a,b]$ 上连续，且 $\alpha\leqslant\alpha(x)\leqslant\beta$, $\alpha\leqslant\beta(x)\leqslant\beta$ $(a\leqslant x\leqslant b)$，那么函数 $\Phi(x)=\int_{\alpha(x)}^{\beta(x)}f(x,y)\mathrm{d}y$ 在 $[a,b]$ 上也连续.

证 设 x 和 $x+\Delta x$ 是 $[a,b]$ 上的两点，则

$$\Phi(x+\Delta x)-\Phi(x)=\int_{\alpha(x+\Delta x)}^{\beta(x+\Delta x)}f(x+\Delta x,y)\mathrm{d}y-\int_{\alpha(x)}^{\beta(x)}f(x,y)\mathrm{d}y.$$

而 $$\int_{\alpha(x+\Delta x)}^{\beta(x+\Delta x)}f(x+\Delta x,y)\mathrm{d}y=\int_{\alpha(x+\Delta x)}^{\alpha(x)}f(x+\Delta x,y)\mathrm{d}y+\int_{\alpha(x)}^{\beta(x)}f(x+\Delta x,y)\mathrm{d}y+\int_{\beta(x)}^{\beta(x+\Delta x)}f(x+\Delta x,y)\mathrm{d}y,$$

故

$$\Phi(x+\Delta x)-\Phi(x)=\int_{\alpha(x+\Delta x)}^{\alpha(x)}f(x+\Delta x,y)\mathrm{d}y+\int_{\beta(x)}^{\beta(x+\Delta x)}f(x+\Delta x,y)\mathrm{d}y+\int_{\alpha(x)}^{\beta(x)}[f(x+\Delta x,y)-f(x,y)]\mathrm{d}y. \tag{6}$$

当 $\Delta x\to 0$ 时，式(6)右端最后一个积分的积分限不变，根据证明定理1时同样的理由，这个积分趋于零，又

$$\left|\int_{\alpha(x+\Delta x)}^{\alpha(x)}f(x+\Delta x,y)\mathrm{d}y\right|\leqslant M\mid\alpha(x+\Delta x)-\alpha(x)\mid,$$

$$\left|\int_{\beta(x)}^{\beta(x+\Delta x)}f(x+\Delta x,y)\mathrm{d}y\right|\leqslant M\mid\beta(x+\Delta x)-\beta(x)\mid,$$

其中 M 是 $|f(x,y)|$ 在矩形 R 上的最大值，由于 $\alpha(x)$ 和 $\beta(x)$ 在 $[a,b]$ 上连续，并由

以上两式可知，当 $\Delta x\to 0$ 时，式(6)右端的前两个积分都趋于零，于是当 $a\leqslant x\leqslant b$ 时

$$\lim_{\Delta x\to 0}[\Phi(x+\Delta x)-\Phi(x)]=0,$$

所以函数 $\Phi(x)$ 在 $[a,b]$ 上连续.

关于函数 $\Phi(x)$ 的导数，有下述定理.

定理 5 若函数 $f(x)$ 及其偏导数 $\dfrac{\partial f(x,y)}{\partial x}$ 都在矩形 $R=[a,b]\times[\alpha,\beta]$ 上连续，函数 $\alpha(x)$ 与 $\beta(x)$ 都在区间 $[a,b]$ 上可导，且 $\alpha\leqslant\alpha(x)\leqslant\beta$，$\alpha\leqslant\beta(x)\leqslant\beta$ $(a\leqslant x\leqslant b)$，则

$$\Phi(x)=\int_{\alpha(x)}^{\beta(x)}f(x,y)\mathrm{d}y$$

在 $[a,b]$ 上可导，且

$$\Phi'(x)=\frac{\mathrm{d}}{\mathrm{d}x}\int_{\alpha(x)}^{\beta(x)}f(x,y)\mathrm{d}y=\int_{\alpha(x)}^{\beta(x)}\frac{\partial f(x,y)}{\partial x}\mathrm{d}y+f[x,\beta(x)]\beta'(x)-f[x,\alpha(x)]\alpha'(x). \tag{7}$$

证 由式(6)有

$$\frac{\Phi(x+\Delta x)-\Phi(x)}{\Delta x}=\int_{\alpha(x)}^{\beta(x)}\frac{f(x+\Delta x,y)-f(x,y)}{\Delta x}\mathrm{d}y+\frac{1}{\Delta x}\int_{\beta(x)}^{\beta(x+\Delta x)}f(x+\Delta x,y)\mathrm{d}y-\frac{1}{\Delta x}\int_{\alpha(x)}^{\alpha(x+\Delta x)}f(x+\Delta x,y)\mathrm{d}y. \tag{8}$$

当 $\Delta x\to 0$ 时，上式右端的第一个积分的积分限不变，根据证明定理 3 时同样的理由，有

$$\int_{\alpha(x)}^{\beta(x)}\frac{f[(x+\Delta x,y)-f(x,y)]}{\Delta x}\mathrm{d}y\to\int_{\alpha(x)}^{\beta(x)}\frac{\partial f(x,y)}{\partial x}\mathrm{d}y\quad(\Delta x\to 0).$$

对于式(8)右端的第二项，应用积分中值定理得

$$\frac{1}{\Delta x}\int_{\beta(x)}^{\beta(x+\Delta x)}f(x+\Delta x,y)\mathrm{d}y=\frac{1}{\Delta x}[\beta(x+\Delta x)-\beta(x)]f(x+\Delta x,\eta),$$

其中 η 介于 $\beta(x)$ 与 $\beta(x+\Delta x)$ 之间，于是有

$$\lim_{\Delta x\to 0}\frac{1}{\Delta x}[\beta(x+\Delta x)-\beta(x)]=\beta'(x),\ \lim_{\Delta x\to 0}f(x+\Delta x,\eta)=f(x,\beta(x)).$$

这样
$$\lim_{\Delta x\to 0}\frac{1}{\Delta x}\int_{\beta(x)}^{\beta(x+\Delta x)}f(x+\Delta x,y)\mathrm{d}y=f(x,\beta(x))\beta'(x).$$

类似地，可以证明

$$\lim_{\Delta x\to 0}\frac{1}{\Delta x}\int_{\alpha(x)}^{\alpha(x+\Delta x)}f(x+\Delta x,y)\mathrm{d}y=f(x,\alpha(x))\alpha'(x).$$

所以，当取 $\Delta x\to 0$ 时，取式(8)的极限即得公式(7).

有时也将公式(7)称为莱布尼茨公式.

例 2 设 $\Phi(x)=\int_{x}^{x^2}\frac{\cos(xy)}{y}\mathrm{d}y$，求 $\Phi'(x)$.

解 应用莱布尼茨公式，有

$$\Phi'(x)=\int_{x}^{x^2}(-1)\sin(xy)\mathrm{d}y+\frac{\cos x^3}{x^2}\cdot 2x-\frac{\cos x^2}{x}\cdot 1$$

$$=\frac{\cos(xy)}{x}\bigg|_{x}^{x^2}+\frac{2\cos x^3}{x}-\frac{\cos x^2}{x}=\frac{3\cos x^3-2\cos x^2}{x}.$$

例 3 求 $I=\int_0^1\frac{x^b-x^a}{\ln x}\mathrm{d}x\quad(0<a<b)$.

解 由于

$$\int_a^b x^y\mathrm{d}y=\left[\frac{x^y}{\ln x}\right]_a^b=\frac{x^b-x^a}{\ln x},$$

因此

$$I=\int_0^1\mathrm{d}x\int_a^b x^y\mathrm{d}y.$$

这样可根据定理 2，函数 $f(x,y)=x^y$ 在矩形 $R=[0,1]\times[a,b]$ 上连续，利用交换积分次序，得到

$$I=\int_a^b\mathrm{d}y\int_0^1 x^y\mathrm{d}x=\int_a^b\left[\frac{x^{y+1}}{y+1}\right]_0^1\mathrm{d}y$$

$$=\int_a^b\frac{1}{y+1}\mathrm{d}y=\ln\frac{b+1}{a+1}.$$

*习题 12-5

1. 求下列含参变量的积分所确定的函数的极限：

(1) $\lim\limits_{x\to 0}\int_{x}^{1+x}\frac{\mathrm{d}y}{1+x^2+y^2}$；　　(2) $\lim\limits_{x\to 0}\int_{-1}^{1}\sqrt{x^2+y^2}\,\mathrm{d}y$.

2. 求下列函数的导数：

(1) $\Phi(x)=\int_{\sin x}^{\cos x}(y^2\sin x-y^3)\mathrm{d}y$；　　(2) $\Phi(x)=\int_0^x\frac{\ln(1+xy)}{y}\mathrm{d}y$；

(3) $\Phi(x)=\int_{x^2}^{x^3}\arctan\frac{y}{x}\mathrm{d}y$；　　(4) $\Phi(x)=\int_{x}^{x^2}\mathrm{e}^{-xy^2}\mathrm{d}y$.

3. 设 $F(x)=\int_0^x(x+y)f(y)\mathrm{d}y$，其中 $f(y)$ 为可微分的函数，求 $F''(x)$.

4. 计算积分 $I=\int_0^{\frac{\pi}{2}}\ln(\cos^2x+a^2\sin^2x)\mathrm{d}x\quad(a>0)$.

5. 计算下列积分：

(1) $\int_0^1\frac{\arctan x}{x}\frac{\mathrm{d}x}{\sqrt{1-x^2}}$；

(2) $\int_0^1\sin\left(\ln\frac{1}{x}\right)\frac{x^b-x^a}{\ln x}\mathrm{d}x\quad(0<a<b)$.

本章小结

1. 主要内容

本章内容可分为四个部分.

(1) 二重积分的概念及性质,具体包括:

① 在简单积分区域上定义二重积分,并将极限形式转化成积分形式;

② 利用相关性质比较二重积分的大小.

(2) 二重积分的计算,具体包括:

① 能够利用基本计算方法和公式,在直角坐标系下选择合适的积分次序将二重积分转化为二次积分,得到二重积分的值;

② 使用极坐标计算二重积分,并能够准确计算;

③ 将直角坐标系下的二重积分与极坐标系下的二重积分在形式上互相转换,进而计算二重积分;

④ 分段函数的二重积分,即能够利用分段函数分割积分区域,继而利用二重积分对积分区域的可加性进行计算.

(3) 三重积分及其计算法,具体包括:

① 三重积分的概念及性质;

② 根据积分区域和被积函数的形式选择适当的坐标进行计算(利用直角坐标、柱面坐标、球面坐标);

③ 能够利用奇偶对称性、轮换对称性进行简化计算.

(4) 重积分的应用,具体包括:

① 几何方面的应用;

② 物理方面的应用.

2. 基本要求

(1) 理解二重积分与三重积分的概念,了解重积分的性质.

(2) 掌握二重积分(直角坐标、极坐标)的计算方法,会化二重积分为二次积分,会改换二次积分的积分次序.

(3) 会计算三重积分(直角坐标、柱面坐标、球面坐标),会选择适合的积分次序.

(4) 会用重积分解决实际应用题(几何方面、物理方面).

3. 学习指导

在学习重积分的概念及性质时,要学会比较重积分与定积分概念与性质的异同. 在进行重积分计算时,可发现二重积分与三重积分最终都化为定积分来计算,但三重积分不论是采用“先一后二”还是“先二后一”,都要通过二重积分进行计算,所以二重积分在多元函数积分学中有重要的作用.深入理解二重积分的概念,熟练掌握二重积分的计算方法,是学好多元函数积分学的关键.三重积分是二重积分的进一步延拓,它的物理意义就是求一个空间立体图形的体积.对三重积分来说,计算的基本思路是将其转化为定积分,但计算的繁简取决于坐标系的选择,而坐标系的选择取决于积分区域的形状.三重积分主要有三种计算方法(直角坐标系下的投影法及截面法、柱面坐标法、球面坐标法):当积分区域是柱体、锥体或由柱面、锥面、旋转面与其他曲面所围成的空间立体时,宜利用柱面坐标变换计算;当积分区域是球体、锥体或球体的一部分时,宜利用球面坐标变换计算;当积分区域是长方体、四面体或任意形体时,宜利用直角坐标计算.重积分在各种坐标下计算时,要灵活运用累次积分交换次序,学会在重积分中应用对称性,即利用被积函数和积分区域的对称性来简化重积分的计算.

自我检测题 12

1. 选择题.

(1) 设 D 由 $x=0$, $y=0$, $x+y=\dfrac{1}{2}$, $x+y=1$ 围成,若 $I_1=\iint\limits_D[\ln(x+y)]^7\mathrm{d}x\mathrm{d}y$, $I_2=\iint\limits_D\ln(x+y)^7\mathrm{d}x\mathrm{d}y$, $I_3=\iint\limits_D\sin(x+y)^7\mathrm{d}x\mathrm{d}y$, 则 I_1, I_2, I_3 之间的关系是(　　).

(A) $I_1<I_2<I_3$; (B) $I_3<I_2<I_1$; (C) $I_1<I_3<I_2$; (D) $I_3<I_1<I_2$.

(2) 设 $I=\iint\limits_D|xy|\mathrm{d}x\mathrm{d}y$,其中 D 为 $x^2+y^2\leqslant a^2$,则 $I=$(　　).

(A) $\dfrac{a^4}{4}$; (B) $\dfrac{a^4}{3}$; (C) $\dfrac{a^4}{2}$; (D) a^4.

(3) 设 $I=\iiint\limits_\Omega(x^2+y^2+z^2)\mathrm{d}v$, 其中 $\Omega=\{(x,y,z)\mid x^2+y^2+z^2\leqslant 1\}$,则 $I=$(　　).

(A) $\iiint\limits_\Omega\mathrm{d}v=\Omega$ 的体积; (B) $\int_0^{2\pi}\mathrm{d}\theta\int_0^{2\pi}\mathrm{d}\varphi\int_0^1 r^4\sin\theta\mathrm{d}\theta$;

(C) $\int_0^{2\pi}\mathrm{d}\theta\int_0^{\pi}\mathrm{d}\varphi\int_0^1 r^4\sin\varphi\mathrm{d}r$; (D) $\int_0^{\pi}\mathrm{d}\varphi\int_0^{2\pi}\mathrm{d}\theta\int_0^1 r^4\sin\theta\mathrm{d}r$.

(4) 已知 $\int_0^1 f(x)\mathrm{d}x=\int_0^1 xf(x)\mathrm{d}x$,则 $\iint\limits_D f(x)\mathrm{d}x\mathrm{d}y=$(　　),其中 D: $x+y\leqslant 1$,$x\geqslant 0$, $y\geqslant 0$.

(A) 2; (B) 0; (C) $\dfrac{1}{2}$; (D) 1.

2. 填空题.

(1) 交换二次积分的积分次序: $\int_{-1}^0\mathrm{d}y\int_{1-y}^2 f(x,y)\mathrm{d}x=$____________.

(2) 将积分 $I=\int_0^1\mathrm{d}y\int_0^y f(x^2+y^2)\mathrm{d}x$ 化为极坐标下的二次积分为____________.

(3) $\iiint\limits_{x^2+y^2+z^2\leqslant 1} f(x)\mathrm{d}x\mathrm{d}y\mathrm{d}z$ 可用球面坐标的累次积分表示为________.

(4) 由椭圆抛物面 $z=x^2+2y^2$ 与抛物柱面 $z=2-x^2$ 所围立体的体积=________.

3. 计算下列各题:

(1) 计算 $\iint\limits_D x\,\mathrm{d}x\mathrm{d}y$,其中 D 是由曲线 $y=x^2-1$ 和直线 $y=-x+1$ 所围成的平面闭区域.

(2) 计算 $\iiint\limits_\Omega (x+z)\mathrm{d}v$,其中 Ω 是曲面 $z=x^2+y^2$ 与平面 $z=1$ 所围立体.

(3) 计算 $I=\int_0^1\mathrm{d}x\int_x^1 f(x)\mathrm{d}y$,其中 $f(x)$ 在$[0,1]$上连续且$\int_0^1 f(x)\mathrm{d}x=A$.

4. 求 $\iiint\limits_\Omega \left(\dfrac{x^2}{a^2}+\dfrac{y^2}{b^2}+\dfrac{z^2}{c^2}\right)\mathrm{d}v$,其中 $\Omega=\left\{(x,y,z)\,\middle|\,\dfrac{x^2}{a^2}+\dfrac{y^2}{b^2}+\dfrac{z^2}{c^2}\leqslant 1\right\}$.

5. 计算 $I=\iint\limits_D (|x|+|y|)\mathrm{d}x\mathrm{d}y$,其中 $D=\{(x,y)\mid x^2+y^2\leqslant 1\}$.

6. 设 $f(x)$ 连续,$\Omega=\{(x,y,z)\mid 0\leqslant z\leqslant h, x^2+y^2\leqslant t^2\}(t\geqslant 0)$,而 $F(t)=\iiint\limits_\Omega [z^2+f(x^2+y^2)]\mathrm{d}v$,求 $\lim\limits_{t\to 0^+}\dfrac{F(t)}{t^2}$.

7. 计算 $\iint\limits_D \mathrm{e}^{(|x|+|y|)}\mathrm{d}x\mathrm{d}y$,其中 D 为 $|x|+|y|\leqslant 1$ 所围成的闭区域.

8. 设 Ω 是由曲线 $\begin{cases} y^2=2z, \\ x=0 \end{cases}$ 绕 z 轴旋转一周而成的曲面与平面 $z=4$ 所围成的闭区域,求三重积分 $I=\iiint\limits_\Omega (x^2+y^2+z^2)\mathrm{d}v$.

9. 设 $f(x)$ 为闭区间$[a,b]$上的连续函数,证明:$\left(\int_a^b f(x)\mathrm{d}x\right)^2\leqslant (b-a)\int_a^b f^2(x)\mathrm{d}x$.

复习题 12

1. 选择题.

(1) 设 $D=\{(x,y)\mid 1\leqslant x^2+y^2\leqslant 4\}$,$f$ 是 D 上的连续函数,则二重积分 $\iint\limits_D f(\sqrt{x^2+y^2})\mathrm{d}x\mathrm{d}y$ 在极坐标下等于(   ).

(A) $2\pi\int_1^2 rf(r^2)\mathrm{d}r$;

(B) $2\pi\left[\int_0^2 rf(r)\mathrm{d}r-\int_0^1 rf(r)\mathrm{d}r\right]$;

(C) $2\pi\int_1^2 rf(r)\mathrm{d}r$;

(D) $2\pi\left[\int_0^2 rf(r^2)\mathrm{d}r-\int_0^1 rf(r^2)\mathrm{d}r\right]$.

(2) 设平面区域 D 由 $x=0$, $y=0$, $x+y=\dfrac{1}{4}$, $x+y=1$ 围成,若 $I_1=\iint\limits_D [\ln(x+y)]^3\mathrm{d}x\mathrm{d}y$, $I_2=\iint\limits_D (x+y)^3\mathrm{d}x\mathrm{d}y$, $I_3=\iint\limits_D [\sin(x+y)]^3\mathrm{d}x\mathrm{d}y$,则 I_1, I_2, I_3 的大小顺序为(   ).

(A) $I_1<I_2<I_3$; (B) $I_3<I_2<I_1$; (C) $I_1<I_3<I_2$; (D) $I_3<I_1<I_2$.

2. 计算下列二重积分：

(1) $\int_0^1 dx\int_x^1 e^{-y^2}dy$；

(2) $\iint\limits_D xy\,dxdy$，其中 D 是由 $y=x, y=0, x=1$ 所围成的闭区域；

(3) $\iint\limits_D yx^2e^{xy}\,dxdy$，其中 $D=\{(x,y)\mid 0\leqslant x\leqslant 1, 0\leqslant y\leqslant 1\}$；

(4) $\iint\limits_D (y^2+3x-6y+9)\,dxdy$，其中 $D=\{(x,y)\mid x^2+y^2\leqslant R^2\}$.

3. 交换下列二次积分的次序：

(1) $\int_0^a dx\int_x^{2ax-x^2} f(x,y)dy$；　　(2) $\int_{-1}^1 dx\int_{-\sqrt{1-x^2}}^{1-x^2} f(x,y)dy$；

(3) $\int_0^1 dy\int_{\frac{y^2}{3}}^{\sqrt{3-y^2}} f(x,y)dx$.

4. 将二次积分 $\int_0^a dx\int_0^x \sqrt{x^2+y^2}\,dy$ 化为极坐标形式的二次积分，并求积分值.

5. 若 $f(x)$ 在 $[a,b]$ 上连续且恒大于零，试证：$\int_a^b f(x)dx\int_a^b \frac{dx}{f(x)}\geqslant (b-a)^2$.

6. 把积分 $\iiint\limits_\Omega f(x,y,z)\,dxdydz$ 化为三次积分，其中 Ω 是由曲面 $z=x^2+y^2$，$y=x^2$ 及平面 $y=1$，$z=0$ 所围成的闭区域.

7. 计算下列三重积分：

(1) $\iiint\limits_\Omega xy\,dv$，其中 Ω 是由柱面 $x^2+y^2=1$ 与平面 $z=1, z=0, x=0, y=0$ 所围成的第一卦限内的区域；

(2) $\iiint\limits_\Omega z\sqrt{x^2+y^2}\,dv$，其中 Ω 是由曲面 $y=\sqrt{2x-x^2}$，$z=1$，$z=a\ (a>0)$，$y=0$ 所围成的区域；

(3) $\iiint\limits_\Omega (x^2+y^2)\,dv$，其中 Ω 是由曲线 $\begin{cases} y^2=2z, \\ x=0 \end{cases}$ 绕 z 轴旋转而成的曲面和平面 $z=2$，$z=8$ 所围成的区域.

8. 求平面 $\frac{x}{a}+\frac{y}{b}+\frac{z}{c}=1$ 被三坐标面所割出的有限部分的面积.

9. 试求由球面 $x^2+y^2+z^2=2$ 及锥面 $z=\sqrt{x^2+y^2}$ 围成的较小部分的物体的质量，已知物体密度与点到球心的距离平方成正比且在球面处为 1.

10. 求高为 h 底面半径为 a 的圆柱体关于圆柱底面直径的转动惯量.

11. 设在 xOy 面上有一质量为 m_1 的匀质半圆形薄板，占有平面闭区域 $D=\{(x,y)\mid x^2+y^2\leqslant R^2, y\geqslant 0\}$，过圆心 O 垂直于薄板的直线上有一质量为 m_2 的质点 P，$OP=a$，求半圆形薄板对质点 P 的引力.

13 曲线积分与曲面积分

前面学习的定积分、二重积分和三重积分的积分区域分别是数轴上的区间、平面上的区域和三维空间的区域，而本章要学习的曲线积分和曲面积分的积分区域分别是一段曲线或一片曲面. 其中，第一类曲线（或曲面）积分源于一段曲线形线材（或一片曲面形薄壳）质量的计算问题，第二类曲线（或曲面）积分源于质点在外力作用下沿一段曲线移动所做的功（或流场中流体流经某曲面的流量）的计算问题.

本章学习的重点是在深刻理解两类曲线（或曲面）积分的定义及其性质的基础上，按照曲线（或曲面）的不同表达形式将曲线（或曲面）积分转化为定积分（或重积分）计算；厘清两类不同的曲线（或曲面）积分之间的关系，通过高斯公式弄清空间闭区域上的三重积分与其边界曲面上的曲面积分之间的关系，准确理解通量与散度的概念；通过斯托克斯公式弄清曲面上的曲面积分与沿着曲面的边界曲线上的曲线积分的关系，明白环流量与旋度的概念及其工程背景.

13.1 对弧长的曲线积分

13.1.1 对弧长的曲线积分的概念与性质

用定积分可以计算曲边梯形的面积，也可以计算非均匀分布的细棒的质量. 若细棒在 x 轴上占有的位置是 $[a,b]$，其线密度为 $\rho=\rho(x)$，则用分割、取近似、作和、求极限的方法，最终可求得细棒的质量 $m=\int_a^b \rho(x)\mathrm{d}x$. 如果求的是平面上的一条曲线形线材 L 的质量，其线密度为 $\rho=\rho(x,y)$，由于质量的可加性，上述方法也可用来求非均匀分布的曲线形线材的质量问题. 这就引出了第一类曲线积分的概念.

定义　设 L 为 xOy 面内的一条光滑曲线弧，$f(x,y)$ 是定义在 L 上的函数且在 L 上有界. 在 L 上任意插入 $n-1$ 个分点 $M_1,M_2,\cdots,M_{n-1}$ 把 L 分成 n 个小弧段：$\widehat{M_{i-1}M_i}=\Delta s_i(i=1,2,\cdots,n)$，且 Δs_i 表示该小弧段的长度，又设 (ξ_i,η_i) 为

第 i 个小弧段上任意取定的一点，作乘积 $f(\xi_i,\eta_i)\Delta s_i$，并作和 $\sum_{i=1}^{n}f(\xi_i,\eta_i)\Delta s_i$. 若当各小弧段的长度的最大值 $\lambda\to 0$ 时，这个和的极限存在，且与曲线弧 L 的分割法及点 (ξ_i,η_i) 的取法都无关，则称该极限为函数 $f(x,y)$ 在曲线弧 L 上对弧长的曲线积分（或第一类曲线积分），记作 $\int_L f(x,y)\mathrm{d}s$，即

$$\int_L f(x,y)\mathrm{d}s=\lim_{\lambda\to 0}\sum_{i=1}^{n}f(\xi_i,\eta_i)\Delta s_i,$$

其中 $f(x,y)$ 称为被积函数，L 称为积分弧段.

根据这一定义，位于一条曲线 L 上的曲线形构件的质量 m，当其线密度 $\rho(x,y)$ 在 L 上连续时，就等于 $\rho(x,y)$ 对弧长的曲线积分，即 $m=\int_L\rho(x,y)\mathrm{d}s$.

特别地，如果 L 是封闭曲线，那么函数 $f(x,y)$ 在封闭曲线 L 上对弧长的曲线积分记为 $\oint_L f(x,y)\mathrm{d}s$.

上述定义可推广到空间曲线的情形，即函数在空间曲线弧 Γ 上对弧长的曲线积分

$$\int_\Gamma f(x,y,z)\mathrm{d}s=\lim_{\lambda\to 0}\sum_{i=1}^{n}f(\xi_i,\eta_i,\zeta_i)\Delta s_i.$$

由于曲线积分和定积分都是“和”的极限，所以它们有类似的性质.

性质 1 设 k_1,k_2 为常数，$f(x,y),g(x,y)$ 在 L 上对弧长的曲线积分存在，则

$$\int_L[k_1f(x,y)+k_2g(x,y)]\mathrm{d}s=k_1\int_L f(x,y)\mathrm{d}s+k_2\int_L g(x,y)\mathrm{d}s.$$

这个性质可推广到有限个函数上去，即若 $f_i(x,y)(i=1,2,\cdots,n)$ 在 L 上对弧长的曲线积分都存在，则 $\int_L\left[\sum_{i=1}^{n}k_if_i(x,y)\right]\mathrm{d}s=\sum_{i=1}^{n}k_i\int_L f_i(x,y)\mathrm{d}s$.

性质 2 若积分弧段 L 可分成两段光滑曲线弧 L_1 和 L_2，记作 $L=L_1+L_2$，则

$$\int_L f(x,y)\mathrm{d}s=\int_{L_1}f(x,y)\mathrm{d}s+\int_{L_2}f(x,y)\mathrm{d}s.$$

推广：若 L 可分割成有限个光滑弧段 $L_i(i=1,2,\cdots,n)$ 之和，则

$$\int_L f(x,y)\mathrm{d}s=\sum_{i=1}^{n}\int_{L_i}f(x,y)\mathrm{d}s.$$

性质 3　设在弧段 L 上有 $f(x,y)\leqslant g(x,y)$，则

$$\int_L f(x,y)\mathrm{d}s\leqslant\int_L g(x,y)\mathrm{d}s.$$

特别地，有

$$\left|\int_L f(x,y)\mathrm{d}s\right|\leqslant\int_L |f(x,y)|\mathrm{d}s.$$

13.1.2　对弧长的曲线积分的计算

定理　设 $f(x,y)$ 在曲线弧 L 上连续，L 由参数方程

$$\begin{cases}x=\varphi(t),\\ y=\psi(t)\end{cases}\quad(\alpha\leqslant t\leqslant\beta)$$

给出，其中 $\varphi(t)$，$\psi(t)$ 在 $[\alpha,\beta]$ 上具有一阶连续导数，且 $\varphi'^2(t)+\psi'^2(t)\neq 0$，则有

$$\int_L f(x,y)\mathrm{d}s=\int_\alpha^\beta f[\varphi(t),\psi(t)]\sqrt{\varphi'^2(t)+\psi'^2(t)}\mathrm{d}t\quad(\alpha<\beta).\tag{1}$$

证　假设当参数 t 由 α 变到 β 时，L 上的点 $M(x,y)$ 依点 M_0 到点 M_n 的方向描绘出曲线 L，在 L 上取一列点

$$M_0,M_1,M_2,\cdots,M_{n-1},M_n,$$

它们对应一列单调增加的参数值

$$\alpha=t_0<t_1<t_2<\cdots<t_{n-1}<t_n=\beta.$$

根据对弧长的曲线积分的定义，有

$$\int_L f(x,y)\mathrm{d}s=\lim_{\lambda\to 0}\sum_{i=1}^n f(\xi_i,\ \eta_i)\Delta s_i.$$

设点 (ξ_i,η_i) 对应的参数值为 τ_i，即 $\xi_i=\varphi(\tau_i)$，$\eta_i=\psi(\tau_i)$，这里 $t_{i-1}\leqslant\tau_i\leqslant t_i$. 由于

$$\Delta s_i=\int_{t_{i-1}}^{t_i}\sqrt{\varphi'^2(t)+\psi'^2(t)}\mathrm{d}t,$$

应用积分中值定理得

$$\Delta s_i=\sqrt{\varphi'^2(\tau_i')+\psi'^2(\tau_i')}\Delta t_i,$$

其中 $\Delta t_i=t_i-t_{i-1}$，$t_{i-1}\leqslant\tau_i'\leqslant t_i$. 于是

$$\int_L f(x,y)\mathrm{d}s=\lim_{\lambda\to 0}\sum_{i=1}^n f[\varphi(\tau_i),\psi(\tau_i)]\sqrt{\varphi'^2(\tau_i')+\psi'^2(\tau_i')}\Delta t_i.$$

由于函数 $\sqrt{\varphi'^2(t)+\psi'^2(t)}$ 在闭区间 $[\alpha,\beta]$ 上连续，可以把上式中的 τ_i' 换成 τ_i，从而

$$\int_L f(x,y)\mathrm{d}s=\lim_{\lambda\to 0}\sum_{i=1}^n f[\varphi(\tau_i),\psi(\tau_i)]\sqrt{\varphi'^2(\tau_i)+\psi'^2(\tau_i)}\Delta t_i.$$

上式右端的和的极限就是函数 $f[\varphi(t),\psi(t)]\sqrt{\varphi'^2(t)+\psi'^2(t)}$ 在区间$[\alpha,\beta]$上的定积分，由于函数在$[\alpha,\beta]$上连续，所以该定积分存在. 因此，上式左端的曲线积分 $\int_L f(x,y)\mathrm{d}s$ 也存在，且有

$$\int_L f(x,y)\mathrm{d}s=\int_\alpha^\beta f[\varphi(t),\psi(t)]\sqrt{\varphi'^2(t)+\psi'^2(t)}\mathrm{d}t\quad(\alpha<\beta).$$

应用公式(1)时应注意两点：一是被积函数 $f(x,y)$定义在曲线 L 上，所以在计算曲线积分时应把曲线的参数方程$\begin{cases}x=\varphi(t)\\y=\psi(t)\end{cases}$代入被积函数 $f(x,y)$；二是由于弧微分 $\mathrm{d}s>0$，所以 $\mathrm{d}t>0$，从而式(1)右端定积分的上限必须大于下限.

若曲线 L 由方程 $y=\psi(x)(a\leqslant x\leqslant b)$给出，只需构造如下形式的参数方程

$$\begin{cases}x=x,\\y=\psi(x)\end{cases}\quad(a\leqslant x\leqslant b),$$

则有

$$\int_L f(x,y)\mathrm{d}s=\int_a^b f[x,\psi(x)]\sqrt{1+\psi'^2(x)}\mathrm{d}x\quad(a<b).$$

类似地，若曲线 L 由方程

$$x=\varphi(y)\quad(c\leqslant y\leqslant d)$$

给出，则有

$$\int_L f(x,y)\mathrm{d}s=\int_c^d f[\varphi(y),y]\sqrt{1+\varphi'^2(y)}\mathrm{d}y\quad(c<d).$$

定理的结论可推广到空间曲线 Γ 上的曲线积分，设空间曲线 Γ 的参数方程为

$$x=\varphi(t),\ y=\psi(t),\ z=\omega(t)\quad(\alpha\leqslant t\leqslant\beta),$$

且 $f(x,y,z)$在 Γ 上连续，则

$$\int_\Gamma f(x,y,z)\mathrm{d}s=\int_\alpha^\beta f[\varphi(t),\psi(t),\omega(t)]\sqrt{\varphi'^2(t)+\psi'^2(t)+\omega'^2(t)}\mathrm{d}t\ (\alpha<\beta).$$

由此注意到对弧长的曲线积分通常是利用曲线 L 的参数方程将它转化为对参数的定积分来计算.

例 1　计算 $\int_L y^2\mathrm{d}s$，其中 L 是摆线 $x=a(t-\sin t)$，$y=a(1-\cos t)$ $(0\leqslant t\leqslant 2\pi)$的一拱.

解　由于 $\sqrt{\varphi'^2(t)+\psi'^2(t)}=\sqrt{a^2[(1-\cos t)^2+\sin^2 t]}$

$$=\sqrt{2a^2(1-\cos t)}=\sqrt{4a^2\sin^2\frac{t}{2}},$$

所以

$$\mathrm{d}s=2a\sin\frac{t}{2}\mathrm{d}t.$$

因此　$\int_L y^2 \mathrm{d}s = \int_0^{2\pi} a^2(1-\cos t)^2 \cdot 2a\sin\frac{t}{2}\mathrm{d}t$

$$= 2a^3\int_0^{2\pi} 4\sin^5\frac{t}{2}\mathrm{d}t = 16a^3\int_0^{\pi}\sin^5 u\mathrm{d}u = \frac{256}{15}a^3.$$

例 2　计算 $I=\oint_L x\mathrm{d}s$，其中 L 是直线 $y=x$ 和抛物线 $y=x^2$ 所围成区域的整个边界曲线(见图 13-1).

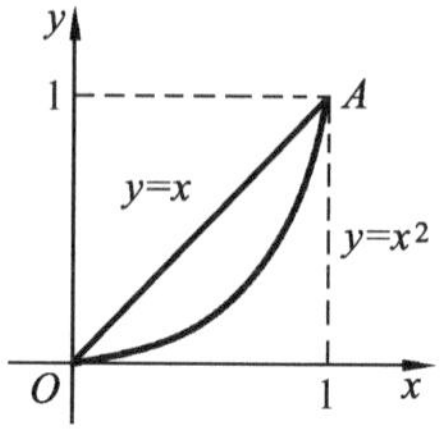

图 13-1

解　由积分的可加性可得

$$I=\int_{OA} x\mathrm{d}s+\int_{\overset{\frown}{OA}} x\mathrm{d}s.$$

线段 OA 的方程为

$$y=x,\quad 0\leqslant x\leqslant 1,$$

所以 $$\int_{OA} x\mathrm{d}s=\int_0^1 x\sqrt{1+1}\mathrm{d}x=\frac{\sqrt{2}}{2}.$$

曲线弧 OA 的方程为

$$y=x^2,\quad 0\leqslant x\leqslant 1,$$

所以 $$\int_{\overset{\frown}{OA}} x\mathrm{d}s=\int_0^1 x\sqrt{1+(x^2)'^2}\mathrm{d}x=\int_0^1 x\sqrt{1+4x^2}\mathrm{d}x=\frac{1}{12}(5\sqrt{5}-1).$$

综上即得 $$I=\frac{\sqrt{2}}{2}+\frac{1}{12}(5\sqrt{5}-1).$$

例 3　计算 $I=\oint_L \mathrm{e}^{\sqrt{x^2+y^2}}\mathrm{d}s$，其中 L 是由圆周 $x^2+y^2=a^2$，直线 $y=x$ 及 x 轴在第一象限所围图形的边界(见图 13-2).

解　由积分的可加性可得

$$I=\int_{OA}\mathrm{e}^{\sqrt{x^2+y^2}}\mathrm{d}s+\int_{\overset{\frown}{AB}}\mathrm{e}^{\sqrt{x^2+y^2}}\mathrm{d}s+\int_{OB}\mathrm{e}^{\sqrt{x^2+y^2}}\mathrm{d}s.$$

线段 OA 的方程为

$$y=x,\quad 0\leqslant x\leqslant\frac{a}{\sqrt{2}},$$

所以 $$\int_{OA}\mathrm{e}^{\sqrt{x^2+y^2}}\mathrm{d}s=\int_0^{\frac{a}{\sqrt{2}}}\mathrm{e}^{\sqrt{2}x}\sqrt{1+1}\mathrm{d}x=\mathrm{e}^a-1.$$

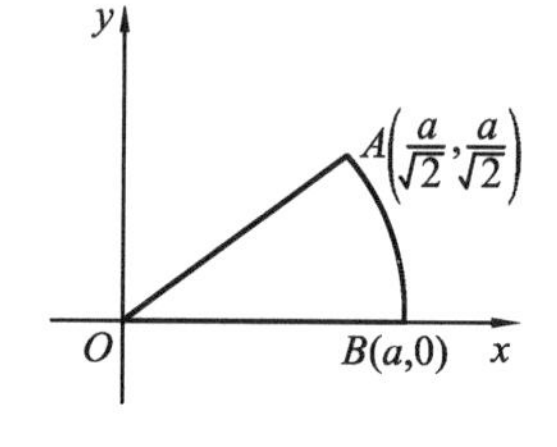

图 13-2

圆弧 AB 的参数方程为 $\begin{cases}x=a\cos t,\\ y=a\sin t\end{cases}\left(0\leqslant t\leqslant\frac{\pi}{4}\right)$,

所以 $$\int_{\overset{\frown}{AB}}\mathrm{e}^{\sqrt{x^2+y^2}}\mathrm{d}s=\int_0^{\frac{\pi}{4}}\mathrm{e}^a\sqrt{a^2\sin^2 t+a^2\cos^2 t}\mathrm{d}t=\frac{\pi}{4}a\mathrm{e}^a.$$

线段 OB 的方程为

$$y=0,\quad 0\leqslant x\leqslant a,$$

所以
$$\int_{OB} e^{\sqrt{x^2+y^2}}\,ds = \int_0^a e^x\,dx = e^a - 1.$$

综上即得
$$I = 2(e^a - 1) + \frac{\pi}{4}ae^a.$$

例 4　计算曲线积分$\int_\Gamma (x+y+z)\,ds$,其中Γ是参数方程:$x=t, y=t^2, z=\frac{2}{3}t^3$对应$-1 \leqslant t \leqslant 1$的空间弧段.

解　Γ的弧长元素为
$$ds = \sqrt{1+4t^2+4t^4}\,dt = (1+2t^2)\,dt,$$
因此
$$\int_\Gamma (x+y+z)\,ds = \int_{-1}^1 \left(t+t^2+\frac{2}{3}t^3\right)(1+2t^2)\,dt = \frac{22}{15}.$$

习题 13-1

1. 计算$I = \int_L xy\,ds$,其中L是圆$x^2+y^2=a^2$在第一象限的部分.

2. 计算$\int_L \sqrt{y}\,ds$,其中L是摆线$x=a(t-\sin t)$, $y=a(1-\cos t)$ $(0 \leqslant t \leqslant 2\pi)$的一拱.

3. 计算$\int_L (x^{\frac{4}{3}}+y^{\frac{4}{3}})\,ds$,其中$L$为星形线$x=a\cos^3 t$, $y=a\sin^3 t$ $\left(0 \leqslant t \leqslant \frac{\pi}{2}\right)$.

4. 计算$\int_\Gamma \frac{ds}{x^2+y^2+z^2}$,其中$\Gamma$为螺旋线$x=a\cos t$, $y=a\sin t$, $z=bt$ $(0 \leqslant t \leqslant 2\pi)$.

5. 计算$\int_L y\,ds$,其中L是$y^2=4x$上自原点到点$(1,2)$的一段弧.

6. 计算$\oint_L (x+y)\,ds$,其中L为连接$O(0,0)$,$A(1,0)$,$B(1,1)$的三角形区域的边界.

7. 计算$\oint_L \frac{1}{x-y}\,ds$,其中$L$为顶点是$O(0,0)$,$A(1,0)$,$B(0,1)$的三角形区域的边界.

8. 计算$\int_\Gamma \frac{z^2}{x^2+y^2}\,ds$,其中$\Gamma$为曲线$x=a\cos t, y=a\sin t, z=at$当$0 \leqslant t \leqslant 2\pi$时对应的一段弧.

9. 计算$\int_\Gamma (x^2+y^2+z^2)^n\,ds$,其中$\Gamma$为圆周$x^2+y^2=a^2, z=0$的一周.

10. 求曲线$x=e^t\cos t, y=e^t\sin t, z=e^t$从$t=0$到任意点间那段弧的质量,设它各点的密度与该点到原点的距离的平方成反比,且在点$(1,0,1)$处的密度为1.

13.2 对坐标的曲线积分

13.2.1 对坐标的曲线积分的概念与性质

下面介绍另一类曲线积分，为了了解这类曲线积分产生的背景，首先研究如下引例.

引例——变力沿曲线所做的功

设有一质点在 xOy 面内受一外力 $\boldsymbol{F}(x,y)=P(x,y)\boldsymbol{i}+Q(x,y)\boldsymbol{j}$ 的作用沿光滑曲线弧 L 从点 A 移动到点 B，其中函数 $P(x,y)$，$Q(x,y)$ 在 L 上连续，求在上述移动过程中变力 $\boldsymbol{F}(x,y)$ 所做的功(见图 13-3).

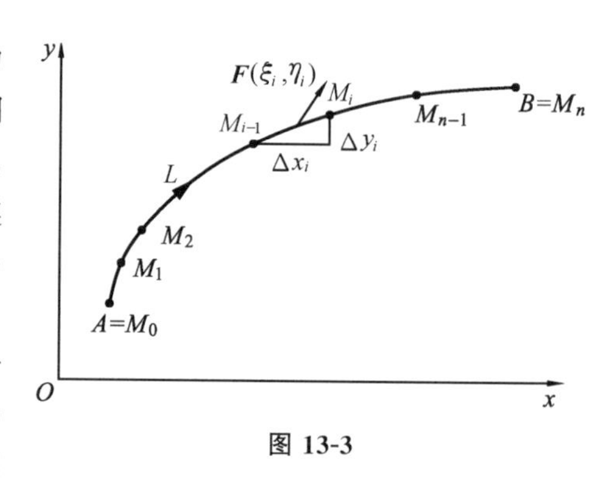

图 13-3

如果力 $\boldsymbol{F}$ 是常力，且质点从 A 沿直线移动到 B，那么常力 $\boldsymbol{F}$ 所做的功等于向量 $\boldsymbol{F}$ 与向量 $\overrightarrow{AB}$ 的数量积，即 $W=\boldsymbol{F}\cdot\overrightarrow{AB}$.

但现在 $\boldsymbol{F}(x,y)$ 是变力，且质点沿曲线 L 运动，因此功 W 就不能直接用上式计算，其原因是力是变力，路径是曲线. 但功具有可加性，总的功可以分解成一些小弧段路径上所做的功的和，而当小弧段很小时，就可近似看成直线，且此时力 $\boldsymbol{F}(x,y)$ 也几乎不变，所以沿小弧段 ds 上所做的功就可用公式 $W=\boldsymbol{F}\cdot\overrightarrow{AB}$ 来计算. 按照这样的思路首先在曲线弧 L 上任意插入分点 $M_1(x_1,y_1)$，$M_2(x_2,y_2)$，…，$M_{n-1}(x_{n-1},y_{n-1})$，把 L 分成 n 个小弧段，记 $A=M_0(x_0,y_0)$，$B=M_n(x_n,y_n)$，取其中有代表性的有向小弧段 $\overset{\frown}{M_{i-1}M_i}$ 来分析. 由于 $\overset{\frown}{M_{i-1}M_i}$ 光滑而且很短，可以用有向线段 $\overrightarrow{M_{i-1}M_i}=(\Delta x_i)\boldsymbol{i}+(\Delta y_i)\boldsymbol{j}$ 来近似代替它，其中 $\Delta x_i=x_i-x_{i-1}$，$\Delta y_i=y_i-y_{i-1}$. 又由于函数 $P(x,y)$，$Q(x,y)$ 在 L 上连续，因此可以将作用在 $\overset{\frown}{M_{i-1}M_i}$ 上任意一点 (ξ_i,η_i) 处的力近似代替这小弧段上各点处的力. 这样变力 $\boldsymbol{F}(x,y)$ 沿有向小弧段 $\overset{\frown}{M_{i-1}M_i}$ 所做的功 ΔW_i 可以近似地等于常力 $\boldsymbol{F}(\xi_i,\eta_i)$ 沿有向线段 $\overrightarrow{M_{i-1}M_i}$ 所做的功：

$$\Delta W_i\approx\boldsymbol{F}(\xi_i,\eta_i)\cdot\overrightarrow{M_{i-1}M_i},$$

即

$$\Delta W_i\approx P(\xi_i,\eta_i)\Delta x_i+Q(\xi_i,\eta_i)\Delta y_i.$$

于是

$$W=\sum_{i=1}^{n}\Delta W_i\approx\sum_{i=1}^{n}[P(\xi_i,\eta_i)\Delta x_i+Q(\xi_i,\eta_i)\Delta y_i].$$

用 λ 表示 n 个小弧段的最大长度，令 $\lambda \to 0$，取上述和式的极限，所得到的极限自然地被认作变力 $\boldsymbol{F}$ 沿有向曲线弧所做的功，即

$$W = \lim_{\lambda \to 0} \sum_{i=1}^{n} [P(\xi_i, \eta_i) \Delta x_i + Q(\xi_i, \eta_i) \Delta y_i].$$

这种类型的和式的极限在研究其他问题时也会遇到. 为此引入如下定义.

定义 设 L 为 xOy 面内从点 A 到点 B 的一条有向光滑曲线弧，函数 $P(x,y)$，$Q(x,y)$ 在 L 上有界. 在 L 上沿 L 的方向任意插入 $n-1$ 个点 $M_1(x_1,y_1)$，$M_2(x_2,y_2)$，…，$M_{n-1}(x_{n-1},y_{n-1})$，把 L 分成 n 个有向小弧段 $\overset{\frown}{M_{i-1}M_i}$（其中 $i=1,2,\cdots,n$ 且 $M_0=A, M_n=B$）. 设 $\Delta x_i = x_i - x_{i-1}$，$\Delta y_i = y_i - y_{i-1}$，点 (ξ_i, η_i) 为 $\overset{\frown}{M_{i-1}M_i}$ 上任意取定的点. 若当各小弧段长度的最大值 $\lambda \to 0$ 时，和式 $\sum\limits_{i=1}^{n} P(\xi_i, \eta_i)\Delta x_i$ 的极限存在，且极限值与对 L 的分割法及点 (ξ_i, η_i) 的取法无关，则称此极限 $\lim\limits_{\lambda \to 0}\sum\limits_{i=1}^{n} P(\xi_i, \eta_i)\Delta x_i$ 为函数 $P(x,y)$ 在有向曲线弧 L 上对坐标 x 的曲线积分，记作 $\int_L P(x,y)\mathrm{d}x$. 类似地，若 $\lim\limits_{\lambda \to 0}\sum\limits_{i=1}^{n} Q(\xi_i, \eta_i)\Delta y_i$ 存在，且极限值与对 L 的分割法及点 (ξ_i, η_i) 的取法无关，则称此极限为函数 $Q(x,y)$ 在有向曲线弧 L 上对坐标 y 的曲线积分，记作 $\int_L Q(x,y)\mathrm{d}y$. 即

$$\int_L P(x,y)\mathrm{d}x = \lim_{\lambda \to 0}\sum_{i=1}^{n} P(\xi_i, \eta_i)\Delta x_i,$$

$$\int_L Q(x,y)\mathrm{d}y = \lim_{\lambda \to 0}\sum_{i=1}^{n} Q(\xi_i, \eta_i)\Delta y_i,$$

其中 $P(x,y)$，$Q(x,y)$ 称为被积函数，L 称为积分弧段.

以上两个积分也称为第二类曲线积分.

当 $P(x,y)$，$Q(x,y)$ 在有向光滑曲线弧 L 上连续时，对坐标的曲线积分 $\int_L P(x,y)\mathrm{d}x$ 和 $\int_L Q(x,y)\mathrm{d}y$ 都存在，以后总假定 $P(x,y)$，$Q(x,y)$ 在 L 上连续，以保证曲线积分的存在.

上述定义可以推广到积分弧段为空间有向光滑曲线弧 Γ 的情形：

$$\int_\Gamma P(x,y,z)\mathrm{d}x = \lim_{\lambda \to 0}\sum_{i=1}^{n} P(\xi_i, \eta_i, \zeta_i)\Delta x_i,$$

$$\int_\Gamma Q(x,y,z)\mathrm{d}y=\lim_{\lambda\to 0}\sum_{i=1}^{n}Q(\xi_i,\eta_i,\zeta_i)\Delta y_i,$$

$$\int_\Gamma R(x,y,z)\mathrm{d}z=\lim_{\lambda\to 0}\sum_{i=1}^{n}R(\xi_i,\eta_i,\zeta_i)\Delta z_i.$$

应用上对坐标的曲线积分通常以下列形式出现：

$$\int_L P(x,y)\mathrm{d}x+\int_L Q(x,y)\mathrm{d}y$$

及
$$\int_\Gamma P(x,y,z)\mathrm{d}x+\int_\Gamma Q(x,y,z)\mathrm{d}y+\int_\Gamma R(x,y,z)\mathrm{d}z.$$

为简便起见，上面两式通常写为如下形式：

$$\int_L P(x,y)\mathrm{d}x+Q(x,y)\mathrm{d}y$$

及
$$\int_\Gamma P(x,y,z)\mathrm{d}x+Q(x,y,z)\mathrm{d}y+R(x,y,z)\mathrm{d}z.$$

第二类曲线积分还可用向量形式表示：

$$\int_L \boldsymbol{F}(x,y)\cdot\mathrm{d}\boldsymbol{r},$$

其中 $\boldsymbol{F}(x,y)=P(x,y)\boldsymbol{i}+Q(x,y)\boldsymbol{j},\mathrm{d}\boldsymbol{r}=\mathrm{d}x\boldsymbol{i}+\mathrm{d}y\boldsymbol{j}$；

及
$$\int_\Gamma \boldsymbol{A}(x,y,z)\cdot\mathrm{d}\boldsymbol{r},$$

其中 $\boldsymbol{A}(x,y,z)=P(x,y,z)\boldsymbol{i}+Q(x,y,z)\boldsymbol{j}+R(x,y,z)\boldsymbol{k}$，$\mathrm{d}\boldsymbol{r}=\mathrm{d}x\boldsymbol{i}+\mathrm{d}y\boldsymbol{j}+\mathrm{d}z\boldsymbol{k}$.

按照上述定义，引例中变力 $\boldsymbol{F}(x,y)$ 沿有向光滑曲线弧 L 所做的功可表示为

$$W=\int_L P(x,y)\mathrm{d}x+Q(x,y)\mathrm{d}y$$

或
$$W=\int_L \boldsymbol{F}(x,y)\cdot\mathrm{d}\boldsymbol{r}.$$

第二类曲线积分有类似于第一类曲线积分的性质，这些性质由第二类曲线积分的定义很容易证明. 为表述简单，这些性质用向量形式给出，并假设所出现的单个曲线积分均存在.

性质 1　设 k_1,k_2 为常数，则

$$\int_L[k_1\boldsymbol{F}_1(x,y)+k_2\boldsymbol{F}_2(x,y)]\cdot\mathrm{d}\boldsymbol{r}=k_1\int_L\boldsymbol{F}_1(x,y)\cdot\mathrm{d}\boldsymbol{r}+k_2\int_L\boldsymbol{F}_2(x,y)\cdot\mathrm{d}\boldsymbol{r}.$$

性质 2　若有向曲线弧 L 可分成两段光滑的有向曲线弧 L_1 和 L_2，即 $L=L_1+L_2$，则

$$\int_L\boldsymbol{F}(x,y)\cdot\mathrm{d}\boldsymbol{r}=\int_{L_1}\boldsymbol{F}(x,y)\cdot\mathrm{d}\boldsymbol{r}+\int_{L_2}\boldsymbol{F}(x,y)\cdot\mathrm{d}\boldsymbol{r}.$$

注意　第二类曲线积分必须注意积分弧的方向.

性质 3 设 L 是有向光滑曲线弧,L^- 是 L 的反向曲线弧,则

$$\int_{L^-}\boldsymbol{F}(x,y)\cdot \mathrm{d}\boldsymbol{r}=-\int_L \boldsymbol{F}(x,y)\cdot \mathrm{d}\boldsymbol{r}.$$

证 把 L 分成 n 个小弧段,相应地 L^- 也被分成 n 个小弧段,对每一个小弧段来说,当曲线弧的方向改变时,有向弧段在坐标轴上的投影,其绝对值不变,但符号改变,故性质 3 成立.

13.2.2 对坐标的曲线积分的计算

定理 设 L 的参数方程为

$$\begin{cases} x=\varphi(t), \\ y=\psi(t) \end{cases} \quad (\alpha\leqslant t\leqslant\beta),$$

当参数 t 单调地从 α 变到 β 时,点 $M(x,y)$ 从 L 的起点 A 沿 L 运动到终点 B, $\varphi(t)$, $\psi(t)$ 在以 α 及 β 为端点的闭区间上具有一阶连续导数,且 $\varphi'^2(t)+\psi'^2(t)\neq 0$, $P(x,y)$, $Q(x,y)$ 在有向曲线弧 L 上连续,则有

$$\int_L P(x,y)\mathrm{d}x+Q(x,y)\mathrm{d}y=\int_\alpha^\beta\{P[\varphi(t),\psi(t)]\varphi'(t)+Q[\varphi(t),\psi(t)]\psi'(t)\}\mathrm{d}t. \tag{1}$$

证 在 L 上任取一列点

$$A=M_0, M_1, M_2,\cdots, M_{n-1}, M_n=B,$$

它们对应于一列单调变化的参数值

$$a=t_0, t_1, t_2,\cdots,t_{n-1}, t_n=\beta.$$

根据对坐标的曲线积分的定义,有

$$\int_L P(x,y)\mathrm{d}x=\lim_{\lambda\to 0}\sum_{i=1}^n P(\xi_i,\eta_i)\Delta x_i.$$

设点 (ξ_i,η_i) 对应于参数值 τ_i,即 $\xi_i=\varphi(\tau_i)$, $\eta_i=\psi(\tau_i)$ 且 τ_i 介于 t_{i-1} 与 t_i 之间.由于

$$\Delta x_i=x_i-x_{i-1}=\varphi(t_i)-\varphi(t_{i-1}),$$

应用微分中值定理,有

$$\Delta x_i=\varphi'(\tau_i')\Delta t_i,$$

其中 $\Delta t_i=t_i-t_{i-1}$, τ_i' 介于 t_{i-1} 与 t_i 之间,于是

$$\int_L P(x,y)\mathrm{d}x=\lim_{\lambda\to 0}\sum_{i=1}^n P[\varphi(\tau_i),\psi(\tau_i)]\varphi'(\tau_i')\Delta t_i.$$

因为函数 $\varphi'(t)$ 在闭区间 $[\alpha,\beta]$(或 $[\beta,\alpha]$)上连续,可以把上式中的 τ_i' 换成 τ_i,

从而

$$\int_L P(x,y)\mathrm{d}x = \lim_{\lambda\to 0}\sum_{i=1}^{n} P[\varphi(\tau_i),\psi(\tau_i)]\varphi'(\tau_i)\Delta t_i.$$

上式右端和式的极限就是定积分$\int_\alpha^\beta P[\varphi(t),\psi(t)]\varphi'(t)\mathrm{d}t$. 由于$P[\varphi(t),\psi(t)]\varphi'(t)$连续,所以这个定积分一定存在,从而上式左端的曲线积分$\int_L P(x,y)\mathrm{d}x$也存在,并且有

$$\int_L P(x,y)\mathrm{d}x = \int_\alpha^\beta P[\varphi(t),\psi(t)]\varphi'(t)\mathrm{d}t.$$

同理可证

$$\int_L Q(x,y)\mathrm{d}y = \int_\alpha^\beta Q[\varphi(t),\psi(t)]\psi'(t)\mathrm{d}t.$$

把以上两式相加,得

$$\int_L P(x,y)\mathrm{d}x + Q(x,y)\mathrm{d}y = \int_\alpha^\beta \{P[\varphi(t),\psi(t)]\varphi'(t) + Q[\varphi(t),\psi(t)]\psi'(t)\}\mathrm{d}t,$$

其中下限α对应于L的起点A,上限β对应于L的终点B.

在应用公式(1)时要注意两点:一是对坐标曲线积分的计算是通过积分曲线L的参数方程化为定积分来实现的,只要把$x,y,\mathrm{d}x,\mathrm{d}y$依次换为$\varphi(t)$, $\psi(t)$, $\varphi'(t)\mathrm{d}t$, $\psi'(t)\mathrm{d}t$,然后以L的起点所对应的参数α作为下限,以L的终点所对应的参数β作为上限作定积分即可. 二是α与β之间没有必然的大小关系,只有对应关系. 特别对于沿封闭曲线L的第二类曲线积分的计算,可在L上任意选取一点作为起点,沿L所指定的方向前进,最后回到这一点.

若L由方程$y=\psi(x)$(或$x=\varphi(y)$)给出,可以看作参数方程的特殊情形,则分别有:

$$\int_L P(x,y)\mathrm{d}x + Q(x,y)\mathrm{d}y = \int_a^b \{P[x,\psi(x)] + Q[x,\psi(x)]\psi'(x)\}\mathrm{d}x,$$

这里下限a对应L的起点,上限b对应L的终点;

$$\int_L P(x,y)\mathrm{d}x + Q(x,y)\mathrm{d}y = \int_c^d \{P[\varphi(y),y]\varphi'(y) + Q[\varphi(y),y]\}\mathrm{d}y,$$

这里下限c对应L的起点,上限d对应L的终点.

定理结果可推广到空间曲线Γ上对坐标的曲线积分上去,设空间曲线Γ由参数方程

$$x=\varphi(t),\ y=\psi(t),\ z=\omega(t)$$

给出,起点与终点分别对应参数α,β,且在以α和β为端点的区间上$x=\varphi(t)$, $y=\psi(t)$, $z=\omega(t)$均有连续导数,且导数不同时为零,$P(x,y,z)$,$Q(x,y,z)$,$R(x,y,z)$在Γ上连续,则

$$\int_{\Gamma} P(x,y,z)\mathrm{d}x + Q(x,y,z)\mathrm{d}y + R(x,y,z)\mathrm{d}z$$
$$= \int_{\alpha}^{\beta} \{P[\varphi(t),\psi(t),\omega(t)]\varphi'(t) + Q[\varphi(t),\psi(t),\omega(t)]\psi'(t) + R[\varphi(t),\psi(t),\omega(t)]\omega'(t)\}\mathrm{d}t,$$

其中下限 α 对应 Γ 的起点，上限 β 对应 Γ 的终点.

例 1　计算 $\int_L (xy-1)\mathrm{d}x + x^2 y\mathrm{d}y$，其中 L 是由点 $A(1,0)$ 到点 $B(0,2)$ 的下列弧段：

(1) 椭圆 $4x^2+y^2=4$ 在第一象限的弧段；

(2) 直线 $2x+y=2$ 上的线段.

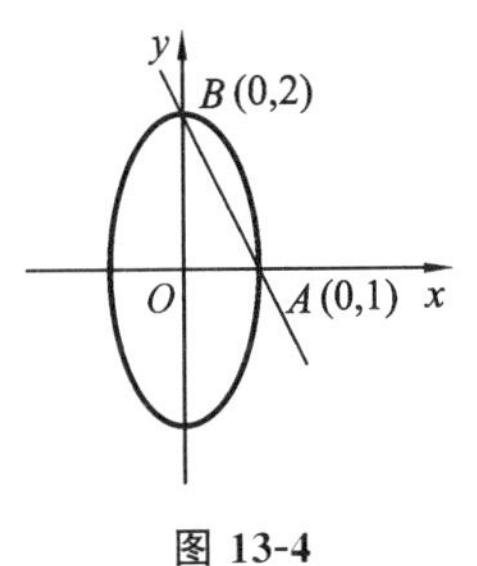

图 13-4

解　如图 13-4 所示，(1) 将椭圆弧段用参数方程表示为

$$x=\cos t,\ y=2\sin t.$$

$t=0$ 对应点 $A(1,0)$，$t=\frac{\pi}{2}$ 对应点 $B(0,2)$，从而有

$$\int_L (xy-1)\mathrm{d}x + x^2 y\mathrm{d}y$$
$$= \int_0^{\frac{\pi}{2}} (\cos t\cdot 2\sin t - 1)(-\sin t)\mathrm{d}t + \cos^2 t\cdot 2\sin t\cdot 2\cos t\mathrm{d}t$$
$$= \int_0^{\frac{\pi}{2}} [4\cos^3 t\sin t + \sin t - 2\sin^2 t\cos t]\mathrm{d}t = \frac{4}{3}.$$

(2) 直线段的方程可化为 $y=2-2x$，$x=1$ 对应于点 $A(1,0)$，$x=0$ 对应点 $B(0,2)$，从而有

$$\int_L (xy-1)\mathrm{d}x + x^2 y\mathrm{d}y = \int_1^0 [x(2-2x)-1]\mathrm{d}x + x^2(2-2x)(-2)\mathrm{d}x$$
$$= \int_1^0 (4x^3 - 6x^2 + 2x - 1)\mathrm{d}x = 1.$$

由本例可看出，虽然两个曲线积分的被积函数相同，起点和终点相同，但是沿不同路径得出的积分值并不相等. 换言之，曲线积分不仅依赖于被积函数和积分弧段的起点与终点，而且与积分弧段 L 的形状有关，或者说与从起点到终点的路径有关. 这种情况是否具有普遍性呢？

例 2　计算 $\int_L y\mathrm{d}x + x\mathrm{d}y$，其中 L 为：

(1) 抛物线 $y=2x^2$ 上从 $O(0,0)$ 到 $B(1,2)$ 的一段弧；

(2) 沿直线 $y=2x$ 上从 $O(0,0)$ 到 $B(1,2)$ 的一段直线段；

(3) 沿有向折线 OAB，O,A,B 依次是点 $(0,0)$，$(1,0)$，$(1,2)$.

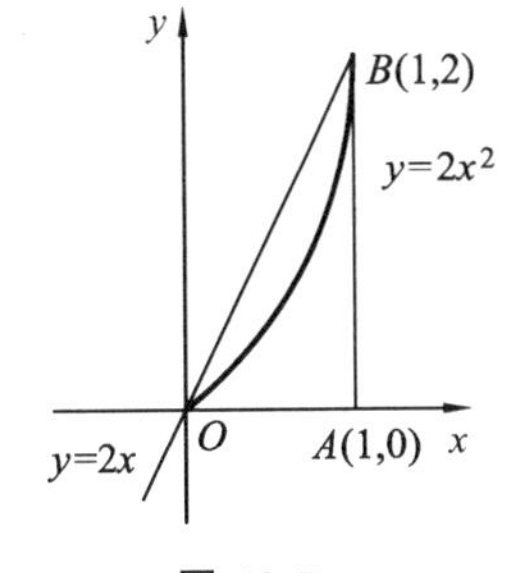

图 13-5

解　如图 13-5 所示，(1) 化为对 x 的定积分来计算.

$L: y=2x^2$，x 从 0 到 1，所以

$$\int_L y\mathrm{d}x + x\mathrm{d}y = \int_0^1 (4x\cdot x + 2x^2)\mathrm{d}x = 6\int_0^1 x^2\mathrm{d}x = 2.$$

(2) 化为对 x 的定积分来计算.

$L: y = 2x$，x 从 0 到 1，所以

$$\int_L y\mathrm{d}x + x\mathrm{d}y = \int_0^1 (2x + 2x)\mathrm{d}x = 4\int_0^1 x\mathrm{d}x = 2.$$

(3) $\int_L y\mathrm{d}x + x\mathrm{d}y = \int_{OA} y\mathrm{d}x + x\mathrm{d}y + \int_{AB} y\mathrm{d}x + x\mathrm{d}y.$

$OA: y = 0$，x 从 0 到 1，所以

$$\int_{OA} y\mathrm{d}x + x\mathrm{d}y = \int_0^1 0\mathrm{d}x = 0.$$

$AB: x = 1$，y 从 0 到 2，所以

$$\int_{AB} y\mathrm{d}x + x\mathrm{d}y = \int_0^2 (y\cdot 0 + 1\mathrm{d}y) = 2.$$

从而

$$\int_L y\mathrm{d}x + x\mathrm{d}y = 0 + 2 = 2.$$

由本例可以看出，这三个曲线积分的起点和终点相同，沿不同路径的积分值是相等的. 那么，在什么情况下曲线积分只与曲线的起点和终点有关，而与路径无关?这个问题留到下节回答.

例 3　计算 $\int_L (x^2 + y^2)\mathrm{d}y$，其中 L 是从点 $O(0,0)$ 沿曲线 $x=\begin{cases}\sqrt{y}, & 0\leqslant y\leqslant 1,\\ 2-y, & 1< y\leqslant 2\end{cases}$ 到点 $B(0,2)$ 的一段弧.

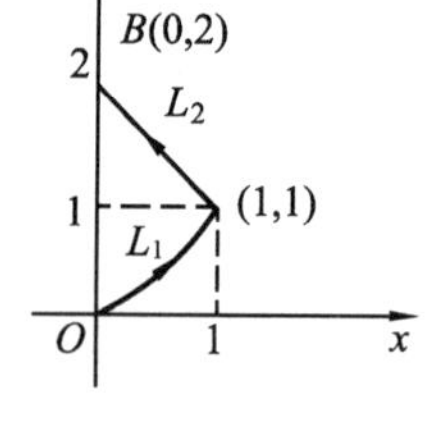

图 13-6

解　如图 13-6 所示，令 $L_1: x=\sqrt{y}, 0\leqslant y\leqslant 1$；

$L_2: x=2-y, 1< y\leqslant 2.$

所以

$$\begin{aligned}\int_L (x^2 + y^2)\mathrm{d}y &= \int_{L_1} (x^2 + y^2)\mathrm{d}y + \int_{L_2} (x^2 + y^2)\mathrm{d}y \\ &= \int_0^1 (y + y^2)\mathrm{d}y + \int_1^2 [(2-y)^2 + y^2]\mathrm{d}y = \frac{7}{2}.\end{aligned}$$

本例应用了第二类曲线积分对积分路径的可加性.

例 4　计算 $I = \int_\Gamma xy\mathrm{d}x + (x-y)\mathrm{d}y + x^2\mathrm{d}z$，其中 Γ 是螺旋线：$x = a\cos t$，$y = a\sin t$，$z = bt$ 从 $t = 0$ 到 $t = \pi$ 上的一段弧.

解　由公式可得

$$I = \int_\Gamma xy\mathrm{d}x + (x-y)\mathrm{d}y + x^2\mathrm{d}z$$

$$= \int_0^{\pi} (-a^3 \cos t \sin^2 t + a^2 \cos^2 t - a^2 \sin t \cos t + a^2 b \cos^2 t) \mathrm{d}t$$

$$= \left[-\frac{1}{3} a^3 \sin^3 t - \frac{1}{2} a^2 \sin^2 t + \frac{1}{2} a^2 (1+b) \left(t + \frac{1}{2} \sin 2t \right) \right]_0^{\pi}$$

$$= \frac{1}{2} a^2 (1+b) \pi.$$

例 5 计算$\int_{\Gamma} (x^2 - yz) \mathrm{d}x + (y^2 - xz) \mathrm{d}y + (xy - z^2) \mathrm{d}z$,其中$\Gamma$的方程:$x = \cos t, y = \sin t, z = t$,且起点为$A(1,0,0)$,终点为$B(1,0,2\pi)$.

解 所给空间曲线的方程为$x = \cos t, y = \sin t, z = t$,参数$t = 0$对应起点$A(1,0,0)$,参数$t = 2\pi$对应终点$B(1,0,2\pi)$,于是有

$$\int_{\Gamma} (x^2 - yz) \mathrm{d}x + (y^2 - xz) \mathrm{d}y + (xy - z^2) \mathrm{d}z$$

$$= \int_0^{2\pi} (\cos^2 t - t \sin t) \mathrm{d}(\cos t) + (\sin^2 t - t \cos t) \mathrm{d}(\sin t) + (\sin t \cos t - t^2) \mathrm{d}t$$

$$= \int_0^{2\pi} \cos^2 t \mathrm{d}(\cos t) + \int_0^{2\pi} \sin^2 t (\mathrm{d} \sin t) + \int_0^{2\pi} \sin t \cos t \mathrm{d}t - \int_0^{2\pi} t (\cos^2 t - \sin^2 t) \mathrm{d}t - \int_0^{2\pi} t^2 \mathrm{d}t$$

$$= \frac{1}{3} \cos^3 t \Big|_0^{2\pi} + \frac{1}{3} \sin^3 t \Big|_0^{2\pi} + \frac{1}{2} \sin^2 t \Big|_0^{2\pi} - \int_0^{2\pi} t \cos 2t \mathrm{d}t - \frac{1}{3} t^3 \Big|_0^{2\pi} = -\frac{8}{3} \pi^3.$$

13.2.3 两类曲线积分之间的关系

设$\overset{\frown}{AB}$为光滑曲线L上的有向弧段,曲线L的参数方程为

$$\begin{cases} x = \varphi(t), \\ y = \psi(t). \end{cases}$$

有向弧$\overset{\frown}{AB}$的起点A、终点B对应的参数分别为α和β. 不妨设$\alpha < \beta$(若$\alpha > \beta$,则可令$s = -t$,这时在新的参数s下就有$(-\alpha) < (-\beta)$,于是以下的讨论就可对新参数进行),并要求$\varphi(t)$, $\psi(t)$在闭区间$[\alpha, \beta]$上具有连续的一阶导数,且$\varphi'^2(t) + \psi'^2(t) \neq 0$,又函数$P(x,y)$,$Q(x,y)$在$\overset{\frown}{AB}$上连续. 这时,平面曲线$L$上的两类曲线积分之间有如下关系:

$$\int_L P(x,y) \mathrm{d}x + Q(x,y) \mathrm{d}y = \int_L [P(x,y) \cos \alpha + Q(x,y) \cos \beta] \mathrm{d}s,$$

其中

$$\cos \alpha = \frac{\varphi'(t)}{\sqrt{\varphi'^2(t) + \psi'^2(t)}}, \ \cos \beta = \frac{\psi'(t)}{\sqrt{\varphi'^2(t) + \psi'^2(t)}}.$$

$\cos \alpha, \cos \beta$是有向弧$\overset{\frown}{AB}$在点$M(x,y)$处的切向量$\boldsymbol{\tau} = \varphi'(t) \boldsymbol{i} + \psi'(t) \boldsymbol{j}$的方向余弦(切向量的方向和$\overset{\frown}{AB}$的方向一致).

事实上,由对坐标的曲线积分计算公式有

$$\int_L P(x,y)\mathrm{d}x+Q(x,y)\mathrm{d}y=\int_\alpha^\beta\{P[\varphi(t),\psi(t)]\varphi'(t)+Q[\varphi(t),\psi(t)]\varphi'(t)\}\mathrm{d}t.$$

由对弧长的曲线积分计算公式可得

$$\begin{aligned}&\int_L[P(x,y)\cos\alpha+Q(x,y)\cos\beta]\mathrm{d}s\\=&\int_\alpha^\beta\left\{P[\varphi(t),\psi(t)]\frac{\varphi'(t)}{\sqrt{\varphi'^2(t)+\psi'^2(t)}}+\right.\\&\left.Q[\varphi(t),\psi(t)]\frac{\psi'(t)}{\sqrt{\varphi'^2(t)+\psi'^2(t)}}\right\}\sqrt{\varphi'^2(t)+\psi'^2(t)}\,\mathrm{d}t\\=&\int_\alpha^\beta\{P[\varphi(t),\psi(t)]\varphi'(t)+Q[\varphi(t),\psi(t)]\psi'(t)\}\mathrm{d}t.\end{aligned}$$

类似地，空间曲线 Γ 上的两类曲线积分有如下关系：

$$\int_\Gamma P\mathrm{d}x+Q\mathrm{d}y+R\mathrm{d}z=\int_\Gamma(P\cos\alpha+Q\cos\beta+R\cos\gamma)\mathrm{d}s,$$

其中 $\alpha(x,y,z),\beta(x,y,z),\gamma(x,y,z)$ 为有向曲线弧 Γ 在点 (x,y,z) 处切向量的方向角.

两类曲线积分之间的联系也可用向量的形式表达. 例如，空间曲线 Γ 上的两类曲线积分之间的关系可写成

$$\int_\Gamma \boldsymbol{A}\cdot\mathrm{d}\boldsymbol{r}=\int_\Gamma \boldsymbol{A}\cdot\boldsymbol{\tau}\mathrm{d}s$$

或

$$\int_\Gamma \boldsymbol{A}\cdot\mathrm{d}\boldsymbol{r}=\int_\Gamma \boldsymbol{A}\cdot\boldsymbol{\tau}\mathrm{d}s=\int_\Gamma A_\tau\mathrm{d}s,$$

其中 $\boldsymbol{A}=(P,Q,R)$，$\boldsymbol{\tau}=(\cos\alpha,\ \cos\beta,\ \cos\gamma)$ 为有向曲线弧 Γ 在点 (x,y,z) 处的单位切向量，$\mathrm{d}\boldsymbol{r}=\boldsymbol{\tau}\mathrm{d}s=(\mathrm{d}x,\mathrm{d}y,\mathrm{d}z)$，称为有向曲线元，$A_\tau$ 为向量 $\boldsymbol{A}$ 在 $\boldsymbol{\tau}$ 上的投影.

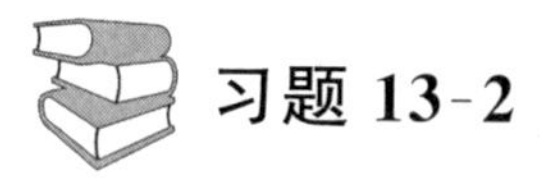

习题 13-2

1. 计算 $\int_L 2xy\mathrm{d}x+x^2\mathrm{d}y$，$L$ 是圆周 $x^2+y^2=a^2$ 上从点 $A(a,0)$ 到 $B(0,a)$ 较短的一段弧.

2. 计算 $I=\int_{\widehat{AB}}(2x^2+4xy)\mathrm{d}x+(2x^2-y^2)\mathrm{d}y$，$\widehat{AB}$ 是 $y=x^2$ 上从点 $A(1,1)$ 到 $B(0,0)$ 的一段弧.

3. 计算 $\int_L y^2\mathrm{d}x+x^2\mathrm{d}y$，$L$ 是沿逆时针方向的上半椭圆 $\frac{x^2}{a^2}+\frac{y^2}{b^2}=1$.

4. 计算 $\oint_L y^2\mathrm{d}x-x^2\mathrm{d}y$，$L$ 是正向圆周，其半径为 1，中心在 $(1,1)$.

5. 计算 $\int_L\sqrt{y}(\mathrm{d}x+\mathrm{d}y)$，$L$ 是沿曲线 $y=x^2$ 从点 $(0,0)$ 到 $(1,1)$ 的一段弧.

6. 计算 $\oint_L x\mathrm{d}y$，L 是坐标轴与直线 $\frac{x}{2}+\frac{y}{3}=1$ 构成的正向三角形回路.

7. 计算 $\int_L(x^2+y^2)\mathrm{d}x+(x^2-y^2)\mathrm{d}y$，$L$ 是曲线 $y=1-|1-x|$ 上对应于 x 从 0 到 2 的一段.

8. 一力场的方向为纵轴的负方向，其大小等于作用点的横坐标的平方，求质量为 m 的质点沿抛物线 $y^2=1-x$ 从点(1,0)移动到点(0,1)时，场力所做的功.

9. 设一质点受弹性力作用，弹性力的方向指向原点，大小与质点到原点的距离成正比，求质点沿椭圆 $\frac{x^2}{a^2}+\frac{y^2}{b^2}=1$ 从点 $A(a,0)$ 移动到点 $B(0,b)$ 时，弹性力所做的功.

10. 一力场与作用点到 z 轴的距离成反比，方向垂直且指向 z 轴，求一单位质量的质点沿圆周 $x=\cos t$, $y=1$, $z=\sin t$ 从点(1,1,0)依正向(即 t 增加的方向)移动到点 $B(0,1,1)$ 时场力所做的功.

13.3 格林(Green)公式及其应用

13.3.1 格林公式

在一元函数中，牛顿-莱布尼茨公式 $\int_a^b f(x)\mathrm{d}x=F(b)-F(a)$ 给出定积分 $\int_a^b f(x)\mathrm{d}x$ 的值可由函数 $F(x)$ 在区间 $[a,b]$ 的两个端点的函数值 $F(b)$, $F(a)$ 来表示，下面介绍的格林公式给出的是平面闭区域 D 上的二重积分与 D 的边界曲线 L 上的两类曲线积分之间的关系.

设 D 为平面区域，若 D 内任一闭曲线所围的部分都属于 D，则称 D 为平面单连通区域，否则称为复连通区域. 单连通区域 D 的特点就是区域内没有“洞”(包括点“洞”). 例如，平面上的圆形区域 $D_1=\{(x,y)\mid x^2+y^2<a^2,\ a>0\}$，右半平面 $D_2=\{(x,y)\mid x>0\}$ 都是单连通区域，圆环形区域 $D_3=\{(x,y)\mid 2<x^2+y^2<4\}$, $D_4=\{(x,y)\mid 0<x^2+y^2<1\}$ 都是复连通区域.

对平面区域 D 的边界曲线 L，规定 L 的正向如下：当观察者沿 D 的边界曲线 L 行走时，D 总在它的左边，如图 13-7 所示，D 的边界曲线由 L(外边界)和 l(内边界)组成，作为 D 的正向边界，L 的正向是逆时针方向，而 l 的正向是顺时针方向.

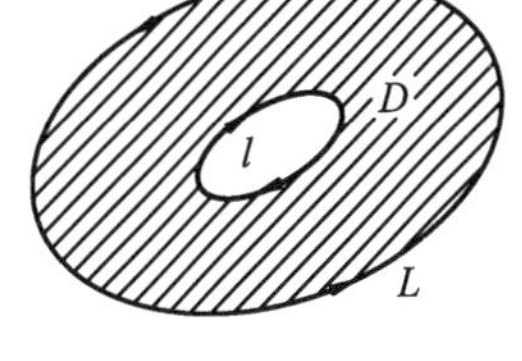

图 13-7

定理 1 设闭区域 D 由分段光滑的曲线 L 围成，函数 $P(x,y)$, $Q(x,y)$ 在 D 上具有一阶连续偏导数，则有

$$\iint_D\left(\frac{\partial Q}{\partial x}-\frac{\partial P}{\partial y}\right)\mathrm{d}x\mathrm{d}y=\oint_L P\,\mathrm{d}x+Q\mathrm{d}y. \tag{1}$$

其中 L 是 D 取正向的边界曲线.

上式称为格林(Green)公式.

证 假设穿过区域 D 内部且平行于坐标轴的直线与 D 的边界曲线 L 的交点

恰好为两个，即区域 D 既是 X 型又是 Y 型的情形（见图 13-8）.

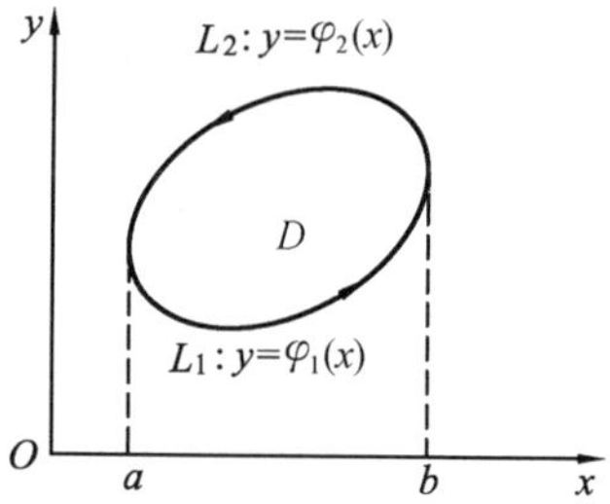

图 13-8

设 $D=\{(x,y)\mid \varphi_1(x)\leqslant y\leqslant \varphi_2(x),\ a\leqslant x\leqslant b\}$. 因为 $\dfrac{\partial P}{\partial y}$ 连续，所以由二重积分的计算方法有

$$\iint\limits_D \frac{\partial P}{\partial y}\mathrm{d}x\mathrm{d}y=\int_a^b\left[\int_{\varphi_1(x)}^{\varphi_2(x)}\frac{\partial P(x,y)}{\partial y}\mathrm{d}y\right]\mathrm{d}x$$

$$=\int_a^b\{P[x,\varphi_2(x)]-P[x,\varphi_1(x)]\}\mathrm{d}x.$$

另一方面，由对坐标曲线积分的性质及计算方法有

$$\oint_L P\,\mathrm{d}x=\int_{L_1}P\mathrm{d}x+\int_{L_2}P\mathrm{d}x=\int_a^b P[x,\varphi_1(x)]\mathrm{d}x+\int_b^a P[x,\varphi_2(x)]\mathrm{d}x$$

$$=\int_a^b\{P[x,\varphi_1(x)]-P[x,\varphi_2(x)]\}\mathrm{d}x.$$

因此，有

$$-\iint\limits_D \frac{\partial P}{\partial y}\mathrm{d}x\mathrm{d}y=\oint_L P\,\mathrm{d}x.$$

设 $D=\{(x,y)\mid \psi_1(y)\leqslant x\leqslant \psi_2(y),\ c\leqslant y\leqslant d\}$. 类似可证得

$$\iint\limits_D \frac{\partial Q}{\partial x}\mathrm{d}x\mathrm{d}y=\oint_L Q\mathrm{d}y.$$

由于 D 既是 X 型又是 Y 型，故以上两式同时成立，相加即得格林公式.

再考虑一般情形，若 D 不满足既是 X 型又是 Y 型的条件，则可以在 D 内作一条或几条辅助线把 D 分成有限个部分闭区域，使得每个部分闭区域既是 X 型又是 Y 型. 例如，如图 13-9 所示区域 D，其边界曲线为 $\overparen{MNPM}$，引进辅助线 ABC，把 D 分成三部分，在 D_1,D_2,D_3 上分别使用格林公式，得

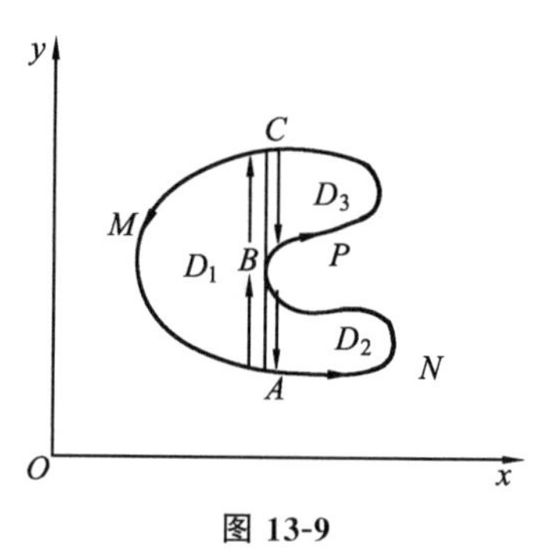

图 13-9

$$\iint\limits_{D_1}\left(\frac{\partial Q}{\partial x}-\frac{\partial P}{\partial y}\right)\mathrm{d}x\mathrm{d}y=\oint_{\overparen{MABCM}}P\mathrm{d}x+Q\mathrm{d}y,$$

$$\iint\limits_{D_2}\left(\frac{\partial Q}{\partial x}-\frac{\partial P}{\partial y}\right)\mathrm{d}x\mathrm{d}y=\oint_{\overparen{ANBA}}P\mathrm{d}x+Q\mathrm{d}y,$$

$$\iint\limits_{D_3}\left(\frac{\partial Q}{\partial x}-\frac{\partial P}{\partial y}\right)\mathrm{d}x\mathrm{d}y=\oint\limits_{\overset{\frown}{CBPC}} P\mathrm{d}x+Q\mathrm{d}y.$$

把以上三个等式相加,并注意到相加时沿辅助线的积分来回恰好抵消,可得

$$\iint\limits_{D}\left(\frac{\partial Q}{\partial x}-\frac{\partial P}{\partial y}\right)\mathrm{d}x\mathrm{d}y=\oint\limits_{L} P\mathrm{d}x+Q\mathrm{d}y,$$

其中 L 为 D 的正向边界曲线.一般地,格林公式对于由分段光滑曲线围成的闭区域都成立.

注意 对于复连通区域 D,格林公式右端应包括沿区域 D 的全部边界的曲线积分,且边界的方向对区域 D 来讲均为正向.

根据格林公式,可以利用曲线积分求平面区域 D 的面积 A.

在格林公式中,取 $P=-y,Q=x$,可得

$$2\iint\limits_{D}\mathrm{d}x\mathrm{d}y=\oint\limits_{L} x\mathrm{d}y-y\mathrm{d}x.$$

上式左端是闭区域 D 的面积 A 的两倍,有

$$A=\frac{1}{2}\oint\limits_{L} x\mathrm{d}y-y\mathrm{d}x.$$

例 1 计算曲线积分 $\oint\limits_{L}(y-\mathrm{e}^x)\mathrm{d}x+(3x+\mathrm{e}^y)\mathrm{d}y$,其中 L 是椭圆 $\frac{x^2}{a^2}+\frac{y^2}{b^2}=1$ 的边界曲线,L 方向取逆时针方向.

解 这里记 $P=y-\mathrm{e}^x,Q=3x+\mathrm{e}^y$,则 $\frac{\partial Q}{\partial x}-\frac{\partial P}{\partial y}=2$,记 L 所围区域为 D,由格林公式有

$$\oint\limits_{L}(y-\mathrm{e}^x)\mathrm{d}x+(3x+\mathrm{e}^y)\mathrm{d}y=2\iint\limits_{D}\mathrm{d}x\mathrm{d}y=2\pi ab.$$

本例说明封闭曲线上的曲线积分利用格林公式可以转化成二重积分来计算.

例 2 计算曲线积分 $\int_l (x\mathrm{e}^y+x^2)\mathrm{d}y+(\mathrm{e}^y-xy)\mathrm{d}x$,其中 l 是由点 $O(0,0)$ 沿曲线 $y=\sqrt{2x-x^2}$ 到点 $A(1,1)$ 的一段弧(见图 13-10).

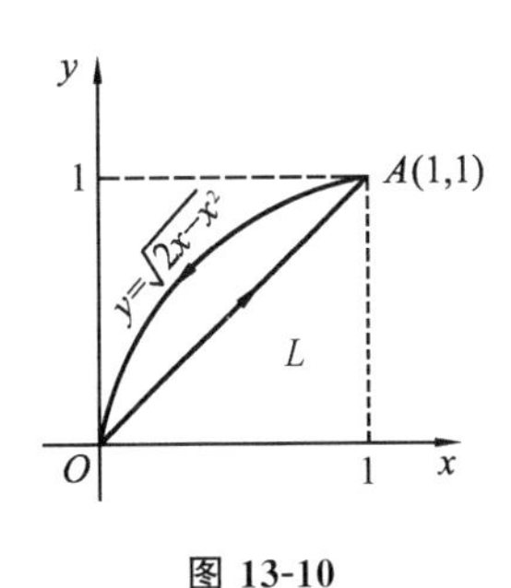

图 13-10

解 设区域 $D=\{(x,y)\mid x\leqslant y\leqslant\sqrt{2x-x^2},0\leqslant x\leqslant 1\}$,它的逆时针方向边界记为 L(见图 13-10),则

$$\int_l (x\mathrm{e}^y+x^2)\mathrm{d}y+(\mathrm{e}^y-xy)\mathrm{d}x$$

$$=\left[\int_l (x\mathrm{e}^y+x^2)\mathrm{d}y+(\mathrm{e}^y-xy)\mathrm{d}x+\int_{AO}(x\mathrm{e}^y+x^2)\mathrm{d}y+(\mathrm{e}^y-xy)\mathrm{d}x\right]+$$

$$\int_{OA}(xe^y+x^2)dy+(e^y-xy)dx$$

$$=-\oint_L(xe^y+x^2)dy+(e^y-xy)dx+\int_{OA}(xe^y+x^2)dy+(e^y-xy)dx$$

右端第二项积分的路径 OA 为：$y=x,0\leqslant x\leqslant 1$，第一项积分可应用格林公式计算，即

$$\int_l(xe^y+x^2)dy+(e^y-xy)dx=-\iint_D(e^y+2x-e^y+x)dxdy+\int_0^1(x+1)e^x dx$$

$$=-3\iint_D x\,dxdy+e=-3\int_0^1(x\sqrt{2x-x^2}-x^2)dx+e=2+e-\frac{3}{4}\pi.$$

本例说明曲线积分通过适当的添加辅助线可应用格林公式进行计算，使得计算变得很简单.

例 3　计算 $\iint_D e^{-y^2}dxdy$，其中 D 是以 $O(0,0)$，$A(1,1)$，$B(0,1)$ 为顶点的三角形闭区域(见图 13-11).

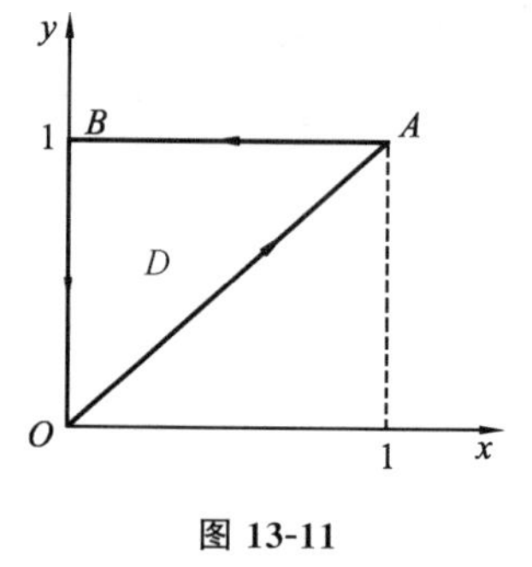

图 13-11

解　令 $P=0$，$Q=xe^{-y^2}$，则

$$\frac{\partial Q}{\partial x}-\frac{\partial P}{\partial y}=e^{-y^2}.$$

因此，由格林公式有

$$\iint_D e^{-y^2}dxdy=\oint_{OA+AB+BO}xe^{-y^2}dy=\int_{OA}xe^{-y^2}dy=\int_0^1 xe^{-x^2}dx=\frac{1}{2}(1-e^{-1}).$$

前面的例题利用格林公式将曲线积分转化成二重积分来计算，本例则利用格林公式将二重积分转化成曲线积分来计算，本题若直接计算二重积分，则应选择先 x 后 y 的积分次序，否则会碰到计算积分 $\int e^{-t^2}dt$ 的困难. 而用格林公式将其化为曲线积分来计算，且 D 的边界是三条直线段，相对比较简单.

例 4　计算 $\int_L(3xy+\sin x)dx+(x^2-ye^y)dy$，其中 L 为 $y=x^2-2x$ 上以 $O(0,0)$ 为起点，$A(4,8)$ 为终点的曲线弧段.

解　积分弧段非封闭. 考虑添加有向直线段 $\overrightarrow{AO}$，其方程为 $y=2x$，构成一个封闭曲线的正向回路，由格林公式有

$$\int_L(3xy+\sin x)dx+(x^2-ye^y)dy$$

$$=\oint_{L+AO}(3xy+\sin x)dx+(x^2-ye^y)dy-\int_{AO}(3xy+\sin x)dx+(x^2-ye^y)dy$$

$$=\iint_D -x\,dxdy-\int_4^0[3x\cdot 2x+\sin x+2(x^2-2xe^{2x})]dx$$

$$=-\int_0^4 \mathrm{d}x\int_{x^2-2x}^{2x} x\,\mathrm{d}y+\int_0^4 (8x^2+\sin x-4x\mathrm{e}^{2x})\,\mathrm{d}x$$

$$=\frac{448}{3}-\cos 4-7\mathrm{e}^8.$$

13.3.2 平面上曲线积分与路径无关的条件

由前面的例题已看到,沿曲线弧段的曲线积分有的只与积分曲线的起点 A 和终点 B 有关,而与 A 到 B 的路径无关,但有的不但与起点和终点有关而且与起点到终点的路径有关.那么在什么情况下,曲线积分只与曲线段的起点和终点有关,而与路径无关呢?这个问题其实就是在力学中研究势场时,考察在什么条件下场力所做的功与路径无关的问题?这个问题在数学上就是要研究曲线积分与路径无关的条件.

首先将曲线积分 $\int_L P\,\mathrm{d}x+Q\mathrm{d}y$ 与路径无关这一概念用数学语言准确地表示出来.设 G 是一个区域,$P(x,y)$,$Q(x,y)$ 在 G 内有一阶连续偏导数,若对 G 内任意给定的两点 A,B 以及 G 内从点 A 到点 B 的任意两条曲线 L_1,L_2(见图 13-12),恒有

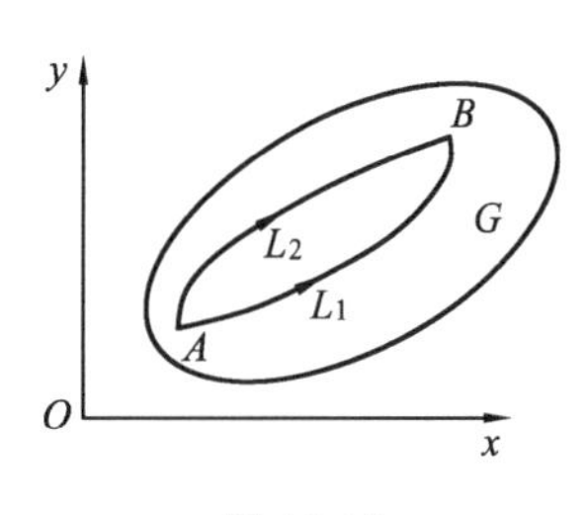

图 13-12

$$\int_{L_1} P\mathrm{d}x+Q\mathrm{d}y=\int_{L_2} P\mathrm{d}x+Q\mathrm{d}y$$

成立,则称曲线积分 $\int_L P\,\mathrm{d}x+Q\mathrm{d}y$ 在 G 内与路径无关,否则就称与路径有关.

根据以上定义,如果曲线积分 $\int_L P\,\mathrm{d}x+Q\mathrm{d}y$ 在 G 内与路径无关,那么

$$\int_{L_1} P\mathrm{d}x+Q\mathrm{d}y=\int_{L_2} P\mathrm{d}x+Q\mathrm{d}y.$$

根据曲线积分的性质

$$\int_{L_2} P\mathrm{d}x+Q\mathrm{d}y=-\int_{L_2^-} P\mathrm{d}x+Q\mathrm{d}y,$$

其中 L_2^- 为 L_2 的反向曲线.所以

$$\int_{L_1} P\mathrm{d}x+Q\mathrm{d}y=-\int_{L_2^-} P\mathrm{d}x+Q\mathrm{d}y,$$

即
$$\int_{L_1} P\mathrm{d}x+Q\mathrm{d}y+\int_{L_2^-} P\mathrm{d}x+Q\mathrm{d}y=0,$$

从而
$$\oint_{L_1+L_2^-} P\mathrm{d}x+Q\mathrm{d}y=0.$$

注意到 $L_1+L_2^-$ 是 G 内一条任意的有向闭曲线,因此,若曲线积分在 G 内与路径无关,则在 G 内沿任意闭曲线的曲线积分为零.反过来,如果在 G 内沿任意闭曲线的曲线积

分为零,那么也可推得在G内曲线积分与路径无关.由此可知,曲线积分$\int_L P\mathrm{d}x+Q\mathrm{d}y$在$G$内与路径无关的充分必要条件是沿$G$内任意闭曲线$C$的曲线积分$\oint_C P\mathrm{d}x+Q\mathrm{d}y$等于零.由此导出以下定理.

定理2 设区域G是一个单连通区域,函数$P(x,y)$, $Q(x,y)$在G内具有一阶连续偏导数,则以下四个命题等价:

(1) $\dfrac{\partial P}{\partial y}=\dfrac{\partial Q}{\partial x}$在$G$内处处成立;

(2) 对G内任一条分段光滑的闭曲线L有

$$\oint_L P\mathrm{d}x+Q\mathrm{d}y=0;$$

(3) 曲线积分$\int_{\overset{\frown}{AB}} P\mathrm{d}x+Q\mathrm{d}y$在$G$内只与起点$A$和终点$B$有关,与连接点$A$与点$B$的路径无关;

(4) 表达式$P\mathrm{d}x+Q\mathrm{d}y$在$G$内是某个二元函数$u(x,y)$的全微分,即

$$\mathrm{d}u=P(x,y)\mathrm{d}x+Q(x,y)\mathrm{d}y.$$

证 为了使得证明简洁,按以下顺序证明这四个命题的等价性:(1)⇒(2)⇒(3)⇒(4)⇒(1).

(1)⇒(2):设L为G内任一条分段光滑的闭曲线,D为L所围成的区域,根据(1)在D内处处有$\dfrac{\partial P}{\partial y}=\dfrac{\partial Q}{\partial x}$成立,从而由格林公式有

$$\oint_L P\mathrm{d}x+Q\mathrm{d}y=\iint_D\left(\frac{\partial Q}{\partial x}-\frac{\partial P}{\partial y}\right)\mathrm{d}x\mathrm{d}y=0,$$

即(2)成立.

(2)⇒(3):在G内任取两点A,B,设L_1,L_2为G内从点A到点B的任意两条有向曲线,则$L_1+L_2^-$是G内的一条有向闭曲线,由(2)有

$$\oint_{L_1+L_2^-} P\mathrm{d}x+Q\mathrm{d}y=0,$$

即

$$\int_{L_1} P\mathrm{d}x+Q\mathrm{d}y+\int_{L_2^-} P\mathrm{d}x+Q\mathrm{d}y=0,$$

从而

$$\int_{L_1} P\mathrm{d}x+Q\mathrm{d}y=\int_{L_2} P\mathrm{d}x+Q\mathrm{d}y.$$

于是曲线积分$\int_L P\mathrm{d}x+Q\mathrm{d}y$在$G$内与路径无关.

(3)⇒(4):设$M_0(x_0,y_0)$,$M(x,y)$为G内任意两点,在条件(3)下,曲线积分

可以记为$\int_{(x_0,y_0)}^{(x,y)} P(x,y)\mathrm{d}x + Q(x,y)\mathrm{d}y$. 此时若固定点 $M_0(x_0,y_0)$，则积分$\int_{(x_0,y_0)}^{(x,y)} P(x,y)\mathrm{d}x+Q(x,y)\mathrm{d}y$是点$(x,y)$的函数,将它记为$u(x,y)$,即

$$u(x,y)=\int_{(x_0,y_0)}^{(x,y)} P(x,y)\mathrm{d}x+Q(x,y)\mathrm{d}y.$$

因为$P(x,y)$，$Q(x,y)$在G内连续,所以根据可微的充分条件,只需证明

$$\frac{\partial u}{\partial x}=P(x,y),\ \frac{\partial u}{\partial y}=Q(x,y).$$

因为积分$\int_L P\mathrm{d}x+Q\mathrm{d}y$在$G$内与路径无关,所以由偏导数的定义,有

$$\frac{\partial u}{\partial x}=\lim_{\Delta x\to 0}\frac{u(x+\Delta x,y)-u(x,y)}{\Delta x}.$$

而
$$u(x+\Delta x,y)=\int_{(x_0,y_0)}^{(x+\Delta x,y)} P(x,y)\mathrm{d}x+Q(x,y)\mathrm{d}y.$$

由于曲线积分与路径无关,可以先取从M_0到M,然后沿平行于x轴的直线段从M到N作为积分路径(见图13-13),则

$$u(x+\Delta x,y)=u(x,y)+\int_{(x,y)}^{(x+\Delta x,y)} P(x,y)\mathrm{d}x+Q(x,y)\mathrm{d}y,$$

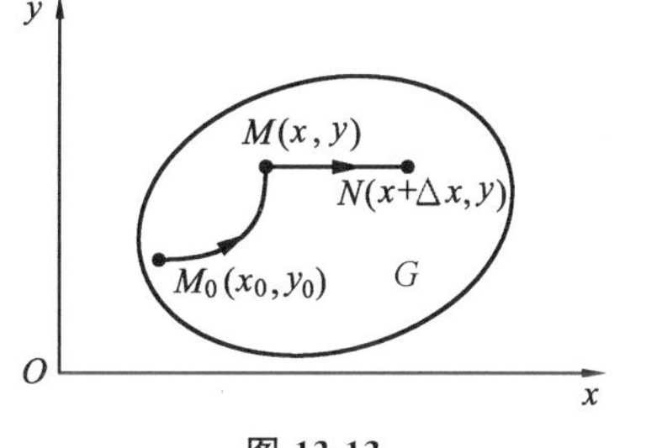

图 13-13

从而

$$u(x+\Delta x,y)-u(x,y)=\int_{(x,y)}^{(x+\Delta x,y)} P(x,y)\mathrm{d}x+Q(x,y)\mathrm{d}y.$$

因为直线段MN的方程为$y=C$(C为常数),所以按对坐标的曲线积分的计算法,有

$$u(x+\Delta x,y)-u(x,y)=\int_x^{x+\Delta x} P(x,y)\mathrm{d}x.$$

应用积分中值定理得

$$u(x+\Delta x,y)-u(x,y)=P(x+\theta\Delta x,y)\Delta x\quad(0\leqslant\theta\leqslant 1).$$

上式两边同除以Δx,并令$\Delta x\to 0$取极限,由于$P(x,y)$的偏导数在G内连续,$P(x,y)$本身一定也连续,于是有

$$\frac{\partial u}{\partial x}=P(x,y).$$

同理可证

$$\frac{\partial u}{\partial y}=Q(x,y).$$

(4)⇒(1):由条件(4)知,存在二元函数$u(x,y)$,使得

$$\mathrm{d}u=P(x,y)\mathrm{d}x+Q(x,y)\mathrm{d}y.$$

于是
$$\frac{\partial u}{\partial x}=P(x,y),\quad \frac{\partial u}{\partial y}=Q(x,y).$$

对上面两式求导数可得
$$\frac{\partial^2 u}{\partial x\partial y}=\frac{\partial P}{\partial y},\quad \frac{\partial^2 u}{\partial y\partial x}=\frac{\partial Q}{\partial x}.$$

由于$\frac{\partial Q}{\partial x},\frac{\partial P}{\partial y}$连续，则$\frac{\partial^2 u}{\partial x\partial y},\ \frac{\partial^2 u}{\partial y\partial x}$连续，故有$\frac{\partial^2 u}{\partial x\partial y}=\frac{\partial^2 u}{\partial y\partial x}$，即
$$\frac{\partial Q}{\partial x}=\frac{\partial P}{\partial y}.$$

若能判定曲线积分$\int_{\widehat{AB}}P\,\mathrm{d}x+Q\mathrm{d}y$与路径无关，则在计算曲线积分时，可舍去原有路径而挑选由A到B的简单路径．如选直线或折线由A到B，这样会大大简化曲线积分的计算．例如函数$P(x,y)$，$Q(x,y)$在单连通域G内具有一阶连续偏导数，且满足$\frac{\partial P}{\partial y}=\frac{\partial Q}{\partial x}$，那么由点$M_0(x_0,y_0)$到$M(x,y)$的曲线积分
$$u(x,y)=\int_{(x_0,y_0)}^{(x,y)}P(x,y)\mathrm{d}x+Q(x,y)\mathrm{d}y$$
与路径无关，于是选择位于G内且平行于坐标轴的折线M_0RM或M_0SM作为积分路径(见图13-14)．

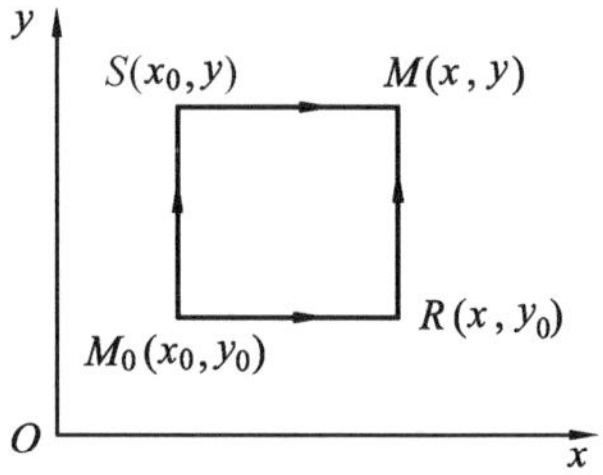

若取M_0RM作为积分路径，则
$$u(x,y)=\int_{x_0}^{x}P(x,y_0)\mathrm{d}x+\int_{y_0}^{y}Q(x,y)\mathrm{d}y;$$
若取M_0SM为积分路径，则
$$u(x,y)=\int_{y_0}^{y}Q(x_0,y)\mathrm{d}y+\int_{x_0}^{x}P(x,y)\mathrm{d}x.$$

图 13-14

需要说明的是，$M_0(x_0,y_0)$是G内任意取定的一点，取不同的M_0，所得结果最多相差一个常数．

例 5　验证$(2xy-y^2)\mathrm{d}x+(x^2-2xy-y^2)\mathrm{d}y=\mathrm{d}u(x,y)$，并求出函数$u(x,y)$．

解　令$P=2xy-y^2$，$Q=x^2-2xy-y^2$，则
$$\frac{\partial P}{\partial y}=2x-2y=\frac{\partial Q}{\partial x}.$$

于是，$(2xy-y^2)\mathrm{d}x+(x^2-2xy-y^2)\mathrm{d}y$为函数$u(x,y)$的全微分．所以，
$$u(x,y)=\int_{(x_0,y_0)}^{(x,y)}(2xy-y^2)\mathrm{d}x+(x^2-2xy-y^2)\mathrm{d}y.$$

这里只要取一个确定的函数，就可取(x_0,y_0)为$O(0,0)$，以及取积分路径如图13-15所示，即从点$O(0,0)$经点$B(0,y)$到点$M(x,y)$的折线，所以
$$u(x,y)=\int_0^y(-y^2)\mathrm{d}y+\int_0^x(2xy-y^2)\mathrm{d}x=x^2y-xy^2-\frac{y^3}{3}+C.$$

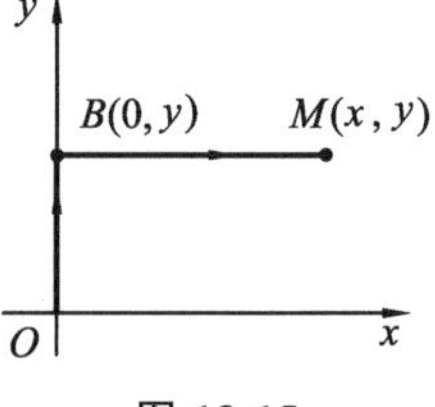

图 13-15

例 6 验证：当 $x>0, y\neq 0$ 时，$\left(\dfrac{y}{x}+\dfrac{2x}{y}\right)dx+\left(\ln x-\dfrac{x^2}{y^2}\right)dy=du(x,y)$，并求出一个这样的函数 $u(x,y)$.

解 令 $P=\dfrac{y}{x}+\dfrac{2x}{y}$, $Q=\ln x-\dfrac{x^2}{y^2}$，则

$$\frac{\partial P}{\partial y}=\frac{1}{x}-\frac{2x}{y^2}=\frac{\partial Q}{\partial x}.$$

所以，当 $x>0, y\neq 0$ 时，$\left(\dfrac{y}{x}+\dfrac{2x}{y}\right)dx+\left(\ln x-\dfrac{x^2}{y^2}\right)dy$ 是函数 $u(x,y)$ 的全微分.

因为被积函数要求 $x>0, y\neq 0$，所以取积分路径如图 13-16 所示，即从点 $A(1,1)$ 经点 $B(1,y)$ 到点 $M(x,y)$，则 AB 的方程为 $x=1, 1\leqslant y\leqslant y$，$BM$ 的方程为 $y=y, 1\leqslant x\leqslant x$. 于是

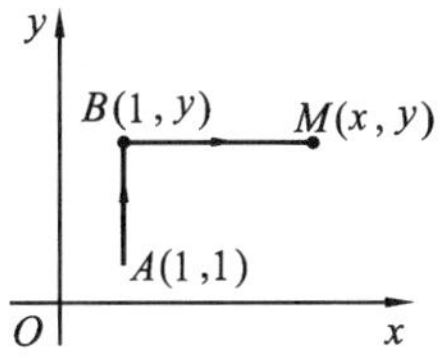

图 13-16

$$\begin{aligned} u(x,y) &= \int_{(1,1)}^{(x,y)}\left(\frac{y}{x}+\frac{2x}{y}\right)dx+\left(\ln x-\frac{x^2}{y^2}\right)dy \\ &= \int_{AB}\left(\frac{y}{x}+\frac{2x}{y}\right)dx+\left(\ln x-\frac{x^2}{y^2}\right)dy+ \\ &\quad \int_{BM}\left(\frac{y}{x}+\frac{2x}{y}\right)dx+\left(\ln x-\frac{x^2}{y^2}\right)dy \\ &= \int_1^y\left(-\frac{1}{y^2}\right)dy+\int_1^x\left(\frac{y}{x}+\frac{2x}{y}\right)dx = y\ln x+\frac{x^2}{y}-1+C_1. \end{aligned}$$

故
$$u(x,y) = y\ln x+\frac{x^2}{y}+C.$$

以上两例中曲线积分若选取不同的起点，所得结果将相差一个常数.

13.3.3 全微分方程与积分因子

可以将一阶微分方程

$$\frac{dy}{dx}=f(x,y)$$

写成对称形式

$$P(x,y)dx+Q(x,y)dy=0, \tag{2}$$

这里假设 $P(x,y)$，$Q(x,y)$ 在某矩形域内是 x, y 的连续函数，且具有连续的一阶偏导数. 这样的形式有时便于探求方程的通解.

若方程(2)的左端恰好是某个二元函数 $u(x,y)$ 的全微分，即

$$P(x,y)dx+Q(x,y)dy=du(x,y),$$

则称方程(2)为全微分方程，$\dfrac{\partial u}{\partial x}=P(x,y)$，$\dfrac{\partial u}{\partial y}=Q(x,y)$，方程(2)就变为

$$du(x,y)=0. \tag{3}$$

容易验证,方程(2)的通解就是由

$$u(x,y)=C$$

确定的隐函数,这里 C 是任意常数.事实上,如果 $y=\varphi(x)$ 是方程(2)的解,那么必满足方程(3),故有

$$du[x,\varphi(x)]\equiv 0.$$

因此

$$u(x,y)\equiv C.$$

由此表明,方程(2)的解 $y=\varphi(x)$ 是由 $u(x,y)=C$ 所确定的隐函数.

另一方面,如果方程 $u(x,y)=C$ 确定一个可微的隐函数 $y=\varphi(x)$,即

$$u[x,\varphi(x)]\equiv C,$$

那么上式两端对 x 求导数,可得

$$\frac{\partial u}{\partial x}+\frac{\partial u}{\partial y}\frac{dy}{dx}=0,$$

$$\frac{\partial u}{\partial x}dx+\frac{\partial u}{\partial y}dy=0,$$

即

$$P(x,y)dx+Q(x,y)dy=0.$$

由此表明,方程 $u(x,y)=C$ 所确定的隐函数是方程(2)的解.

这样自然会提出如下问题:

(1) 如何判别方程(2)是全微分方程?

(2) 如果方程(2)是全微分方程,如何求得函数 $u=u(x,y)$?

由前面的讨论可知,当 $P(x,y)$,$Q(x,y)$ 在单连通区域 G 内具有一阶连续偏导数时,要使方程(2)是全微分方程,其充要条件是

$$\frac{\partial Q}{\partial x}=\frac{\partial P}{\partial y}$$

在域 G 内恒成立,且当此条件满足时,全微分方程(2)的通解为

$$u(x,y)\equiv\int_{x_0}^{x}P(x,y)dx+\int_{y_0}^{y}Q(x_0,y)dy=C, \tag{4}$$

其中 (x_0,y_0) 是在域 G 内适当选定的点.

例 7　求 $(2y+1)dx+(2x+2y)dy=0$ 的通解.

解　这里 $P(x,y)=2y+1$,$Q(x,y)=2x+2y$.由于

$$\frac{\partial P}{\partial y}=2=\frac{\partial Q}{\partial x},$$

因此方程是全微分方程.可取 $x_0=0$,$y_0=0$,由公式(4)有

$$u(x,y)=\int_{0}^{x}(2y+1)dx+\int_{0}^{y}2y\,dy=y^2+2xy+x.$$

于是所给方程的通解为

$$y^2+2xy+x=C.$$

例 8 求$\left(\frac{xy}{\sqrt{1+x^2}}+2xy-\frac{y}{x}\right)\mathrm{d}x+(\sqrt{1+x^2}+x^2-\ln x)\mathrm{d}y=0$的通解.

解 由于

$$\frac{\partial P}{\partial y}=\frac{x}{\sqrt{1+x^2}}+2x-\frac{1}{x}=\frac{\partial Q}{\partial x},$$

所以方程是全微分方程.由于方程中出现 $\ln x$,故应在半平面 $x>0$ 上考虑求解.可选取积分路径从$(1,0)$开始,先沿 x 轴积分到$(x,0)$(注意:这时 $y=0$),再沿铅直线积分到(x,y)(注意:这时 x 是不变的,所以 $\mathrm{d}x=0$),于是有

$$u(x,y)=\int_1^x 0\mathrm{d}x+\int_0^y(\sqrt{1+x^2}+x^2-\ln x)\mathrm{d}y=(\sqrt{1+x^2}+x^2-\ln x)y.$$

因此所给方程的通解为

$$(\sqrt{1+x^2}+x^2-\ln x)y=C.$$

有时给出的方程初看并不是全微分方程,不能按照上述一般方法来求解,而当采取适当的分项组合后,可以构成若干个函数的全微分,同样可以按照全微分方程求解,利用这种方法要求熟记一些简单的二元函数的全微分,如

$$y\mathrm{d}x+x\mathrm{d}y=\mathrm{d}(xy),\ \frac{y\mathrm{d}x-x\mathrm{d}y}{y^2}=\mathrm{d}\left(\frac{x}{y}\right),\ \frac{-y\mathrm{d}x+x\mathrm{d}y}{x^2}=\mathrm{d}\left(\frac{y}{x}\right),$$

$$\frac{y\mathrm{d}x-x\mathrm{d}y}{xy}=\mathrm{d}\left(\ln\left|\frac{x}{y}\right|\right),\ \frac{y\mathrm{d}x-x\mathrm{d}y}{x^2+y^2}=\mathrm{d}\left(\arctan\frac{x}{y}\right),$$

$$\frac{y\mathrm{d}x-x\mathrm{d}y}{x^2-y^2}=\frac{1}{2}\mathrm{d}\left(\ln\left|\frac{x-y}{x+y}\right|\right).$$

例 9 求解方程$\left(\cos x+\frac{1}{y}\right)\mathrm{d}x+\left(\frac{1}{y}-\frac{x}{y^2}\right)\mathrm{d}y=0.$

解 把方程重新分项组合后得到

$$\cos x\mathrm{d}x+\frac{1}{y}\mathrm{d}y+\left(\frac{1}{y}\mathrm{d}x-\frac{x}{y^2}\mathrm{d}y\right)=0,$$

或者写成

$$\mathrm{d}\left(\sin x+\ln|y|+\frac{x}{y}\right)=0.$$

于是方程的通解为

$$\sin x+\ln|y|+\frac{x}{y}=C,$$

这里 C 是任意常数.

例 10 求 $2xy^3\mathrm{d}x+(x^2y^2-1)\mathrm{d}y=0$ 的通解.

解　由于

$$\frac{\partial P}{\partial y}=6xy^2\neq 2xy^2=\frac{\partial Q}{\partial x},$$

因此原方程不是全微分方程. 但是通过观察不难发现，用 $\mu(x,y)=\frac{1}{y^2}$ 乘以方程两端的式子，就得到全微分方程

$$2xy\mathrm{d}x+\left(x^2-\frac{1}{y^2}\right)\mathrm{d}y=0,$$

重新组合方程中各项，方程变为

$$(2xy\mathrm{d}x+x^2\mathrm{d}y)-\frac{1}{y^2}\mathrm{d}y=\mathrm{d}(x^2y)+\mathrm{d}\left(\frac{1}{y}\right)=\mathrm{d}\left(x^2y+\frac{1}{y}\right)=0,$$

所以其通解为

$$x^2y+\frac{1}{y}=C.$$

这时称 $\mu(x,y)=\frac{1}{y^2}$ 是这个微分方程的一个积分因子.

全微分方程可以通过积分求出它的通解，因此能否将一个非全微分方程化为全微分方程就有实际的意义，积分因子就是为了解决这个问题而引进的概念.

若存在连续可微的函数 $\mu=\mu(x,y)\neq 0$，使得

$$\mu(x,y)P(x,y)\mathrm{d}x+\mu(x,y)Q(x,y)\mathrm{d}y=0 \tag{5}$$

为全微分方程，即存在函数 $u(x,y)$，使得

$$\mu(x,y)P(x,y)\mathrm{d}x+\mu(x,y)Q(x,y)\mathrm{d}y=\mathrm{d}u(x,y),$$

则称 $\mu(x,y)$ 为方程(5)的积分因子. 这时 $u(x,y)=C$ 就是方程(5)的通解.

通过积分因子的方法来求解方程一般来说不是一件容易的事，不过在比较简单的情况下可以通过观察而得到.

如方程 $y\mathrm{d}x-x\mathrm{d}y=0$ 不是全微分方程，但是可以有不同的积分因子 $\frac{1}{x^2}$，$\frac{1}{y^2}$，$\frac{1}{x^2\pm y^2}$.

又如方程 $(1+xy)y\mathrm{d}x+(1-xy)x\mathrm{d}y=0$ 不是全微分方程，但重新分项组合以后可得

$$(y\mathrm{d}x+x\mathrm{d}y)+xy(y\mathrm{d}x-x\mathrm{d}y)=0,$$

再改写为

$$\mathrm{d}(xy)+x^2y^2\left(\frac{\mathrm{d}x}{x}-\frac{\mathrm{d}y}{y}\right)=0,$$

取积分因子为

$$\mu(x,y)=\frac{1}{x^2y^2}.$$

两边同乘以该积分因子后方程变为

$$\frac{\mathrm{d}(xy)}{x^2y^2}+\frac{\mathrm{d}x}{x}-\frac{\mathrm{d}y}{y}=0,$$

积分可得通解为

$$-\frac{1}{xy}+\ln\left|\frac{x}{y}\right|=C_1\text{ 或者 }\quad \frac{x}{y}=Ce^{\frac{1}{xy}}\quad (C=\pm e^{C_1}).$$

可以证明,只要方程有解存在,则必有积分因子存在,并且不是唯一的.因此,在具体解题过程中,采用不同的积分因子会导致通解可能具有不同的形式.

另外,也可以用积分因子的方法来解一阶线性微分方程

$$y'+P(x)y=Q(x).\tag{6}$$

该方法是用积分因子 $\mu(x)=e^{\int P(x)\mathrm{d}x}$ 乘方程(6) 两端的式子,得

$$y'e^{\int P(x)\mathrm{d}x}+yP(x)e^{\int P(x)\mathrm{d}x}=Q(x)e^{\int P(x)\mathrm{d}x},$$

即
$$y'e^{\int P(x)\mathrm{d}x}+y\left[e^{\int P(x)\mathrm{d}x}\right]'=Q(x)e^{\int P(x)\mathrm{d}x},$$

亦即
$$\left[ye^{\int P(x)\mathrm{d}x}\right]'=Q(x)e^{\int P(x)\mathrm{d}x}.$$

两端积分,便得通解
$$ye^{\int P(x)\mathrm{d}x}=\int Q(x)e^{\int P(x)\mathrm{d}x}\mathrm{d}x+C,$$

即
$$y=e^{-\int P(x)\mathrm{d}x}\left[\int Q(x)e^{\int P(x)\mathrm{d}x}\mathrm{d}x+C\right].$$

习题 13-3

1. 计算 $\oint_L (x^2y-2y)\mathrm{d}x+\left(\frac{x^3}{3}-x\right)\mathrm{d}y$,$L$ 是直线 $x=1$, $y=x$, $y=2x$ 所围的三角形的正向边界.

2. 计算 $\oint_L -(x-y)\mathrm{d}x+(3x+y)\mathrm{d}y$,$L$ 是正向圆周 $(x-1)^2+(y-4)^2=9$.

3. 计算 $\oint_L e^x[(1-\cos y)\mathrm{d}x-(y-\sin y)\mathrm{d}y]$,$L$ 是区域 $0\leqslant x\leqslant \pi$, $0\leqslant y\leqslant \sin x$ 的正向边界.

4. 判断 $\int_{(1,2)}^{(3,4)}(6xy^2-y^3)\mathrm{d}x+(6x^2y-3xy^2)\mathrm{d}y$ 是否与路径无关,并计算此积分.

5. 计算 $I=\oint_L (x^2y\cos x+2xy\sin x-y^2e^x)\mathrm{d}x+(x^2\sin x-2ye^x)\mathrm{d}y$,其中 L 是星形线 $x^{\frac{2}{3}}+y^{\frac{2}{3}}=a^{\frac{2}{3}}(a>0)$ 正向.

6. 计算 $\int_{\widehat{AB}}(x^3-xy^2)\mathrm{d}x+(y^3-x^2y)\mathrm{d}y$, $\widehat{AB}$ 是曲线 $y=\frac{1}{1+x^2}$ 从点 $A(0,1)$ 到点

$B\left(1,\frac{1}{2}\right)$的一段弧.

7. 计算 $I=\int_{\widehat{AB}}(x^2+\sin y)\mathrm{d}x+x\cos y\mathrm{d}y$，$\widehat{AB}$ 是从 $A(0,0)$ 沿摆线 $x=a(t-\sin t)$，$y=a(1-\cos t)$ 到点 $B(2\pi a,\ 0)$ 的曲线段.

8. 求函数 $u(x,y)$，使 $\mathrm{d}u=(x^2+y^2)(x\mathrm{d}x+y\mathrm{d}y)$.

9. 设 $\mathrm{d}u=(x^2+2xy-y^2)\mathrm{d}x+(x^2-2xy-y^2)\mathrm{d}y$，求 $u(x,y)$.

10. 求 $u(x,y)$，使 $\mathrm{d}u=\mathrm{e}^x[\mathrm{e}^y(x-y+2)+y]\mathrm{d}x+\mathrm{e}^x[\mathrm{e}^y(x-y)+1]\mathrm{d}y$.

11. 试证明$\frac{\mathrm{e}^x}{1+y^2}\mathrm{d}x+\frac{2y(1-\mathrm{e}^x)}{(1+y^2)^2}\mathrm{d}y$ 是某函数 $u(x,y)$ 的全微分，并求原函数 $u(x,y)$.

12. 求方程$(3x^2+6xy^2)\mathrm{d}x+(6x^2y+4y^3)\mathrm{d}y=0$ 的通解.

13. 求方程$(x^2+y)\mathrm{d}x+(x-2y)\mathrm{d}y=0$ 的通解.

14. 求方程$(y-3x^2)\mathrm{d}x-(4y-x)\mathrm{d}y=0$ 的通解.

13.4　对面积的曲面积分

13.4.1　对面积的曲面积分的概念与性质

在对弧长的曲线积分这一概念中，如果把光滑曲线改为光滑曲面，把有界函数 $f(x,y)$ 改为有界函数 $f(x,y,z)$，按照相同的思维方式就得到如下的对面积的曲面积分的概念.

定义　设曲面 Σ 是光滑的，函数 $f(x,y,z)$ 在 Σ 上有界. 把 Σ 任意分成 n 小块 ΔS_i（ΔS_i 同时代表第 i 小块曲面的面积，$i=1,2,3,\cdots,n$），设 (ξ_i,η_i,ζ_i) 是 ΔS_i 上任意取定的一点，作乘积 $f(\xi_i,\eta_i,\zeta_i)\Delta S_i$，并作和 $\sum\limits_{i=1}^{n}f(\xi_i,\eta_i,\zeta_i)\Delta S_i$. 若当各小块曲面的直径的最大值 $\lambda\to 0$ 时，这个和的极限总存在，且与 Σ 的分割法无关，与点 (ξ_i,η_i,ζ_i) 的取法也无关，则称此极限为函数 $f(x,y,z)$ 在曲面 Σ 上对面积的曲面积分（或第一类曲面积分），记作 $\iint\limits_{\Sigma}f(x,y,z)\mathrm{d}S$，即

$$\iint\limits_{\Sigma}f(x,y,z)\mathrm{d}S=\lim_{\lambda\to 0}\sum_{i=1}^{n}f(\xi_i,\eta_i,\zeta_i)\Delta S_i,$$

其中 $f(x,y,z)$ 称为被积函数，Σ 称为积分曲面.

这里所说的光滑曲面是指曲面上各点处都具有切平面，且当点在曲面上连续移动时，切平面也连续转动. 另外，假定曲面的边界曲线是分段光滑的闭曲线，且曲面有界. 同时指出，当 $f(x,y,z)$ 在光滑曲面 Σ 上连续时，对面积的曲面积分是

存在的，且函数 $f(x,y,z)$ 在 Σ 上是连续的.

根据上述定义，面密度为连续函数 $f(x,y,z)$ 的光滑曲面 Σ 的质量 m，就可表示为

$$m=\iint_{\Sigma} f(x,y,z)\mathrm{d}S.$$

若曲面 Σ 是分片光滑的，则规定函数在 Σ 上对面积的曲面积分等于函数在光滑的各片曲面上对面积的曲面积分之和. 例如，设 Σ 可分成两片光滑曲面 Σ_1 及 Σ_2（记作 $\Sigma=\Sigma_1+\Sigma_2$），则

$$\iint_{\Sigma_1+\Sigma_2} f(x,y,z)\mathrm{d}S=\iint_{\Sigma_1} f(x,y,z)\mathrm{d}S+\iint_{\Sigma_2} f(x,y,z)\mathrm{d}S.$$

由对面积的曲面积分的定义可知，它具有与对弧长的曲线积分完全类似的性质. 这里就不再重复.

13.4.2　对面积的曲面积分的计算

设积分曲面 Σ 由方程 $z=z(x,y)$ 给出，D_{xy} 是 Σ 在 xOy 面上的投影区域（见图 13-17），函数 $z=z(x,y)$ 在 D_{xy} 上有一阶连续偏导数，被积函数 $f(x,y,z)$ 在 Σ 上连续.

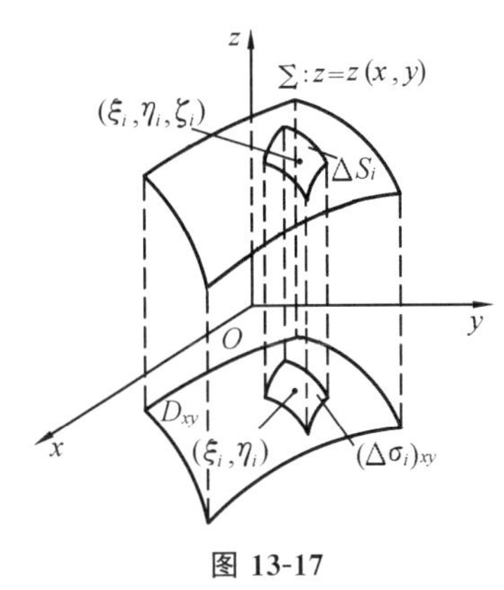

图 13-17

按对面积的曲面积分的定义，有

$$\iint_{\Sigma} f(x,y,z)\mathrm{d}S=\lim_{\lambda\to 0}\sum_{i=1}^{n} f(\xi_i,\eta_i,\zeta_i)\Delta S_i.$$

设 Σ 上第 i 小块曲面 ΔS_i（ΔS_i 同时表示该小块曲面的面积）在 xOy 面上的投影区域为 $(\Delta\sigma_i)_{xy}$（其面积也记为 $(\Delta\sigma_i)_{xy}$），由重积分的几何应用可知，第 i 小块曲面 ΔS_i 的面积可用二重积分来计算：

$$\Delta S_i=\iint_{(\Delta\sigma_i)_{xy}}\sqrt{1+z_x^2(x,y)+z_y^2(x,y)}\,\mathrm{d}x\mathrm{d}y.$$

利用二重积分的中值定理，有

$$\Delta S_i=\sqrt{1+z_x^2(\xi'_i,\eta'_i)+z_y^2(\xi'_i,\eta'_i)}\,(\Delta\sigma_i)_{xy},$$

其中 (ξ'_i,η'_i) 是小闭区域 $(\Delta\sigma_i)_{xy}$ 上的一点. 又因为 (ξ_i,η_i,ζ_i) 是曲面 Σ 上的一点，故 $\zeta_i=z(\xi_i,\eta_i)$，这里 $(\xi_i,\eta_i,0)$ 也是小闭区域 $(\Delta\sigma_i)_{xy}$ 上的点，于是

$$\sum_{i=1}^{n} f(\xi_i,\eta_i,\zeta_i)\Delta S_i=\sum_{i=1}^{n} f[\xi_i,\eta_i,z(\xi_i,\eta_i)]\sqrt{1+z_x^2(\xi'_i,\eta'_i)+z_y^2(\xi'_i,\eta'_i)}\,(\Delta\sigma_i)_{xy}.$$

由于函数 $f[x,y,z(x,y)]$ 以及函数 $\sqrt{1+z_x^2(x,y)+z_y^2(x,y)}$ 都在闭区域 D_{xy} 上

连续，于是当 $\lambda \to 0$ 时，(ξ'_i, η'_i) 和 (ξ_i, η_i) 逼近同一点，所以上式右端的极限与

$$\sum_{i=1}^{n} f[\xi_i, \eta_i, z(\xi_i, \eta_i)] \sqrt{1 + z_x^2(\xi_i, \eta_i) + z_y^2(\xi_i, \eta_i)}\, (\Delta\sigma_i)_{xy}$$

的极限相等，且极限在上述条件下是存在的，它等于二重积分

$$\iint_{D_{xy}} f[x, y, z(x, y)] \sqrt{1 + z_x^2(x, y) + z_y^2(x, y)}\, \mathrm{d}x\mathrm{d}y,$$

因此，左端的极限即曲面积分 $\iint_{\Sigma} f(x, y, z)\,\mathrm{d}S$ 也存在，且有

$$\iint_{\Sigma} f(x, y, z)\,\mathrm{d}S = \iint_{D_{xy}} f[x, y, z(x, y)] \sqrt{1 + z_x^2(x, y) + z_y^2(x, y)}\, \mathrm{d}x\mathrm{d}y.$$

上式即为把对面积的曲面积分化为在投影区域 D_{xy} 上的二重积分的公式. 在计算时，只要把变量 z 更换为 $z(x, y)$，曲面的面积元素 $\mathrm{d}S$ 换为 $\sqrt{1 + z_x^2(x, y) + z_y^2(x, y)}\,\mathrm{d}x\mathrm{d}y$，再确定 Σ 在 xOy 面上的投影区域 D_{xy}，就把对面积的曲面积分化为二重积分了.

如果积分曲面 Σ 由方程 $x = x(y, z)$（或 $y = y(z, x)$）给出，只要求出 Σ 在 yOz（或 xOz）面上的投影区域 D_{yz}（或 D_{xz}），就可类似地把对面积的曲面积分化为相应的二重积分.

例 1　计算曲面积分 $\iint_{\Sigma} z\,\mathrm{d}S$，其中 Σ 是在 xOy 面上方的抛物面 $z = 2 - (x^2 + y^2)$，并指出积分 $\iint_{\Sigma} z\,\mathrm{d}S$ 的物理意义.

解　在 Σ 的方程 $z = 2 - (x^2 + y^2)$ 中令 $z = 0$，可得 Σ 在 xOy 面上的投影区域 D_{xy} 为圆形闭区域 $\{(x, y) \mid x^2 + y^2 \leqslant 2\}$，又因为

$$\sqrt{1 + z_x^2 + z_y^2} = \sqrt{1 + 4x^2 + 4y^2},$$

所以，根据对面积的曲面积分的计算公式有

$$\iint_{\Sigma} z\,\mathrm{d}S = \iint_{D_{xy}} [2 - (x^2 + y^2)] \sqrt{1 + 4x^2 + 4y^2}\, \mathrm{d}x\mathrm{d}y.$$

利用极坐标计算得

$$\begin{aligned}
\iint_{\Sigma} z\,\mathrm{d}S &= \iint_{D_{xy}} (2 - r^2) \sqrt{1 + 4r^2}\, r\,\mathrm{d}r\mathrm{d}\theta = \int_0^{2\pi} \mathrm{d}\theta \int_0^{\sqrt{2}} (2 - r^2) \sqrt{1 + 4r^2}\, r\,\mathrm{d}r \\
&= 2\pi \left(\int_0^{\sqrt{2}} 2r \sqrt{1 + 4r^2}\,\mathrm{d}r - \int_0^{\sqrt{2}} r^3 \sqrt{1 + 4r^2}\,\mathrm{d}r \right) \\
&= 2\pi \left[\frac{1}{4} \int_0^{\sqrt{2}} \sqrt{1 + 4r^2}\,\mathrm{d}(1 + 4r^2) - \frac{1}{16} \int_0^{\arctan 2\sqrt{2}} \sec^2 t (\sec^2 t - 1)\,\mathrm{d}(\sec t) \right] \\
&= \frac{111}{30}\pi.
\end{aligned}$$

积分$\iint\limits_{\Sigma} z\,\mathrm{d}S$ 的物理意义是表示面密度为 $\rho(x,y,z)=z$ 的曲面 Σ 的质量.

例 2 计算曲面积分$\iint\limits_{\Sigma}\left(x+\frac{2}{3}y+\frac{z}{2}\right)\mathrm{d}S$,其中 Σ 是平面$\frac{x}{2}+\frac{y}{3}+\frac{z}{4}=1$ 在第一卦限部分.

解 记曲面 Σ 在 xOy 坐标面上的投影区域为 D_{xy},则 D_{xy} 是由 xOy 坐标面上的直线$\frac{x}{2}+\frac{y}{3}=1$ 和 x 轴、y 轴所围成的三角形区域,又因为 $z_x=-2$,$z_y=-\frac{4}{3}$,

所以
$$\mathrm{d}S=\sqrt{1+z_x^2+z_y^2}\,\mathrm{d}x\mathrm{d}y=\frac{1}{3}\sqrt{61}\,\mathrm{d}x\mathrm{d}y,$$

则
$$\begin{aligned}\iint\limits_{\Sigma}\left(x+\frac{2}{3}y+\frac{z}{2}\right)\mathrm{d}S&=2\iint\limits_{\Sigma}\left(\frac{x}{2}+\frac{y}{3}+\frac{z}{4}\right)\mathrm{d}S=2\iint\limits_{\Sigma}\mathrm{d}S\\&=2\iint\limits_{D_{xy}}\frac{1}{3}\sqrt{61}\,\mathrm{d}x\mathrm{d}y=\frac{2}{3}\sqrt{61}\iint\limits_{D_{xy}}\mathrm{d}x\mathrm{d}y=2\sqrt{61}.\end{aligned}$$

习题 13-4

1. 计算$\iint\limits_{\Sigma}(x+y+z)\mathrm{d}S$,$\Sigma$ 是上半球面 $z=\sqrt{R^2-x^2-y^2}$.

2. 计算$\iint\limits_{\Sigma}\mathrm{d}S$,$\Sigma$ 是球面 $x^2+y^2+z^2=2cz(c>0)$ 夹在锥面 $x^2+y^2=z^2$ 内的部分.

3. 计算$\oiint\limits_{\Sigma}xyz\,\mathrm{d}S$,$\Sigma$ 是平面 $x=0$, $y=0$, $z=0$, $x+y+z=1$ 所围成的四面体的表面.

4. 计算$\iint\limits_{\Sigma}(x^2+y^2+z^2)\mathrm{d}S$,$\Sigma$ 为 yOz 面上的圆域 $y^2+z^2\leqslant 1$.

5. 计算$\iint\limits_{\Sigma}(x+y+z)\mathrm{d}S$,$\Sigma$ 为平面 $y+z=5$ 被柱面 $x^2+y^2=25$ 所截下的部分.

6. 计算$\oiint\limits_{\Sigma}(x^2+y^2)\mathrm{d}S$,$\Sigma$ 为锥面 $z=\sqrt{x^2+y^2}$ 及平面 $z=1$ 所围成的区域的整个边界曲面.

7. 计算$\iint\limits_{\Sigma}\left(2x+\frac{4}{3}y+z\right)\mathrm{d}S$,$\Sigma$ 为平面$\frac{x}{2}+\frac{y}{3}+\frac{z}{4}=1$ 在第一卦限的部分.

8. 计算$\iint\limits_{\Sigma}(xy+yz+zx)\mathrm{d}S$,其中 Σ 为锥面 $z=\sqrt{x^2+y^2}$ 被柱面 $x^2+y^2=2ax$ 所截得的有限部分.

9. 求抛物面壳 $z=\frac{1}{2}(x^2+y^2)(0\leqslant z\leqslant 1)$的质量,此壳的面密度为 $\rho=z$.

10. 求密度为 ρ_0 的均匀半球壳 $x^2+y^2+z^2=a^2(z\geqslant 0)$对于 z 轴的转动惯量.

13.5　对坐标的曲面积分

13.5.1　对坐标的曲面积分的概念与性质

下面介绍对坐标的曲面积分.为此先介绍一些与其有关的概念.

1) 有向曲面及其投影

在这里会用到曲面的侧的概念.一般来说,曲面都是双侧的,如有上下、左右、前后之分;对封闭曲面,则有内外之分.准确地说,假定曲面Σ是光滑的,过Σ上任意一点P作曲面的法向量并确定其指向,若当P点在Σ上任意连续移动而不越过其边界再回到原来位置时,法向量的指向不变,则称这样的曲面为双侧曲面,否则称为单侧曲面.通常遇到的曲面都是双侧的,例如由方程$z=z(x,y)$表示的曲面,有上侧与下侧之分;一张包围某一空间区域的闭曲面,有外侧与内侧之分.以后总假定所考虑的曲面是双侧的(但曲面也有单侧).

讨论对坐标的曲面积分时,需要指定曲面的侧.可以通过曲面上法向量的指向来定出曲面的侧.例如,对于曲面$z=z(x,y)$,如果取它的法向量$\boldsymbol{n}$的指向朝上,就认为取定了曲面的上侧;反之,若$\boldsymbol{n}$的指向朝下,则认为取定了曲面的下侧.再比如,对于封闭曲面如果取它的法向量的指向朝外(朝内),就认为取定曲面的外侧(内侧).这种取定了法向量亦即选定了侧的曲面,就称为有向曲面.

设Σ是光滑的有向曲面,在Σ上取一小块曲面ΔS投影到xOy面上得一投影区域,该投影区域的面积记为$(\Delta\sigma)_{xy}$.假定ΔS上各点处的法向量与z轴的夹角γ的余弦$\cos\gamma$有相同的符号(即$\cos\gamma$都是正的或都是负的).规定ΔS在xOy面上的投影$(\Delta S)_{xy}$为

$$(\Delta S)_{xy}=\begin{cases}(\Delta\sigma)_{xy}, & \cos\gamma>0,\\ -(\Delta\sigma)_{xy}, & \cos\gamma<0,\\ 0, & \cos\gamma\equiv 0,\end{cases}$$

其中$\cos\gamma\equiv 0$也就是$(\Delta\sigma)_{xy}=0$的情形.ΔS在xOy面上的投影$(\Delta S)_{xy}$实际上就是ΔS在xOy面上的投影区域的面积附以一定的正负号.类似地可以定义ΔS在yOz面及zOx面上的投影$(\Delta S)_{yz}=\begin{cases}(\Delta\sigma)_{yz}, & \cos\alpha>0,\\ -(\Delta\sigma)_{yz}, & \cos\alpha<0,\\ 0, & \cos\alpha\equiv 0\end{cases}$和$(\Delta S)_{xz}=\begin{cases}(\Delta\sigma)_{xz}, & \cos\beta>0,\\ -(\Delta\sigma)_{xz}, & \cos\beta<0,\\ 0, & \cos\beta\equiv 0,\end{cases}$

其中$\cos\alpha$(或$\cos\beta$)是ΔS上各点处的法向量和x轴(或y轴)夹角的余弦,且符号不变.

2) 对坐标的曲面积分的概念

例如,流向曲面一侧的流量问题.设有流速场

$$\boldsymbol{v}(x,y,z)=P(x,y,z)\boldsymbol{i}+Q(x,y,z)\boldsymbol{j}+R(x,y,z)\boldsymbol{k},$$

其中的流体是稳定流动且不可压缩的(即流体密度是不变的,为简便起见,设流体密度为 1),Σ 是流场中一有向曲面,函数 $P(x,y,z)$,$Q(x,y,z)$,$R(x,y,z)$ 在 Σ 上连续,求在单位时间内流向 Σ 指定侧的流体的质量,即流量 Φ.

如果流体流过平面上面积为 A 的一个闭区域,且流体在这闭区域上各点处的流速为常向量 $\boldsymbol{v}$,又设 $\boldsymbol{n}$ 为该平面的单位法向量(见图 13-18a),那么在单位时间内流过该闭区域的流体构成一个底面面积为 A,斜高为 $|\boldsymbol{v}|$ 的斜柱体(见图 13-18b).

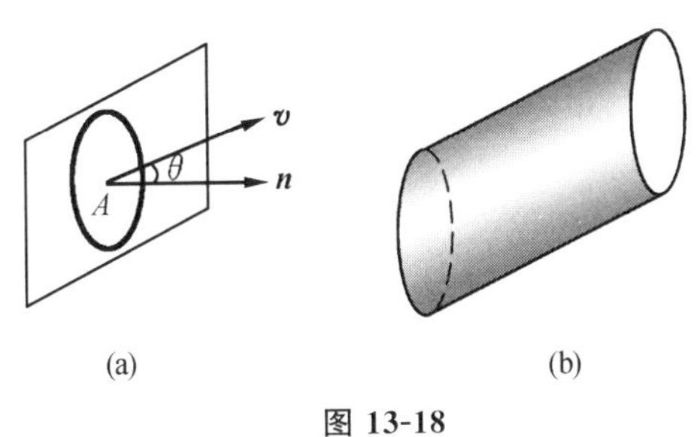

图 13-18

当 $(\widehat{\boldsymbol{v},\boldsymbol{n}})=\theta<\frac{\pi}{2}$ 时,这斜柱体的体积为

$$A|\boldsymbol{v}|\cos\theta=A\boldsymbol{v}\cdot\boldsymbol{n},$$

这也就是通过闭区域 A 流向 $\boldsymbol{n}$ 所指一侧的流量;

当 $(\widehat{\boldsymbol{v},\boldsymbol{n}})=\frac{\pi}{2}$ 时,显然流体通过闭区域 A 流向 $\boldsymbol{n}$ 所指一侧的流量 Φ 为零,即 $A\boldsymbol{v}\cdot\boldsymbol{n}=0$,故 $\Phi=A\boldsymbol{v}\cdot\boldsymbol{n}$;

当 $(\widehat{\boldsymbol{v},\boldsymbol{n}})=\theta>\frac{\pi}{2}$ 时,$A\boldsymbol{v}\cdot\boldsymbol{n}<0$,这时仍把 $A\boldsymbol{v}\cdot\boldsymbol{n}$ 称为流体通过闭区域流向 $\boldsymbol{n}$ 所指一侧的流量. 它表示流体通过闭区域 A 实际上流向 $-\boldsymbol{n}$ 所指的一侧,且流向 $-\boldsymbol{n}$ 所指一侧的流量为 $-A\boldsymbol{v}\cdot\boldsymbol{n}$. 因此,不论 $(\widehat{\boldsymbol{v},\boldsymbol{n}})$ 为何值,流体通过闭区域 A 流向 $\boldsymbol{n}$ 所指一侧的流量均为 $A\boldsymbol{v}\cdot\boldsymbol{n}$.

由于现在所考虑的不是平面区域而是一片曲面,且流速 $\boldsymbol{v}$ 也不是常向量,因此所求流量不能直接用上述方法计算,但显然可以引用前面介绍各种积分概念时用过的“分割、取近似、作和、求极限”的方法来解决此问题.

把曲面 Σ 分成 n 小块 ΔS_i(ΔS_i 同时代表第 i 小块曲面的面积,$i=1,2,\cdots,n$),在 Σ 光滑和 $\boldsymbol{v}$ 连续的前提下,只要 ΔS_i 的直径足够小,就可以用 ΔS_i 上任意一点 (ξ_i,η_i,ζ_i) 处的流速

$$\boldsymbol{v}_i=\boldsymbol{v}(\xi_i,\eta_i,\zeta_i)=P(\xi_i,\eta_i,\zeta_i)\boldsymbol{i}+Q(\xi_i,\eta_i,\zeta_i)\boldsymbol{j}+R(\xi_i,\eta_i,\zeta_i)\boldsymbol{k}$$

代替 ΔS_i 上其他各点处的流速,且以该点 (ξ_i,η_i,ζ_i) 处曲面 Σ 的单位法向量

$$\boldsymbol{n}_i=\cos\alpha_i\,\boldsymbol{i}+\cos\beta_i\,\boldsymbol{j}+\cos\gamma_i\,\boldsymbol{k}$$

代替 ΔS_i 上其他各点处的单位法向量(见图 13-19),从而得到通过 ΔS_i 流向指定侧的流量的近似值为

$$\boldsymbol{v}_i\cdot\boldsymbol{n}_i\Delta S_i\quad(i=1,2,\cdots,n).$$

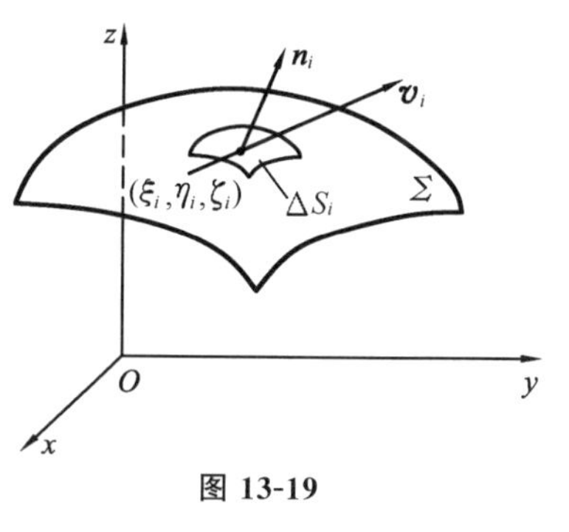

图 13-19

于是,通过 Σ 流向指定侧的流量为

$$\Phi\approx\sum_{i=1}^{n}\boldsymbol{v}_i\cdot\boldsymbol{n}_i\Delta S_i=\sum_{i=1}^{n}[P(\xi_i,\eta_i,\zeta_i)\cos\alpha_i+Q(\xi_i,\eta_i,\zeta_i)\cos\beta_i+R(\xi_i,\eta_i,\zeta_i)\cos\gamma_i]\Delta S_i.$$

又因为 $\cos\alpha_i\cdot\Delta S_i\approx(\Delta S_i)_{yz}$, $\cos\beta_i\cdot\Delta S_i\approx(\Delta S_i)_{zx}$, $\cos\gamma_i\cdot\Delta S_i\approx(\Delta S_i)_{xy}$,

从而 $\Phi\approx\sum\limits_{i=1}^{n}[P(\xi_i,\eta_i,\zeta_i)(\Delta S_i)_{yz}+Q(\xi_i,\eta_i,\zeta_i)(\Delta S_i)_{zx}+R(\xi_i,\eta_i,\zeta_i)(\Delta S_i)_{xy}]$.

令 $\lambda\to0$ 取上述和式的极限,就得到流量 Φ 的精确值.这样的极限还会在其他问题中遇到,抽去它的具体含义,就得到如下对坐标的曲面积分的概念.

3) 对坐标的曲面积分的定义

定义 设 Σ 为光滑的有向曲面,函数 $R(x,y,z)$ 在 Σ 上有界,把 Σ 任意分成 n 块小曲面 ΔS_i(ΔS_i 同时表示第 i 块小曲面的面积,$i=1,2,\cdots,n$),ΔS_i 在 xOy 面上的投影为 $(\Delta S_i)_{xy}$,(ξ_i,η_i,ζ_i) 是 ΔS_i 上任意取定的一点,若当各块小曲面的直径的最大值 $\lambda\to0$ 时,

$$\lim_{\lambda\to0}\sum_{i=1}^{n}R(\xi_i,\eta_i,\zeta_i)(\Delta S_i)_{xy}$$

存在,且与 Σ 的分割法及点 (ξ_i,η_i,ζ_i) 的取法无关,则称此极限为函数 $R(x,y,z)$ 在有向曲面 Σ 上对坐标 x,y 的曲面积分,记作

$$\iint_{\Sigma}R(x,y,z)\mathrm{d}x\mathrm{d}y=\lim_{\lambda\to0}\sum_{i=1}^{n}R(\xi_i,\eta_i,\zeta_i)(\Delta S_i)_{xy},$$

其中 $R(x,y,z)$ 为被积函数,Σ 为积分曲面.

类似地,可以定义函数 $P(x,y,z)$ 在有向曲面 Σ 上对坐标 y,z 的曲面积分 $\iint\limits_{\Sigma}P(x,y,z)\mathrm{d}y\mathrm{d}z$,及函数 $Q(x,y,z)$ 在有向曲面 Σ 上对坐标 z,x 的曲面积分 $\iint\limits_{\Sigma}Q(x,y,z)\mathrm{d}z\mathrm{d}x$ 分别为

$$\iint_{\Sigma}P(x,y,z)\mathrm{d}y\mathrm{d}z=\lim_{\lambda\to0}\sum_{i=1}^{n}P(\xi_i,\eta_i,\zeta_i)(\Delta S_i)_{yz},$$

$$\iint_{\Sigma} Q(x,y,z)\mathrm{d}z\mathrm{d}x = \lim_{\lambda \to 0} \sum_{i=1}^{n} Q(\xi_i,\eta_i,\zeta_i)(\Delta S_i)_{zx}.$$

以上三个曲面积分也称为第二类曲面积分.

当 P,Q,R 在有向光滑曲面 Σ 上连续时,对坐标的曲面积分是存在的,以后总假定 P,Q,R 在 Σ 上连续.

应用中常见的表示法是

$$\iint_{\Sigma} P(x,y,z)\mathrm{d}y\mathrm{d}z + \iint_{\Sigma} Q(x,y,z)\mathrm{d}z\mathrm{d}x + \iint_{\Sigma} R(x,y,z)\mathrm{d}x\mathrm{d}y,$$

又可写成

$$\iint_{\Sigma} P(x,y,z)\mathrm{d}y\mathrm{d}z + Q(x,y,z)\mathrm{d}z\mathrm{d}x + R(x,y,z)\mathrm{d}x\mathrm{d}y.$$

根据上述定义,流向曲面 Σ 指定侧的流量 Φ 可表示为

$$\Phi = \iint_{\Sigma} P(x,y,z)\mathrm{d}y\mathrm{d}z + Q(x,y,z)\mathrm{d}z\mathrm{d}x + R(x,y,z)\mathrm{d}x\mathrm{d}y.$$

若 Σ 是分片光滑的有向曲面,则规定函数在 Σ 上对坐标的曲面积分等于函数在各片光滑曲面上对坐标的曲面积分之和.

对坐标的曲面积分具有与对坐标的曲线积分类似的一些性质.

性质 1 如果把 Σ 分成 Σ_1 和 Σ_2,那么

$$\iint_{\Sigma} P\mathrm{d}y\mathrm{d}z + Q\mathrm{d}z\mathrm{d}x + R\mathrm{d}x\mathrm{d}y = \iint_{\Sigma_1} P\mathrm{d}y\mathrm{d}z + Q\mathrm{d}z\mathrm{d}x + R\mathrm{d}x\mathrm{d}y + \iint_{\Sigma_2} P\mathrm{d}y\mathrm{d}z + Q\mathrm{d}z\mathrm{d}x + R\mathrm{d}x\mathrm{d}y.$$

该性质可推广到 Σ 分成 $\Sigma_1,\Sigma_2,\cdots,\Sigma_n$ 有限个部分的情形.

性质 2 设 Σ 是有向曲面,Σ^- 表示与 Σ 取相反侧的有向曲面,则

$$\iint_{\Sigma^-} P(x,y,z)\mathrm{d}y\mathrm{d}z = -\iint_{\Sigma} P(x,y,z)\mathrm{d}y\mathrm{d}z,$$

$$\iint_{\Sigma^-} Q(x,y,z)\mathrm{d}z\mathrm{d}x = -\iint_{\Sigma} Q(x,y,z)\mathrm{d}z\mathrm{d}x,$$

$$\iint_{\Sigma^-} R(x,y,z)\mathrm{d}x\mathrm{d}y = -\iint_{\Sigma} R(x,y,z)\mathrm{d}x\mathrm{d}y.$$

性质 2 表明,当积分曲面改变为反侧时,对坐标的曲面积分要改变符号,因此关于对坐标的曲面积分,必须注意积分曲面所取的侧.

这些性质的证明从略.

13.5.2　对坐标的曲面积分的计算

设积分曲面 Σ 是由方程 $z=z(x,y)$ 所给出的曲面的上侧，Σ 在 xOy 面上的投影区域为 D_{xy}，函数 $z=z(x,y)$ 在 D_{xy} 上具有一阶连续偏导数，被积函数 $R(x,y,z)$ 在 Σ 上连续.

按对坐标的曲面积分的定义，有

$$\iint_{\Sigma} R(x,y,z)\mathrm{d}x\mathrm{d}y = \lim_{\lambda\to 0}\sum_{i=1}^{n} R(\xi_i,\eta_i,\zeta_i)(\Delta S_i)_{xy}.$$

因为 Σ 取上侧，$\cos\gamma > 0$，所以

$$(\Delta S_i)_{xy} = (\Delta\sigma_i)_{xy}.$$

又因 (ξ_i,η_i,ζ_i) 是 Σ 上的一点，故 $\zeta_i = z(\xi_i,\eta_i)$，从而有

$$\sum_{i=1}^{n} R(\xi_i,\eta_i,\zeta_i)(\Delta S_i)_{xy} = \sum_{i=1}^{n} R[\xi_i,\eta_i,z(\xi_i,\eta_i)](\Delta\alpha_i)_{xy}.$$

令 $\lambda\to 0$ 取上式两端的极限，得到

$$\iint_{\Sigma} R(x,y,z)\mathrm{d}x\mathrm{d}y = \iint_{D_{xy}} R[x,y,z(x,y)]\mathrm{d}x\mathrm{d}y.$$

这就是把对坐标的曲面积分化为二重积分的公式，即利用二重积分来计算对坐标的曲面积分. 公式表明，计算曲面积分 $\iint\limits_{\Sigma} R(x,y,z)\mathrm{d}x\mathrm{d}y$ 时，只要把 z 换为表示曲面 Σ 的函数 $z(x,y)$，然后在 Σ 的投影区域 D_{xy} 上计算二重积分即可.

需要注意的是，上式的曲面积分是取 Σ 的上侧，如果曲面积分取 Σ 的下侧，这时 $\cos\gamma < 0$，那么

$$(\Delta S_i)_{xy} = -(\Delta\sigma_i)_{xy},$$

从而有

$$\iint_{\Sigma} R(x,y,z)\mathrm{d}x\mathrm{d}y = -\iint_{D_{xy}} R[x,y,z(x,y)]\mathrm{d}x\mathrm{d}y.$$

类似地，若 Σ 由 $x = x(y,z)$ 给出，则

$$\iint_{\Sigma} P(x,y,z)\mathrm{d}y\mathrm{d}z = \pm\iint_{D_{yz}} P[x(y,z),y,z]\mathrm{d}y\mathrm{d}z,$$

等式右端的正负号取决于曲面 Σ 的侧，若积分曲面 Σ 是由方程 $x = x(y,z)$ 所给出曲面的前侧，即 $\cos\alpha > 0$，则取正号；若 Σ 取后侧，即 $\cos\alpha < 0$，则取负号.

若 Σ 由 $y = y(z,x)$ 给出，则有

$$\iint_{\Sigma} Q(x,y,z)\mathrm{d}z\mathrm{d}x = \pm\iint_{D_{zx}} Q[x,y(z,x),z]\mathrm{d}z\mathrm{d}x,$$

等式右端的正负号取决于曲面 Σ 的侧，若积分曲面 Σ 是由方程 $y = y(z,x)$ 所给出

曲面的右侧,即 $\cos\beta>0$,则取正号;若 Σ 取左侧,即 $\cos\beta<0$,则取负号.

例 1 计算曲面积分

$$\iint\limits_{\Sigma}(x^2+y^2)\mathrm{d}x\mathrm{d}y,$$

其中 Σ 是圆 $z=0,x^2+y^2\leqslant R^2$ 的下侧.

解 有向曲面 Σ 的方程为 $z=0,x^2+y^2\leqslant R^2$,取 Σ 的下侧,则

$$\iint\limits_{\Sigma}(x^2+y^2)\mathrm{d}x\mathrm{d}y=-\iint\limits_{D_{xy}}(x^2+y^2)\mathrm{d}x\mathrm{d}y=-\int_0^{2\pi}\mathrm{d}\theta\int_0^R r^3\mathrm{d}r=-\frac{\pi}{2}R^4.$$

例 2 计算曲面积分 $\iint\limits_{\Sigma}x^2y^2z\mathrm{d}x\mathrm{d}y$,其中 Σ 是球面 $x^2+y^2+z^2=R^2$ 的下半球面的上侧.

解 在下半球面 $z=-\sqrt{R^2-x^2-y^2}$,Σ 在 xOy 面上的投影区域为

$$D=\{(x,y)\mid x^2+y^2\leqslant R^2\},$$

则

$$\iint\limits_{\Sigma}x^2y^2z\mathrm{d}x\mathrm{d}y=\iint\limits_{D}x^2y^2(-\sqrt{R^2-x^2-y^2})\mathrm{d}x\mathrm{d}y$$

$$=-\int_0^{2\pi}\cos^2\theta\sin^2\theta\,\mathrm{d}\theta\int_0^R r^5\sqrt{R^2-r^2}\mathrm{d}r.$$

而

$$\int_0^{2\pi}\cos^2\theta\sin^2\theta\,\mathrm{d}\theta=4\int_0^{\frac{\pi}{2}}(1-\sin^2\theta)\sin^2\theta\,\mathrm{d}\theta=\frac{\pi}{4},$$

$$\int_0^R r^5\sqrt{R^2-r^2}\mathrm{d}r=R^7\int_0^{\frac{\pi}{2}}\sin^5\theta\cos^2\theta\,\mathrm{d}\theta=\frac{8}{105}R^7,$$

故

$$\iint\limits_{\Sigma}x^2y^2z\mathrm{d}x\mathrm{d}y=-\frac{2\pi}{105}R^7.$$

13.5.3 两类曲面积分之间的关系

设有向曲面 Σ 由方程 $z=z(x,y)$ 给出,Σ 在 xOy 面上的投影区域为 D_{xy},函数 $z=z(x,y)$ 在 D_{xy} 上具有一阶连续偏导数,$R(x,y,z)$ 在 Σ 上连续. 若 Σ 取上侧,则

$$\iint\limits_{\Sigma}R(x,y,z)\mathrm{d}x\mathrm{d}y=\iint\limits_{D_{xy}}R[x,y,z(x,y)]\mathrm{d}x\mathrm{d}y.$$

因上述有向曲面 Σ 的法向量的方向余弦为

$$\cos\alpha=\frac{-z_x}{\sqrt{1+z_x^2+z_y^2}},\ \cos\beta=\frac{-z_y}{\sqrt{1+z_x^2+z_y^2}},\ \cos\gamma=\frac{1}{\sqrt{1+z_x^2+z_y^2}},$$

故由对面积的曲面积分的计算公式有

$$\iint\limits_{\Sigma}R(x,y,z)\cos\gamma\mathrm{d}S=\iint\limits_{D_{xy}}R[x,y,z(x,y)]\mathrm{d}x\mathrm{d}y.$$

所以有
$$\iint_{\Sigma} R(x,y,z)\mathrm{d}x\mathrm{d}y=\iint_{\Sigma} R(x,y,z)\cos\gamma\mathrm{d}S.$$

若 Σ 取下侧，则
$$\iint_{\Sigma} R(x,y,z)\mathrm{d}x\mathrm{d}y=-\iint_{D_{xy}} R[(x,y,z(x,y)]\mathrm{d}x\mathrm{d}y.$$

但此时 $\cos\gamma=\dfrac{-1}{\sqrt{1+z_x^2+z_y^2}}$，故仍有
$$\iint_{\Sigma} R(x,y,z)\mathrm{d}x\mathrm{d}y=\iint_{\Sigma} R(x,y,z)\cos\gamma\mathrm{d}S.$$

类似地，可以得到
$$\iint_{\Sigma} P(x,y,z)\mathrm{d}y\mathrm{d}z=\iint_{\Sigma} P(x,y,z)\cos\alpha\mathrm{d}S,$$
$$\iint_{\Sigma} Q(x,y,z)\mathrm{d}z\mathrm{d}x=\iint_{\Sigma} Q(x,y,z)\cos\beta\mathrm{d}S.$$

合并以上三式可得两类曲面积分之间的关系
$$\iint_{\Sigma} P\mathrm{d}y\mathrm{d}z+Q\mathrm{d}z\mathrm{d}x+R\mathrm{d}x\mathrm{d}y=\iint_{\Sigma}(P\cos\alpha+Q\cos\beta+R\cos\gamma)\mathrm{d}S,$$
其中 $\cos\alpha$, $\cos\beta$, $\cos\gamma$ 为有向曲面 Σ 在点 (x,y,z) 处法向量的方向余弦.

两类曲面积分之间的关系可写成如下向量形式：
$$\iint_{\Sigma}\boldsymbol{A}\cdot\mathrm{d}\boldsymbol{S}=\iint_{\Sigma}\boldsymbol{A}\cdot\boldsymbol{n}\mathrm{d}S$$
或
$$\iint_{\Sigma}\boldsymbol{A}\cdot\mathrm{d}\boldsymbol{S}=\iint_{\Sigma}A_n\mathrm{d}S,$$
其中 $\boldsymbol{A}=(P,Q,R)$，$\boldsymbol{n}=(\cos\alpha,\ \cos\beta,\ \cos\gamma)$ 为有向曲面 Σ 在点 (x,y,z) 处的单位法向量，$\mathrm{d}\boldsymbol{S}=(\mathrm{d}y\mathrm{d}z,\ \mathrm{d}z\mathrm{d}x,\ \mathrm{d}x\mathrm{d}y)$，称为有向曲面元，$A_n$ 为向量 $\boldsymbol{A}$ 在向量 $\boldsymbol{n}$ 上的投影.

例 3　计算曲面积分 $\iint_{\Sigma}(z^2+x)\mathrm{d}y\mathrm{d}z-z\mathrm{d}x\mathrm{d}y$，其中 Σ 是旋转抛物面 $z=\dfrac{1}{2}(x^2+y^2)$ 介于平面 $z=0$ 及 $z=2$ 之间部分的下侧.

解　由两类曲面积分之间的关系，有
$$\iint_{\Sigma}(z^2+x)\mathrm{d}y\mathrm{d}z=\iint_{\Sigma}(z^2+x)\cos\alpha\mathrm{d}S=\iint_{\Sigma}(z^2+x)\ \frac{\cos\alpha}{\cos\gamma}\mathrm{d}x\mathrm{d}y.$$

又因为在曲面 Σ 上点 (x,y,z) 处的法向量的方向余弦为
$$\cos\alpha=\frac{x}{\sqrt{1+x^2+y^2}},\ \cos\gamma=\frac{-1}{\sqrt{1+x^2+y^2}},$$
且 Σ 在 xOy 坐标面上的投影区域 D_{xy} 是由 xOy 上的圆 $x^2+y^2=4$ 围成的区域，

故
$$\iint_{\Sigma}(z^2+x)\mathrm{d}y\mathrm{d}z-z\mathrm{d}x\mathrm{d}y=\iint_{\Sigma}[(z^2+x)(-x)-z]\mathrm{d}x\mathrm{d}y$$
$$=-\iint_{D_{xy}}\left\{\left[\frac{1}{4}(x^2+y^2)^2+x\right](-x)-\frac{1}{2}(x^2+y^2)\right\}\mathrm{d}x\mathrm{d}y.$$
因为
$$\iint_{D_{xy}}\frac{1}{4}x(x^2+y^2)^2\mathrm{d}x\mathrm{d}y=0,$$
所以
$$\iint_{\Sigma}(z^2+x)\mathrm{d}y\mathrm{d}z-z\mathrm{d}x\mathrm{d}y=\iint_{D_{xy}}\left[x^2+\frac{1}{2}(x^2+y^2)\right]\mathrm{d}x\mathrm{d}y$$
$$=\int_0^{2\pi}\mathrm{d}\theta\int_0^2\left(r^2\cos^2\theta+\frac{1}{2}r^2\right)r\mathrm{d}r=8\pi.$$

所给曲面积分为两个曲面积分的组合，若直接计算，需将Σ分别向yOz及xOy面上投影两次，根据所给曲面的特点，它向xOy面投影比较方便. 因此，考虑用两类曲面积分之间的联系，把对坐标y,z的曲面积分转化成对坐标x,y的曲面积分再计算比较方便.

习题 13-5

1. 计算$\iint_{\Sigma}xyz\mathrm{d}x\mathrm{d}y$，$\Sigma$是球面$x^2+y^2+z^2=1$在$x\geqslant 0$，$y\geqslant 0$部分的外侧.

2. 计算$\iint_{\Sigma}xyz\mathrm{d}x\mathrm{d}y$，$\Sigma$是柱面$x^2+z^2=R^2$在$x\geqslant 0$，$y\geqslant 0$两卦限内被平面$y=0$及$y=h$所截下部分的外侧.

3. 计算$\iint_{\Sigma}(y-z)\mathrm{d}y\mathrm{d}z$，$\Sigma$是圆锥面$x^2+y^2=z^2(0\leqslant z\leqslant h)$的外侧.

4. 计算$\oiint_{\Sigma}x\mathrm{d}y\mathrm{d}z+y\mathrm{d}z\mathrm{d}x+z\mathrm{d}x\mathrm{d}y$，$\Sigma$是球面$x^2+y^2+z^2=a^2$的外侧.

5. 把$\oiint_{\Sigma}\frac{x}{r^3}\mathrm{d}y\mathrm{d}z+\frac{y}{r^3}\mathrm{d}z\mathrm{d}x+\frac{z}{r^3}\mathrm{d}x\mathrm{d}y$化成第一类曲面积分并求其值，其中$r=\sqrt{x^2+y^2+z^2}$，$\Sigma$是球面$x^2+y^2+z^2=a^2$的外侧.

13.6 高斯(Gauss)公式　通量与散度

13.6.1 高斯公式

前面给出的格林公式表达了平面闭区域上的二重积分与其边界曲线上的曲线积分之间的关系，下面介绍的高斯公式则给出了空间闭区域上的三重积分与其边界曲面上的曲面积分之间的关系.

定理 1　设空间闭区域 Ω 是由分片光滑的闭曲面 Σ 所围成，函数 $P(x,y,z)$，$Q(x,y,z)$，$R(x,y,z)$ 在 Ω 上具有一阶连续偏导数，则有

$$\iiint_{\Omega}\left(\frac{\partial P}{\partial x}+\frac{\partial Q}{\partial y}+\frac{\partial R}{\partial z}\right)\mathrm{d}v=\oiint_{\Sigma}P\,\mathrm{d}y\mathrm{d}z+Q\mathrm{d}z\mathrm{d}x+R\mathrm{d}x\mathrm{d}y,\tag{1}$$

或

$$\iiint_{\Omega}\left(\frac{\partial P}{\partial x}+\frac{\partial Q}{\partial y}+\frac{\partial R}{\partial z}\right)\mathrm{d}v=\oiint_{\Sigma}(P\cos\alpha+Q\cos\beta+R\cos\gamma)\mathrm{d}S,\tag{1'}$$

这里 Σ 是 Ω 的整个边界曲面的外侧，$\cos\alpha$，$\cos\beta$，$\cos\gamma$ 是 Σ 在点 (x,y,z) 处法向量的方向余弦.

定理中的公式就是著名的高斯公式.

证　由两类曲面积分之间的联系知，式(1) 和式(1′) 等价，因此只要证明式(1) 即可.

设闭区域 Ω 在 xOy 面上的投影区域为 D_{xy}，假定穿过 Ω 内部且平行于 z 轴的直线与 Ω 的边界曲面 Σ 的交点恰好是两个，这样，可设 Σ 由 Σ_1，Σ_2 和 Σ_3 三部分组成(见图 13-20)，其中 Σ_1 和 Σ_2 的方程分别为 $z=z_1(x,y)$，$z=z_2(x,y)$，且 $z_1(x,y)\leqslant z_2(x,y)$，$\Sigma_1$ 取下侧，Σ_2 取上侧；Σ_3 是以 D_{xy} 的边界曲线为准线，母线为平行于 z 轴的柱面的一部分，取外侧.

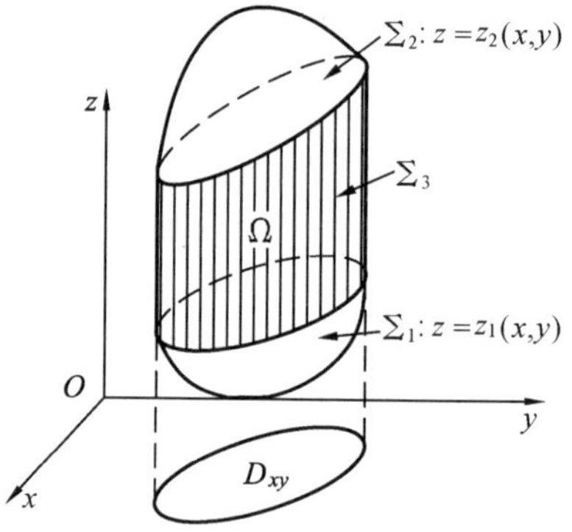

图 13-20

根据三重积分的计算方法，有

$$\iiint_{\Omega}\frac{\partial R}{\partial z}\mathrm{d}v=\iint_{D_{xy}}\left(\int_{z_1(x,y)}^{z_2(x,y)}\frac{\partial R}{\partial z}\mathrm{d}z\right)\mathrm{d}x\mathrm{d}y$$

$$=\iint_{D_{xy}}\{R[x,y,z_2(x,y)]-R[x,y,z_1(x,y)]\}\mathrm{d}x\mathrm{d}y.\tag{2}$$

又根据曲面积分的计算方法，有

$$\iint_{\Sigma_1}R(x,y,z)\mathrm{d}x\mathrm{d}y=-\iint_{D_{xy}}R[x,y,z_1(x,y)]\mathrm{d}x\mathrm{d}y,$$

$$\iint_{\Sigma_2}R(x,y,z)\mathrm{d}x\mathrm{d}y=\iint_{D_{xy}}R[x,y,z_2(x,y)]\mathrm{d}x\mathrm{d}y.$$

因为 Σ_3 上任意一块曲面在 xOy 面上的投影为零，故有

$$\iint_{\Sigma_3}R(x,y,z)\mathrm{d}x\mathrm{d}y=0.$$

从而有

$$\oiint_{\Sigma} R(x,y,z)\mathrm{d}x\mathrm{d}y = \iint_{D_{xy}} \{R[x,y,z_2(x,y)] - R[x,y,z_1(x,y)]\}\mathrm{d}x\mathrm{d}y. \quad (3)$$

比较式(2)和式(3),得

$$\iiint_{\Omega} \frac{\partial R}{\partial z}\mathrm{d}v = \oiint_{\Sigma} R(x,y,z)\mathrm{d}x\mathrm{d}y.$$

若穿过Ω内部且平行于x轴的直线以及平行于y轴的直线与Ω的边界曲面Σ的交点也恰好都是两个,则类似地有

$$\iiint_{\Omega} \frac{\partial P}{\partial x}\mathrm{d}v = \oiint_{\Sigma} P(x,y,z)\mathrm{d}y\mathrm{d}z,$$

$$\iiint_{\Omega} \frac{\partial Q}{\partial y}\mathrm{d}v = \oiint_{\Sigma} Q(x,y,z)\mathrm{d}z\mathrm{d}x.$$

将以上三式相加,可得高斯公式(1).

在上述证明过程中,对空间闭区域Ω作了限制,即穿过Ω内部且平行于坐标轴的直线与Ω的边界曲面Σ的交点恰好是两个,如果Ω不满足这样的条件,可以引进几张辅助曲面把Ω分成有限个闭区域,使得每个闭区域满足上述条件,对每个闭区域使用高斯公式后相加,注意到沿辅助曲面相反两侧的两个曲面积分正好抵消,即可证得高斯公式仍成立.

例 1 计算曲面积分$\oiint_{\Sigma} z\mathrm{d}x\mathrm{d}y + x\mathrm{d}y\mathrm{d}z + y\mathrm{d}z\mathrm{d}x$,其中$\Sigma$为抛物面$z = 1 - x^2 - y^2$及平面$z = 0$所围成的空间闭区域$\Omega$的整个边界曲面的外侧(见图 13-21).

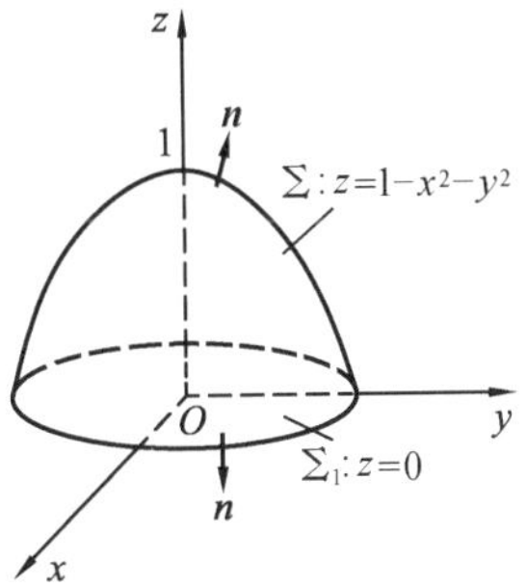

图 13-21

解 由于它是闭曲面上的曲面积分,所以考虑用高斯公式.

令 $P = x,\ Q = y,\ R = z$,则

$$\frac{\partial P}{\partial x} + \frac{\partial Q}{\partial y} + \frac{\partial R}{\partial z} = 3.$$

故由高斯公式有

$$\oiint_{\Sigma} z\mathrm{d}x\mathrm{d}y + x\mathrm{d}y\mathrm{d}z + y\mathrm{d}z\mathrm{d}x = 3\iiint_{\Omega}\mathrm{d}x\mathrm{d}y\mathrm{d}z = 3\int_0^1 r\mathrm{d}r\int_0^{2\pi}\mathrm{d}\theta\int_0^{1-r^2}\mathrm{d}z = \frac{3}{2}\pi.$$

此例说明,沿闭曲面的曲面积分可以利用高斯公式转换成三重积分来计算.

例 2 计算 $I = \iint_{\Sigma} \frac{ax\mathrm{d}y\mathrm{d}z + (z+a)^2\mathrm{d}x\mathrm{d}y}{(x^2+y^2+z^2)^{1/2}}$,其中$\Sigma$为下半球面$z = -\sqrt{a^2 - x^2 - y^2}$的上侧,$a > 0$为常数(见图 13-22).

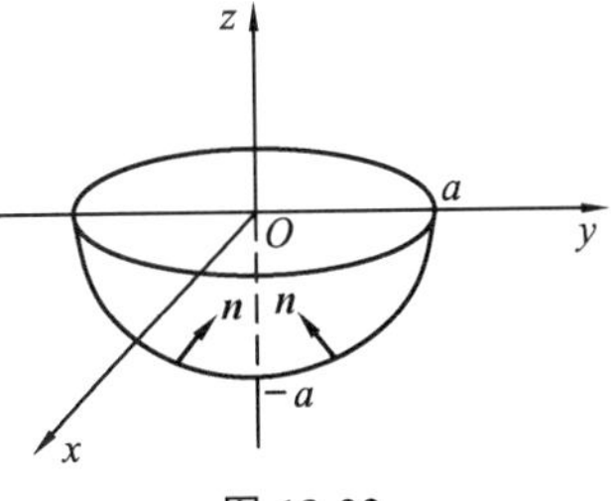

图 13-22

由于Σ非封闭,且被积函数在坐标原点处无定义,不可直接用高斯公式,但对曲面积分来说,

积分区域(曲面)是由积分变量的等式给出,将之代入被积函数可以将其化简.

解　将$\Sigma: x^2+y^2+z^2=a^2$代入被积函数可得

$$I=\frac{1}{a}\iint_{\Sigma} ax\,\mathrm{d}y\mathrm{d}z+(z+a)^2\mathrm{d}x\mathrm{d}y.$$

设$\Sigma_1: z=0,\ x^2+y^2\leqslant a^2$,取下侧;设$\Omega$为由$\Sigma+\Sigma_1$所围成的空间区域,$D_{xy}$为$\Omega$在$xOy$面上的投影$D_{xy}=\{(x,y)\mid x^2+y^2\leqslant a^2\}$,则$\Sigma+\Sigma_1$构成$\Omega$边界曲面的内侧,由高斯公式,有

$$\begin{aligned}I&=\frac{1}{a}\left[\oiint_{\Sigma+\Sigma_1} ax\,\mathrm{d}y\mathrm{d}z+(z+a)^2\mathrm{d}x\mathrm{d}y-\iint_{\Sigma_1} ax\,\mathrm{d}y\mathrm{d}z+(z+a)^2\mathrm{d}x\mathrm{d}y\right]\\&=\frac{1}{a}\left[-\iiint_{\Omega}(3a+2z)\mathrm{d}v+\iint_{D_{xy}}a^2\mathrm{d}x\mathrm{d}y\right]=\frac{1}{a}\left(-2\pi a^4-2\iiint_{\Omega}z\,\mathrm{d}v+\pi a^4\right)\\&=\frac{1}{a}\left(-\pi a^4-2\int_0^{2\pi}\mathrm{d}\theta\int_0^a r\mathrm{d}r\int_{-\sqrt{a^2-r^2}}^{0}z\mathrm{d}z\right)=-\frac{\pi}{2}a^3.\end{aligned}$$

此例说明,可以通过补曲面块的方法把所给曲面积分转化成封闭曲面上的曲面积分,再利用高斯公式化为三重积分进行计算,这是计算曲面积分的一种常用方法.需要注意的是,在所补曲面块上的曲面积分应易于求出,同时这种补的曲面块通常都取成平面块.

例 3　计算$\oiint_{\Sigma} z\,\mathrm{d}x\mathrm{d}y+\frac{1}{x}f\left(\frac{x}{y}\right)\mathrm{d}z\mathrm{d}x+\frac{1}{y}f\left(\frac{x}{y}\right)\mathrm{d}y\mathrm{d}z$,其中$f(u)$具有连续导数,$\Sigma$为$x^2+y^2=4,\ z=2y^2,\ z=0$所围立体的表面,取内侧.

解　设Ω为Σ所围区域,Ω在柱面坐标系下可表示为

$$0\leqslant z\leqslant 2r^2\sin^2\theta, 0\leqslant r\leqslant 2, 0\leqslant\theta\leqslant 2\pi.$$

由高斯公式,有

$$\begin{aligned}&\oiint_{\Sigma} z\,\mathrm{d}x\mathrm{d}y+\frac{1}{x}f\left(\frac{x}{y}\right)\mathrm{d}z\mathrm{d}x+\frac{1}{y}f\left(\frac{x}{y}\right)\mathrm{d}y\mathrm{d}z\\&=-\iiint_{\Omega}\left\{\frac{\partial}{\partial x}\left[\frac{1}{y}f\left(\frac{x}{y}\right)\right]+\frac{\partial}{\partial y}\left[\frac{1}{x}f\left(\frac{x}{y}\right)\right]+\frac{\partial z}{\partial z}\right\}\mathrm{d}v\\&=-\iiint_{\Sigma}\left[\frac{1}{y}f'\left(\frac{x}{y}\right)\cdot\frac{1}{y}+\frac{1}{x}f'\left(\frac{x}{y}\right)\cdot\left(-\frac{x}{y^2}\right)+1\right]\mathrm{d}v\\&=-\iiint_{\Omega}\mathrm{d}v=-\int_0^{2\pi}\mathrm{d}\theta\int_0^2 r\mathrm{d}r\int_0^{2r^2\sin^2\theta}\mathrm{d}z=-8\pi.\end{aligned}$$

例 4　设函数$u(x,y,z)$和$v(x,y,z)$在闭区域Ω上具有一阶及二阶连续偏导数,证明

$$\iiint_{\Omega}u\Delta v\mathrm{d}x\mathrm{d}y\mathrm{d}z=\oiint_{\Sigma}u\frac{\partial v}{\partial n}\mathrm{d}S-\iiint_{\Omega}\left(\frac{\partial u}{\partial x}\frac{\partial v}{\partial x}+\frac{\partial u}{\partial y}\frac{\partial v}{\partial y}+\frac{\partial u}{\partial z}\frac{\partial v}{\partial z}\right)\mathrm{d}x\mathrm{d}y\mathrm{d}z,$$

其中 Σ 是闭区域 Ω 的整个边界曲面，$\frac{\partial v}{\partial n}$为函数 $v(x,y,z)$沿 Σ 的外法线方向的方向导数，符号 $\Delta=\frac{\partial^2}{\partial x^2}+\frac{\partial^2}{\partial y^2}+\frac{\partial^2}{\partial z^2}$一般被称为拉普拉斯（Laplace）算子$\left(\text{即 } \Delta v=\frac{\partial^2 v}{\partial x^2}+\frac{\partial^2 v}{\partial y^2}+\frac{\partial^2 v}{\partial z^2}\right)$，这个公式称为格林第一公式.

证 因为方向导数

$$\frac{\partial v}{\partial n}=\frac{\partial v}{\partial x}\cos\alpha+\frac{\partial v}{\partial y}\cos\beta+\frac{\partial v}{\partial z}\cos\gamma,$$

其中 $\cos\alpha$，$\cos\beta$，$\cos\gamma$ 为 Σ 在点(x,y,z)处的外法线向量的方向余弦，于是曲面积分

$$\begin{aligned}\oiint_{\Sigma}u\,\frac{\partial v}{\partial n}\mathrm{d}S&=\oiint_{\Sigma}u\left(\frac{\partial v}{\partial x}\cos\alpha+\frac{\partial v}{\partial y}\cos\beta+\frac{\partial v}{\partial z}\cos\gamma\right)\mathrm{d}S\\&=\oiint_{\Sigma}\left[\left(u\,\frac{\partial v}{\partial x}\right)\cos\alpha+\left(u\,\frac{\partial v}{\partial y}\right)\cos\beta+\left(u\,\frac{\partial v}{\partial z}\right)\cos\gamma\right]\mathrm{d}S.\end{aligned}$$

利用高斯公式，得

$$\begin{aligned}\oiint_{\Sigma}u\,\frac{\partial v}{\partial n}\mathrm{d}S&=\iiint_{\Omega}\left[\frac{\partial}{\partial x}\left(u\,\frac{\partial v}{\partial x}\right)+\frac{\partial}{\partial y}\left(u\,\frac{\partial v}{\partial y}\right)+\frac{\partial}{\partial z}\left(u\,\frac{\partial v}{\partial z}\right)\right]\mathrm{d}x\mathrm{d}y\mathrm{d}z\\&=\iiint_{\Omega}u\,\Delta v\mathrm{d}x\mathrm{d}y\mathrm{d}z+\iiint_{\Omega}\left(\frac{\partial u}{\partial x}\,\frac{\partial v}{\partial x}+\frac{\partial u}{\partial y}\,\frac{\partial v}{\partial y}+\frac{\partial u}{\partial z}\,\frac{\partial v}{\partial z}\right)\mathrm{d}x\mathrm{d}y\mathrm{d}z,\end{aligned}$$

移项即得所要证明的等式.

*13.6.2 沿任意闭曲面的曲面积分为零的条件

在曲线积分中，在一定条件下，曲线积分只和积分曲线的起点、终点有关，和由 A 到 B 的路径无关. 对这类曲线积分可以更换由 A 到 B 的路径，使得积分简化，并且解决了一类微分方程的求解问题. 对于曲面积分 $\iint_{\Sigma}P\mathrm{d}y\mathrm{d}z+Q\mathrm{d}z\mathrm{d}x+R\mathrm{d}x\mathrm{d}y$ 会提出类似的问题，即在什么条件下，曲面积分只和曲面 Σ 的边界曲线有关而与曲面 Σ 无关，或者说沿任意闭曲面的曲面积分为零？为此首先介绍空间单连通区域的概念.

对空间区域 G，若 G 内任一闭曲面所围成的区域全属于 G，则称 G 是空间二维单连通区域；若 G 内任一闭曲线总可以张成一片完全属于 G 的曲面，则称 G 是空间一维单连通区域. 例如球面所围成的区域既是空间二维单连通的，又是空间一维单连通的；环面所围成的区域是空间二维单连通的，但不是空间一维单连通的；两个同心球面之间的区域是空间一维单连通的，但不是空间二维单连通的.

定理 2 设 G 是空间二维单连通区域，$P(x,y,z)$，$Q(x,y,z)$，$R(x,y,z)$ 在 G 内具有一阶连续偏导数，则曲面积分

$$\iint_{\Sigma} P\,\mathrm{d}y\mathrm{d}z + Q\mathrm{d}z\mathrm{d}x + R\mathrm{d}x\mathrm{d}y$$

在 G 内与所取曲面 Σ 无关而只取决于 Σ 的边界曲线(或沿 G 内任一闭曲面的曲面积分为零)的充分必要条件是

$$\frac{\partial P}{\partial x}+\frac{\partial Q}{\partial y}+\frac{\partial R}{\partial z}=0$$

在 G 内恒成立.

证明从略.

13.6.3 通量与散度

下面来解释高斯公式

$$\iiint_{\Omega}\left(\frac{\partial P}{\partial x}+\frac{\partial Q}{\partial y}+\frac{\partial R}{\partial z}\right)\mathrm{d}v = \oint\!\!\!\oint_{\Sigma} P\,\mathrm{d}y\mathrm{d}z + Q\mathrm{d}z\mathrm{d}x + R\mathrm{d}x\mathrm{d}y$$

的物理意义.

设稳定流动的不可压缩流体(假定 $\rho=1$)的流速场由

$$\boldsymbol{v}(x,y,z)=P(x,y,z)\boldsymbol{i}+Q(x,y,z)\boldsymbol{j}+R(x,y,z)\boldsymbol{k}$$

给出，其中 P,Q,R 具有一阶连续偏导数，Σ 是速度场中一片有向曲面，又

$$\boldsymbol{n}=\cos\alpha\boldsymbol{i}+\cos\beta\boldsymbol{j}+\cos\gamma\boldsymbol{k}$$

是 Σ 在点 (x,y,z) 处的单位法向量，则单位时间内流体经过 Σ 流向指定侧的流体总质量 Φ 可用曲面积分表示为

$$\begin{aligned}\Phi &= \iint_{\Sigma} P\,\mathrm{d}y\mathrm{d}z + Q\mathrm{d}z\mathrm{d}x + R\mathrm{d}x\mathrm{d}y = \iint_{\Sigma}(P\cos\alpha+Q\cos\beta+R\cos\gamma)\mathrm{d}S\\ &= \iint_{\Sigma}\boldsymbol{v}\cdot\boldsymbol{n}\mathrm{d}S = \iint_{\Sigma} v_n\mathrm{d}S,\end{aligned}$$

其中 $v_n=\boldsymbol{v}\cdot\boldsymbol{n}=P\cos\alpha+Q\cos\beta+R\cos\gamma$ 表示流体的速度向量 $\boldsymbol{v}$ 在有向曲面 Σ 的法向量上的投影. 如果 Σ 是高斯公式中闭区域 Ω 的边界曲面的外侧，那么公式右端可解释为单位时间内离开闭区域 Ω 的流体的总质量. 由于假定流体是不可压缩的，且流动是稳定的，因此在流体离开 Ω 的同时，Ω 内部必须有产生流体的“源头”产生出同样多的流体来进行补充. 因此，高斯公式左端可解释为分布在 Ω 内的源头在单位时间内产生的流体的总质量.

为简便起见，把高斯公式改写为

$$\iiint_{\Omega}\left(\frac{\partial P}{\partial x}+\frac{\partial Q}{\partial y}+\frac{\partial R}{\partial z}\right)\mathrm{d}v = \oint\!\!\!\oint_{\Sigma} v_n\mathrm{d}S.$$

以闭区域 Ω 的体积 V 除上式两端，得

$$\frac{1}{V}\iiint_{\Omega}\left(\frac{\partial P}{\partial x}+\frac{\partial Q}{\partial y}+\frac{\partial R}{\partial z}\right)\mathrm{d}v=\frac{1}{V}\oint\!\!\!\oint_{\Sigma}v_n\,\mathrm{d}S.$$

上式左端表示 Ω 内的源头在单位时间单位体积内所产生的流体质量的平均值，应用积分中值定理有

$$\left(\frac{\partial P}{\partial x}+\frac{\partial Q}{\partial y}+\frac{\partial R}{\partial z}\right)\bigg|_{(\xi,\eta,\zeta)}=\frac{1}{V}\oint\!\!\!\oint_{\Sigma}v_n\,\mathrm{d}S,$$

这里 (ξ,η,ζ) 是 Ω 内的某个点，令 Ω 缩向一点 $M(x,y,z)$，取上式极限，得

$$\frac{\partial P}{\partial x}+\frac{\partial Q}{\partial y}+\frac{\partial R}{\partial z}=\lim_{\Omega\to M}\frac{1}{V}\oint\!\!\!\oint_{\Sigma}v_n\,\mathrm{d}S.$$

上式左端称为 $\boldsymbol{v}$ 在点 (x,y,z) 处的散度，记作 $\operatorname{div}\boldsymbol{v}$，即

$$\operatorname{div}\boldsymbol{v}=\frac{\partial P}{\partial x}+\frac{\partial Q}{\partial y}+\frac{\partial R}{\partial z},$$

$\operatorname{div}\boldsymbol{v}$ 在这里可看作稳定流动的不可压缩流体在点 M 的源头强度——在单位时间单位体积内所产生流体的质量. 如果 $\operatorname{div}\boldsymbol{v}$ 为负，表示点 M 处流体在消失，那么认为点 M 处具有吸收流体的"渊".

一般地，设某向量场由

$$\boldsymbol{A}(x,y,z)=P(x,y,z)\boldsymbol{i}+Q(x,y,z)\boldsymbol{j}+R(x,y,z)\boldsymbol{k}$$

给出，其中 P,Q,R 具有一阶连续偏导数，Σ 是场内一片有向曲面，$\boldsymbol{n}$ 是 Σ 在点 (x,y,z) 处的单位法向量，则 $\iint_{\Sigma}\boldsymbol{A}\cdot\boldsymbol{n}\,\mathrm{d}S$ 称作向量场 $\boldsymbol{A}$ 通过曲面 Σ 向着指定侧的通量（或流量），而 $\frac{\partial P}{\partial x}+\frac{\partial Q}{\partial y}+\frac{\partial R}{\partial z}$ 称为向量场 $\boldsymbol{A}$ 的散度，记作 $\operatorname{div}\boldsymbol{A}$，即

$$\operatorname{div}\boldsymbol{A}=\frac{\partial P}{\partial x}+\frac{\partial Q}{\partial y}+\frac{\partial R}{\partial z}.$$

高斯公式可写成

$$\iiint_{\Omega}\operatorname{div}\boldsymbol{A}\,\mathrm{d}v=\oint\!\!\!\oint_{\Sigma}A_n\,\mathrm{d}S,$$

其中 Σ 是空间闭区域 Ω 的边界曲面，而

$$A_n=\boldsymbol{A}\cdot\boldsymbol{n}=P\cos\alpha+Q\cos\beta+R\cos\gamma$$

是向量 $\boldsymbol{A}$ 在曲面 Σ 的外侧法向量上的投影.

习题 13-6

1. 利用高斯公式计算 $\oint\!\!\!\oint_{\Sigma}x^3\,\mathrm{d}y\mathrm{d}z+y^3\,\mathrm{d}z\mathrm{d}x+z^3\,\mathrm{d}x\mathrm{d}y$，其中 Σ 是球面 $x^2+y^2+z^2=R^2$ 的外侧.

2. 利用高斯公式计算$\oiint\limits_{\Sigma} y\mathrm{d}y\mathrm{d}z + x\mathrm{d}z\mathrm{d}x + z^2\mathrm{d}x\mathrm{d}y$，其中$\Sigma$是$x^2+y^2+(z-a)^2=a^2$ $(z\geqslant a>0)$及$z^2=x^2+y^2$所围成的区域的外侧表面.

3. 计算$\oiint\limits_{\Sigma} x^2z\mathrm{d}x\mathrm{d}y + x^2y\mathrm{d}x\mathrm{d}z + x^3\mathrm{d}y\mathrm{d}z$，$\Sigma$为$x^2+y^2=a^2$，$z=0$，$z=b\,(b>0)$所围立体表面的外侧.

4. 计算$\oiint\limits_{\Sigma} x^2z\mathrm{d}y\mathrm{d}z$，$\Sigma$是第一卦限中由$z=x^2+y^2$，$x^2+y^2=1$和坐标面所围立体的表面外侧.

5. 计算$\oiint\limits_{\Sigma} xz^2\mathrm{d}y\mathrm{d}z + (x^2y-z^3)\mathrm{d}z\mathrm{d}x + (2xy+y^2z)\mathrm{d}x\mathrm{d}y$，$\Sigma$是立体$0\leqslant z\leqslant\sqrt{a^2-x^2-y^2}$的表面的外侧.

6. 求$\oiint\limits_{\Sigma} 4zx\mathrm{d}y\mathrm{d}z - 2yz\mathrm{d}z\mathrm{d}x + (z-z^2)\mathrm{d}x\mathrm{d}y$，其中$\Sigma$为曲线$z=\mathrm{e}^x\,(0\leqslant x\leqslant 2)$绕$z$轴旋转一周所成曲面与平面$z=\mathrm{e}^2$所围成立体的表面外侧.

7. 计算$\oiint\limits_{\Sigma} 4xz\mathrm{d}y\mathrm{d}z + xyz^2\mathrm{d}z\mathrm{d}x + 3z\mathrm{d}x\mathrm{d}y$，其中$\Sigma$是由$z^2=x^2+y^2$和$z=4$围成，取外侧.

13.7　斯托克斯(Stokes)公式　环流量与旋度

13.7.1　斯托克斯公式

斯托克斯公式是格林公式的推广，格林公式表达了平面闭区域上的二重积分与其边界曲线上的曲线积分之间的关系，而斯托克斯公式则把曲面Σ上的曲面积分与沿着Σ的边界曲线的曲线积分联系起来.

定理 1　设Γ为分段光滑的空间有向闭曲线，Σ是以Γ为边界的分片光滑的有向曲面. Γ的正向与Σ的侧向符合右手定则，函数$P(x,y,z)$，$Q(x,y,z)$，$R(x,y,z)$在曲面Σ(连同边界Γ)上具有一阶连续偏导数，则有

$$\iint\limits_{\Sigma}\left(\frac{\partial R}{\partial y}-\frac{\partial Q}{\partial z}\right)\mathrm{d}y\mathrm{d}z+\left(\frac{\partial P}{\partial z}-\frac{\partial R}{\partial x}\right)\mathrm{d}z\mathrm{d}x+\left(\frac{\partial Q}{\partial x}-\frac{\partial P}{\partial y}\right)\mathrm{d}x\mathrm{d}y$$
$$=\oint_{\Gamma}P\mathrm{d}x+Q\mathrm{d}y+R\mathrm{d}z. \tag{1}$$

公式(1)称为斯托克斯公式.

证　假定Σ与平行于z轴的直线相交不多于一点，并设Σ为曲面$z=f(x,y)$的上侧，Σ的正向边界曲线Γ在xOy面上的投影为平面有向曲线C，C所围平面的闭区域记为D_{xy}(见图 13-23).

设法把曲面积分

$$\iint_{\Sigma}\frac{\partial P}{\partial z}\mathrm{d}z\mathrm{d}x-\frac{\partial P}{\partial y}\mathrm{d}x\mathrm{d}y$$

化为闭区域 D_{xy} 上的二重积分，然后通过格林公式使它与曲线积分相联系.

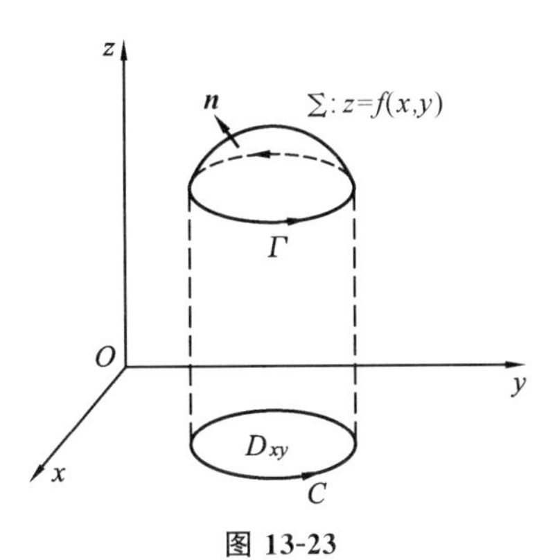

图 13-23

根据两类曲面积分之间的关系，有

$$\iint_{\Sigma}\frac{\partial P}{\partial z}\mathrm{d}z\mathrm{d}x-\frac{\partial P}{\partial y}\mathrm{d}x\mathrm{d}y=\iint_{\Sigma}\left(\frac{\partial P}{\partial z}\cos\beta-\frac{\partial P}{\partial y}\cos\gamma\right)\mathrm{d}S. \tag{2}$$

而有向曲面 Σ 的法向量的方向余弦为

$$\cos\alpha=\frac{-f_x}{\sqrt{1+f_x^2+f_y^2}},\ \cos\beta=\frac{-f_y}{\sqrt{1+f_x^2+f_y^2}},\ \cos\gamma=\frac{1}{\sqrt{1+f_x^2+f_y^2}}.$$

因此，$\cos\beta=-f_y\cos\gamma$，代入式(2) 即得

$$\iint_{\Sigma}\frac{\partial P}{\partial z}\mathrm{d}z\mathrm{d}x-\frac{\partial P}{\partial y}\mathrm{d}x\mathrm{d}y=-\iint_{\Sigma}\left(\frac{\partial P}{\partial y}+\frac{\partial P}{\partial z}f_y\right)\cos\gamma\mathrm{d}S=-\iint_{\Sigma}\left(\frac{\partial P}{\partial y}+\frac{\partial P}{\partial z}f_y\right)\mathrm{d}x\mathrm{d}y. \tag{3}$$

上式右端的曲面积分化为二重积分时，应把 $P(x,y,z)$ 中的 z 用 $f(x,y)$ 来代替.

由复合函数的微分法，有

$$\frac{\partial}{\partial y}P[x,y,f(x,y)]=\frac{\partial P}{\partial y}+\frac{\partial P}{\partial z}f_y,$$

所以，式(3) 可写为

$$\iint_{\Sigma}\frac{\partial P}{\partial z}\mathrm{d}z\mathrm{d}x-\frac{\partial P}{\partial y}\mathrm{d}x\mathrm{d}y=-\iint_{D_{xy}}\frac{\partial}{\partial y}P[x,y,f(x,y)]\mathrm{d}x\mathrm{d}y.$$

根据格林公式，上式右端的二重积分可化为沿闭区域 D_{xy} 的边界曲线 C 的曲线积分，即

$$-\iint_{D_{xy}}\frac{\partial}{\partial y}P[x,y,f(x,y)]\mathrm{d}x\mathrm{d}y=\oint_{C}P[x,y,f(x,y)]\mathrm{d}x,$$

于是

$$\iint_{\Sigma}\frac{\partial P}{\partial z}\mathrm{d}z\mathrm{d}x-\frac{\partial P}{\partial y}\mathrm{d}x\mathrm{d}y=\oint_{C}P[x,y,f(x,y)]\mathrm{d}x.$$

因为函数 $P[x,y,f(x,y)]$ 在曲线 C 上点 (x,y) 处的值与函数 $P(x,y,z)$ 在曲线 Γ 上对应点 (x,y,z) 处的值是一样的，并且两曲线上的对应小弧段在 x 轴上的投影也一样，根据曲线积分的定义，上式右端的曲线积分等于曲线 Γ 上的曲线积分 $\int_{\Gamma}P(x,y,z)\mathrm{d}x$. 因此，有

$$\iint_{\Sigma}\frac{\partial P}{\partial z}\mathrm{d}z\mathrm{d}x-\frac{\partial P}{\partial y}\mathrm{d}x\mathrm{d}y=\oint_{\Gamma}P(x,y,z)\mathrm{d}x. \tag{4}$$

如果 Σ 取下侧，Γ 也相应地取成相反方向，那么上式两端同时改变符号，故公

式(4)仍然成立.

若曲面与平行于 z 轴的直线的交点多于一个,则可作辅助曲线把曲面分成几部分,然后分别应用斯托克斯公式并相加,因为辅助曲线上的方向相反的两个积分恰好抵消,所以仍有上述公式成立.

类似地,可证得

$$\iint_{\Sigma}\frac{\partial Q}{\partial x}\mathrm{d}x\mathrm{d}y-\frac{\partial Q}{\partial z}\mathrm{d}y\mathrm{d}z=\oint_{\Gamma}Q(x,y,z)\mathrm{d}y,$$

$$\iint_{\Sigma}\frac{\partial R}{\partial y}\mathrm{d}y\mathrm{d}z-\frac{\partial R}{\partial x}\mathrm{d}z\mathrm{d}x=\oint_{\Gamma}R(x,y,z)\mathrm{d}z.$$

三式相加即得斯托克斯公式.

为了便于记忆,可以利用行列式的记号把斯托克斯公式写成

$$\iint_{\Sigma}\begin{vmatrix}\mathrm{d}y\mathrm{d}z & \mathrm{d}z\mathrm{d}x & \mathrm{d}x\mathrm{d}y\\ \dfrac{\partial}{\partial x} & \dfrac{\partial}{\partial y} & \dfrac{\partial}{\partial z}\\ P & Q & R\end{vmatrix}=\oint_{\Gamma}P\mathrm{d}x+Q\mathrm{d}y+R\mathrm{d}z,$$

把行列式按第一行展开,并把 $\dfrac{\partial}{\partial y}$ 与 R 的"积"理解为 $\dfrac{\partial R}{\partial y}$, $\dfrac{\partial}{\partial z}$ 与 Q 的"积"理解为 $\dfrac{\partial Q}{\partial z}$,其他类似,则该行列式等于

$$\left(\frac{\partial R}{\partial y}-\frac{\partial Q}{\partial z}\right)\mathrm{d}y\mathrm{d}z+\left(\frac{\partial P}{\partial z}-\frac{\partial R}{\partial x}\right)\mathrm{d}z\mathrm{d}x+\left(\frac{\partial Q}{\partial x}-\frac{\partial P}{\partial y}\right)\mathrm{d}x\mathrm{d}y,$$

恰好是斯托克斯公式左端的被积表达式.

利用两类曲面积分之间的联系,可得斯托克斯公式的另一形式:

$$\iint_{\Sigma}\begin{vmatrix}\cos\alpha & \cos\beta & \cos\gamma\\ \dfrac{\partial}{\partial x} & \dfrac{\partial}{\partial y} & \dfrac{\partial}{\partial z}\\ P & Q & R\end{vmatrix}\mathrm{d}S=\oint_{\Gamma}P\mathrm{d}x+Q\mathrm{d}y+R\mathrm{d}z,$$

其中 $(\cos\alpha,\ \cos\beta,\ \cos\gamma)=\boldsymbol{n}$ 为有向曲面 Σ 在点 (x,y,z) 处的单位法向量.

如果 Σ 是 xOy 面上的一块平面闭区域,斯托克斯公式就变成了格林公式.因此,格林公式是斯托克斯公式的一个特殊情形.

例 1　利用斯托克斯公式计算曲线积分 $\oint_{\Gamma}(y^2-z^2)\mathrm{d}x+(z^2-x^2)\mathrm{d}y+(x^2-y^2)\mathrm{d}z$,其中 Γ 为平面 $x+y+z=1$ 被三个坐标面所截得的三角形的整个边界,它的正向与这个三角形上侧的法向量之间符合右手定则(见图 13-24).

解　Σ 位于平面 $x+y+z=1$ 上,其法向量的三个方向余弦均为 $\dfrac{1}{\sqrt{3}}$,容易得到

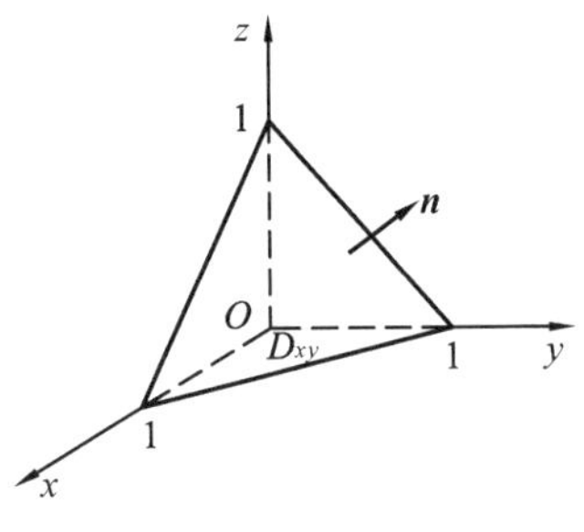

图 13-24

Σ 的面积为$\frac{\sqrt{3}}{2}$,由斯托克斯公式有

$$\oint_{\Gamma}(y^2-z^2)\mathrm{d}x+(z^2-x^2)\mathrm{d}y+(x^2-y^2)\mathrm{d}z$$

$$=\iint_{\Sigma}\begin{vmatrix}\cos\alpha & \cos\beta & \cos\gamma\\ \frac{\partial}{\partial x} & \frac{\partial}{\partial y} & \frac{\partial}{\partial z}\\ y^2-z^2 & z^2-x^2 & x^2-y^2\end{vmatrix}\mathrm{d}S$$

$$=-2\iint_{\Sigma}[(y+z)\cos\alpha+(x+z)\cos\beta+(x+y)\cos\gamma]\mathrm{d}S$$

$$=-\frac{4}{\sqrt{3}}\iint_{\Sigma}(x+y+z)\mathrm{d}S=-\frac{4}{\sqrt{3}}\iint_{\Sigma}\mathrm{d}S=-2.$$

例 2 计算曲线积分$\oint_{\Gamma}z^3\mathrm{d}x+x^3\mathrm{d}y+y^3\mathrm{d}z$,其中$\Gamma$是$z=2(x^2+y^2)$与$z=3-x^2-y^2$的交线,从$z$轴正向看去,$\Gamma$为逆时针方向.

解法 1 直接计算曲线积分.

Γ的参数方程为$x=\cos t,y=\sin t,z=2,t$从 0 到 2π.

所以有

$$\oint_{\Gamma}z^3\mathrm{d}x+x^3\mathrm{d}y+y^3\mathrm{d}z=\int_0^{2\pi}[8(-\sin t)+\cos^4 t+0]\mathrm{d}t$$

$$=\int_0^{2\pi}\cos^4 t\mathrm{d}t=4\int_0^{\frac{\pi}{2}}\cos^4 t\mathrm{d}t=\frac{3}{4}\pi.$$

解法 2 应用斯托克斯公式计算.

这里 $P=z^3,Q=x^3,R=y^3$,则

$$\oint_{\Gamma}z^3\mathrm{d}x+x^3\mathrm{d}y+y^3\mathrm{d}z=\iint_{\Sigma}3y^2\mathrm{d}y\mathrm{d}x+3z^2\mathrm{d}z\mathrm{d}x+3x^2\mathrm{d}x\mathrm{d}y,$$

其中Σ是以Γ为边界曲线的任意曲面的上侧,为便于计算,取Σ为平面:$z=2$,$x^2+y^2\leqslant 1$,以上侧为正侧.

显然,Σ在坐标面yOz,zOx上的投影面积都为零,即得

$$\iint_{\Sigma}3y^2\mathrm{d}y\mathrm{d}z=0,\iint_{\Sigma}3z^2\mathrm{d}z\mathrm{d}x=0,$$

$$\oint_{\Gamma}z^3\mathrm{d}x+x^3\mathrm{d}y+y^3\mathrm{d}z=\iint_{\Sigma}3x^2\mathrm{d}y\mathrm{d}x=3\iint_{x^2+y^2\leqslant 1}x^2\mathrm{d}y\mathrm{d}x$$

$$=3\int_0^{2\pi}\mathrm{d}\theta\int_0^1 r^3\cos^2\theta\mathrm{d}r=\frac{3}{4}\pi.$$

*13.7.2 空间曲线积分与路径无关的条件

前面应用格林公式得到了平面曲线积分与路径无关的条件,类似地利用斯托

克斯公式可以推得空间曲线积分与路径无关的条件，即有如下定理：

定理 2　设空间区域 G 是一维单连通域，函数 $P(x,y,z)$，$Q(x,y,z)$，$R(x,y,z)$ 在 G 内具有一阶连续偏导数，则空间曲线积分 $\int_{\Gamma} P\mathrm{d}x + Q\mathrm{d}y + R\mathrm{d}z$ 在 G 内与路径无关（或沿 G 内任意闭曲线的曲线积分为零）的充分必要条件是

$$\frac{\partial P}{\partial y} = \frac{\partial Q}{\partial x},\frac{\partial Q}{\partial z} = \frac{\partial R}{\partial y},\frac{\partial R}{\partial x} = \frac{\partial P}{\partial z}$$

在 G 内恒成立.

这里证明从略.

应用定理 2 可得到如下结果：

定理 3　设空间区域 G 是一维单连通域，函数 $P(x,y,z)$，$Q(x,y,z)$，$R(x,y,z)$ 在 G 内具有一阶连续偏导数，则表达式 $P\mathrm{d}x + Q\mathrm{d}y + R\mathrm{d}z$ 在内 G 成为某一函数 $u(x,y,z)$ 的全微分的充分必要条件是 $\frac{\partial P}{\partial y} = \frac{\partial Q}{\partial x},\frac{\partial Q}{\partial z} = \frac{\partial R}{\partial y},\frac{\partial R}{\partial x} = \frac{\partial P}{\partial z}$ 在 G 内恒成立；且当条件满足时，函数

$$u(x,y,z) = \int_{(x_0,y_0,z_0)}^{(x,y,z)} P\mathrm{d}x + Q\mathrm{d}y + R\mathrm{d}z,$$

或用定积分表示为

$$u(x,y,z) = \int_{x_0}^{x} P(x,y_0,z_0)\mathrm{d}x + \int_{y_0}^{y} Q(x,y,z_0)\mathrm{d}y + \int_{z_0}^{z} R(x,y,z)\mathrm{d}z,$$

其中 $M_0(x_0,y_0,z_0)$ 为 G 内某一点，点 $M(x,y,z) \in G$.

13.7.3　环流量与旋度

设斯托克斯公式中有向曲面 Σ 在点 (x,y,z) 处的单位法向量

$$\boldsymbol{n} = \cos\alpha\boldsymbol{i} + \cos\beta\boldsymbol{j} + \cos\gamma\boldsymbol{k},$$

而 Σ 的正向边界曲线 Γ 在点 (x,y,z) 处的单位切向量

$$\boldsymbol{\tau} = \cos\lambda\boldsymbol{i} + \cos\mu\boldsymbol{j} + \cos\nu\boldsymbol{k},$$

则斯托克斯公式可用对面积的曲面积分及对弧长的曲线积分表示为

$$\iint_{\Sigma}\left[\left(\frac{\partial R}{\partial y} - \frac{\partial Q}{\partial z}\right)\cos\alpha + \left(\frac{\partial P}{\partial z} - \frac{\partial R}{\partial x}\right)\cos\beta + \left(\frac{\partial Q}{\partial x} - \frac{\partial P}{\partial y}\right)\cos\gamma\right]\mathrm{d}S$$
$$= \oint_{\Gamma}(P\cos\lambda + Q\cos\mu + R\cos\nu)\mathrm{d}S. \tag{5}$$

设有向量场

$$\boldsymbol{A}(x,y,z) = P(x,y,z)\boldsymbol{i} + Q(x,y,z)\boldsymbol{j} + R(x,y,z)\boldsymbol{k},$$

设另一向量 $\boldsymbol{B}$ 与向量场 $\boldsymbol{A}$ 的各分量有如下关系：

$$\boldsymbol{B}=\left(\frac{\partial R}{\partial y}-\frac{\partial Q}{\partial z}\right)\boldsymbol{i}+\left(\frac{\partial P}{\partial z}-\frac{\partial R}{\partial x}\right)\boldsymbol{j}+\left(\frac{\partial Q}{\partial x}-\frac{\partial P}{\partial y}\right)\boldsymbol{k},$$

则称向量 $\boldsymbol{B}$ 为向量场 $\mathbf{A}$ 的旋度，记作 $\mathbf{rot\ A}$，即

$$\boldsymbol{B}=\mathbf{rot\ A}=\left(\frac{\partial R}{\partial y}-\frac{\partial Q}{\partial z}\right)\boldsymbol{i}+\left(\frac{\partial P}{\partial z}-\frac{\partial R}{\partial x}\right)\boldsymbol{j}+\left(\frac{\partial Q}{\partial x}-\frac{\partial P}{\partial y}\right)\boldsymbol{k}. \tag{6}$$

斯托克斯公式则可写成向量形式

$$\iint_{\Sigma}\mathbf{rot\ A}\cdot\boldsymbol{n}\mathrm{d}S=\oint_{\Gamma}\mathbf{A}\cdot\boldsymbol{\tau}\mathrm{d}S$$

或

$$\iint_{\Sigma}(\mathbf{rot\ A})_n\mathrm{d}S=\oint_{\Gamma}A_{\tau}\mathrm{d}S, \tag{7}$$

其中 $(\mathbf{rot\ A})_n=\mathbf{rot\ A}\cdot\boldsymbol{n}=\left(\frac{\partial R}{\partial y}-\frac{\partial Q}{\partial z}\right)\cos\alpha+\left(\frac{\partial P}{\partial z}-\frac{\partial R}{\partial x}\right)\cos\beta+\left(\frac{\partial Q}{\partial x}-\frac{\partial P}{\partial y}\right)\cos\gamma$

为 $\mathbf{rot\ A}$ 在 Σ 的法向量上的投影，而

$$A_{\tau}=\mathbf{A}\cdot\boldsymbol{\tau}=P\cos\lambda+Q\cos\mu+R\cos\nu$$

为向量 $\mathbf{A}$ 在 Γ 的切向量上的投影.

沿有向闭曲线 Γ 的曲线积分

$$\oint_{\Gamma}P\mathrm{d}x+Q\mathrm{d}y+R\mathrm{d}z=\oint_{\Gamma}A_{\tau}\mathrm{d}S$$

称为向量场 $\mathbf{A}$ 沿有向闭曲线 Γ 的环流量. 斯托克斯公式可解释为：向量场 $\mathbf{A}$ 沿有向闭曲线 Γ 的环流量等于向量场 $\mathbf{A}$ 的旋度场通过 Γ 所张的曲面 Σ 的通量. 这里 Γ 的正向与 Σ 的侧应符合右手定则.

为了便于记忆，$\mathbf{rot\ A}$ 可表示为

$$\mathbf{rot\ A}=\begin{vmatrix}\boldsymbol{i} & \boldsymbol{j} & \boldsymbol{k}\\ \frac{\partial}{\partial x} & \frac{\partial}{\partial y} & \frac{\partial}{\partial z}\\ P & Q & R\end{vmatrix}.$$

下面从力学角度对 $\mathbf{rot\ A}$ 的含义作些解释.

设有刚体绕定轴 I 转动，角速度为 $\boldsymbol{\omega}$，M 为刚体内任意一点，在定轴 I 上任取一点 O 为坐标原点，作空间直角坐标系，使 z 轴与定轴 I 重合，则 $\boldsymbol{\omega}=\omega\boldsymbol{k}$，而点 M 可用向量 $\boldsymbol{r}=\overrightarrow{OM}=(x,y,z)$ 来确定. 由力学知，点 M 的线速度 $\boldsymbol{v}$ 可表示为

$$\boldsymbol{v}=\boldsymbol{\omega}\times\boldsymbol{r}=\begin{vmatrix}\boldsymbol{i} & \boldsymbol{j} & \boldsymbol{k}\\ 0 & 0 & \omega\\ x & y & z\end{vmatrix}=(-\omega y,\ \omega x,\ 0).$$

而

$$\mathbf{rot}\ \boldsymbol{v}=\begin{vmatrix}\boldsymbol{i} & \boldsymbol{j} & \boldsymbol{k}\\ \frac{\partial}{\partial x} & \frac{\partial}{\partial y} & \frac{\partial}{\partial z}\\ -\omega y & \omega x & 0\end{vmatrix}=(0,0,2\omega)=2\boldsymbol{\omega}.$$

从速度场 $\boldsymbol{v}$ 的旋度与旋转角速度的这个关系，可见“旋度”这一名词的由来.

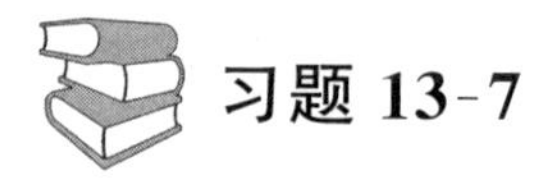

习题 13-7

1. 计算$\oint_{\Gamma} y\mathrm{d}x+z\mathrm{d}y+x\mathrm{d}z$，其中 Γ 为圆周 $x^2+y^2+z^2=a^2$，$x+y+z=0$，若从 x 轴的正向看去，这圆周是取逆时针方向.

2. 计算 $\oint_{\Gamma}(y-z)\mathrm{d}x+(z-x)\mathrm{d}y+(x-y)\mathrm{d}z$，其中 Γ 为椭圆 $x^2+y^2=a^2$，$\frac{x}{a}+\frac{y}{b}=1$ $(a>0,b>0)$，若从原点向 x 轴正向看去，这椭圆是取逆时针方向.

3. 计算$\oint_{\Gamma} 3y\mathrm{d}x-xz\mathrm{d}y+yz^2\mathrm{d}z$，其中 Γ 为圆周 $x^2+y^2=2z$，$z=2$，若从 z 轴正向看去圆周取逆时针方向.

4. 求向量场 $\boldsymbol{A}=(x-z)\boldsymbol{i}+(x^3+yz)\boldsymbol{j}-3xy^2\boldsymbol{k}$ 沿闭曲线 Γ（从 z 轴正向看 Γ 依逆时针方向）的环流量，其中 Γ 为圆周 $z=2-\sqrt{x^2+y^2}$，$z=0$.

5. 求向量场 $\boldsymbol{A}=(2z-3y)\boldsymbol{i}+(3x-z)\boldsymbol{j}+(y-2x)\boldsymbol{k}$ 的旋度.

本章小结

1. 主要内容

本章主要内容可分为五大部分.

(1) 两类曲线积分和曲面积分的概念、主要性质（其中两类曲线积分又分为平面曲线与空间曲线上的积分），以及五种曲线、曲面积分之间的关系.

(2) 五种积分的计算公式与计算方法，原则上是将其化为已知定积分与重积分进行计算.

(3) 格林公式、高斯公式、斯托克斯公式，平面与空间曲线积分与路径无关的定理及其用途（用于计算等），通量与环流量，散度与旋度.

(4) 各类积分的关系.

① 对弧长的曲线积分与对坐标的曲线积分的关系.

$$\int_L P(x,y)\mathrm{d}x+Q(x,y)\mathrm{d}y=\int_L[P(x,y)\cos\alpha+Q(x,y)\cos\beta]\mathrm{d}s,$$

其中 $\cos\alpha=\frac{\mathrm{d}x}{\mathrm{d}s}$，$\cos\beta=\frac{\mathrm{d}y}{\mathrm{d}s}$是有向曲线弧 L 上点 (x,y) 处与 L 方向一致的切向量的方向余弦.

类似地，有

$$\int_{\Gamma}P\mathrm{d}x+Q\mathrm{d}y+R\mathrm{d}z=\int_{\Gamma}(P\cos\alpha+Q\cos\beta+R\cos\gamma)\mathrm{d}s,$$

其中 α,β,γ 为有向曲线 L 在点 (x,y,z) 处切向量的方向角.

② 平面上对坐标的曲线积分与二重积分的关系——格林公式.

③ 空间对坐标的曲面积分与对坐标的曲线积分的关系——斯托克斯公式.

④ 对面积的曲面积分与对坐标的曲面积分的关系

$$\iint_{\Sigma} P\,\mathrm{d}y\mathrm{d}z + Q\mathrm{d}z\mathrm{d}x + R\mathrm{d}x\mathrm{d}y = \iint_{\Sigma}(P\cos\alpha + Q\cos\beta + R\cos\gamma)\,\mathrm{d}s,$$

其中 $\cos\alpha,\cos\beta,\cos\gamma$ 为有向曲面 Σ 在点 (x,y,z) 处法向量的方向余弦.

⑤ 曲面积分与三重积分的关系——高斯公式.

(5) 曲线积分与路径无关的条件.

平面单连通区域内有四个等价命题.

设 $P(x,y),Q(x,y)$ 在单连通区域 D 上有一阶连续偏导数,则下列四个命题是等价的:

① $\dfrac{\partial P}{\partial y}=\dfrac{\partial Q}{\partial x},(x,y)\in D$;

② $\oint_L P\,\mathrm{d}x + Q\mathrm{d}y = 0$, 其中 L 为全部位于 D 内的任一分段光滑的闭曲线;

③ $\int_L P\mathrm{d}x + Q\mathrm{d}y$ 与路径无关(只与 L 的起点与终点有关),其中 L 全部位于 D 内;

④ 在 D 内存在函数 $u(x,y)$ 使得 $\mathrm{d}u = P\mathrm{d}x + Q\mathrm{d}y$,且

$$u(x,y) = \int_{(x_0,y_0)}^{(x,y)} P(x,y)\mathrm{d}x + Q(x,y)\mathrm{d}y = \int_{x_0}^{x} P(x,y_0)\mathrm{d}x + \int_{y_0}^{y} Q(x,y)\mathrm{d}y$$

或

$$u(x,y) = \int_{x_0}^{x} P(x,y)\mathrm{d}x + \int_{y_0}^{y} Q(x_0,y)\mathrm{d}y$$

相应地,关于空间单连通区域内曲线积分与路径无关的条件的四个命题,请读者自己列出.

2. 基本要求

通过本章内容的学习,应达到以下目标和要求:

(1) 正确理解两类曲线积分、两类曲面积分的概念及其与定积分、重积分的关系.

(2) 掌握两类曲线积分、两类曲面积分的性质及其计算方法.

(3) 掌握格林公式、高斯公式的条件及结论.

(4) 掌握并能熟练运用格林公式、高斯公式计算曲线积分与曲面积分.

(5) 掌握曲线积分与路径无关的条件.

(6) 了解斯托克斯公式的条件及结论.

(7) 了解通量与散度、环流量与旋度的概念.

3. 学习指导

本章的主线是研究曲线积分与曲面积分. 首先,要深刻理解并掌握定积分和重积分的概念及其计算. 在此基础上,深刻理解第一类曲线积分的定义及其性质.

然后,按照曲线的不同表达形式就可将曲线积分转化为定积分计算.从变力沿曲线做功的实际背景出发理解第二类曲线积分的定义及其性质,对应积分曲线不同的表达形式将第二类曲线积分化为定积分,进而研究两类不同的曲线积分之间的关系,厘清封闭曲线上的曲线积分与其所围封闭区域上二重积分之间的关系及曲线积分与积分路径之间的关系.接着,在研究对弧长的曲线积分的基础上,把光滑曲线改为光滑曲面,把二元有界函数 $f(x,y)$ 改为三元有界函数 $f(x,y,z)$,深刻理解曲面积分的定义,将对面积的曲面积分转化为在投影区域 D_{xy} 上的二重积分,掌握对面积的曲面积分的计算方法.在弄清投影区域概念的基础上,理解第二类曲面积分的定义及其性质,实现将第二类曲面积分的计算向其投影区域上的二重积分的转化,掌握两类曲面积分之间的关系.在熟练掌握三重积分的基础上,通过高斯公式给出的空间闭区域上的三重积分与其边界曲面上的曲面积分之间的关系,准确理解通量与散度的概念;在熟练掌握并深刻理解格林公式的基础上,通过斯托克斯公式弄清曲面 Σ 上的曲面积分与沿着曲面 Σ 的边界曲线上的曲线积分的关系,明白环流量与旋度的概念及其工程背景.

通观本章的全部内容,始终以各种积分为研究对象,以定积分和重积分为基础,因此同学们要在熟练掌握定积分与重积分的基础上学好本章知识.

自我检测题 13

1. 填空题.

(1) 设 L 为 $y=x^3$ 上点(0,0)到(1,1)的一段弧,则曲线积分 $\int_L \sqrt{y}\,\mathrm{d}s=$ ________________(写出积分形式,不必计算).

(2) 设 L 为圆周 $\begin{cases} x^2+y^2+z^2=a^2, \\ x+y+z=0, \end{cases}$ 则曲线积分 $\oint_L x^2\,\mathrm{d}s$ 的值为________.

(3) 设 L 为逆时针方向的闭曲线,其方程为 $(x-1)^2+y^2=1$,则曲线积分 $\oint_L (x^2-y^2)\mathrm{d}x+(y^2-2xy)\mathrm{d}y=$ ________.

(4) 设 $f(x)$ 为可微函数,L 为光滑曲线,若曲线积分 $\oint_L f(x)(y\mathrm{d}x-x\mathrm{d}y)$ 与积分路径无关,则 $f(x)$ 应满足关系式________.

(5) 设 $f(x,y,z)$ 为连续函数,Σ 表示平面 $x+y+z=1$ 位于第一卦限部分,则曲面积分 $\iint_\Sigma f(x,y,z)\mathrm{d}S=$ ________.

(6) 设 Σ 是曲面 $z=\sqrt{x^2+y^2}$ 介于 $z=0$ 和 $z=2$ 之间部分的下侧,则 $\iint_\Sigma (z^2+x)\mathrm{d}y\mathrm{d}z-z\mathrm{d}x\mathrm{d}y=$ ________.

2. 计算下列各题：

(1) $I=\int_L(x+y+z)\mathrm{d}s$，其中 L 由参数方程 $x=t,y=t^2,z=\dfrac{2}{3}t^3,-1\leqslant t\leqslant 1$ 给出；

(2) $I=\int_L(x^2-2y^2)\mathrm{d}x-4xy\mathrm{d}y$，其中 L 从 $A(0,1)$ 沿曲线 $y=\dfrac{\sin x}{x}$ 到 $B(\pi,0)$；

(3) $I=\oiint\limits_{\Sigma}z^2\mathrm{d}S$，其中 Σ 是球面 $x^2+y^2+z^2=a^2$；

(4) $I=\iint\limits_{\Sigma}(x^2+y^2)\mathrm{d}x\mathrm{d}y$，其中 Σ 是圆 $\begin{cases}x^2+y^2\leqslant R^2,\\ z=0\end{cases}$ 的下侧.

3. 证明：$(2xy-y^2)\mathrm{d}x+(x^2-2xy-y^2)\mathrm{d}y=\mathrm{d}u(x,y)$，并求出 $u(x,y)$.

4. 设 Σ 为柱面 $x^2+z^2=a^2$ 在使得 $x\geqslant 0,y\geqslant 0$ 的两个卦限内被平面 $y=0$ 及 $y=h$ 所截下部分的外侧，试计算 $I=\iint\limits_{\Sigma}xyz\,\mathrm{d}x\mathrm{d}y$.

5. 计算 $I=\iint\limits_{\Sigma}(x^2\cos\alpha+y^2\cos\beta+z^2\cos\gamma)\mathrm{d}S$，其中 Σ 是抛物面 $z=x^2+y^2$ 被 $z=4$ 割下的有限部分的上侧，$\cos\alpha,\cos\beta,\cos\gamma$ 是 Σ 上 (x,y,z) 处法向量的余弦.

6. 设函数 $Q(x,y)$ 在 xOy 面上具有一阶连续偏导数，如果 $\int_L 2xy\mathrm{d}x+Q(x,y)\mathrm{d}y$ 与路径无关，并对任意的 t 恒有 $\int_{(0,0)}^{(t,1)}2xy\mathrm{d}x+Q(x,y)\mathrm{d}y=\int_{(0,0)}^{(1,t)}2xy\mathrm{d}x+Q(x,y)\mathrm{d}y$，求 $Q(x,y)$.

7. 求曲面积分 $\iint\limits_{\Sigma}(2x+z)\mathrm{d}y\mathrm{d}z+z\mathrm{d}x\mathrm{d}y$，其中 Σ 为有向曲面 $z=x^2+y^2(0\leqslant z\leqslant 1)$，其法向量与 z 轴正向夹角为锐角.

复习题 13

1. 计算曲线积分 $\oint_C x\,\mathrm{d}s$，其中 C 为直线 $y=x$ 及抛物线 $y=x^2$ 所围成的区域的整个边界.

2. 计算 $\oint_C y^2\mathrm{d}x+z^2\mathrm{d}y+x^2\mathrm{d}z$，其中 C 为 $x^2+y^2+z^2=a^2$ 与 $x^2+y^2=ax\ (z\geqslant 0,\ a>0)$ 的交线，其正向为由 x 轴正向看去是逆时针方向.

3. $\iint\limits_{\Sigma}\dfrac{x\mathrm{d}y\mathrm{d}z+y\mathrm{d}z\mathrm{d}x+z\mathrm{d}x\mathrm{d}y}{\sqrt{(x^2+y^2+z^2)^3}}$，其中 Σ 为曲面 $1-\dfrac{z}{5}=\dfrac{(x-2)^2}{16}+\dfrac{(y-1)^2}{9}(z\geqslant 0)$ 的上侧.

4. 求均匀曲面 $z=\sqrt{a^2-x^2-y^2}$ 的质心的坐标.

5. 证明：$\dfrac{x\mathrm{d}x+y\mathrm{d}y}{x^2+y^2}$ 在整个 xOy 平面除去 y 的负半轴及原点的区域 G 内是某个二元函数的全微分，并求出一个这样的二元函数.

6. 计算 $I=\iint\limits_{\Sigma}yz\mathrm{d}y\mathrm{d}z+(x^2+z^2)y\mathrm{d}z\mathrm{d}x+xy\mathrm{d}x\mathrm{d}y$，$\Sigma$ 是曲面 $4-y=x^2+z^2$ 在 xOz 平面右侧部分的外侧.

参 考 文 献

[1] 同济大学应用数学系.高等数学(上)[M].7版.北京:高等教育出版社,2014.

[2] 同济大学应用数学系.高等数学(下)[M].7版.北京:高等教育出版社,2014.

[3] 马知恩,王绵森.工科数学分析基础(上)[M].3版.北京:高等教育出版社,2017.

[4] 马知恩,王绵森.工科数学分析基础(下)[M].3版.北京:高等教育出版社,2018.

[5] 侯云畅.高等数学(上)[M].北京:高等教育出版社,1999.

[6] 侯云畅.高等数学(下)[M].北京:高等教育出版社,2000.

[7] 欧阳光中,姚允龙,周渊.数学分析(上)[M].上海:复旦大学出版社,2003.

[8] 欧阳光中,姚允龙,周渊.数学分析(下)[M].上海:复旦大学出版社,2003.

[9] 华东师范大学数学系.数学分析(上)[M].北京:高等教育出版社,2001.

[10] 华东师范大学数学系.数学分析(下)[M].北京:高等教育出版社,2001.

[11] 清华大学数学科学系.微积分[M].北京:清华大学出版社,2003.

[12] 董梅芳,黄骏.高等数学(上)[M].南京:东南大学出版社,2002.

[13] 董梅芳,黄骏.高等数学(下)[M].南京:东南大学出版社,2002.

[14] 宋柏生,罗庆来.高等数学(上)[M].北京:高等教育出版社,2001.

[15] 宋柏生,罗庆来.高等数学(下)[M].北京:高等教育出版社,2001.

[16] 武汉大学数学系.数学分析(上)[M].北京:人民教育出版社,1978.

[17] 武汉大学数学系.数学分析(下)[M].北京:人民教育出版社,1978.

[18] 吉林大学数学系.数学分析(上)[M].北京:人民教育出版社,1978.

[19] 吉林大学数学系.数学分析(中)[M].北京:人民教育出版社,1978.

[20] 吉林大学数学系.数学分析(下)[M].北京:人民教育出版社,1978.

[21] 中国科学技术大学高等数学教研室.高等数学导论(上)[M].3版.合肥:中国科学技术大学出版社,2010.

[22] 中国科学技术大学高等数学教研室.高等数学导论(下)[M].3版.合肥:中国科学技术大学出版社,2010.
[23] 施学瑜.高等数学教程(第一册)[M].北京:清华大学出版社,1986.
[24] 施学瑜.高等数学教程(第二册)[M].北京:清华大学出版社,1986.
[25] 吕林根,许子道.解析几何[M].5版.北京:高等教育出版社,2019.

习题参考答案

第 9 章

习题 9-1(第 5 页)

1. (1) 一阶； (2) 二阶； (3) 三阶； (4) 一阶； (5) 三阶.

2. (从上到下) 是—否—是—否—是.

3. $y=3x^2+1$. 4. $m\dfrac{\mathrm{d}v}{\mathrm{d}t}=k_1v+k_2t$. 5. $\dfrac{\mathrm{d}y}{\mathrm{d}x}=2\dfrac{y}{x}$.

习题 9-2(第 21 页)

1. (1) $-\dfrac{1}{1+y}=x^3+C$； (2) $y+\ln y=\dfrac{1}{2}\ln Cx$；

   (3) $\mathrm{e}^y(y-1)=-\mathrm{e}^{-x}+C$； (4) $y=2(1+x^2)$.

2. (1) $\ln\dfrac{y}{x}=Cx+1$； (2) $y^2=2x^2\ln x$；

   (3) $y^2=2x^2(C-\ln x)$； (4) $\dfrac{x+y}{x^2+y^2}=1$.

3. $y=x(1-4\ln x)$.

4. (1) $y=Cx^3+x^4$； (2) $y=\mathrm{e}^{x^2}+\dfrac{1}{2}x^2$；

   (3) $y^{-1}=(C+x)\cos x$； (4) $x=Cy+\dfrac{1}{2}y^3$.

5. $y=2(\mathrm{e}^x-x-1)$.

习题 9-3(第 26 页)

1. (1) $y=C_1x-\dfrac{3}{4}x^2+\dfrac{1}{2}x^2\ln x+C_2$； (2) $y=x^2+2x+C_1\mathrm{e}^x+C_2$；

   (3) $y=-\ln|\cos(x+C_1)|+C_2$； (4) $\dfrac{1}{2}y^2=C_1x+C_2$.

2. (1) $y=x^3+3x+1$； (2) $y=\left(\dfrac{1}{2}x+1\right)^4$；

   (3) $y=\sqrt{2x-x^2}$.

3. $y=\dfrac{x^4}{12}+\dfrac{x}{6}+\dfrac{11}{4}$.

习题 9-4(第 31 页)

1. (1),(2),(5)线性无关;(3),(4)线性相关. 2. $y=(C_1+C_2x)\mathrm{e}^{x^2}$.

3. $x=\cos 2t+\dfrac{1}{2}\sin 2t$. 5. $y=\cos 3x+\dfrac{9}{32}\sin 3x+\dfrac{1}{32}(4x\cos x+\sin x)$.

习题 9-5(第 44 页)

1. (1) $y=C_1e^{-x}+C_2e^{5x}$; (2) $y=C_1e^{x}+C_2e^{-x}$;

(3) $y=(C_1+C_2x)e^{-\frac{x}{2}}$; (4) $y=e^{-x}(C_1\cos 2x+C_2\sin 2x)$;

(5) $y=C_1\cos x+C_2\sin x$.

2. (1) $y=-e^{2x}+2e^{4x}$; (2) $y=(1-x)e^{3x}$; (3) $y=e^{-3x}(3\cos 2x+4\sin 2x)$.

3. $y=\cos 3x-\frac{1}{3}\sin 3x$. 4. $y''-(a+b)y'+ab=0$, $y=C_1e^{ax}+C_2e^{bx}$.

5. $y=C_1e^{2x}+C_2e^{3x}-\frac{4}{3}-2x+3e^{x}$.

6. (1) $x(ax+b)e^{-x}$; $(ax+b)\cos x+(cx+d)\sin x$.

(2) $(ax^2+bx+c)e^{x}$; $xe^{x}(a\cos 2x+b\sin 2x)$.

7. (1) $-\frac{9}{8}(1-e^{2x})-\frac{x}{4}(x+5)$; (2) $y=C_1e^{x}+C_2e^{-x}+\frac{1}{2}(x^2-x)e^{x}$;

(3) $y=C_1\sin x+C_2\cos x-2x\cos x$; (4) $y=C_1\cos x+C_2\sin x+\frac{e^{x}}{2}+\frac{x}{2}\sin x$.

8. $f(x)=-\frac{1}{2}(3\cos x+\sin x)+\frac{3}{2}e^{x}$. 9. $\varphi(x)=\frac{1}{2}(\cos x+\sin x+e^{x})$.

10. $X=\frac{2}{3}\cos 2t-\sin 2t-\frac{2}{3}\cos 4t$; $v=\frac{dx}{dt}=\frac{8}{3}\sin 4t-\frac{4}{3}\sin 2t-2\cos 2t$.

习题 9-6(第 52 页)

1. (1) $y=x+\frac{x^2}{2^2}+\frac{x^3}{3^2}+\cdots+\frac{x^n}{n^2}+\cdots, |x|<1$;

(2) $y=x+\sum_{k=1}^{\infty}\frac{(-1)^k x^{3k+1}}{3\cdot 4\cdot 6\cdot 7\cdot 9\cdot 10\cdot\cdots\cdot 3k(3k+1)}, |x|<+\infty$.

2. ($y\cos x$ 用幂级数乘法展开)$y=a\left(1-\frac{1}{2!}x^2+\frac{2}{4!}x^4-\frac{9}{6!}x^6+\frac{55}{8!}x^8+\cdots\right)$.

3. (y^2 用幂级数乘法展开)$y=\frac{1}{2}+\frac{1}{4}x+\frac{1}{8}x^2+\frac{1}{16}x^3+\frac{9}{32}x^4+\frac{21}{320}x^5+\cdots$.

4. (将 y 写成 $x_0=1$ 的泰勒级数)$y=1+2(x-1)+\frac{5}{2!}(x-1)^2+\frac{26}{3!}(x-1)^3+\cdots$.

* 习题 9-7(第 57 页)

1. (1) $x=C_1e^{t}+C_2e^{-t}+\frac{t}{2}(e^{t}-e^{-t}), y=C_1e^{t}C_2e^{-t}+\frac{1}{2}(e^{t}-e^{-t})+\frac{t}{2}(e^{t}+e^{-t})$;

(2) $x=3+C_1\cos t+C_2\sin t, y=-C_1\sin t+C_2\cos t$;

(3) $x=a-C_1e^{-k_1t}, y=a-\frac{k_2}{k_2-k_1}C_1e^{-tk_1t}+C_2e^{-k_2t}$;

(4) $x=-C_1e^{\sqrt{2}mt}-C_2e^{-\sqrt{2}mt}+C_3t+C_4, y=C_1e^{\sqrt{2}mt}+C_2e^{-\sqrt{2}mt}$.

2. (1) $x=\frac{1}{2}(e^{t}-e^{-3t}), y=\frac{1}{2}(-e^{t}+3e^{-3t})$;

(2) $x=-\frac{1}{3}e^{-t}+\frac{1}{3}e^{2t}, y=-\frac{1}{3}e^{-t}+\frac{1}{3}e^{2t}, z=\frac{2}{3}e^{-t}+\frac{1}{3}e^{2t}$;

(3) $x=4\cos t+3\sin t-2e^{-2t}-2e^{-t}\sin t, y=\sin t-2\cos t+2e^{-t}\cos t$;

(4) $x=\frac{12}{17}e^{-\frac{7}{5}t}+\frac{5}{17}e^{2t}+\frac{3}{7}t-\frac{1}{49}, y=\frac{18}{17}e^{-\frac{7}{5}t}-\frac{1}{17}e^{2t}+\frac{1}{2}e^{-t}+\frac{1}{7}t-\frac{26}{49}$.

3. 微分方程组为 $\begin{cases} mx''=-kx', \\ my''=-ky'+mg, \end{cases}$ y 轴正方向朝下，初始条件为 $x(0)=0, y(0)=0, x'(0)=v_0, y'(0)=0$.

则物体的轨迹方程：$x=\frac{mv_0}{k}[1-e^{-(k/m)t}], y=\frac{m^2g}{k^2}[-1+e^{-(k/m)t}]+\frac{mg}{k}t$.

自我检测题 9(第 59 页)

1. $y^2(1+y'^2)=1$.

2. (1) $(e^y-1)(e^x+1)=C$； (2) $x=\frac{y^2}{y^5+C}$； (3) $y=\frac{1}{x}e^{cx}$；

(4) $y\ln x+\frac{y^4}{4}=C$； (5) $y=\tan\left(x+\frac{\pi}{4}\right)$.

3. $f(x)=\sqrt{x}$.

4. $y=C_1\cos 2x+C_2\sin 2x+\frac{1}{4}x\sin 2x$.

5. 设题中比例系数依次为 $k_1(>0), k_2(>0)$. 依题意，此共生问题的数学模型为

$$\begin{cases} x_t'=-k_1 y, \\ y_t'=-k_2 x, \end{cases} \quad \begin{cases} x\big|_{t=0}=x_0, \\ y\big|_{t=0}=y_0. \end{cases}$$

两种鱼数量的变化规律为

$$\begin{cases} x(t)=\frac{1}{2}\left[\left(x_0-\sqrt{\frac{k_1}{k_2}}y_0\right)e^{\sqrt{k_1k_2}t}+\left(x_0+\sqrt{\frac{k_1}{k_2}}y_0\right)e^{-\sqrt{k_1k_2}t}\right], \\ y(t)=-\frac{1}{2}\sqrt{\frac{k_1}{k_2}}\left[\left(x_0-\sqrt{\frac{k_1}{k_2}}y_0\right)e^{\sqrt{k_1k_2}t}-\left(x_0+\sqrt{\frac{k_1}{k_2}}y_0\right)e^{-\sqrt{k_1k_2}t}\right]. \end{cases}$$

就这两种鱼数量的变化可得以下结论：

(1) 当 $\Delta\triangleq x_0-\sqrt{\frac{k_1}{k_2}}y_0>0$ 时，$x(t)$ 虽然减少，但最终不会消失，而 $y(t)$ 在足够长时间后将趋向零(消失了)；

(2) 当 $\Delta<0$ 时，$x(t)$ 在足够长时间后，最终将趋向于零(消失)，而 $y(t)$ 虽然减少，但不消失；

(3) 当 $\Delta=0$ 时，即 $x_0^2 : y_0^2=k_1 : k_2$ 时，在足够长时间以后，这两种鱼最终都将消失.

复习题 9(第 60 页)

1. (1) 3； (2) $\frac{\partial M}{\partial y}=\frac{\partial N}{\partial x}$； (3) $y\big|_{x=x_0}=0, y'=f(x,y)$； (4) $y=C_1(x-1)+C_2(x^2-1)+1$.

2. (1) $x-\sqrt{xy}=C$； (2) $y=ax+\frac{C}{\ln x}$；

(3) $x=Cy^{-2}+\ln y-\frac{1}{2}$； (4) $y^{-2}=Ce^{x^2}+x^2+1$；

(5) $x^2+y^2-2\arctan\frac{y}{x}=C$； (6) $y=\frac{1}{C_1}\mathrm{ch}(C_1x+C_2)$；

(7) $y=e^{-x}(C_1\cos 2x+C_2\sin 2x)-\frac{4}{17}\cos 2x+\frac{1}{17}\sin 2x$；

(8) $y=C_1+C_2e^x+C_3e^{-2x}+\left(\frac{1}{6}x^2-\frac{4}{9}x\right)e^x-x^2-x$;

(9) $x^2=Cy^6+y^4$; (10) $\sqrt{(x^2+y)^3}=x^3+\frac{3}{2}xy+C$.

3. (1) $x(1+2\ln y)-y^2=0$; (2) $y=-\frac{1}{a}\ln(ax+1)$;

(3) $y=2\arctan e^x$; (4) $y=xe^{-x}+\frac{1}{2}\sin x$.

4. $f(x)=\cos x+\sin x$.

5. 微分方程为 $m\frac{d^2x}{dt^2}=\frac{mg(x+b)}{d}$, x 为位移, $\sqrt{\frac{d}{g}}\ln\frac{d+\sqrt{d^2-b^2}}{b}$.

6. (1) $|C|<2$; (2) $x(t)=\frac{2\sqrt{3}}{3}e^{-\frac{1}{2}}\sin\frac{\sqrt{3}}{2}t$; (3) 4 次.

7. $f''(r)+\frac{2}{r}f'(r)=0, f(r)=2-\frac{1}{r}$.

9. $y=1+2(x-1)+\frac{5}{2!}(x-1)^2+\frac{26}{3!}(x-1)^3+\cdots$.

10. (1) $y=\frac{1}{x}(C_1+C_2\ln|x|)$; (2) $y=C_1x^2+C_2x^3+\frac{1}{2}x$.

第 10 章

习题 10-1(第 66 页)

1. (1) 有两个分量为零; (2) 有一个分量为零; (3) $y=\pm3$; (4) $z=\pm5$.
2. A 位于 xOz 面上;B 位于 yOz 面上;C 位于 z 轴上;D 位于 y 轴上.
3. A 在Ⅳ卦限;B 在Ⅴ卦限;C 在Ⅷ卦限;D 在Ⅲ卦限.
4. P 点:(1) $(2,-3,1),(-2,-3,-1),(2,3,-1)$;

   (2) $(2,3,1),(-2,-3,1),(-2,3,-1)$; (3) $(-2,3,1)$.

   M 点:(1) $(a,b,-c),(-a,b,c),(a,-b,c)$;

   (2) $(a,-b,-c),(-a,b,-c),(-a,-b,c)$; (3) $(-a,-b,-c)$.

5. 提示:$|CA|=|CB|=\sqrt{6}$. 6. $(0,1,-2)$.

7. $x^2+y^2+z^2-2x-6y+4z=0$. 8. 球心为 $(-1,2,0)$;半径为 3.

习题 10-2(第 79 页)

1. $4\boldsymbol{e}_1+\boldsymbol{e}_3$; $-2\boldsymbol{e}_1+4\boldsymbol{e}_2-3\boldsymbol{e}_3$; $-3\boldsymbol{e}_1+10\boldsymbol{e}_2-7\boldsymbol{e}_3$.
2. 提示:$\overrightarrow{AB}+\overrightarrow{BC}+\overrightarrow{CD}=2\boldsymbol{a}+10\boldsymbol{b}=2\overrightarrow{AB}$. 3. $B(-2,4,-3)$
4. $\overrightarrow{P_1P_2}=(-2,-2,-2)$; $5\overrightarrow{P_1P_2}=(-10,-10,-10)$.
5. $|\boldsymbol{a}|=\sqrt{3}, |\boldsymbol{b}|=\sqrt{38}, |\boldsymbol{c}|=3$; $\boldsymbol{a}^\circ=\left(\frac{\sqrt{3}}{3},\frac{\sqrt{3}}{3},\frac{\sqrt{3}}{3}\right)$, $\boldsymbol{b}^\circ=\left(\frac{2}{\sqrt{38}},\frac{-3}{\sqrt{38}},\frac{5}{\sqrt{38}}\right)$,

   $\boldsymbol{c}^\circ=\left(\frac{-2}{3},\frac{-1}{3},\frac{2}{3}\right)$.
6. $A(-1,2,4)$; $B(8,-4,-2)$.
7. (1) $3, 5\boldsymbol{i}+\boldsymbol{j}+7\boldsymbol{k}$; (2) $-18, 10\boldsymbol{i}+2\boldsymbol{j}+14\boldsymbol{k}$;

(3) $\cos(\widehat{\boldsymbol{a},\boldsymbol{b}})=\dfrac{3}{2\sqrt{21}}$, $\sin(\widehat{\boldsymbol{a},\boldsymbol{b}})=\dfrac{5}{2\sqrt{7}}$, $\tan(\widehat{\boldsymbol{a},\boldsymbol{b}})=\dfrac{5\sqrt{3}}{3}$.

8. (1) $l=10$; (2) $l=-2$.

9. (1) $-8\boldsymbol{j}-24\boldsymbol{k}$; (2) $-\boldsymbol{j}-\boldsymbol{k}$; (3) 2.

10. (1) $3\sqrt{6}$; (2) $\dfrac{3\sqrt{21}}{7},\dfrac{3\sqrt{6}}{\sqrt{77}}$. 11. 1.

习题 10-3(第 88 页)

1. $3x-7y+5z-4=0$. 2. $11x-17y-13z+3=0$.

3. 平行于 x 轴的平面：$z=C\quad(C\in\mathbf{R})$；平行于 y 轴的平面：$z=C\quad(C\in\mathbf{R})$；
平行于 z 轴的平面：$x+y-1=0$.

4. (1) 平行于 z 轴的平面； (2) 过原点的平面；
(3) 平行于 yOz 的平面； (4) 通过 y 轴的平面.

5. (1) $\left(\dfrac{2}{7},\dfrac{3}{7},\dfrac{6}{7}\right),\cos\alpha=\dfrac{2}{7},\cos\beta=\dfrac{3}{7},\cos r=\dfrac{6}{7}$;
(2) $\left(\dfrac{1}{3},-\dfrac{2}{3},\dfrac{2}{3}\right),\cos\alpha=\dfrac{1}{3},\cos\beta=-\dfrac{2}{3},\cos r=\dfrac{2}{3}$.

6. (1) $\dfrac{\pi}{4}$; (2) $\arccos\dfrac{8}{21}$.

7. (1) $l-3m-9=0$; (2) $m=3,l=-4$.

8. (1) $\dfrac{1}{3}$; (2) 0; (3) $\dfrac{16}{\sqrt{14}}$.

9. (1) $x=-y=z$; (2) $\dfrac{x-2}{3}=\dfrac{y-5}{5}=\dfrac{z-8}{5}$;
(3) $\dfrac{x-2}{1}=\dfrac{y+8}{2}=\dfrac{z-3}{-3}$; (4) $\dfrac{x-1}{1}=\dfrac{y}{1}=\dfrac{z+2}{2}$.

10. $\dfrac{x-\frac{11}{3}}{1}=\dfrac{y+\frac{7}{3}}{-1}=\dfrac{z}{-1}$. 11. $\arccos\dfrac{72}{77}$.

12. $\dfrac{x-1}{1}=\dfrac{y}{\frac{5}{2}}=\dfrac{z+2}{1}$.

13. $16x-14y-11z-65=0$. 14. $\dfrac{\pi}{6}$.

15. $x-y-3z-7=0$. 16. $-x+y+z+2=0$.

习题 10-4(第 99 页)

1. $3x^2+3y^2+3z^2-8x-14y+4z-21=0$.

2. (1) 椭圆柱面； (2) 抛物柱面； (3) 双曲柱面； (4) 平面.

3. (1) $\dfrac{x^2}{4}+\dfrac{y^2+z^2}{9}=1$; (2) $x^2+y^2-z^2=1$;
(3) $y^2+z^2=5x$; (4) $4(x^2+z^2)-9y^2=36$.

4. (1) 直线； (2) 双曲线.

5. (1) $\begin{cases} x=3z+1, \\ y=\left(\dfrac{z}{2}+1\right)^2; \end{cases}$　(2) $\dfrac{x^2}{18}+\dfrac{y^2}{50}+\dfrac{z^2}{16}=1$.

6. (1) $\begin{cases} x=\dfrac{3}{\sqrt{2}}\cos t, \\ y=\dfrac{3}{\sqrt{2}}\cos t, \\ z=3\sin t \end{cases}$ $(0\leqslant t\leqslant 2\pi)$;　(2) $\begin{cases} x=1+\sqrt{3}\cos\theta, \\ y=\sqrt{3}\sin\theta, \\ z=0 \end{cases}$ $(0\leqslant\theta\leqslant 2\pi)$.

7. 在 xOy 面上的投影柱面的方程 $2x^2+4y^2-7x-8y+5xy+1=0$;

在 xOy 面上的投影曲线的方程 $\begin{cases} 2x^2+4y^2-7x-8y+5xy+1=0, \\ z=0; \end{cases}$

在 yOz 面上的投影柱面的方程 $y^2+2z^2+3z-yz-4=0$;

在 yOz 面上的投影曲线的方程 $\begin{cases} y^2+2z^2+3z-yz-4=0, \\ x=0; \end{cases}$

在 xOz 面上的投影柱面的方程 $x^2+4z^2-2x+3xz-3=0$;

在 xOz 面上的投影曲线的方程 $\begin{cases} x^2+4z^2-2x+3xz-3=0, \\ y=0. \end{cases}$

8. (1) 椭球面; (2) 单叶双曲面; (3) 双叶双曲面; (4) 抛物面;
(5) 双叶双曲面; (6) 双曲抛物面.

9. (1) 椭圆; (2) 圆; (3) 双曲线; (4) 圆.

自我检测题 10(第 102 页)

1. (1) (1,4,4); (2) $|\overrightarrow{AB}|=\sqrt{13}$; (3) $\overrightarrow{AB}^{\circ}=\left(0,\dfrac{2}{\sqrt{13}},\dfrac{3}{\sqrt{13}}\right)$.

2. (1) (−1,−16,3); (2) $\boldsymbol{a}\cdot\boldsymbol{b}=11$, $\boldsymbol{a}\times\boldsymbol{b}=(-7,-5,-1)$; (3) −21.

3. $\dfrac{\sqrt{2}}{2}$.　4. $x-3y+4z-13=0$.　5. $9y-z-2=0$.

6. $\dfrac{x-1}{1}=\dfrac{y-1}{2}=\dfrac{z-1}{-1}$.　7. (−3,−3,−3).

8. (1) 圆; (2) 单叶双曲面; (3) 椭球面; (4) 抛物面;
(5) 双曲线; (6) 空间直线.

9. 在 xOy 面上的投影曲线的方程 $\begin{cases} 3x^2+4y^2-2x-2y+2xy=0, \\ z=0; \end{cases}$

在 yOz 面上的投影曲线的方程 $\begin{cases} 5y^2+3z^2-4y-4z+4yz+1=0, \\ x=0; \end{cases}$

在 xOz 面上的投影曲线的方程 $\begin{cases} 5x^2+4z^2-6x-6z+6xz+2=0, \\ y=0. \end{cases}$

10. 双曲线;中心(0,0,2);顶点 $\left(\dfrac{5\sqrt{5}}{3},0,2\right)$, $\left(-\dfrac{5\sqrt{5}}{3},0,2\right)$;

焦点 $\left(\dfrac{\sqrt{205}}{3},0,2\right)$, $\left(-\dfrac{\sqrt{205}}{3},0,2\right)$.

复习题 10(第 103 页)

2. (1) $(3,-2,0)$；　(2) $\left(\frac{2}{\sqrt{14}},\frac{-3}{\sqrt{14}},\frac{-1}{\sqrt{14}}\right)$.

3. (1) $\boldsymbol{a}\cdot\boldsymbol{b}=11,\boldsymbol{a}\times\boldsymbol{b}=8\boldsymbol{i}-6\boldsymbol{j}-2\boldsymbol{k}$, $(\boldsymbol{a}+\boldsymbol{b})\cdot(\boldsymbol{a}-\boldsymbol{b})=-16$；

(2) $\left(\frac{4}{\sqrt{26}},\frac{-3}{\sqrt{26}},\frac{-1}{\sqrt{26}}\right)$.

4. $S_{\triangle ABC}=2\sqrt{10}$；$AB$ 边上的高$=\frac{4\sqrt{10}}{\sqrt{11}}$.　5. $V=\frac{58}{3}$, $h=\frac{29}{7}$.　6. $3x+26y+5z-2=0$.

7. (1) $k=1$；　(2) $k=-\frac{7}{3}$.

8. (1) $\begin{cases}z=2y,\\x=0;\end{cases}$　(2) $\frac{x-3}{4}=\frac{y+3}{1}=\frac{z-2}{17}$.

9. (1) $\left(-4,\frac{9}{2},\frac{3}{2}\right)$；　(2) $(1,0,1)$.

10. $\frac{x+1}{9}=\frac{y}{5}=\frac{z-4}{-7}$.　11. $x^2+y^2+z^2=9$.

12. (1) 球面；(2) 圆柱面；(3) 双曲抛物面；(4) 双叶双曲面.

13. (1) 投影柱面 $x^2+y^2=1$,投影曲线 $\begin{cases}x^2+y^2=1,\\z=0;\end{cases}$

(2) 投影柱面 $x^2+y^2=2y$,投影曲线 $\begin{cases}x^2+y^2=2y,\\z=0.\end{cases}$

第 11 章

习题 11-1(第 114 页)

1. (1) 有界区域；(2) 有界闭区域；(3) 有界闭区域；(4) 无界区域.

2. (1) $\{(x,y)\mid x^2+y^2>1\}$；(2) $\{(x,y)\mid 1\leqslant x^2+y^2\leqslant 7\}$；(3) $\{(x,y)\mid \sqrt{y}\leqslant x,0\leqslant y<+\infty\}$；

(4) $\{(x,y)\mid 2k\pi\leqslant x^2+y^2\leqslant(2k+1)\pi(k=0,1,2,\cdots)\}$；

(5) $\{(x,y)\mid y-x>0,x>0,x^2+y^2<1\}$；(6) $\{(x,y)\mid r^2<x^2+y^2\leqslant R^2\}$.

3. $f(-y,x)=\frac{x^2-y^2}{2xy}$, $f\left(\frac{1}{x},\frac{1}{y}\right)=\frac{-x^2+y^2}{2xy}$, $f[x,f(x,y)]=\frac{4x^4y^2-(x^2-y^2)^2}{4x^2y(x^2-y^2)}$.

4. $f(x)=x(x+2)$；$z=\sqrt{y}+x-1$.

5. (1) 0；(2) $-\frac{1}{4}$；(3) 0；(4) ∞；(5) e^k；(6) 0.

7. $f(x)$在定义域内连续.　8. $x^2+y^2=\left(k+\frac{1}{2}\right)\pi,k=0,\pm1,\pm2,\cdots$.

9. $f(x,y)$在$(0,0)$点连续.　10. 不存在.

习题 11-2(第 140 页)

1. (1) $z'_x=y+\frac{1}{y}$, $z'_y=x-\frac{x}{y^2}$；　(2) $z'_x=\frac{y^2}{(x^2+y^2)^{\frac{3}{2}}}$, $z'_y=\frac{-xy}{(x^2+y^2)^{\frac{3}{2}}}$；

(3) $z'_x=\frac{1}{1+(x-y^2)^2}$, $z'_y=\frac{-2y}{1+(x-y^2)^2}$；

(4) $z'_x=\sin(x+y)+x\cos(x+y), z'_y=x\cos(x+y)$;

(5) $z'_x=\frac{2x}{y}\sec^2\frac{x^2}{y}, z'_y=-\frac{x^2}{y^2}\sec^2\frac{x^2}{y}$;

(6) $z'_x=y^2(1+xy)^{y-1}, z'=(1+xy)^y\left[\ln(1+xy)+\frac{xy}{1+xy}\right]$;

(7) $u'_x=yz(xy)^{z-1}, u'_y=xz(xy)^{z-1}, u'_2=(xy)^z\ln xy$;

(8) $u'_x=\frac{z}{y}\left(\frac{x}{y}\right)^{z-1}, u'_y=-\frac{z}{y^2}\left(\frac{x}{y}\right)^{z-1}, u'_z=\left(\frac{x}{y}\right)^z\ln\left(\frac{x}{y}\right)$;

(9) $u'_x=e^{x(x^2+y^2+z^2)}(3x^2+y^2+z^2), u'_y=e^{x(x^2+y^2+z^2)}2xy, u'_z=e^{x(x^2+y^2+z^2)}2xz$;

(10) $u'_x=\frac{z(x-y)^{z-1}}{1+(x-y)^{2z}}, u'_y=\frac{-z(x-y)^{z-1}}{1+(x-y)^{2z}}, u'_z=\frac{(x-y)^z\ln(x-y)}{1+(x-y)^{2z}}$.

2. $1, \frac{1}{2}, \frac{1}{2}$.　　4. $\frac{x}{\sqrt{1+x^2}}$.　　5. $\frac{\pi}{6}$.

6. (1) $\frac{\partial^2 z}{\partial x^2}=\frac{-y}{(\sqrt{2xy+y^2})^3}, \frac{\partial^2 z}{\partial y^2}=\frac{-x^2}{(y+2xy)^{\frac{3}{2}}}, \frac{\partial^2 z}{\partial x\partial y}=\frac{xy}{(2xy+y^2)^{\frac{3}{2}}}$;

(2) $\frac{\partial^2 z}{\partial x^2}=\frac{2x}{(1+x^2)^2}, \frac{\partial^2 z}{\partial y^2}=\frac{2y}{(1+y^2)^2}, \frac{\partial^2 z}{\partial x\partial y}=0$;

(3) $\frac{\partial^2 z}{\partial x^2}=y^x(\ln y)^2, \frac{\partial^2 z}{\partial y^2}=x(x-1)y^{x-2}, \frac{\partial^2 z}{\partial x\partial y}=xy^{x-1}\ln y$;

(4) $\frac{\partial^2 z}{\partial x^2}=2a^2\cos 2(ax+by), \frac{\partial^2 z}{\partial y^2}=2b^2\cos 2(ax+by), \frac{\partial^2 z}{\partial x\partial y}=2ab\cos 2(ax+by)$.

7. $\frac{\partial^3 u}{\partial x\partial y\partial z}=\alpha\beta\gamma x^{\alpha-1}y^{\beta-1}z^{\gamma-1}$.

9. (1) $dz=2xy^3dx+3x^2y^2dy$;　　(2) $dz=\frac{4xy}{(x^2+y^2)^2}(ydx-xdy)$;

(3) $dz=y^2x^{y-1}dx+x^y(1+y\ln x)dy$;　　(4) $dz=\sin 2xdx-\sin 2ydy$;

(5) $dz=0$;

(6) $dz=\left(xy+\frac{x}{y}\right)^{z-1}\left[\left(y+\frac{1}{y}\right)zdx+\left(1-\frac{1}{y^4}\right)xzdy+\left(xy+\frac{x}{y}\right)\ln\left(xy+\frac{x}{y}\right)dz\right]$.

10. $df(3,4,5)=\frac{1}{25}(5dz-4dy-3dx)$.

11. $\Delta z\approx 0.028\ 252$; $dz\approx 0.027\ 778$.

12. $du|_{(1,1,1)}=dx-dy$.

13. (1) 108.972; (2) 2.95.

14. 7.6 m.

15. 34 560 g.

18. $\frac{dz}{dt}=-e^t-e^{-t}$.

19. $\frac{\partial z}{\partial x}=3x^2\sin y\cos y(\cos y-\sin y)$,

$\frac{\partial z}{\partial y}=-2x^3\sin y\cos y(\sin y+\cos y)+x^3(\sin^3 y+\cos^3 y)$.

20. $\frac{dz}{dx}=\frac{e^x(1+x)}{1+x^2e^{2x}}$.

22. (1) $\frac{\partial u}{\partial x}=2xf',\frac{\partial u}{\partial y}=-2f',\frac{\partial u}{\partial z}=2zf'$;

(2) $\frac{\partial u}{\partial x}=\frac{1}{y}f_1',\frac{\partial u}{\partial y}=-\frac{x}{y^2}f_1'+\frac{1}{z}f_2',\frac{\partial u}{\partial z}=-\frac{y}{z^2}f_2'$;

(3) $\frac{\partial u}{\partial x}=2xf_1'+yf_2'+yzf_3',\frac{\partial u}{\partial y}=2yf_1'+xf_2'+xzf_3',\frac{\partial u}{\partial z}=xyf_3'$.

23. (1) $\frac{\partial^2 z}{\partial x^2}=f_{11}''+\frac{2}{y}f_{12}''+\frac{1}{y^2}f_{22}'',\frac{\partial^2 z}{\partial x\partial y}=-\frac{x}{y^2}\left(f_{11}''+\frac{1}{y}f_{12}''\right)-\frac{1}{y^2}f_2',\frac{\partial^2 z}{\partial y^2}=\frac{2x}{y^3}f_2'+\frac{x^2}{y^4}f_{22}''$;

(2) $\frac{\partial^2 z}{\partial x^2}=2yf_2'+y^4f_{11}''+4xy^3f_{12}''+4x^2y^2f_{22}''$,

$\frac{\partial^2 z}{\partial x\partial y}=2yf_1'+2x^4f_2'+2xy^3f_{11}''+2x^3yf_{22}''+5x^2y^2f_{12}''$,

$\frac{\partial^2 z}{\partial y^2}=2xf_1'+4x^2y^2f_{11}''+4x^3yf_{12}''+x^4f_{22}''$.

27. $\frac{dy}{dx}=-\frac{x}{y},\frac{d^2y}{dx^2}=-\frac{y^2+x^2}{y^3}$.

28. $\frac{\partial z}{\partial x}=-\frac{z}{x},\frac{\partial z}{\partial y}=\frac{(2xyz-1)z}{(2xz-2xyz+1)y}$.

31. $\frac{dy}{dx}=\frac{-2x-24xz}{10y+36zy^2},\frac{dz}{dx}=\frac{-10x-3xy}{5+18zy}$.

32. $\frac{\partial z}{\partial x}=(v\cos v-u\sin v)e^{-u},\frac{\partial z}{\partial y}=(u\cos v+v\sin v)e^{-u}$.

33. $\frac{\partial z}{\partial x}=f_x'(x,y)+3x^2g_u'(u,v)+yx^{y-1}g_v'(u,v),\frac{\partial z}{\partial y}=f_y'(x,y)+x^y\ln x\cdot g_v'(u,v)$.

习题 11-3(第 148 页)

1. $1+2\sqrt{3}$.

2. $\frac{98}{13}$.

3. $\frac{\partial f}{\partial l}=\cos\alpha-\sin\alpha$;当 $\alpha=\frac{\pi}{4}$ 时,$\frac{\partial f}{\partial l}$ 最大;当 $\alpha=\frac{5}{4}\pi$ 时,$\frac{\partial f}{\partial l}$ 最小;当 $\alpha=\frac{3}{4}\pi$ 或 $\frac{7}{4}\pi$ 时,$\frac{\partial f}{\partial l}$ 等于 0.

4. $\theta=\frac{\pi}{4}$ 时,$\left.\frac{\partial z}{\partial l}\right|_{(1,2)}=\frac{\sqrt{2}}{3}$;$\theta=\frac{5}{4}\pi$ 时,$\left.\frac{\partial z}{\partial l}\right|_{(1,2)}=\frac{\sqrt{2}}{3}$.

5. 当 $l^0=\frac{1}{\sqrt{14}}\{1,2,3\}$ 时,$\frac{\partial u}{\partial l}$ 取最大值 $\sqrt{14}$;

当 $l^0=-\frac{1}{\sqrt{14}}\{1,2,3\}$ 时,$\frac{\partial u}{\partial l}$ 取最小值 $-\sqrt{14}$.

6. $\left.\frac{\partial u}{\partial \boldsymbol{n}}\right|_{(x_0,y_0,z_0)}=\pm\frac{x_0+y_0+z_0}{\sqrt{x_0^2+y_0^2+z_0^2}}$.

7. $\mathbf{grad}\, f(1,1,1)=6\boldsymbol{i}+3\boldsymbol{j},\mathbf{grad}\, f(2,2,2)=9\boldsymbol{i}+8\boldsymbol{j}+6\boldsymbol{k}$.

8. $|\mathbf{grad}\, u|=\frac{1}{\gamma_0^2},\cos(\mathbf{grad}\, u,x)=-\frac{x_0}{r_0},\cos(\mathbf{grad}\, u,y)=-\frac{y_0}{r_0},\cos(\mathbf{grad}\, u,z)=-\frac{z_0}{r_0}$.

习题 11-4(第 155 页)

1. 切线方程 $\frac{x-\frac{1}{2}}{1}=\frac{y-2}{-4}=\frac{z-1}{8}$,法平面方程 $2x-8y+16z-1=0$.

2. 切线方程$\frac{x-a\cos\alpha\cos t_0}{\cos\alpha\sin t_0}=\frac{y-a\sin\alpha\cos t}{\sin\alpha\sin t_0}=\frac{z-a\sin t_0}{-\cos t_0}$,

法平面方程 $\cos\alpha\sin t_0(x-a\cos\alpha\cos t_0)+\sin\alpha\sin t_0(y-\sin\alpha\cos t_0)-\cos t_0(z-a\sin t_0)=0$.

3. $P_1(-1,1,-1)$或$P_2\left(-\frac{1}{3},\frac{1}{9},-\frac{1}{27}\right)$.

4. 切线方程$\frac{x-1}{1}=\frac{y+2}{0}=\frac{z-1}{-1}$,法平面方程 $x-z=0$.

5. 点$(-3,-1,3)$处,法线方程$\frac{x+3}{1}=\frac{y+1}{3}=\frac{z-3}{1}$.

6. $\cos r=\frac{3}{\sqrt{22}}$.　7. $\left(\pm\frac{a^2}{\sqrt{a^2+b^+c^2}},\pm\frac{b^2}{\sqrt{a^2+b^2+c^2}},\pm\frac{c^2}{\sqrt{a^2+b^2+c^2}}\right)$.

8. $x+y+z=\sqrt{a^2+b^2+c^2}$或$x-y-z=-\sqrt{a^2+b^2+c^2}$.

习题 11-5(第 163 页)

1. 极小值 $f(2,-1)=-28$,极大值 $f(-2,1)=28$.　2. 极小值 $f(5,2)=30$.

3. 极大值 $f(-4,-2)=8e^{-2}$.　4. 极小值 $z\left(\frac{ab^2}{a^2+b^2},\frac{a^2b}{a^2+b^2}\right)=\frac{a^2b^2}{a^2+b^2}$.

5. $d=\frac{7}{8}\sqrt{2}$.　6. $\left(\frac{a}{\sqrt{3}},\frac{b}{\sqrt{3}},\frac{c}{\sqrt{3}}\right)$.　7. $r=\frac{1}{\sqrt[3]{2\pi}},h=\frac{2}{\sqrt[3]{2\pi}}$.

8. $\left(\frac{8}{5},\frac{16}{5}\right)$.　9. 边长分别为$\frac{2R}{\sqrt{3}},\frac{2R}{\sqrt{3}},\frac{R}{\sqrt{3}}$.

* 习题 11-6(第 168 页)

1. $f(x,y)=5+2(x-1)^2-(x-1)(y+2)-(y+2)^2$.

2. $f(x,y)=y+\frac{1}{2!}(2xy-y^2)+\frac{1}{3!}(3x^2y-3xy^2+2y^3)+\frac{1}{4!}e^{\theta x}\left[\ln(1+\theta)x^4+\frac{4}{1+\theta y}x^3y-\frac{6}{(1+\theta y)^2}x^2y^2+\frac{8}{(1+\theta y)^3}xy^3-\frac{6}{(1+\theta y)^4}y^4\right],0<\theta<1$.

3. $f(x,y)=1+(x+y)+\frac{1}{2!}(x^2+2xy+y^2)+\cdots+\frac{1}{n!}\left\{x^n+nx^{n-1}y+\frac{n(n-1)}{2!}x^{n-2}y^2+\cdots+y^n+\frac{1}{(n+1)!}e^{\theta x+y}[x^{n+1}+(n+1)x^ny+\cdots+y^{n+1}]\right\},0<\theta<1$.

自我检测题 11(第 170 页)

1. (1) C;　(2) B;　(3) B.

2. (1) $x>0,y>1$ 或 $x<0,0<y<1$;　(2) $(3,-1)$;　(3) $y-z=2$;　(4) $\frac{\cos x}{1+e^z}$.

3. (1) $z'_x=(e^v\sin u+ue^v\cos u)y+ue^v+ue^v\sin u,z'_y=e^y(x\sin u+xu\cos u+u\sin u)$;

(2) $-\frac{1}{2}$;　(3) $\frac{x-1}{1}=\frac{y+1}{-2}=\frac{z-1}{3}$或$\frac{x-\frac{1}{3}}{1}=\frac{y+\frac{1}{9}}{-\frac{2}{3}}=\frac{z-\frac{1}{27}}{\frac{1}{3}}$.

4. $f(x)=x^2+2x,z=\sqrt{y}+x-1$.　5. $z\left(\frac{ab^2}{a^2+b^2},\frac{a^2b}{a^2+b^2}\right)=\frac{a^2b^2}{a^2+b^2}$.　6. $\frac{\partial u}{\partial \boldsymbol{n}}=\pm\sqrt{5}$.

7. $a=-\frac{11}{4}$或$a=\frac{13}{4}$.　8. $C_1e^u+C_2e^{-u}$(C_1,C_2 为任意常数).

复习题 11(第 171 页)

1. (1) $x^2+y^2>1$；(2) 充分，必要． 2. (1) B；(2) D． 3. 0 5. $-1,-1$．

6. (1) $z_x=y+\dfrac{x}{x^2+y^2}, z_y=x+\dfrac{y}{x^2+y^2}$，

$$z_{xx}=\frac{y^2-x^2}{(x^2+y^2)^2}, z_{xy}=1-\frac{2xy}{(x^2+y^2)^2}, z_{yy}=\frac{x^2-y^2}{(x^2+y^2)^2};$$

(2) $u_x=yx^{y-1}, u_y=x^y\ln x, u_{xx}=y(y-1)x^{y-2}, u_{yy}=x^y\ln^2 x, u_{xy}=x^{y-1}(1+y\ln x)$．

7. (1) $\mathrm{d}z=\dfrac{x^2+y^2}{(x^2-y^2)^2}(-y\mathrm{d}x+x\mathrm{d}y)$；(2) $\mathrm{d}u=(1+\ln x)\mathrm{d}x+(1+\ln y)\mathrm{d}y+(1+\ln z)\mathrm{d}z$．

8. $\dfrac{\mathrm{d}z}{\mathrm{d}x}=\dfrac{\partial F}{\partial u}\varphi'(x)+\dfrac{\partial F}{\partial v}\psi'(x)+\dfrac{\partial F}{\partial x}$． 10. $\dfrac{\partial^2 z}{\partial x^2}=\dfrac{y^2}{x^3}f''+\dfrac{2}{y}\varphi''; \dfrac{\partial^2 z}{\partial x\partial y}=-\dfrac{y}{x^3}f''-\dfrac{2x}{y^2}\varphi''$．

11. $z_{极小}(2a-b,2b-a)=3(ab-a^2-b^2)$．

13. $\dfrac{x-8}{8}=\dfrac{y-1}{0}=\dfrac{z-2\ln 2}{1}; 8(x-8)+(z-2\ln 2)=0$．

14. 最大值 $\sqrt{14}$，最小值 $-\sqrt{14}$． 15. $R=\sqrt{\dfrac{S}{3\pi}}; h=\dfrac{2}{3}\sqrt{\dfrac{3S}{\pi}}$．

第 12 章

习题 12-1(第 178 页)

2. (1) $\geqslant$；(2) $\leqslant$． 3. 负号． 4. (1) $0\leqslant I\leqslant\pi^2$；(2) $36\pi\leqslant I\leqslant 100\pi$．

习题 12-2(第 190 页)

1. (1) $\dfrac{\pi^2}{4}$；(2) $(\mathrm{e}-1)^2$；(3) -2；(4) $\dfrac{9}{8}\ln 3-\ln 2-\dfrac{1}{2}$．

2. (1) $\dfrac{1}{6}a^2b^2(a-b)$；(2) $2\dfrac{3}{5}$；(3) $\dfrac{1}{21}p^5$；(4) $\dfrac{64}{15}$．

3. (1) $\int_0^1\mathrm{d}x\int_{x-1}^{1-x}f(x,y)\mathrm{d}y=\int_{-1}^0\mathrm{d}y\int_0^{1+y}f(x,y)\mathrm{d}x+\int_0^1\mathrm{d}y6\int_0^{1-y}f(x,y)\mathrm{d}x$；

(2) $\int_{-\sqrt{2}}^{\sqrt{2}}\mathrm{d}x\int_{x^2}^{4-x^2}f(x,y)\mathrm{d}y=\int_0^2\mathrm{d}y\int_{-\sqrt{y}}^{\sqrt{y}}f(x,y)\mathrm{d}x+\int_2^4\mathrm{d}y\int_{-\sqrt{4-y}}^{\sqrt{4-y}}f(x,y)\mathrm{d}x$；

(3) $\int_1^3\mathrm{d}x\int_x^{3x}f(x,y)\mathrm{d}y=\int_1^3\mathrm{d}y\int_1^y f(x,y)\mathrm{d}x+\int_3^9\mathrm{d}y\int_{\frac{y}{3}}^3 f(x,y)\mathrm{d}x$；

(4) $\int_{-a}^a\mathrm{d}x\int_{-\frac{b}{a}\sqrt{a^2-x^2}}^{\frac{b}{a}\sqrt{a^2-x^2}}f(x,y)\mathrm{d}y=\int_{-b}^b\mathrm{d}y\int_{-\frac{a}{b}\sqrt{b^2-y^2}}^{\frac{a}{b}\sqrt{b^2-y^2}}f(x,y)\mathrm{d}x$．

6. (1) $\int_0^1\mathrm{d}x\int_{x^2}^x f(x,y)\mathrm{d}y$； (2) $\int_0^a\mathrm{d}y\int_{-y}^{\sqrt{y}}f(x,y)\mathrm{d}x$；

(3) $\int_{\sqrt{2}}^{\sqrt{3}}\mathrm{d}y\int_0^{\sqrt{y^2-2}}f(x,y)\mathrm{d}x+\int_{\sqrt{3}}^2\mathrm{d}y\int_0^{\sqrt{4-y^2}}f(x,y)\mathrm{d}x$；

(4) $\int_0^1\mathrm{d}y\int_{\mathrm{e}^y}^{\mathrm{e}}f(x,y)\mathrm{d}x$；(5) $\int_{-\frac{1}{4}}^0\mathrm{d}y\int_{-\frac{1}{2}-\frac{1}{2}\sqrt{1+4y}}^{-\frac{1}{2}+\frac{1}{2}\sqrt{1+4y}}f(x,y)\mathrm{d}x+\int_0^2\mathrm{d}y\int_{y-1}^{-\frac{1}{2}+\frac{1}{2}\sqrt{1+4y}}f(x,y)\mathrm{d}x$；

(6) $\int_0^1\mathrm{d}y\int_y^{2-y}f(x,y)\mathrm{d}x$．

7. $\dfrac{153}{20}$． 8. 6π． 9. $\dfrac{1}{2}\pi a^4$．

10. (1) $\int_0^{\frac{\pi}{2}} d\theta \int_0^R f(r) r dr$; (2) $\int_0^{\frac{\pi}{2}} d\theta \int_0^{2R\sin\theta} f(r\cos\theta, r\sin\theta) r dr$;

(3) $\int_{\frac{\pi}{4}}^{\frac{\pi}{3}} d\theta \int_0^{2\sec\theta} f(r) r dr$; (4) $\int_0^{\frac{\pi}{2}} d\theta \int_0^{\frac{1}{\cos\theta+\sin\theta}} f(r\cos\theta, r\sin\theta) r dr$;

(5) $\int_0^{\frac{\pi}{4}} dx \int_{\sec\theta\cdot\tan\theta}^{\sec\theta} f(r\cos\theta, r\sin\theta) r dr$; (6) $\int_0^{\frac{\pi}{2}} d\theta \int_{\frac{1}{\cos\theta+\sin\theta}}^{1} f(r\cos\theta, r\sin\theta) r dr$.

11. (1) $\pi(e^{R^2}-1)$; (2) $-6\pi^2$; (3) $\pi^2 a^2$; (4) $\frac{\pi}{4}(2\ln 2-1)$; (5) $\frac{2}{45}(\sqrt{2}-1)$;

(6) $\frac{3}{4}\pi a^4$.

12. (1) $\frac{\pi}{4}\left(\frac{\pi}{2}-1\right)$; (2) $\frac{\pi^2}{6}$; (3) $\frac{8}{3}$. 13. $\frac{\pi^5}{40}$. 14. $\frac{2}{3}\pi$.

*15. (1) $\frac{7}{3}\ln 2$; (2) $\frac{e-1}{2}$; (3) $\frac{1}{2}\pi ab$; (4) $\frac{1}{2}\sin 1$.

习题 12-3(第 200 页)

1. (1) $\int_{-1}^1 dx \int_{x^2}^1 dy \int_0^{x^2+y^2} f(x,y,z) dz$; (2) $\int_0^1 dx \int_0^{1-x} dy \int_0^{xy} f(x,y,z) dz$;

(3) $\int_0^1 dx \int_0^{\sqrt{1-x^2}} dy \int_0^{\sqrt{1-x^2-y^2}} f(x,y,z) dz$; (4) $\int_{-1}^1 dx \int_{-\sqrt{1-x^2}}^{\sqrt{1-x^2}} dy \int_{x^2+2y^2}^{2-x^2} f(x,y,z) dz$.

2. (1) $\frac{1}{48}$; (2) $\frac{1}{2}\left(\ln 2-\frac{5}{8}\right)$; (3) $\frac{\pi}{4}$; (4) 0; (5) $\frac{59}{480}\pi R^5$; (6) $\frac{a^9}{36}$.

3. $\frac{3}{2}$. 5. (1) $\frac{\pi}{10}h^5$; (2) $\frac{7}{12}\pi$. 6. (1) $\frac{8}{9}a^2$; (2) $\frac{7}{6}\pi a^4$.

7. (1) $\frac{3}{16}\pi R^4$; (2) $\frac{14}{3}\pi$; (3) $\frac{8}{5}\pi$; (4) $\frac{4}{15}\pi(A^5-a^5)$.

8. (1) $\frac{5}{6}\pi a^3$; (2) $\frac{\pi}{6}$; (3) $\frac{2\pi}{3}(5\sqrt{5}-4)$. 9. $\frac{27}{57}$.

习题 12-4(第 210 页)

1. $2\pi R^2$. 2. $4a^2\left(\frac{\pi}{2}-1\right)$. 3. $\frac{16\pi}{3}a^2$. 4. $\left(\frac{7}{6},0\right)$. 5. $\bar{x}=\frac{35}{48},\bar{y}=\frac{35}{54}$. 6. $\left(0,0,\frac{3}{8}c\right)$.

7. (1) $\left(0, 0, \frac{3}{4}\right)$; (2) $\left(\frac{2}{5}a, \frac{2}{5}a, \frac{7}{30}a^2\right)$; (3) $\left(0, 0, \frac{3(A^4-a^4)}{8(A^3-a^3)}\right)$.

8. $\left(\frac{5}{9}, \frac{5}{9}, \frac{5}{9}\right)$. 9. $\frac{8}{15}\pi R^2$. 10. $\frac{8}{5}a^4$.

11. (1) $\frac{8}{3}a^4$; (2) $\bar{x}=\bar{y}=0,\bar{z}=\frac{7}{15}a^2$; (3) $\frac{112}{45}a^6\rho$.

12. $F_x=F_y=0$, $F_z=-2\pi G\rho[\sqrt{(h-a)^2+R^2}-\sqrt{R^2+a^2}+h]$.

*习题 12-5(第 215 页)

1. (1) $\frac{\pi}{4}$; (2) 1.

2. (1) $\frac{1}{3}\cos x(\cos x-\sin x)(1+2\sin 2x)$; (2) $\frac{2}{x}\ln(1+x^2)$;

(3) $\ln\sqrt{\dfrac{x^2+1}{x^4+1}}+3x^2\arctan x^2-2x\arctan x$；

(4) $2x\mathrm{e}^{-x^5}-\mathrm{e}^{-x^3}-\int_x^{x^2}y^2\mathrm{e}^{-xy^2}\mathrm{d}y$.

3. $3f(x)+2xf'(x)$.　4. $\pi\ln\dfrac{1+a}{2}$.　5. (1) $\dfrac{\pi}{2}\ln(1+\sqrt{2})$；(2) $\arctan(1+b)-\arctan(1+a)$.

自我检测题 12(第 217 页)

1. (1) C；(2) C；(3) C；(4) B.

2. (1) $\int_1^2\mathrm{d}x\int_{1-x}^0 f(x,y)\mathrm{d}y$；　(2) $\int_0^{\frac{\pi}{4}}\mathrm{d}\theta\int_0^{\sec\theta}f(r^2)r\mathrm{d}r$；

(3) $\int_0^{2\pi}\mathrm{d}\theta\int_0^{\pi}\sin\varphi\mathrm{d}\varphi\int_0^1 f(r\cos\theta\cdot\sin\varphi)r^2\mathrm{d}r$；　(4) π.

3. (1) $-\dfrac{9}{4}$；(2) $\dfrac{\pi}{3}$；(3) $\dfrac{1}{2}A^2$.　4. $\dfrac{4}{5}\pi abc$.

5. $\dfrac{8}{3}$.　6. $\pi\left[\dfrac{h^3}{3}+hf(0)\right]$.　7. 4.　8. $\dfrac{256}{3}\pi$.

复习题 12(第 218 页)

1. (1) C；(2) C.

2. (1) $\dfrac{1}{2}\left(1-\dfrac{1}{\mathrm{e}}\right)$；(2) $\dfrac{1}{8}$；(3) $\mathrm{e}-2$；(4) $\dfrac{\pi}{4}R^4+9\pi R^2$.

3. (1) $\int_0^a\mathrm{d}y\int_{a-\sqrt{a^2-y^2}}^{y}f(x,y)\mathrm{d}x$；(2) $\int_{-1}^0\mathrm{d}y\int_{-\sqrt{1-y^2}}^{\sqrt{1-y^2}}f(x,y)\mathrm{d}x+\int_0^1\mathrm{d}y\int_{-\sqrt{1-y}}^{\sqrt{1-y}}f(x,y)\mathrm{d}x$；

(3) $\int_0^{\frac{1}{3}}\mathrm{d}x\int_0^{\sqrt{3x}}f(x,y)\mathrm{d}y+\int_{\frac{1}{3}}^{\sqrt{2}}\mathrm{d}x\int_0^1 f(x,y)\mathrm{d}y+\int_{\sqrt{2}}^{\sqrt{3}}\mathrm{d}x\int_0^{\sqrt{3-x^2}}f(x,y)\mathrm{d}y$.

4. $\int_0^{\frac{\pi}{4}}\mathrm{d}\theta\int_0^{a\sec\theta}r^2\mathrm{d}r=\dfrac{a^3}{6}[\sqrt{2}+\ln(\sqrt{2}-1)]$.　6. $\int_{-1}^1\mathrm{d}x\int_{x^2}^1\mathrm{d}y\int_0^{x^2+y^2}f(x,y,z)\mathrm{d}z$.

7. (1) $\dfrac{1}{8}$；(2) $\dfrac{8}{9}a^2$；(3) 336π.　8. $\dfrac{1}{2}\sqrt{a^2b^2+b^2c^2+a^2c^2}$.

9. $\dfrac{4\pi}{5}(\sqrt{2}-1)$.　10. $\dfrac{\pi ha^2}{12}(3a^2+4h^2)$.

11. $F_x=0, F_y=\dfrac{4Gm_1m_2}{\pi R^2}\left(\ln\dfrac{R+\sqrt{R^2+a^2}}{a}-\dfrac{R}{\sqrt{R^2+a^2}}\right), F_z=\dfrac{2Gm_1m_2}{R^2}\left(1-\dfrac{a}{\sqrt{R^2+a^2}}\right)$.

第 13 章

习题 13-1(第 225 页)

1. $\dfrac{a^3}{2}$.　2. $2\sqrt{2}a^{\frac{3}{2}}\pi$.　3. $a^{\frac{7}{3}}$.　4. $\dfrac{\sqrt{a^2+b^2}}{ab}\arctan\dfrac{2b}{a}\pi$.　5. $\dfrac{8\sqrt{2}-4}{3}$.

6. $2+\sqrt{2}$.　7. $\sqrt{5}\ln 2$.　8. $\dfrac{8\sqrt{2}}{3}a\pi^3$.　9. $2\pi a^{2n+1}$.　10. $\sqrt{3}(1-\mathrm{e}^{-t})$.

习题 13-2(第 234 页)

1. 0.　2. $-\dfrac{7}{3}$.　3. $-\dfrac{4}{3}ab^2$.　4. -4π.　5. $\dfrac{7}{6}$.

6. 3. 7. $\frac{4}{3}$. 8. $-\frac{8}{15}$. 9. $\frac{k}{2}(a^2-b^2)$. 10. $-\frac{1}{2}\ln 2$.

习题 13-3(第 247 页)

1. $\frac{1}{2}$. 2. 18π. 3. $\frac{1}{5}(1-e^{\pi})$. 4. 236. 5. 0. 6. $-\frac{7}{64}$. 7. $\frac{8}{3}\pi^3a^3$.

8. $\frac{x^4}{4}+\frac{x^2y^2}{2}+\frac{y^4}{4}+C$. 9. $\frac{x^3}{3}+x^2y-xy^2-\frac{y^3}{3}+C$. 10. $e^xe^y[x-y+1]+e^xy+C$.

11. $\frac{e^x-1}{1+y^2}+C$. 12. $x^3+3x^2y^2+y^4=C$. 13. $x^3+3xy-3y^2=C$. 14. $x^3-xy+2y^2=C$.

习题 13-4(第 251 页)

1. πR^3. 2. $2\pi c^2$. 3. $\frac{\sqrt{3}}{120}$. 4. $\frac{\pi}{2}$. 5. $125\sqrt{2}\pi$.

6. $\frac{1+\sqrt{2}}{2}\pi$. 7. $4\sqrt{61}$. 8. $\frac{64}{15}\sqrt{2}a^4$. 9. $\frac{2\pi}{15}(6\sqrt{3}+1)$. 10. $\frac{4}{3}\rho_0\pi a^4$.

习题 13-5(第 259 页)

1. $\frac{2}{15}$. 2. 0. 3. 0. 4. $4\pi a^3$. 5. $\frac{\pi}{2}$.

习题 13-6(第 265 页)

1. $\frac{12}{5}\pi R^5$. 2. $\frac{7}{3}\pi a^4$. 3. $\frac{5}{4}a^4b\pi$. 4. $\frac{1}{14}$. 5. $\frac{2}{5}\pi a^5$. 6. $2\pi(e^2-1)$. 7. 320π.

习题 13-7(第 272 页)

1. $-\sqrt{3}\pi a^2$. 2. $2\pi a(a+b)$. 3. -20π. 4. 12π. 5. $\mathbf{rot\,A}=2\boldsymbol{i}+4\boldsymbol{j}+6\boldsymbol{k}$.

自我检测题 13(第 274 页)

1. (1) $\int_0^1 x^{\frac{3}{2}}\sqrt{1+9x^4}\,dx$;　(2) $\frac{2}{3}\pi a^3$;　(3) 0;

(4) $xf'(x)+2f(x)=0$;　(5) $\sqrt{3}\int_0^1 dx\int_0^{1-x} f(x,y,1-x-y)dy$;　(6) 8π.

2. (1) $\frac{22}{15}$; (2) $\frac{\pi^3}{3}$; (3) $\frac{4}{3}\pi a^4$; (4) $-\frac{\pi}{2}R^4$.

3. $x^2y-xy^2-\frac{1}{3}y^3+C$. 4. $\frac{1}{3}a^3h^2$. 5. $-\frac{128}{3}\pi$. 6. $Q(x,y)=x^2+2y-1$. 7. $-\frac{\pi}{2}$.

复习题 13(第 275 页)

1. $\frac{1}{12}(5\sqrt{5}+6\sqrt{2}-1)$. 2. $-\frac{\pi}{4}a^5$. 3. 2π. 4. $\left(0,0,\frac{a}{2}\right)$. 5. $\frac{1}{2}\ln(x^2+y^2)$. 6. $\frac{32}{3}\pi$.